国家出版基金项目
NATIONAL PUBLICATION FOUNDATION

中国果树科学与实践

猕猴桃

主　编　方金豹

编　委　(按姓氏笔画排序)

王仁才　王　然　方金豹　朱立武
齐秀娟　孙雷明　张才喜　张慧琴
陈锦永　林苗苗　庞荣丽　钟云鹏
顾　红　徐小彪　谢　鸣　雷玉山

陕西新华出版传媒集团
陕西科学技术出版社
Shaanxi Science and Technology Press
西　安

图书在版编目（CIP）数据

中国果树科学与实践．猕猴桃/方金豹主编．—西安：陕西科学技术出版社，2021.7

ISBN 978-7-5369-8044-0

Ⅰ.①中…　Ⅱ.①方…　Ⅲ.①猕猴桃—果树园艺　Ⅳ.①S66

中国版本图书馆 CIP 数据核字（2021）第 056293 号

中国果树科学与实践　猕猴桃

方金豹　主编

出 版 人　崔　斌
责任编辑　杨　波
责任校对　秦　延
封面设计　曾　珂
监　　制　张一骏

出 版 者　陕西新华出版传媒集团　陕西科学技术出版社
西安市曲江新区登高路 1388 号陕西新华出版传媒产业大厦 B 座
电话（029）81205187　传真（029）81205155　邮编 710061
http：//www.snstp.com
发 行 者　陕西新华出版传媒集团　陕西科学技术出版社
电话（029）81205180　81206809
印　　刷　西安牵井印务有限公司
规　　格　720mm×1000mm　16 开本
印　　张　22.75
字　　数　400 千字
版　　次　2021 年 9 月第 1 版
2021 年 9 月第 1 次印刷
书　　号　ISBN 978-7-5369-8044-0
定　　价　115.00 元

总　序

中国农耕文明发端很早，可追溯至远古 8 000 余年前的“大地湾”时代，华夏先祖在东方这块神奇的土地上，为人类文明的进步作出了伟大的贡献。同样，我国果树栽培历史也很悠久，在《诗经》中已有关于栽培果树和采集野生果的记载。我国地域辽阔，自然生态类型多样，果树种质资源极其丰富，果树种类多达 500 余种，是世界果树发源中心之一。不少世界主要果树，如桃、杏、枣、栗、梨等，都是原产于我国或由我国传至世界其他国家的。

我国果树的栽培虽有久远的历史，但果树生产真正地规模化、商业化发展还是始于新中国建立以后。尤其是改革开放以来，我国农业产业结构调整的步伐加快，果树产业迅猛发展，栽培面积和产量已位居世界第一位，在世界果树生产中占有举足轻重的地位。2012 年，我国果园面积增至约 1 134 万 hm^2，占世界果树总面积的 20％多；水果产量超过 1 亿 t，约占世界总产量的 18％。据估算，我国现有果园面积约占全国耕地面积的 8％，占全国森林覆盖面积的 13％以上，全国有近 1 亿人从事果树及其相关产业，年产值超过 2 500 亿元。果树产业良好的经济、社会效益和生态效益，在推动我国农村经济、社会发展和促进农民增收、生态文明建设中发挥着十分重要的作用。

我国虽是世界第一果品生产大国，但还不是果业强国，产业发展基础仍然比较薄弱，产业发展中的制约因素增多，产业结构内部矛盾日益突出。总体来看，我国果树产业发展正处在由“规模扩张型”向“质量效益型”转变的重要时期，产业升级任务艰巨。党的十八届三中全会为今后我国的农业和农村社会、经济的发展确定了明确的方向。在新的形势下，如何在确保粮食安全的前提下发展现代果业，促进果树产业持续健康发展，推动社会主义新农村建设是目前面临的重大课题。

科技进步是推动果树产业持续发展的核心要素之一。近几十年来，随着我国果树产业的不断发展壮大，果树科研工作的不断深入，产业技术水平有了明显的提升。但必须清醒地看到，我国果树产业总体技术水平与发达国家相比仍有不小的差距，技术上跟踪、模仿的多，自主创新的少。产业持续发展过程中凸显着各种现实问题，如区域布局优化与生产规模调控、劳动力成本上涨、产地环境保护、果品质量安全、生物灾害和自然灾害的预防与控制等，都需要我国果树科技工作者和产业管理者认真地去思考、研究。未来现代果树产业发展的新形势与新变化，对果树科学研究与产业技术创新提出了新的、更高的要求。要准确地把握产业技术的发展方向，就有必要对我国近几十年来在果树产业技术领域取得的成就、经验与教训进行系统的梳理、总结，着眼世界技术发展前沿，明确未来技术创新的重点与主要任务，这是我国果树科技工作者肩负的重要历史使命。

陕西科学技术出版社的杨波编审，多年来热心于果树科技类图书的编辑出版工作，在出版社领导的大力支持下，多次与中国工程院院士、山东农业大学束怀瑞教授就组织编写、出版一套总结、梳理我国果树产业技术的专著进行了交流、磋商，并委托束院士组织、召集我国果树领域20余位知名专家于2011年10月下旬在山东泰安召开了专题研讨会，初步确定了本套书编写的总体思路、主要编写人员及工作方案。经多方征询意见，最终将本套书的书名定为《中国果树科学与实践》。

本套书涉及的树种较多，但各树种的研究、发展情况存在不同程度的差异，因此在编写上我们不特别强调完全统一，主张依据各自的特点确定编写内容。编写的总体思路是：以果树产业技术为主线和统领，结合各树种的特点，根据产业发展的关键环节和重要技术问题，梳理、确定若干主题，按照“总结过去、分析现状、着眼未来”的基本思路，有针对性地进行系统阐述，体现特色，突出重点，不必面面俱到。编写时，以应用性研究和应用基础性研究层面的重要成果和生产实践经验为主要论述内容，有论点，有论据，在对技术发展演变过程进行回顾总结的基础上，着重于对现在技术成就和经验教训的系统总结与提炼，借鉴、吸取国外先进经验，结合国情及生产实际，提出未来技术的发展趋势与展望。在编写过程中，力求理论联系实际，既体现学术价值，也兼顾实际生产应用价值，有解决问题的技术路线和方法，以期对未来技术发展有现实的指导意义。

本套书的读者群体主要为高校、科研单位和技术部门的专业技术人员，以及产业决策者、部门管理者、产业经营者等。在编写风格上，力求体现图文并茂、通俗易懂，增强可读性。引用的数据、资料力求准确、可靠，体现科学性和规范性。期望本套书能成为注重技术应用的学术性著作。

在本套书的总体思路策划和编写组织上，束怀瑞院士付出了大量的心血和智慧，在编写过程中提供了大量无私的帮助和指导，在此我们向束院士表示由衷的敬佩和真诚的感谢！

对我国果树产业技术的重要研究成果与实践经验进行较系统的回顾和总结，并理清未来技术发展的方向，是全体编写者的初衷和意愿。本套书参编人员较多，各位撰写者虽力求精益求精，但因水平有限，书中内容的疏漏、不足甚至错误在所难免，敬请读者不吝指教，多提宝贵意见。

编著者

2015年5月

前　言

猕猴桃，古称羊桃、阳桃及猕猴梨等，现代亦称为奇异果、基维果、中国鹅莓等，是20世纪人工进行果树驯化栽培最成功的4种果树之一。猕猴桃因其富含维生素C、果胶和独特的口感，被誉为“水果之王”。猕猴桃为猕猴桃科（Actinidiaceae）猕猴桃属（*Actinidia* Lindl.），是雌雄异株的落叶藤本植物。猕猴桃属共有54个种、21个变种，共75个分类单元。我国是猕猴桃的原产国，具有丰富的猕猴桃种质资源，其中52个种为我国的特有种或中心分布种。

猕猴桃是一种古老的植物，在2 000多年前的《诗经》中就已有文字记载，然而其栽培驯化史仅有100余年。自1978年起，由中国农业科学院郑州果树研究所牵头开展全国猕猴桃资源调查，经过10多年的工作，基本查清了我国猕猴桃资源的分布和类别，基于调查结果出版了《中国猕猴桃》一书。自20世纪80年代至今，我国立足本土猕猴桃遗传资源与新品种选育，改变了当今全球猕猴桃的科研和产业格局，通过几代猕猴桃人的不懈努力，40年间实现了猕猴桃产业从起步、发展，到面积和产量均位居世界第一的跨越。目前，在世界猕猴桃产业发展中中国占有举足轻重的地位，保存的种质资源数量、科研力量、生产能力、市场规模已具有相当的优势。然而我国猕猴桃产业也存在诸多突出的问题，如单位面积产量低、商品果率低、价格低等。因此，有必要对我国猕猴桃产业技术领域取得的科研成就以及生产实践等进行系统的梳理总结，着眼猕猴桃产业技术发展前沿，明确未来科研发展的趋势，这也是猕猴桃科技工作者肩负的重要历史使命。

按照“中国果树科学与实践”丛书的总体要求，按照“总结过去、分析现状、着眼未来”的基本思路，本书以猕猴桃产业技术为主线，以应用性研究层面的重要成果和生产实践为主要论述内容，着重对近年来的技术成就和经验教训进行归纳总结。本书共有17章。第一章由方金豹、林苗苗编写，第二章由孙雷明编写，第三章由徐小彪编写，第四章由陈锦永、钟云鹏编写，第五章由方金豹编写，第六章由齐秀娟编写，第七章和第八章由谢鸣编写，第九章由张才喜、顾红编写，第十章由张慧琴编写，第十一章由王仁才编写，第十二章和第十五章由雷玉山编写，第十三章由王然编写，第十四章由朱立武编写，第十六章由庞荣丽编写，第十七章由齐秀娟编写。方金豹负责拟定编写提纲，组织协调编写工作，并对全书进行了统稿。林苗苗除完成所负责章节的编写外，还承担了稿件的收集、整理，以及与出版社的联系工作。

全书在编写时，内容力求体现学术价值，并兼顾实际生产应用价值，以期为广大科研工作者和生产实践人员提供参考。本书撰写者虽力求精益求精，但因水平有限，书中瑕疵甚至错误在所难免，还望业内同仁和广大读者多提宝贵意见。

方金豹

2020 年 5 月

目　录

第一章　我国猕猴桃的栽培历史、产业现状与展望

猕猴桃是20世纪初开始人工驯化栽培的水果，至今仅有100多年的栽培历史。猕猴桃的驯化栽培，被认为是近代果树史上由野生到人工商品化栽培最成功的植物驯化范例。本章简要介绍我国猕猴桃的栽培历史，回顾我国和世界猕猴桃产业的兴起以及发展历程，简要分析我国猕猴桃的产业发展以及猕猴桃的国际贸易现状，讨论猕猴桃产业发展中存在的问题以及猕猴桃产业的发展方向。

第一节　栽培历史

猕猴桃在植物学分类上属猕猴桃科（Actinidiaceae）猕猴桃属（*Actinidia* Lindl.），是一种新兴藤本果树。该属现有54个种，21个变种，共约75个分类单位。目前生产上栽培利用的种有美味猕猴桃（*A. chinensis* var. *deliciosa* A. Chevalier）、中华猕猴桃（*A. chinensis* var. *chinensis* Planchon）、软枣猕猴桃[*A. arguta*（Siebold and Zuccarini）Planchon ex Miquel]和毛花猕猴桃（*A. eriantha* Bentham）（黄宏文，2013）。中国是猕猴桃属植物的原产地，具有得天独厚的自然资源，现有的54个种中，有52个为我国特有种或中心分布，仅尼泊尔猕猴桃（*A. strigosa* Hooker f. and Thomas）和白背叶猕猴桃（*A. hypoleuca* Nakai）为周边国家特有分布。我国考古学家发现了距今2 600万～2 000万年的中新世早期的猕猴桃叶片化石，这可能是最早的关于猕猴桃的发现（崔志学，1993）。2 000多年前的《诗经》中提及的“苌楚”指的就是猕猴桃，李时珍在其所著《本草纲目》中描述，猕猴桃“其形如梨，其色如桃，而猕猴喜食，固有诸名……”（崔志学，1983）。我国许多古籍中都有涉及猕猴桃，这些

文献中描述了猕猴桃的植物学性状、食用和药用等功效。

猕猴桃在我国分布很广，从台湾到西藏、从黑龙江到广东均有分布。我国野生猕猴桃产量十分可观，据 20 世纪 80 年代末的调查，估计当时每年全国蕴藏的野生猕猴桃产量中中华猕猴桃和美味猕猴桃约为 15 万 t、软枣猕猴桃为 1.85 万 t、毛花猕猴桃为 1 500 t，仅河南省野生猕猴桃年产量就在 1 万 t 以上。

猕猴桃在我国的利用历时久远，早在 1 200 年前的唐代诗文中就记载了在庭院中引种野生猕猴桃的情景，在唐代名医陈藏器所著《本草拾遗》中有关于作为药物应用的描述，说其用于“调中下气，主骨节风，瘫痪不遂，常年白发……”（崔志学，1993）。有 200 年前在浙江黄岩县农民引种野生猕猴桃栽植于房前屋后的记载。1955 年，中国科学院南京植物园开始引种栽培猕猴桃。王景祥 1957 年发表的《猕猴桃》一文是我国近代已知资料中第一篇猕猴桃专题文献。同年，北京植物园开始引种美味猕猴桃，4 年后开始引种黄肉中华猕猴桃，时间要比国外中华猕猴桃人工栽培的历史早很多。

但我国猕猴桃商业化人工栽培的历史并不长，直至 20 世纪 70 年代末才开始起步。根据第一届全国猕猴桃科研座谈会资料汇编介绍，至 1978 年，河南省西峡县陈阳公社利用移植山上根蘖苗和幼苗的方法进行种植，面积达到 13.3 hm^2。利用单一品种进行人工栽培的果园，其时面积仅为 1 hm^2，品种为从新西兰引进的海沃德，该果园通常被认为是中国第一个商业化猕猴桃种植园。进入 20 世纪 80 年代后，我国猕猴桃产业快速发展，1990 年种植面积为 4 000 hm^2，1996 年达到 40 000 hm^2，2017 年结果面积达到 165 728 hm^2，超过世界上其他所有猕猴桃生产国结果面积的总和。今天，中国不仅是猕猴桃的自然资源分布中心，其产业也已经在全球猕猴桃产业中占据了不容忽视的地位，在未来猕猴桃产业的发展、国际贸易、科学研究等方面，中国将发挥越来越重要的作用。

第二节　猕猴桃产业的兴起

新西兰猕猴桃商业化栽培的成功，促进了世界猕猴桃产业的兴起和发展。新西兰没有猕猴桃自然分布，其商业化栽培驯化起源于中国猕猴桃。1899—1911 年间，英国著名植物采集家威尔逊（Ernest H. Wilson）多次来中国进行大规模植物采集和挖掘经济植物的探险，其中就包括猕猴桃。1904 年，新西兰女教师伊莎贝尔探访她在宜昌苏格兰教堂从事传教工作的妹妹卡蒂弗蕾瑟（Katie Fraser）时，直接或间接地从威尔逊处获得了少许猕猴桃种子，于 1904

年 1 月回国时将其带到了新西兰，并将这些种子辗转转交给托马斯・艾利森(Thomas Allison)。正是这些种子，形成了世界猕猴桃产业的发端(黄宏文，2013)。

新西兰和世界猕猴桃产业的兴起与海沃德这一猕猴桃品种密切相关，该品种在猕猴桃产业中长期占据主导地位，所占比例曾高达世界猕猴桃总产量的 98%，至今依然是栽培面积最大的品种。这一品种由新西兰人 Hayward Wright 育成并用其本人的名进行命名，后来还专门设立了海沃德勋章，每年颁发给在猕猴桃产业上作出杰出贡献的人(Ferguson，2007)。

Hayward Wright 是新西兰奥克兰埃文代尔(Avondale)地区的一个苗圃主，1925 年或 1926 年，他从另一个苗圃主那里得到了一箱猕猴桃果实，而此人是从托马斯・艾利森处获得猕猴桃苗或种子的。托马斯通常被认为是新西兰第一个种植猕猴桃的人。Hayward Wright 从这箱果实里获取种子，播种后得到实生苗，然后种植了 1 行，大约 40 株。实生苗结果后他从中优选出 1 株，最初命名为 Wright's Large Oval。大约在 20 世纪 30 年代末，全球第一个商业化猕猴桃园就是用 Wright's Large Oval 建立的，果实在奥克兰上市后价格高于当时任何其他品种的猕猴桃。到 1966 年，由于出口的需要，Hayward Wright 将该品种重新命名为海沃德，其栽培面积占当时总面积的 1/4。至 1975 年，海沃德占新西兰猕猴桃总面积的 95%，并且只有海沃德能够出口。2015 年这一品种在新西兰仍然占 3/4 左右，其他国家的这一比例更高。海沃德也是目前中国的主栽品种。

自 20 世纪 60 年代，猕猴桃产业在世界各地逐渐兴起，美国(约 1966 年)、意大利(1966 年)、法国(1969 年)、日本(约 1977 年)均开始了猕猴桃的产业化栽培。20 世纪 80 年代后，猕猴桃商业栽培进一步扩展到南美的智利和中东的伊朗。

猕猴桃在西方国家早期被称之为"中国醋栗"(Chinese gooseberry)，之所以有这个名称，可能是由于这种来源于中国的水果，在 19 世纪末期最早被欧洲人品尝时感觉其风味与欧洲醋栗相似。这一名称在新西兰一直被沿用至 1959 年，其时新西兰果品出口公司 Turners&Growers 用新西兰的国鸟几维鸟(kiwi bird)重新命名猕猴桃为 kiwifruit，并首次用于出口猕猴桃上。用这个名字的原因可能是由于海沃德猕猴桃的果实在外观上颇似几维鸟。这种与其国鸟相似的水果新奇而神秘，富含维生素 C、风味独特，借助其英文名中 kiwi 的发音，猕猴桃在中国又有奇异果的美称。

第三节　中国猕猴桃产业

一、中国猕猴桃产业的特征

（一）起步晚，发展速度快，增长势头强劲

虽然中国猕猴桃商业化栽培起步晚，但发展速度快，中国猕猴桃的栽培面积和总产量早已跃居世界第一。1978 年我国猕猴桃商业化栽培面积仅 1 hm^2，根据联合国粮食及农业组织（Food and Agriculture Organization of the United Nations，FAO）的数据，2017 年中国猕猴桃总面积近 16.6 万 hm^2，总产量约 202 万 t，约占世界猕猴桃总产量的一半。受猕猴桃细菌性溃疡病的影响，近年来世界其他国家的猕猴桃面积和产量均有所下降，但中国猕猴桃的面积和产量依然保持快速增长。FAO 数据库从 2000 年开始有中国猕猴桃数据资料。中国猕猴桃栽培面积自 2000 年的 7 万 hm^2 增长至 2017 年的近 16.6 万 hm^2，增加了 1.37 倍，其中 2012—2016 年的增长尤为明显，2017 年栽培面积出现了较明显的下降；总产量从 2000 年的 85 万 t 增长至 2017 年的 202 万 t，增加了 1.38 倍；单位面积产量在 2000—2012 年间一直平稳，2013 年明显下降，2014 年小幅回升后到 2017 年表现平稳（图 1-1）。

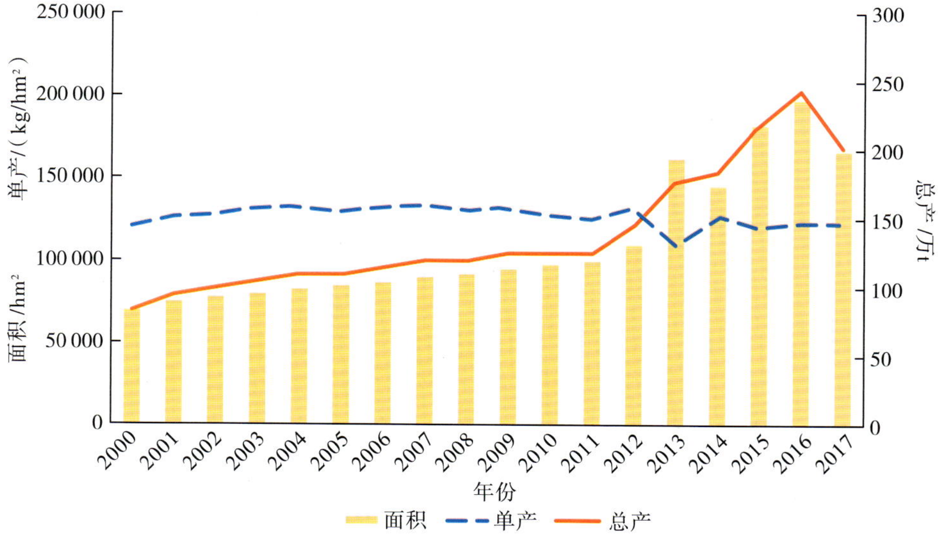

图 1-1　2000—2017 年中国猕猴桃种植面积和产量（齐秀娟，2020）

(二)产区相对集中，品种多样

根据农业农村部种植业管理司的数据，目前全国 20 个省、市、自治区有猕猴桃种植，产区主要集中在陕西、四川、贵州、湖南、河南、浙江、江西、广东、湖北等地。2016 年种植面积排名前 5 位的依次是陕西、四川、贵州、湖南、河南，产量排名前 5 位的依次是陕西、河南、四川、湖南、贵州，这 5 个省份的栽培面积占全国总栽培面积的 77.2%，产量占总产量的 90.3%。2016 年陕西猕猴桃的栽培面积和产量分别占全国的 32.07%和 54.91%，面积大于世界排名第 2 至第 5 位的意大利、新西兰、伊朗、智利 4 个国家的总和，产量大于排名第 2 至第 4 位的意大利、新西兰、伊朗 3 个国家的总和。

图 1-2 是我国猕猴桃生产排名前 5 的省份 2001—2016 年的猕猴桃产业发展情况。由此图可以看出，整体而言，产量和种植面积在 2001—2008 年变化幅度不大，从 2008 年开始出现了快速增长。2016 年与 2008 年比较，陕西的种植面积从 27 700 hm^2 跃升至 63 200 hm^2，增加了 1.28 倍，产量从 349 801 t 跃升至 1 312 506 t，增加了 2.75 倍；四川的种植面积从 11 100 hm^2 跃升至

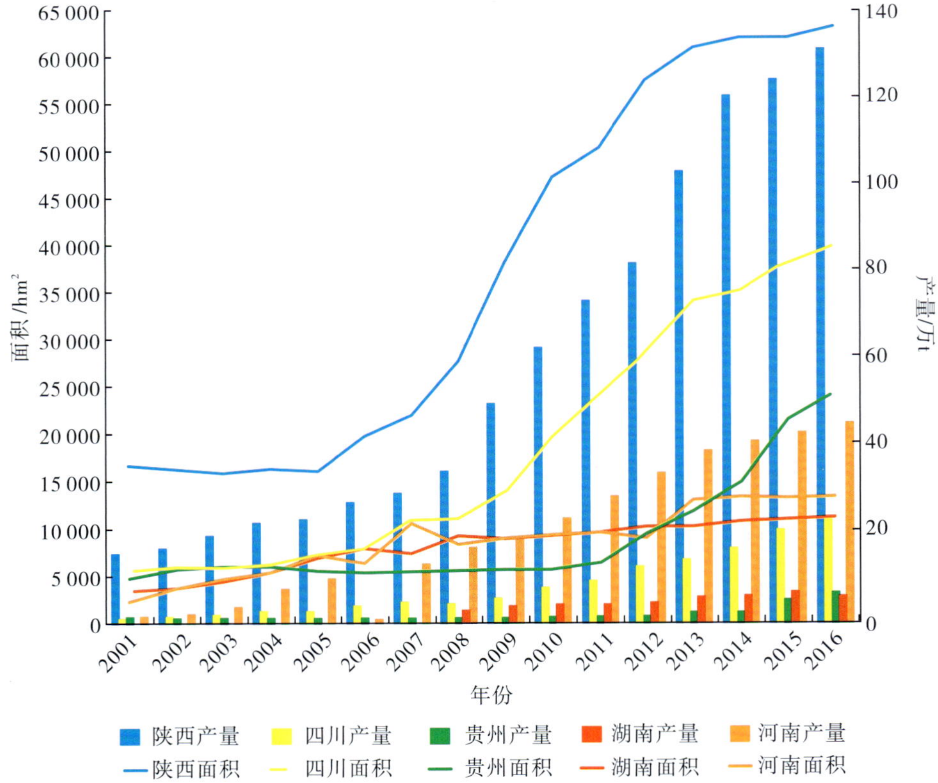

图 1-2 2001—2016 年中国猕猴桃前 5 名生产省份种植变化波动趋势(齐秀娟，2020)

40 000 hm^2，增加了 2.6 倍，产量从 48 324 t 跃升至 244 499 t，增加了 4.06 倍；河南的种植面积从 9 300 hm^2 发展到 11 200 hm^2，增加了 0.2 倍，产量从 176 006 t 上升至 455 660 t，增加了 1.59 倍。此外，从 2011 年开始贵州的种植面积加快增长，但产量变化不明显；湖南、河南的种植面积均较为稳定。

绿肉的美味猕猴桃是多数国家栽培的最主要类型，有些国家甚至只栽培海沃德这一单一品种。新西兰从 2000 年开始销售黄肉猕猴桃，2016 年黄肉猕猴桃销售额占总出口额的 26%，并持续增加。意大利栽培有少量黄肉猕猴桃品种。和其他国家不同，中国从产业发展初期就既种植绿肉的美味猕猴桃，也种植黄肉的中华猕猴桃(Belrose，2016)。从 1997 年开始推广种植中华猕猴桃中的红心猕猴桃，因其品质优良，发展速度很快，2019 年栽培面积已经达到总面积的 30%左右，特别是在四川、浙江、贵州新发展的果园，所占比例超过 70%。继美味猕猴桃、中华猕猴桃后，软枣猕猴桃、毛花猕猴桃也开始规模化商业种植。

二、猕猴桃国际贸易

猕猴桃年出口量在 5 000 t 以上的国家和地区有 16 个。按照 2006—2016 年猕猴桃出口总量排名，位居前 5 位的分别是新西兰、意大利、智利、比利时和希腊。近 5 年世界猕猴桃年平均出口量为 1 409 472 t、出口值为 225 046 万美元，上述 5 个国家近 5 年的年平均出口量和出口值之和分别占世界平均总量的 84.26%和 87.05%。

根据联合国商品贸易统计数据库(UN Comtrade)的数据，目前中国的猕猴桃进口主要来源于新西兰、智利和意大利。2017 年从这 3 国进口的数量分别为 8.11 万 t、1.77 万 t 和 1.05 万 t，从这 3 个国家进口的数量占总进口量的 97.20%，进口金额占总金额的 98.24%。其中从新西兰进口的比例增长最大，进口数量一直稳步上升，2017 年占中国总进口数量的 72.07%，占总金额的 81.29%。尽管国内猕猴桃生产总量逐年提高，但是我国的出口量仍然很小。近 10 年我国猕猴桃出口数量、出口金额的增长远没有进口增长快，特别是 2013 年以来，国内进口猕猴桃的数量直线增长；2017 年出口 4 298 t、出口金额 705 万美元，但进口 112 532 t、进口金额 36 327 万美元，进口量和进口金额分别是出口的 26.18 倍和 51.50 倍(图 1-3)。根据 FAO 的统计数据，2017 年中国猕猴桃总产量为 2 024 603 t，出口量仅占总产量的 0.21%。

由图 1-4 可以看出，除 2016 年外，我国猕猴桃进口单价始终高于出口单价，出口单价在 2016 年出现一次明显上升后又于 2017 年出现显著下滑。

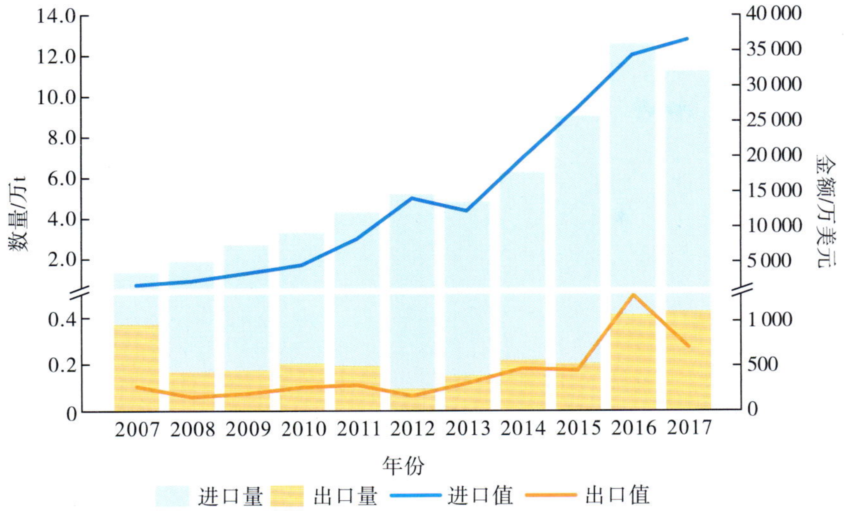

图 1-3 2007—2017 年中国猕猴桃进、出口贸易变化（齐秀娟，2020）

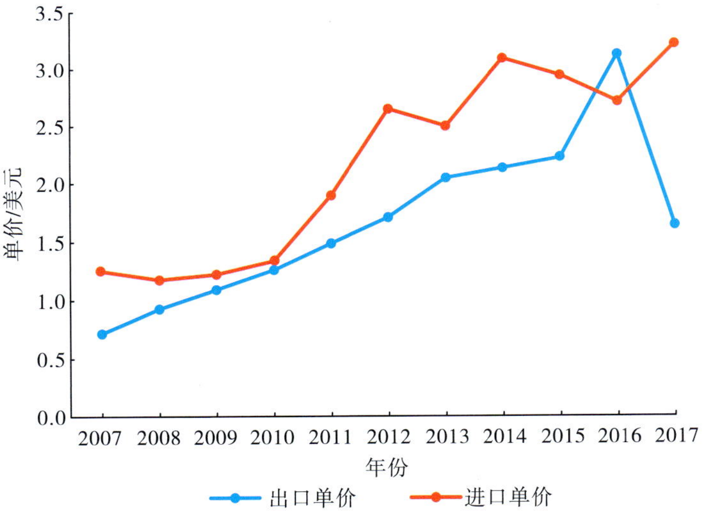

图 1-4 2007—2017 年中国猕猴桃进、出口贸易单价变化（齐秀娟，2020）

三、制约我国猕猴桃产业发展的主要因素

猕猴桃商业化栽培始于 20 世纪初新西兰人对我国野生猕猴桃的引种驯化，目前已历时 100 多年，新西兰、意大利等国猕猴桃科研和生产技术体系日臻完善。我国虽然是猕猴桃的原产地，也是猕猴桃的生产大国，但猕猴桃的相关研究晚起步了半个世纪，直至 20 世纪 70 年代后期才开始进行较为系统的研究。目前制约我国猕猴桃产业发展的因素主要有以下 6 个方面。

1. 园地选择、果园规划没有引起足够重视

猕猴桃对立地环境的要求较严格，对环境的适应性较葡萄、桃等其他树种差，园地选择不当会给后期的果园生产埋下极大隐患。猕猴桃喜中性和偏酸性的土壤，在pH值大于7.5的土壤中，猕猴桃通常会出现叶片黄化、生长势弱的现象。其根系属肉质化的浅根系，喜肥沃、通透性好的土壤，对土壤肥力、湿度变化敏感，既怕涝又怕旱，不耐瘠薄。在南方多雨地区种植猕猴桃，宜选择排水通畅的缓坡地。在排水不畅的洼地、平地建园，植株生长势弱，降水多的年份死树、毁园现象普遍，病害发生严重。北方地区，在盐碱地或pH值高的地块建园，植株生长缓慢，树冠不易形成。在夏季高温、干旱期空气干燥，果园若没有灌溉条件，树体会出现严重的日灼现象。温度是影响猕猴桃正常生长的关键因子，冬季温度低于−12℃时，植株有可能遭受冻害。作为落叶果树，冬季温度偏高会导致低温需冷量不足，会降低萌芽率，进而影响产量。春季倒春寒、大风、干热风和夏季35℃以上的高温、强光照等，均会对植株的生长发育产生不利影响。

建园规划对猕猴桃生产至关重要，但在实际生产中往往是急于种树，忽略了规划的重要性。果园小区划分、土壤改良、园区道路、排灌系统、株行距选择、雌雄株搭配、整形架、遮阴或避雨设施、防风林设置及其他园区配套设施的配置等均应在种植之前完成。然而，树苗种下后无架可上，旱不能灌、涝不能排等现象普遍，造成结果晚甚至建园失败。由于猕猴桃对环境和栽培条件要求较为苛刻，务须做好建园规划，并努力完成规划内容，切忌匆忙栽植。

2. 主导品种不明确，授粉品种和抗性砧木缺乏，苗木繁育技术体系落后

海沃德是新西兰生产上的主导品种，占比曾高达98%，黄色品种黄金果和阳光金果推出后，海沃德的比例逐渐下降，其他品种所占比例极小，主栽品种少为标准化栽培带来了便利。

我国猕猴桃资源丰富，从中选育的品种繁多，仅20世纪90年代初就命名确定了60多个品种和品系，但至今难以确定生产上的主导品种。

猕猴桃是一种雌雄异株、具有较强花粉直感效应的果树，授粉品种的选择对坐果率、果实形状、单果重和果实品质有很大的影响。目前栽培的主要品种大多源于野生资源雌株的选优，通常忽略了对雄株的选择，导致生产中选用的雄株混乱。

我国还没有猕猴桃专用砧木品种，苗木繁育仍采用野生猕猴桃或栽培品种的劣质果种子实生苗作砧木。猕猴桃是对土壤、气候要求较为苛刻的树种，而抗性砧木(抗高pH值、抗盐、抗涝或抗旱)的研究和使用几乎为空白。

猕猴桃定植后往往成活率低，建园难度较其他果树大，因此对苗木质量的要求更高。新西兰等国几乎全部使用专用砧木培育壮苗或容器苗建园，不仅成活率高，而且定植后第 2 年产量就可达到 7 500～12 000 kg/hm^2。我国一般采用裸根小苗或实生苗定植，虽然成本低，但成活率低、定植后管理困难，进入结果期需 3～4 年甚至更长时间，影响果园的早期效益。

3. 栽培管理技术体系落后

猕猴桃对环境适应性较差，对光、热、土、肥、水等的要求较高，管理难度大，高投入高产出特征明显。我国在猕猴桃栽培方面的研究起步晚、力量薄弱，加之经营规模小、投资力度不够，导致我国猕猴桃栽培管理技术落后、生产标准化水平低下。栽培管理技术方面存在的突出问题有：架式和整形修剪没有统一标准、肥水管理缺乏科学依据、雌雄株配比不合理、人工授粉和疏花疏果不到位、滥用膨大剂、早采现象严重等。

4. 病虫害的威胁

与其他落叶果树相比，猕猴桃的病虫害较少。由于栽培历史短，人们对猕猴桃的病虫害发生、发展缺乏系统研究，防治技术薄弱。但随着猕猴桃栽培面积的扩大，逐渐老龄化果园的病虫害也越来越严重，已经影响到猕猴桃产业的发展。近几年新西兰暴发的猕猴桃溃疡病，对其猕猴桃产业造成了巨大影响，其推出不久的黄肉品种黄金果已被迫淘汰。我国选育的红肉品种红阳也是溃疡病易感品种，在高湿多雨和冬季易遭受冻害的地区，已经发现有溃疡病的传播，若不尽早采取措施，其必将威胁猕猴桃产业的健康发展。软腐病、根腐病、桑白蚧等病虫害也表现出越来越严重的趋势，目前还缺乏有效的防控措施。

5. 采后处理能力落后、质量标准体系不完善

我国生产上使用的猕猴桃类型多(绿肉、黄肉、红肉、即食型软枣猕猴桃)、品种杂，采收和划分等级的质量标准体系不完善，缺乏与之相配套的贮藏加工技术。我国还没有统一的采收期标准，早采现象严重，已成为目前影响猕猴桃质量的主要因素。鲜果划分等级的标准体系不完善、指标参数不合理，采后分级、包装、贮藏的研究力量薄弱，更是缺乏对贮藏期长短与食用品质关系的研究，冷链运输体系还有待完善。在加工方面，技术水平与工艺设备落后，减少加工过程中维生素 C 的损失是目前亟待解决的问题。

6. 缺少猕猴桃发展战略及市场的研究

猕猴桃是一种新兴果树，中国消费者总体上对其价值缺乏了解，而我国关于猕猴桃消费趋势和消费市场培育方面的研究基本空缺。有些猕猴桃产区虽已建立了销售体系，但是缺乏品牌意识。中国猕猴桃产品对外未能形成统一的合力，无论在国际市场还是国内市场，新西兰、意大利和智利的猕猴桃产品在高端市场占有绝对优势。

第四节　发展展望和建议

中国是猕猴桃的原产地，丰富的种质资源为认识、研究和利用猕猴桃提供了优越的便利条件。我国猕猴桃产业虽然起步晚，但发展速度快、势头强劲，已经成为世界猕猴桃生产大国。在猕猴桃研究方面，随着产业规模的扩大，政府对猕猴桃科研的投入不断增加，研究队伍得到了稳定和加强，研究水平也在逐步提升。

一、发展展望

2017 年中国猕猴桃人均占有量不到 2 kg。随着中国经济的发展和居民消费水平的提高，国内市场对有着“水果之王”美誉的猕猴桃应有更多的需求。在国际市场，世界人均猕猴桃占有量很低，约为 300 g，上升的空间依然存在。2016 年我国猕猴桃进口量大约为 12 万 t，而出口量只有 0.4 万 t。如果我国猕猴桃的品质得到较大的改善，在国内和国际市场的竞争力进一步增强，市场份额也会增加。相对于苹果、柑橘等大宗水果，猕猴桃目前的面积、产量依然很小，发展潜力很大。

目前供应市场的猕猴桃主要为绿肉的美味猕猴桃和黄肉及红心的中华猕猴桃，而即食型的软枣猕猴桃和易剥皮、高维生素 C 的毛花猕猴桃已经开始规模化栽培，发展迅速。软枣猕猴桃因其具有大小适口、树上完成后熟过程、可采期长、耐溃疡病能力强等特点，适合在城市郊区的观光果园发展。冷链物流业的发展有利于克服软枣猕猴桃不耐贮运的缺点，会促进软枣类型猕猴桃产业的发展。毛花猕猴桃果实的维生素 C 含量一般是中华猕猴桃和美味猕猴桃的 6 倍左右，果实易剥皮、便于食用，并且具有较强的耐溃疡病特点。毛花猕猴桃目前可被商业化栽培利用的品种不多，并且果实一般口感偏酸，但随着新品种的推出，其开发利用前景看好。

绿肉的美味猕猴桃仍然是目前和今后较长时期内的主要栽培类型，但目前的主栽品种需要进行调整。海沃德口感偏酸、徐香果形偏小、秦美品质不佳等缺点若不克服，这些品种果园的经济效益就难以保障。美味猕猴桃一般抗性较强、产量高、耐贮性好，若品质得到提高，果园经营的风险则会降低。如能选择到可溶性固形物含量 18%以上、可滴定酸 1.3%以下、单果重达到 100 g 左右的品种，仍可适度发展。

黄肉类型的中华猕猴桃品种果皮光滑无毛、含酸量低、口感偏甜，较受国内市场的青睐，今后的栽培面积还会进一步增加。但该类型中的二倍体品种，如新西兰的黄金果，通常对细菌性溃疡病敏感，需要慎重考虑。目前生产中利用的四倍体类型的品种在贮藏性、风味品质等方面还存在欠缺，需要推出新的生产主导品种。

红心类型的中华猕猴桃品种如红阳，由于其优异的食用品质，近年来得到了快速发展，但这类品种大多对溃疡病敏感，在目前尚无有效控制这种病害发生的条件下，不宜再扩大面积。红阳等二倍体的红心类型品种，大多在抗病性、生长势、抗热性、耐贮性等方面存在欠缺，在设施栽培条件下，通过避雨、遮阴等措施可在一定程度上弥补这类品种本身的缺陷。

自然界中存在有全红、橙色等类型的猕猴桃，由于品质不佳，难以直接利用。利用猕猴桃种间生殖隔离不严格，通过远缘杂交选育彩色猕猴桃进行开发利用，将丰富猕猴桃类型，从而满足市场的多样化需求。

二、发展建议

1. 选用抗性砧木和雄性品种，利用大苗建园

中华猕猴桃和美味猕猴桃实生苗的根系对土壤环境条件要求较为苛刻，抗涝、抗旱、抗盐碱及耐瘠薄的能力较差，嫁接后接穗品种往往表现长势偏弱。猕猴桃属中的不同种对环境的适应性存在差异，而不同种间的嫁接亲和性问题不大，所以可通过抗性评价和人工选育途径在猕猴桃属中获得抗性砧木品种，改变目前主要利用野生美味猕猴桃种子或残次果种子生产实生苗的局面。

猕猴桃是功能性的雌雄异株植物，大多种间授粉一般也能开花结果，但不同雄株的花粉对雌株的坐果率、果实大小、果形及含糖量有直接影响。在选用主导品种的配套雄株时，不能仅仅考虑花期是否相遇，也要考虑到花粉直感现象。

利用大苗尤其是容器苗建园，栽植后成活率高、果园群体整齐，第 2 年就会获得一些产量，虽然苗木成本高，但建园成功率大、资金回收快。利用小苗或实生苗建园，存在成活率低、补苗后果园群体不整齐、进入结果需时长等问题，不符合现代果园的发展方向。

2. 高标准建园，数字化管理，取代膨大剂的应用

猕猴桃是典型的只有高投入才有高产出的树种，高标准建园能够为植株生长发育提供良好的环境条件。前期需要根据目标市场、果园立地条件、技术人才、资金状况等做好果园规划，争取在完成土地整理、土壤改良、畦面构筑、排灌设施、整形架搭建等工作后进行苗木定植。

随着果园经营规模的扩大、投入的增加，在现代信息技术和物联网的技术支持下，果园管理数字化势在必行。果园的施肥、灌溉和肥水一体化的设施条件在有些果园已经具备，利用测土配方和植株养分状况叶分析技术获得的数据可以做到精准施肥，利用土壤水分传感器获得的数据可实现果园自动灌溉。根据目标产量，可以确定冬季修剪的留枝长度、单位面积架面的留芽量、留花量、留果量。可以根据果实的干物质含量、可溶性固形物含量和硬度，确定不同品种的适宜采摘时期。根据虫口密度、病斑数量，借助物联网专家咨询系统，及时进行果园病虫害防控。由于果树管理中熟练技术工人越来越少，过去传统的凭经验进行模糊管理的方法难以应对农村劳动力资源短缺的问题，迫切需要利用数字化、自动化实现果园的简约化管理模式。

由于立地条件和栽培技术等多种原因，我国猕猴桃主栽品种的单果重在不使用膨大剂的情况下大部分达不到 90 g，膨大剂的使用解决了猕猴桃产业中果实偏小的难题。但随着消费水平的提高，消费者在心理上对膨大剂的抵触情绪也与日俱增，已影响到猕猴桃产业的可持续发展。通过选择大果品种、增强树势、壮枝结果、人工授粉、疏花疏果、控制产量、环剥等系列措施，可以在不使用膨大剂的情况下生产优质大果。其中果园花期放蜂、人工授粉、环剥等关键技术在我国有些果园已经开始实施。

3. 选用抗性品种，运用综合防控技术保障果品质量安全

新西兰黄色品种黄金果的推出，改变了该国猕猴桃品种结构，在国际市场上累计为新西兰获得了 30 亿新元的销售收入。但鉴于该品种对溃疡病敏感，目前还没有十分有效的防控措施，该品种将不得不被新的品种所取代。我国红心类型品种红阳也有类似的问题，该品种品质优异，深受消费者的喜爱，市场售价也一直明显高于其他品种。但遗憾的是，该品种也对溃疡病敏感，有些产区已发生毁园现象。这些教训启示我们，猕猴桃产业选择主栽品种时，不仅要考虑到品质，同时要考虑到抗性，特别是对检疫性病虫害的耐受性。品种抗性不强，将给果园的可持续发展埋下极大的隐患。

果品质量安全涉及消费者的人身安全，也关乎猕猴桃产业的可持续发展。随着经济社会的发展，果品质量安全越来越受到消费者的重视。影响猕猴桃果品质量安全的主要因子有农药残留、重金属含量、有害生物等，农药残留中杀菌剂、杀虫剂、除草剂、植物生长调节剂是常见的危害因子。猕猴桃是多年生果树，栽植前应对土壤和环境中的重金属等危害因子进行评估，避免在污染区建立果园。应该通过选用抗病品种和砧木、做好苗木检疫以切断病原菌的传播途径、培养健壮树体、控制负载量、不使用膨大剂、合理用药等综合防控技术，建立保障猕猴桃果品质量安全的技术体系，实现猕猴桃产业的可持续性发展。

4. 加强猕猴桃产业发展战略的研究

猕猴桃是一种新兴果树，发展速度很快，近10多年来年产量均以20%的幅度增加。然而作为一种小宗水果，关于发展的适度规模、区域布局、品种结构、目标市场和发展趋势的研究没有引起足够的重视。在市场方面，大多数中国消费者对其知之甚少，我国关于猕猴桃消费趋势和消费市场培育方面的研究基本空缺。现今培育的品种很少进行消费者喜好度测试，品种性状受育种者个人偏好的影响大。新的品种在进入商业化开发前，应综合考虑消费群体、经销商、种植者的意见，做到消费者乐于购买、经销商愿意经营、种植者容易生产。

有些猕猴桃产区已建立了销售体系，但品牌意识不强，即使创建了品牌，特别是那些区域性公共品牌，未能下大力气进行维护，造成消费者对国产品牌信心不足，从而导致丰产不丰收的现象。在国际市场，我国猕猴桃所占的份额很小。随着我国栽培总面积的不断扩大，单位面积产量的增加和产品质量的提高，国产猕猴桃需要参与国际市场的竞争。如何开拓市场、统一品牌和渠道、避免自相恶性竞争，值得我们进行广泛的深入研究。

参考文献

[1]黄宏文. 猕猴桃属分类资源驯化栽培[M]. 北京：科学出版社，2013.

[2]崔志学. 中国猕猴桃[M]. 济南：山东科学技术出版社，1993.

[3]崔志学，黄学森. 猕猴桃研究报告集[D]. 郑州：中国农业科学院郑州果树研究所，1982.

[4]王景祥. 猕猴桃[J]. 生物学通报，1957(5)：27-30.

[5]Ferguson A R，Huang H. Genetic resources of kiwifruit：domestication and breeding[J]. Horticultural Reviews，2007，33：1-122.

[6]Belrose. world kiwifruit review[M]. Washington：Belrose，Inc.，Pullman，2016.

[7]Ferguson A R. Kiwifruit：the wild and the cultivated plants[J]. Adv Food Nutr Res，2013，68：15-32.

[8]Belrose. World kiwifruit review[M]. Washington：Belrose，Inc.，Pullman，2010.

第二章　我国猕猴桃区域分布与优势区域发展战略

作为猕猴桃原产国，我国的猕猴桃资源极为丰富，分布区域纵跨泛北极植物区和古热带植物区。我国猕猴桃属植物自然分布区域大多地形复杂，不同气候区域、不同海拔高度，或同一海拔不同小气候条件，都会影响猕猴桃资源类型的丰富度，其生物地理分布具有跨越省份界限的特点，不同分类单元在很多省份间重叠。我国猕猴桃产业化发展虽然起步较晚，但发展迅速，是我国果树产业发展的一个新亮点，各主产区也针对产业可持续发展制定了相关的政策和发展战略，以提升猕猴桃的市场竞争能力。本章着重阐述了我国猕猴桃资源的调查、各优势产区的环境特点、资源分布情况、主栽品种类型，以及猕猴桃产业发展历程和战略区划。

第一节　我国猕猴桃种质资源的收集与区域分布

一、我国猕猴桃种质资源的调查

猕猴桃虽然起源于我国，但长期处于野生状况，20 世纪 70 年代以前对其资源的种类、分布及性状特性了解很少。1978 年，由农业部发起，中国农业科学院郑州果树研究所主持的全国猕猴桃科研协作座谈会在河南信阳市召开，来自全国猕猴桃资源主要分布区的 16 个省、直辖市、自治区的科研单位、大学、供销系统、轻工和生产部门的几十位科研、管理方面的专家、学者参加了会议。此次会议标志着我国在国家层面上猕猴桃产业和科研工作的正式起步。会议在交流总结 1955 年以来我国猕猴桃资源调查及引种栽培情况的基础上，分析了国外猕猴桃科研及产业发展状况，制定了我国1978—1985年猕猴桃科研计划，明确提出了我国要赶超世界猕猴桃科研与产业发展的战略，并在猕猴桃资源调查和品种选育、育苗及果园栽培技术、贮藏运销及加工产品开发等方面进行了科研任务的全面部署，特别强调中国丰富的猕猴桃种质资源优势对后续产业发展的重要作用，以及猕猴桃在医用保健功能方面的重要性。此次会议后，成立了由我国著名果树种质资源研究专家崔致学为总协调人的全国猕猴桃科研协作组，由此全面开展了对我国本土猕猴桃种质资源的系统深入调查研究。科研协作组先后开展了对云南、四川、贵州、广西、广东、湖南、湖北、江西、安徽、福建、台湾、浙江、江苏、陕西、甘肃、河南、河北、山西、山东、北京、天津、辽宁、吉林、黑龙江、西藏、海南等省(自治区、直辖市)猕猴桃资源的调查工作，至1992年，除新疆、青海和宁夏外，已有27个省(自治区、直辖市)完成了全部或部分地区的资源调查工作，基本查清了我国猕猴桃种质资源的种类和分布状况(崔致学，1993)。

通过猕猴桃的资源调查，至1989年，初步确定了起源于我国的猕猴桃属植物共有59个种、43个变种、7个变型，占全世界猕猴桃属植物63个种的93.7%，基本查明了我国猕猴桃植物分布区的生态环境、水平分布和垂直分布特点以及伴生植物种类等。在前人工作的基础上，对种、变种、变型做了较为详细的描述。在此基础上，黄宏文等(2013)对猕猴桃属的分类进行了修订，将猕猴桃属的物种归并为54个种、21个变种，共75个分类单元，其名录如表2-1所列。

表2-1　猕猴桃属植物

序号	种　名	中文名
1	A. *arguta*(Siebold and Zuccarini) Planchon ex Miquel	软枣猕猴桃
2	A. *arguta* var. *giraldii* (Diels) Voroshilov	陕西猕猴桃
3	A. *callosa* Lindley	硬齿猕猴桃
4	A. *callosa* var. *acuminata* C. F. Liang	尖叶猕猴桃
5	A. *callosa* var. *strigillosa* C. F. Liang	毛叶硬齿猕猴桃
6	A. *callosa* var. *henryi* Maxim	京梨猕猴桃
7	A. *callosa* var. *discolor* C. F. Ling	异色猕猴桃
8	A. *chengkouensis* C. Y. Chang	城口猕猴桃
9	A. *chinensis* Planchon	中华猕猴桃
10	A. *chinensis* var. *deliciosa* A. Chevalier	美味猕猴桃

续表

序号	种　名	中文名
11	*A. chinensis* var. *setosa* H. L. Li	刺毛猕猴桃
12	*A. chrysantha* C. F. Ling	金花猕猴桃
13	*A. cylindrica* C. F. Liang	柱果猕猴桃
14	*A. cylindrica* var. reticulata C. F. Liang	网脉猕猴桃
15	*A. eriantha* Bentham	毛花猕猴桃
16	*A. farinosa C. F. Liang*	粉毛猕猴桃
17	*A. fasciculoides C. F. Liang*	簇花猕猴桃
18	*A. fasciculoides* var. *orbiculata C. F. Liang*	圆叶猕猴桃
19	*A. fasciculoides* var. *cuneata C. F. Liang*	楔叶猕猴桃
20	*A. fortunatii Finet and Gagnepain*	条叶猕猴桃
21	*A. fulvicoma Hance*	黄毛猕猴桃
22	*A. fulvicoma* var. *pachyphylla (Dunn) H. L. Li*	厚叶猕猴桃
23	*A. fulvicoma* var. *hirsuta Finet and Gagnepain*	糙毛猕猴桃
24	*A. fulvicoma* var. *cinerascens C. F. Liang*	灰毛猕猴桃
25	*A. glauco-callosa* C. Y. Wu	粉叶猕猴桃
26	*A. grandiflora* C. F. Liang	大花猕猴桃
27	*A. hemsleyana* Dunn	长叶猕猴桃
28	*A. henryi* Dunn	蒙自猕猴桃
29	*A. holotricha* Finet and Gagnepain	全毛猕猴桃
30	*A. hubeiensis* H. M. Sun and R. H. Huang	湖北猕猴桃
31	*A. indochinensis* Merrll	中越猕猴桃
32	*A. indochinensis* var. *ovatifolia* R. G. Li and L. Mo	卵圆叶猕猴桃
33	*A. kolomikta* Maximowicz	狗枣猕猴桃
34	*A. laevissima* C. F. Liang	滑叶猕猴桃
35	*A. lanceolata* Dunn	小叶猕猴桃
36	*A. latifolia* (Gardner and Champion) Merrill	阔叶猕猴桃
37	*A. latifolia* var. *mollis* (Dunn) Handel-Mazzetti	长绒猕猴桃
38	*A. liangguangensis* C. F. Liang	两广猕猴桃
39	*A. lijiangensis* C. F. Liang and Y. X. Lu	漓江猕猴桃
40	*A. lingguiensis* R. G. Li and X. G, Wang	临桂猕猴桃

续表

序号	种 名	中文名
41	*A. longicarpa* R. G. Li and M. Y. Liang	长果猕猴桃
42	*A. macrosperma* C. F. Liang	大籽猕猴桃
43	*A. macrosperma* var. *mumoides* C. F. Liang	梅叶猕猴桃
44	*A. melanandra* Franchet	黑蕊猕猴桃
45	*A. melanandra* var. *glaberscens* C. F. Liang	无髯猕猴桃
46	*A. melliana* HandeL-Mazzetti	美丽猕猴桃
47	*A. obovata* Chun ex C. F. Liang	倒卵叶猕猴桃
48	*A. persicina* R. G. Li and L. Mo	桃花猕猴桃
49	*A. pilosula* Stapf ex Handei-Mazzetti	贡山猕猴桃
50	*A. polygama* (Siebold and Zuccarini) Maximowicz	葛枣猕猴桃
51	*A. rongshuiensis* R. G. Li and X. G. Wang	融水猕猴桃
52	*A. rubricaulis* Dunn	红茎猕猴桃
53	*A. rubricaulis* var. *coriacea* C. F. Liang	革叶猕猴桃
54	*A. rubus* H. Léveillé	昭通猕猴桃
55	*A. rudis* Dunn	糙叶猕猴桃
56	*A. rudis* var. *glabricaulis* C. Y. Wu	光茎猕猴桃
57	*A. rufa*(Siebold and Zuccarini) Planchon ex Miquel	山梨猕猴桃
58	*A. rufotricha* C. Y. Wu	红毛猕猴桃
59	*A. rufotricha* var. *glomerata* C. F. Liang	密花猕猴桃
60	*A. sabiifolia* Dunn	清风藤猕猴桃
61	*A. sorbifolia* C. F. Liang	花楸猕猴桃
62	*A. stellato-pilosa* C. Y. Chang	星毛猕猴桃
63	*A. styracifolia* C. F. Liang	安息香猕猴桃
64	*A. suberifolia* C. F. Wu	栓叶猕猴桃
65	*A. tetramera* Maximowicz	四萼猕猴桃
66	*A. trichogyna* Franchet	毛蕊猕猴桃
67	*A. ulmifolia* C. F. Liang	榆叶猕猴桃
68	*A. umbelloides* C. F. Liang	伞花猕猴桃
69	*A. umbelloides* var. *flabellifolia* C. F. Liang	扇叶猕猴桃
70	*A. valvata* Dunn	对萼猕猴桃

续表

序号	种 名	中文名
71	*A. venosa* Rehder	显脉猕猴桃
72	*A. vitifolia* C. Y. Wu	葡萄叶猕猴桃
73	*A. zhejiangensis* C. F. Liang	浙江猕猴桃
74	*A. hypoleuca* Nakai	白背叶猕猴桃
75	A. strigosa Hooker f. and Thomas	尼泊尔猕猴桃

注：除 74 号白背叶猕猴桃分布在日本，75 号尼泊尔猕猴桃分布在尼泊尔外，其他在中国均有分布。

二、猕猴桃地理区域分布

猕猴桃属植物分布区南北跨度较大，从赤道附近到北纬 50°均有分布，纵跨泛北极植物区和古热带植物区。中国是猕猴桃的起源中心，也是世界猕猴桃的原产地。我国猕猴桃的自然分布跨越不同的气候区域，北到黑龙江、南至福建都有猕猴桃树种分布，大部分分类群集中在秦岭以南、横断山脉以东地区。

猕猴桃属植物按照其果皮特征可分为净果组、斑果组、糙毛组和星毛组，它们的区域分布存在着很大程度的重叠和交叉，这在一定程度上也代表了中国植物的区系特征。

净果组猕猴桃成员在形态上具有很强的一致性，也是猕猴桃属植物中分布最靠北(北纬 50°)、最靠东(东经 145°)的组，而且仅有该组成员在黄河以北地区有分布(崔致学，1993)，这也决定了它们较其他组成员有着更强的抗寒能力。净果组中的软枣猕猴桃、狗枣猕猴桃等分布最广，且分布边缘最靠北、最靠东，它们的这种广泛分布也证明了这些种的古老性。净果组中一些种如对萼猕猴桃、大籽猕猴桃的地理分布则相对狭窄。

斑果组成员是 4 个组中分布最靠西的，也是唯一与喜马拉雅山植物有关联的一组，它们的起源中心位于云贵高原和广西西部山区，这使得它们更能适应西部高原环境(黄宏文，2013)。硬齿猕猴桃是斑果组中分布最广的种，也恰巧是变种数目最多的种，它的分布几乎与该组其他成员都存在有地理重叠。

糙毛组猕猴桃的区域分布比较零散，多集中于温暖湿润地区，在系统发育方面是猕猴桃属中最不发达的一支。该组成员有糙叶猕猴桃、美丽猕猴桃、长叶猕猴桃、城口猕猴桃等，它们与斑果组中的种存在一定的地理重叠分布。

星毛组分布最偏南，达到赤道附近。该类群成员多集中于长江以南的山地和丘陵地带，包括 2 个最知名的分类单元——中华猕猴桃和美味猕猴桃。星毛组猕猴桃的物种形成中心在广东、广西、云贵高原地区，阔叶猕猴桃在该区域的分布一直延伸到赤道区域。我国各省份猕猴桃资源的分布情况见表 2-2 和表 2-3。

表 2-2 我国猕猴桃植物分布区域

省区市	分布的猕猴桃种类
云南	软枣猕猴桃、陕西猕猴桃、硬齿猕猴桃、尖叶猕猴桃、异色猕猴桃、京梨猕猴桃、毛叶硬齿猕猴桃、中华猕猴桃、美味猕猴桃、金花猕猴桃、毛花猕猴桃、簇花猕猴桃、楔叶猕猴桃、黄毛猕猴桃、糙毛猕猴桃、粉叶猕猴桃、大花猕猴桃、蒙自猕猴桃、长叶猕猴桃、全毛猕猴桃、中越猕猴桃、狗枣猕猴桃、滑叶猕猴桃、阔叶猕猴桃、长绒猕猴桃、梅叶猕猴桃、黑蕊猕猴桃、无髯猕猴桃、倒卵叶猕猴桃、贡山猕猴桃、葛枣猕猴桃、红茎猕猴桃、革叶猕猴桃、昭通猕猴桃、糙叶猕猴桃、光茎猕猴桃、红毛猕猴桃、密花猕猴桃、花楸猕猴桃、栓叶猕猴桃、四萼猕猴桃、伞花猕猴桃、扇叶猕猴桃、显脉猕猴桃、葡萄叶猕猴桃
贵州	软枣猕猴桃、异色猕猴桃、京梨猕猴桃、毛叶硬齿猕猴桃、中华猕猴桃、美味猕猴桃、柱果猕猴桃、网脉猕猴桃、毛花猕猴桃、条叶猕猴桃、黄毛猕猴桃、糙毛猕猴桃、大花猕猴桃、蒙自猕猴桃、狗枣猕猴桃、滑叶猕猴桃、小叶猕猴桃、阔叶猕猴桃、黑蕊猕猴桃、无髯猕猴桃、倒卵叶猕猴桃、葛枣猕猴桃、红茎猕猴桃、革叶猕猴桃、密花猕猴桃、花楸猕猴桃、安息香猕猴桃
四川	软枣猕猴桃、陕西猕猴桃、硬齿猕猴桃、异色猕猴桃、京梨猕猴桃、城口猕猴桃、美味猕猴桃、大花猕猴桃、狗枣猕猴桃、阔叶猕猴桃、黑蕊猕猴桃、葛枣猕猴桃、革叶猕猴桃、昭通猕猴桃、花楸猕猴桃、四萼猕猴桃、毛蕊猕猴桃、榆叶猕猴桃、显脉猕猴桃、葡萄叶猕猴桃
西藏	黄毛猕猴桃、灰毛猕猴桃、蒙自猕猴桃、狗枣猕猴桃、两广猕猴桃、显脉猕猴桃
广东	硬齿猕猴桃、异色猕猴桃、京梨猕猴桃、中华猕猴桃、金花猕猴桃、毛花猕猴桃、粉毛猕猴桃、簇花猕猴桃、楔叶猕猴桃、条叶猕猴桃、黄毛猕猴桃、灰毛猕猴桃、糙毛猕猴桃、厚叶猕猴桃、蒙自猕猴桃、中越猕猴桃、小叶猕猴桃、阔叶猕猴桃、两广猕猴桃、大籽猕猴桃、美丽猕猴桃、革叶猕猴桃、对萼猕猴桃

续表

省区市	分布的猕猴桃种类
广西	软枣猕猴桃、陕西猕猴桃、异色猕猴桃、京梨猕猴桃、毛叶硬齿猕猴桃、中华猕猴桃、美味猕猴桃、金花猕猴桃、柱果猕猴桃、网脉猕猴桃、毛花猕猴桃、粉毛猕猴桃、楔叶猕猴桃、圆叶猕猴桃、条叶猕猴桃、黄毛猕猴桃、糙毛猕猴桃、蒙自猕猴桃、长叶猕猴桃、中越猕猴桃、卵圆叶猕猴桃、阔叶猕猴桃、两广猕猴桃、漓江猕猴桃、临桂猕猴桃、长果猕猴桃、黑蕊猕猴桃、美丽猕猴桃、革叶猕猴桃、密花猕猴桃
海南	美丽猕猴桃、阔叶猕猴桃
浙江	软枣猕猴桃、异色猕猴桃、京梨猕猴桃、中华猕猴桃、美味猕猴桃、金花猕猴桃、毛花猕猴桃、黄毛猕猴桃、厚叶猕猴桃、长叶猕猴桃、小叶猕猴桃、阔叶猕猴桃、大籽猕猴桃、梅叶猕猴桃、黑蕊猕猴桃、美丽猕猴桃、革叶猕猴桃、青风藤猕猴桃、安息香猕猴桃、毛蕊猕猴桃、对萼猕猴桃、浙江猕猴桃
江西	软枣猕猴桃、异色猕猴桃、京梨猕猴桃、中华猕猴桃、美味猕猴桃、金花猕猴桃、毛花猕猴桃、黄毛猕猴桃、厚叶猕猴桃、长叶猕猴桃、小叶猕猴桃、阔叶猕猴桃、大籽猕猴桃、梅叶猕猴桃、黑蕊猕猴桃、美丽猕猴桃、革叶猕猴桃、青风藤猕猴桃、安息香猕猴桃、毛蕊猕猴桃、对萼猕猴桃、浙江猕猴桃
江苏	软枣猕猴桃、中华猕猴桃、对萼猕猴桃、梅叶猕猴桃
福建	软枣猕猴桃、异色猕猴桃、京梨猕猴桃、毛叶硬齿猕猴桃、中华猕猴桃、金花猕猴桃、毛花猕猴桃、黄毛猕猴桃、厚叶猕猴桃、长叶猕猴桃、小叶猕猴桃、阔叶猕猴桃、黑蕊猕猴桃、葛枣猕猴桃、青风藤猕猴桃、安息香猕猴桃、对萼猕猴桃、浙江猕猴桃
台湾	硬齿猕猴桃、异色猕猴桃、刺毛猕猴桃、阔叶猕猴桃、山梨猕猴桃
湖北	软枣猕猴桃、陕西猕猴桃、京梨猕猴桃、城口猕猴桃、中华猕猴桃、美味猕猴桃、湖北猕猴桃、狗枣猕猴桃、阔叶猕猴桃、大籽猕猴桃、黑蕊猕猴桃、葛枣猕猴桃、红茎猕猴桃、革叶猕猴桃、四萼猕猴桃、毛蕊猕猴桃、显脉猕猴桃
重庆	软枣猕猴桃、陕西猕猴桃、异色猕猴桃、京梨猕猴桃、城口猕猴桃、美味猕猴桃、狗枣猕猴桃、黑蕊猕猴桃、葛枣猕猴桃、革叶猕猴桃、星毛猕猴桃、四萼猕猴桃、毛蕊猕猴桃、显脉猕猴桃

续表

省区市	分布的猕猴桃种类
湖南	软枣猕猴桃、陕西猕猴桃、硬齿猕猴桃、尖叶猕猴桃、异色猕猴桃、京梨猕猴桃、毛叶硬齿猕猴桃、中华猕猴桃、美味猕猴桃、金花猕猴桃、毛花猕猴桃、条叶猕猴桃、黄毛猕猴桃、糙毛猕猴桃、厚叶猕猴桃、灰毛猕猴桃、蒙自猕猴桃、狗枣猕猴桃、小叶猕猴桃、阔叶猕猴桃、两广猕猴桃、黑蕊猕猴桃、无髯猕猴桃、美丽猕猴桃、葛枣猕猴桃、红茎猕猴桃、革叶猕猴桃、青风藤猕猴桃、花楸猕猴桃、安息香猕猴桃、对萼猕猴桃、显脉猕猴桃
安徽	软枣猕猴桃、异色猕猴桃、中华猕猴桃、毛花猕猴桃、狗枣猕猴桃、小叶猕猴桃、大籽猕猴桃、梅叶猕猴桃、黑蕊猕猴桃、葛枣猕猴桃、革叶猕猴桃、对萼猕猴桃
河南	软枣猕猴桃、京梨猕猴桃、中华猕猴桃、美味猕猴桃、狗枣猕猴桃、黑蕊猕猴桃、葛枣猕猴桃、革叶猕猴桃、四萼猕猴桃、对萼猕猴桃
陕西	软枣猕猴桃、陕西猕猴桃、京梨猕猴桃、城口猕猴桃、中华猕猴桃、美味猕猴桃、狗枣猕猴桃、黑蕊猕猴桃、葛枣猕猴桃、四萼猕猴桃
甘肃	软枣猕猴桃、陕西猕猴桃、京梨猕猴桃、中华猕猴桃、狗枣猕猴桃、黑蕊猕猴桃、葛枣猕猴桃、四萼猕猴桃
辽宁	软枣猕猴桃、狗枣猕猴桃、葛枣猕猴桃
吉林	软枣猕猴桃、狗枣猕猴桃、葛枣猕猴桃
黑龙江	软枣猕猴桃、狗枣猕猴桃、葛枣猕猴桃
河北	软枣猕猴桃、狗枣猕猴桃、葛枣猕猴桃
北京	软枣猕猴桃、狗枣猕猴桃、葛枣猕猴桃
山西	软枣猕猴桃、硬齿猕猴桃
山东	软枣猕猴桃、狗枣猕猴桃、葛枣猕猴桃
天津	软枣猕猴桃

表 2-3 各省份猕猴桃物种(变种)、特有种分布

省区市	物种(变种)数	特有种数	省区市	物种(变种)数	特有种数
云南	45	10	江西	22	0
广西	32	7	四川	20	1
湖南	32	0	福建	18	0
贵州	27	0	湖北	17	1
广东	23	0	浙江	15	0

续表

省区市	物种(变种)数	特有种数	省区市	物种(变种)数	特有种数
重庆	14	1	河北	3	0
安徽	12	0	山东	3	0
河南	10	0	北京	3	0
陕西	10	0	辽宁	3	0
甘肃	8	0	吉林	3	0
西藏	6	0	黑龙江	3	0
台湾	5	1	海南	2	0
江苏	4	0	山西	2	0

注：根据 Huang 等(2007)数据，按照 Li 等(2007)猕猴桃属修订重新统计。

三、垂直分布

崔致学等(1993)通过对中国猕猴桃分类单元的垂直分布调查发现，我国猕猴桃垂直分布范围差异较大，不同种的分布地区、海拔高度分布也不同，与地区土壤类型、纬度等有一定的关系。净果组猕猴桃最耐低温，垂直分布范围最高，如软枣猕猴桃、京梨猕猴桃、狗枣猕猴桃、葛枣猕猴桃、四萼猕猴桃分布的海拔在 150～3 500 m 之间。

起源于中国南部地区的一些猕猴桃种垂直分布较低，范围狭窄，如柱果猕猴桃、美丽猕猴桃、浙江猕猴桃、华南猕猴桃等主要集中在海拔 600～800 m 的区域。

常规栽培种中华猕猴桃和美味猕猴桃在大多数分布范围内共生，且美味猕猴桃的适应性更强一些。中华猕猴桃主要分布于垂直高度 200～900 m 之间，而美味猕猴桃通常分布的海拔高度为 800～1400 m，最高达 1 950 m。

第二节　猕猴桃优势产区环境气候条件与品种结构

一、陕西

陕西是我国猕猴桃生产大省，2016 年全省猕猴桃种植面积近 6.3 万 hm^2，约占全国总面积的1/3(中国农业统计资料)。陕西属温带大陆季风性气候，南北延伸，纵跨多个纬度，使得境内南北间气候差异明显，各地年平均气温在7～16℃。陕南的秦巴山区是全省最暖地区，年平均气温为11～16℃，降水量在600～1 214 mm之间，该区也是猕猴桃属植物的主要分布区域。

秦巴山区以汉江为界分为秦岭和巴山。秦岭位于北部，海拔在1 500～3 000 m之间，北坡陡、南坡缓，以太白山为主峰，向西分为三支，自北向南依次为岐山、凤岭、紫柏山，山势渐缓，至汉中盆地边缘成为低山丘陵。太白山以南至洋县之间山岭叠嶂，太白山以东山势逐渐降低，在商洛地区山势如掌状向东分开，间以断陷盆地和河谷平地，太白山以北为华山、蟒岭、洛南、商县等山岭、盆地(崔致学，1993)。巴山位于汉江以南，为西北—东南走向山脉，海拔1 500～2 000 m，任河以西为米仓山，以东为大巴山，由大巴山主脊向北地势逐渐下降，沿汉江谷地南侧形成带状低山丘陵。

秦巴山区每年日照时数一般在1 500 h以上，无霜期达160～230 d，境内有2个明显的气候区：暖温带气候带和亚热带气候带。该区干湿季节分明，温度变化较大，春季干燥、降水量少，夏季炎热多雨，秋季气温下降快、较湿润，冬季寒冷、雨雪少。秦岭山地北坡土壤以棕壤土为主，南坡高山以黄壤土为主，谷地区域为黄泥巴土和灰化棕壤。巴山地区则主要为黄棕壤土。

在秦巴山区分布有近8个猕猴桃种和变种，如美味猕猴桃、黑蕊猕猴桃、葛枣猕猴桃、四萼猕猴桃、城口猕猴桃、狗枣猕猴桃等，其中分布最广的是美味猕猴桃，其经济价值也最高。这一区域的猕猴桃主产区主要集中在周至、眉县、岐山等县、市，其种植面积近5.7万hm^2，占到全省猕猴桃栽培面积的90%左右，主栽品种主要有徐香、翠香、秦美、海沃德，搭配有金香、哑特、华优等。

二、河南

河南地处中纬度地带，气候温和，地形上北部、西部、南部三面环山，境内有黄河、淮河两大河流通过。冬、夏气温受季风气候影响，南北地区间具有过渡性特点，热量、水分、光照充足。全省绝大部分地区年平均气温11～15℃，无霜期180～250 d，年降水量一般为600～1 000 mm，自东南向西北降水量逐渐减少。河南猕猴桃自然资源主要分布在该省南部和西南部的大别山区、伏牛山区等地。

河南野生猕猴桃共分布有约10个分类单元，包括中华猕猴桃、美味猕猴桃、软枣猕猴桃、狗枣猕猴桃、四萼猕猴桃等。这些资源主要集中在3个大的区域：第1个区域位于北纬31°31′～32°30′、东经113°～116°，主要在大别山、桐柏山脉的固始、商城、信阳、桐柏、确山、遂平等11个县市，主要种类为中华猕猴桃。第2个区域位于北纬33°30′～34°40′、东经110°30′～112°30′，主要分布于伏牛山脉的内乡、南召、西峡、栾川、洛宁、汝阳、淅川等12个县，这一区域是我国北亚热带和暖温带的气候分区线，也是华北、华中、西南植物的镶嵌地带，属秦岭山脉东段，阳光充足、雨量充沛，主要种类为中华猕猴桃和美味猕猴桃。第3个区域位于北纬34°40′～36°20′、东经110°30′～114°，主要集中于太行山脉的灵宝、济源、辉县和林县4个县，该区有软枣猕猴桃和葛枣猕猴桃的零星分布(崔致学，1993)。

河南中华猕猴桃和美味猕猴桃的垂直分布主要集中在海拔350～1 200 m之间，分布区的土壤多为黄沙土或黑沙土，土壤有机质含量约为1.6%～4.0%，pH值在5.5～6.5之间。河南猕猴桃的栽培面积超过1万hm^2，主要栽培品种有美味猕猴桃中的海沃德、徐香、华美2号，以及中华猕猴桃中的红阳、金桃、金红50等。

三、四川

四川属于亚热带地区，地形复杂、气候多变，猕猴桃资源种类与蕴藏量极为丰富，主要集中在四川盆地和西部、西南部的高山、高原地区。

四川盆地周边低山环绕，包括成都平原、盆中丘陵、盆北低山、盆东岭谷及大巴山、米仓山等。这些地区气候温暖湿润、雨水充足，属中亚热带，年降水量1 000～1 400 mm，年平均气温14～18℃，无霜期250～350 d。四川盆地地区土壤类型多样，平原多以水稻土为主，丘陵和山区为紫色土、黄壤和黄棕壤，该区许多原生植被都已消失，主要植被类型从低到高为亚热带常绿阔叶林、常绿与落叶阔叶混交林、山地针叶林等。当地猕猴桃资源分布较广，但种类稀少，蕴藏量低，主要集中于海拔900～1 600 m的地区。主要物种资源为美味猕猴桃，京梨猕猴桃和革叶猕猴桃分布也较普遍。此外，黑蕊猕猴桃、四萼猕猴桃、狗枣猕猴桃、紫果猕猴桃、葡萄叶猕猴桃、大花猕猴桃等也有零星分布。

四川西部高山、高原区位于四川盆地以西，是成都平原的西界，本区气候、土壤、植被的垂直变化非常明显，年平均气温由低到高从10～15℃降至0℃以下，全年无霜期210～270 d，平均降水量500～900 mm。土壤类型主要有灰褐土、山地棕壤、山地灰化土等，自然植被类型包括干旱河谷灌丛、亚高山暗针叶林、山地暗针叶林等。这种气候条件区猕猴桃种类稀少，在海拔2 500 m以下的地区如汶川、茂县等地有少量美味猕猴桃，另外四萼猕猴桃在该区分布较广。

川西南、峨眉山区气候条件湿润、日照充足、热量丰富，降雨量 900～2 000 mm，相对湿度达 85%，年平均气温 12～18℃，无霜期 220～300 d。土壤类型以壤土为主，有山地黄壤、山地红壤、山地黄棕壤及高山草甸土等。植被具有明显的垂直变化，自下而上有稀树草丛、常绿阔叶林、常绿与落叶混交林、高山针叶林等。本区猕猴桃资源丰富，分布广泛，区内每个县几乎都有猕猴桃资源，主要集中分布于海拔 900～1 800 m 的地区。这一区域的主要猕猴桃种类仍然是美味猕猴桃，广泛分布的有京梨猕猴桃、葛枣猕猴桃、革叶猕猴桃、大花猕猴桃、硬齿猕猴桃、柔毛猕猴桃、紫果猕猴桃、黑蕊猕猴桃、四萼猕猴桃、葡萄叶猕猴桃等。

四川省多数猕猴桃重点产区的年平均气温在 12～18℃，全年日照 1 000～1 600 h，土壤偏酸，有利于猕猴桃的生长发育。2016 年四川猕猴桃经济栽培面积超过 4 万 hm^2，栽培面积和产量均列全国第 2 位。主要栽培品种原来以海沃德为主，现在已大面积推广自主培育、引进的新品种，目前栽培面积最大的品种是中华猕猴桃红阳，占到全省栽培面积的 60%以上，海沃德次之，也有少量黄肉品种金艳。

四、湖北

湖北地处长江中游地区，境内山地面积约占总面积的 56%，全省西、北、东三面环山，中间低平。地势西部高、东部低，西南部为云贵高原的东延部分，地形复杂多样。湖北属亚热带季风性气候，四季分明，全省大多数地区年平均气温在 15～17℃之间，大于 10℃的积温为 4 500～5 200℃，南高北低，全年无霜期 230～300 d。年降水量 750～1 600 mm，高山地区达 1 800～2 000 mm。湖北土壤以冲积土、红壤、黄壤、山地黄壤等为主，多系酸性和中性，对猕猴桃的生长有利(黄宏文，2010)。

湖北是猕猴桃起源中心，猕猴桃资源主要分布在西部和西南山区，全省 46 个县市分布有野生猕猴桃资源，共有约 24 个猕猴桃种、变种或变型，以中华猕猴桃、美味猕猴桃种类最多，另外还有绿果猕猴桃、软枣猕猴桃、紫果猕猴桃、心叶猕猴桃、黑蕊猕猴桃、垩叶猕猴桃、四萼猕猴桃、大籽猕猴桃等。

猕猴桃属植物在湖北呈现明显的垂直带分布，不同海拔高度的猕猴桃种类有所不同。分布在海拔 1 000 m 以上的有软枣猕猴桃、紫果猕猴桃、陕西猕猴桃、心叶猕猴桃、四萼猕猴桃、大籽猕猴桃等。在海拔 2 800 m 地区有狗枣猕猴桃的分布。中华猕猴桃和美味猕猴桃在海拔 800～1 200 m 的地区较为常见，且二者分区明显。鄂东南和鄂东北仅有中华猕猴桃分布，而鄂西南与鄂西北则以美味猕猴桃为主，兼有少量中华猕猴桃。

湖北咸宁的赤壁、宜昌的夷陵、恩施的建始等地是猕猴桃的主要种植区，至2016年，湖北猕猴桃栽培面积超过1万 hm^2，上述地区占总面积的近90%。全省栽培品种多为本地选育良种，如美味猕猴桃鄂猕猴桃1号、鄂猕猴桃4号，中华猕猴桃金阳、建香等。

五、贵州

贵州地处云贵高原，地貌复杂，地理环境独特，是我国猕猴桃分布中心之一。全省超过90%的面积为山地和丘陵，岩溶地貌分布广泛，气候属温暖湿润亚热带季风气候，气温变化小，全省多数地区年平均气温在11～19℃，最热月平均气温在17～22℃，为夏凉区。雨季明显，80%以上地区的年平均降水量为1 100～1 400 mm。猕猴桃属植物主要分布在该省的黔南地区和东部山区。

贵州有近30个猕猴桃种、变种和变型，大多分布在海拔400～1 400 m的地区。这些地区土壤类型以黄壤、黄棕壤为主，区域植被主要有针叶林、阔叶落叶林以及针阔叶常绿、落叶混交林等。黔东地势东高西低，山地和丘陵地貌明显，气候温暖湿润，植物资源丰富，是猕猴桃属植物在贵州的集中分布区，有条叶猕猴桃、滑叶猕猴桃、软枣猕猴桃、异色猕猴桃等10多个种。黔南是贵州地貌类型最复杂的地区，小气候环境众多，该区分布有花楸猕猴桃、倒卵叶猕猴桃、黑蕊猕猴桃等7个种。京梨猕猴桃、中华猕猴桃和美味猕猴桃的分布范围覆盖了贵州大部分地区。

贵州2016年猕猴桃种植面积为2.4万 hm^2，占全省果树总面积的7.4%。猕猴桃规模化种植区主要集中在修文县、六盘水市、铜仁市和遵义市。主栽品种为贵长、红阳等。

六、湖南

湖南为亚热带季风气候区，全省地势自西向东倾斜，湘江、资水、沅江、澧水4大水系遍布全境，汇于洞庭湖，生态条件优越。这种地形特点形成了猕猴桃种类多样性及分布地带性的特点。全省有猕猴桃属物种32个，80%以上的县市都有猕猴桃分布。

湖南南北跨度大，由南至北依次经历了南亚热带到中亚热带再到北亚热带的过渡，这也对猕猴桃的分布产生了一定的影响。全省猕猴桃资源主要分布于湘西、湘东和湘南地区，这些地区年平均气温9～18℃，年降水量1 200～

2 000 mm，相对湿度达80%，无霜期190～300 d。湘西分布区以湘西土家族苗族自治州为中心，向东、向南延伸，与湖北及云贵高原接壤，主要资源为中华猕猴桃和美味猕猴桃，混生京梨猕猴桃、阔叶猕猴桃、软枣猕猴桃等。湘东地区以大围山、连云山为中心，南北连接武功山脉和幕阜山，主要资源为中华猕猴桃，混生京梨猕猴桃、阔叶猕猴桃和葛枣猕猴桃。湘南地区猕猴桃主要集中在五岭山区的莽山、五盖山，盛产中华猕猴桃和毛花猕猴桃（崔致学，1993）。

湘西土家族苗族自治州的土壤富含硒，多为黄壤、黄棕壤，疏松肥沃，区域自然环境优良，是该省猕猴桃的主要栽培区，种植面积近1万 hm^2，占全省总面积的近2/3，主要栽培品种有米良1号、翠玉、楚红等。

七、浙江

浙江位于北纬27°～31°12′、东经118°～123°之间，地处东南沿海，属典型亚热带季风气候区。地势西南高、东北低，起伏较大，山地和丘陵面积广。全省年平均气温为16℃，年降水量达1 600 mm，无霜期260～300 d（黄宏文，2010）。该省猕猴桃资源主要分布在与安徽、江西、福建等省的交界地区。

浙江猕猴桃资源在同一地区的分布，随海拔高度而变化，在浙闽毗邻区，猕猴桃属植物主要集中在海拔600～1 000 m的地区。全省分布有猕猴桃属植物16个种或变种，其中中华猕猴桃分布最广，其次是毛花猕猴桃和京梨猕猴桃。

浙江猕猴桃种植起步较晚，2016年全省猕猴桃栽培面积约8 100 hm^2，主要集中在本省西南部的江山、庆元等地，这些地区地势平缓、土壤肥沃、气候温暖湿润，主要栽培品种有红阳、徐香、布鲁诺，毛花猕猴桃华特也有少量商业化栽培。

八、江西

江西地处长江中下游南岸，地形以江南丘陵、山地为主，属亚热带季风气候，境内自然条件优越，热量丰富，年平均气温16.3～19.5℃，一般自北向南递增。该省也是我国多雨区之一，年降水量1 300～1 900 mm，地区分布上南多北少、东多西少。这类气候对于猕猴桃的生长非常有利，因此该省是我国猕猴桃资源的重要分布地区。

江西猕猴桃资源以武夷山、井冈山、幕阜山、庐山、石华尖、万龙山一带为分布密集区，其中赣东武夷山区分布最为集中，该地区有猕猴桃属植物24个种或变种，占全省资源总数的75%。整体而言，全省由北向南中华猕猴桃分布有渐少的趋势，而毛花猕猴桃、阔叶猕猴桃却有渐多的趋势。

江西全省30多个县市都种植有猕猴桃，2016年栽培总面积4 500 hm^2，产量3.1万t，栽培面积较大的地区有奉新、宜丰、瑞昌、武宁、靖安等县市，栽培品种多为中华猕猴桃系列，如庐山香、魁蜜、早鲜、金丰等。

九、云南

云南位于中国西南部，云岭以南，属于云贵高原，山地高原约占全省面积的93%以上，属亚热带一北热带高原湿润季风气候，干湿季节分明，类型多样。全省大部分地区年平均气温在15℃左右，无霜期长，南部边境全年无霜，偏南地区无霜期为300～330 d，中部地区约为250 d，比较寒冷的滇西北和滇东北地区也长达210～220 d。全省降水的地域分布差异大，最多的地区年降水量可达2 200～2 700 mm，最少的仅有584 mm，大部分地区年降水量在1 000 mm以上。

云南的地势、地形、地貌复杂多样，为猕猴桃的生长提供了有利的生态环境，是我国猕猴桃属植物种类分布最多的省份，约有56个种、变种或变型，如中越猕猴桃、栓叶猕猴桃、蒙自猕猴桃、阔叶猕猴桃分布在热带如河口一带，经济价值较高的中华猕猴桃、美味猕猴桃主要分布在云南东北和东部地区。

云南猕猴桃栽培区域主要集中在昭通、文山、腾冲、曲靖、楚雄等地，2016年全省猕猴桃栽培面积4 900 hm^2，主要栽培品种有海沃德、秦美、会泽8号、庐山香、红阳等。

十、广东

广东位于南岭以南，南海之滨，属于东亚季风区，从北向南依次是亚热带、南亚热带和热带气候区，是我国光、热、水资源最丰沛的地区之一，年平均降水量为1 300～2 500 mm，年平均气温22.3℃，无霜期320～348 d，是我国猕猴桃自然分布区的南缘。

广东猕猴桃资源主要分布在粤北、粤中山区的和平、龙川、连平、惠阳、乐昌等地，已发现的种或变种有京梨猕猴桃、灰毛猕猴桃、小叶猕猴桃、绵毛猕猴桃、毛花猕猴桃、阔叶猕猴桃、革叶猕猴桃等。

2016年广东猕猴桃栽培面积超过2 000 hm^2，投产面积800 hm^2，其中粤东北的和平县是最主要的猕猴桃产区，栽培品种有和平红阳、和平1号、米良1号、早鲜、徐香等。

十一、其他地区

除上述主产省份，在我国广西、安徽、辽宁、吉林等省(自治区)也有较多的猕猴桃资源种类分布。广西气候类型多样，日照充足，猕猴桃资源分布呈现一定的区域性，全区分布有近40个种或变种；安徽省猕猴桃资源主要分布在大别山区和南部山区；辽宁、吉林的猕猴桃资源主要是抗寒能力较强的软枣猕猴桃、狗枣猕猴桃、葛枣猕猴桃。

以上地区的猕猴桃栽培面积相对较小，广西2016年猕猴桃栽培面积2 000 hm^2，产量7 000 t；安徽猕猴桃不足700 hm^2，主要品种有皖金、皖翠、金艳、金圆等；东北地区主要为软枣猕猴桃，品种相对较多，但规模较小。

第三节　区域发展战略

一、陕西

陕西猕猴桃产业的发展迄今经历了3个阶段。第1阶段为1978—1997年，从个别农户自发种植到规划建园，发展到约6 667 hm^2的种植规模，成为全国最大的猕猴桃生产基地。第2阶段为1998—2007年，是从粗放式经营到标准化生产管理的时期，2007年全省猕猴桃种植面积超3.33万hm^2，产量达到35万t，贮藏能力达到25万t，生产管理技术出现了质的飞跃。第3阶段为2008年至今，从单一种植生产到集加工、贮藏、销售为一体的产业集群，形成了完整的猕猴桃产业链，栽培面积扩大到6.66万hm^2以上。

2016年以来，陕西省实施了猕猴桃“东扩南移”工程，在秦岭北麓已经建成南北宽约50 km、东西长约300 km的集约化猕猴桃产业带。全省计划新发展猕猴桃约3.33万hm^2，使总面积达到10万hm^2，总产量达到170万t。同时全面优化品种布局，秦岭北麓产区重点发展美味系品种，秦巴山区产区重点发展中华系品种，使中早熟、晚熟品种比例搭配适宜。强化示范引领，完善果品安全体系，加快贮藏冷链、物流交易、电子商务及精深加工能力建设，促进猕猴桃第一、二、三产业的融合发展，实现猕猴桃产业现代化；规范地理标志保护产业使用，打造地域公用品牌，增强品牌文化影响力。

二、河南

河南猕猴桃主要集中在南阳市西峡县以及桐柏山区种植，猕猴桃产业的发展迄今经历了4个阶段。第1阶段为初步发展阶段(1975—1998年)，自1975年西峡县成立全国最早的县级猕猴桃科研机构——西峡县猕猴桃研究所，便开始了猕猴桃的人工栽培研究。1977—1978年，中国农业科学院郑州果树研究所与有关单位最早在信阳、西峡建立了猕猴桃人工栽培园，同期在信阳建立了猕猴桃野外观测站，为推动我国猕猴桃资源普查奠定了良好的基础。随后，西峡县猕猴桃研究所培育的华美1号、华美2号等品种开始在栽培区推广，到20世纪90年代，猕猴桃的种植规模在西峡、南召、鲁山、卢氏等县域开始扩展。第2阶段为大力发展阶段(1999—2004年)，从1999年开始，西峡县就把发展猕猴桃产业作为县委县政府的重点工作，实施猕猴桃产业示范带动工程，在全县范围内大力发展猕猴桃，先后建立了440 hm^2县级示范园、178 hm^2乡镇示范园，推动了全县猕猴桃产业的发展。第3阶段为快速发展阶段(2005—2010年)，自2005年起，西峡县确定了“咬定猕猴桃不放松，实现全国优质猕猴桃示范县”的发展目标，把猕猴桃生产发展作为扩大农业结构调整、发展农村经济、增加农民收入的重中之重，在人力、物力、财力上给予了全方位的支持，到2010年，全县发展猕猴桃5 000 hm^2，成为全国知名的猕猴桃重点产区。第4阶段为转型发展阶段(2011年至今)，全省各地猕猴桃种植面积开始增加，猕猴桃栽培品种开始多样化，但规模化种植仍集中在西峡县，同时向周边市县辐射。西峡县政府致力于打造“百公里猕猴桃长廊”，加大资金投入力度，2016年全县猕猴桃人工栽培面积8 000 hm^2，总产量达到7万t，直接参与猕猴桃产业的人员约8万人，果农人均收入过万元，提高了当地果农的生产积极性。

河南猕猴桃产业在未来发展中将坚持适地适树原则，实行一县一特色、一乡一重点，稳步推进，争取做到建一处、成一处、巩固一处，致力打造精品猕猴桃园。坚持以市场为导向、以效益为中心，发挥地方资源优势，优化品种结构、突出主导品种，做到引种与选种相结合、早中熟与晚熟相结合、鲜销与加工及冷藏相结合。品种结构将以高中端鲜食中华黄肉系列为主，搭配发展红肉猕猴桃。抓好低产园改造和标准园建设，积极探索新的生产经营模式，加大龙头企业的引领和示范作用，达到规模、效益双丰收。进一步拓宽猕猴桃产业链条，加大河南猕猴桃品牌创建和宣传推广，提升河南猕猴桃的知名度和影响力。

三、四川

四川是全国开展猕猴桃人工栽培比较早的省份，1980 年从日本引种海沃德品种，在都江堰中兴镇猕猴桃种植场栽培 1.33 hm^2，从此开始了猕猴桃人工栽培的历史。随后，本地选育的川猕 1 号、川猕 2 号、川猕 3 号等系列新品种，促进了四川猕猴桃产业的发展。20 世纪 90 年代末培育出具有自主知识产权的世界第 1 个红肉猕猴桃品种红阳，成为全球继新西兰绿肉和黄肉品种后的第 3 代猕猴桃新品种，极大地推动了该省猕猴桃产业的发展。四川猕猴桃栽培面积由 2006 年的 8 000 hm^2 发展到 2018 年的 5 万 hm^2，产量由 4.4 万 t 增加到 42 万 t，初步形成了以雅安、成都、德阳、广元等地为重点的龙门山、秦巴山区猕猴桃产业带。

全省建设了 20 个“万亩标准化示范区”（1 亩≈666.7 m^2），示范区通过有机、GAP 等认证，促进了猕猴桃产业规模化标准化发展和全省猕猴桃产业的升级。在未来猕猴桃产业发展中，将坚持“因地制宜，规模开发，高起点规划，高标准实施，高质量建设，高效益产出”的原则，重点打造秦巴山南麓红肉猕猴桃原产地发展区、龙门山多彩猕猴桃农旅融合发展区、乌蒙山绿肉猕猴桃全产业链发展区和大小凉山特色优质猕猴桃发展区。加快新品种培育，坚持“推广一代、试验一代、贮备一代”的原则，促进特色猕猴桃品种结构调整。加强产学研结合，集成创新关键技术，加速标准化示范园建设，强化生产技术规程。立足产区发展实际，加大品牌建设力度，提升果品附加值，提高四川猕猴桃产业的市场竞争力。

四、湖北

湖北猕猴桃产业发展起步早但发展速度相对缓慢。早在 1980 年湖北就引入了新西兰品种海沃德进行商业化种植，目前海沃德仍是湖北第 2 大主栽品种。20 世纪 90 年代初，湖北省农业科学院果树茶叶研究所的金魁品种选育成功，因其风味品质优良，迅速在湖北和全国其他地区发展，成为湖北第 1 大主栽品种。2018 年湖北猕猴桃栽培面积超过 1 万 hm^2，省政府又出台了《湖北省推进猕猴桃产业高质量发展实施方案》，计划到 2022 年将猕猴桃产业打造成继柑橘、桃、梨之后湖北的第 4 大特色水果产业。

湖北已形成武陵山、幕阜山、秦巴山以及大别山 4 个猕猴桃生产区，这 4 个区的猕猴桃种植面积占全省的 80%以上。后续将以赤壁市为中心，重点建设幕阜山特色猕猴桃优势区。以建始县为中心，重点建设武陵山特色猕猴桃生产区，该区也是金魁和建香的原产地。确立猕猴桃在湖北省的主导地位，建设高端猕猴桃果品供给基地，建立健全猕猴桃良种繁育体系和技术服务体系，延伸产业链条，推进冷链运输和精深加工业发展。坚持以企业为主体，创新融合发展模式，真正实现第一、二、三产业的互动，实现高品质、高效益。

五、贵州

贵州猕猴桃产业的发展始于20世纪70年代末，经历了“发展、萧条、再发展”的过程。20世纪80年代末至90年代中后期，全省大面积种植猕猴桃，进行猕猴桃产业开发，这是贵州猕猴桃产业发展的第1个高峰期。但由于产区道路、水利等基础设施差，前期建园标准低，运输成本高等，省内许多基地弃管，猕猴桃生产进入低谷。2011年以来，国家生态建设和石漠化治理项目大量投入，贵州对猕猴桃产业愈加重视，将猕猴桃作为贵州重点发展的精品水果产业之一，贵州的猕猴桃迎来了迅猛发展的高潮期。2011年以后，贵州猕猴桃种植面积每年新增0.4万hm^2以上，全省猕猴桃面积由2011年的0.6万hm^2发展到2017年的3.3万hm^2，投产面积达1.2万hm^2，已形成了贵阳的修文县、六盘水的水城县等产业集中发展区，初步形成了贵长、红阳、金圆等绿、红、黄肉型产品协同发展的格局。

未来发展中，将根据猕猴桃不同果肉颜色品种对溃疡病的耐受性、成熟期和气候条件，以贵阳、六盘水、毕节、铜仁等市(州)为主要区域实现突破发展。修文、息烽、开阳等中部猕猴桃产业带以绿肉类型品种为主，水城、六枝等西部猕猴桃产业带以红心类型品种为主，大方、黔西、织金等西北部猕猴桃产业带以黄肉、绿肉类型品种为主，江口、印江、松桃等东部猕猴桃产业带以黄肉、绿肉类型品种为主。优化猕猴桃品种结构，形成早中晚熟、绿黄红肉合理组合。立足贵州资源禀赋，借鉴应用国内外产业发展经验，加快种质资源的挖掘和创新利用，推动全省不同区域的适宜品种规模化、标准化、绿色化生产，强化标准化果园示范基地建设、生产果园基础配套设施建设和产业服务体系的建设。打造贵州猕猴桃特色生态品牌，提升贵州猕猴桃的市场知名度和竞争力，面向中高端消费市场和本地消费市场发展。

六、湖南

湖南的猕猴桃栽培起始于20世纪80年代中期，当时在湘西北东山峰农场建立了国内最大的人工驯化栽培基地，面积达200 hm^2。到20世纪90年代中期，随着米良1号新品种的选育推广，猕猴桃迅速发展成为湘西的主要水果之一，促进了全省猕猴桃产业的快速发展。2017年全省猕猴桃栽培面积约1.67万 hm^2，产量达20万 t以上，仅武陵山区猕猴桃栽培面积就有近1.13万 hm^2，产量达15万 t。

优越的自然条件和丰富的猕猴桃资源，良好的研究与生产发展基础，初见成效的产业模式，加之良好的社会效益、显著的经济效益、凸显的精准扶贫成效，使得猕猴桃成为湖南省一大特色优势产业，具有良好的发展前景。2018年猕猴桃被纳入湖南省重金属污染管控区种植结构调整品种目录，猕猴桃作为一种主要经济作物，其产业将得到快速发展。今后，湖南将充分发挥湘西地区猕猴桃生产集聚优势，实施产业集群战略，加深企业与科研单位合作，探索与完善产业发展模式，推进猕猴桃产业化经营。根据各区域的地理、气候特点，合理规划猕猴桃栽培区域，在湘西北地区应以中晚熟及加工型美味猕猴桃品种为主，在湘东、湘南地区应以中华猕猴桃优质早熟鲜食品种为主。针对不同区域的市场需求，实行营销渠道分类管理，抢占市场制高点、建立样板市场，打造产业品牌，加强果品安全生产与质量控制，实施多元营销战略和品牌战略。

七、浙江

自1978年首届全国猕猴桃科研协作座谈会召开之后，浙江猕猴桃产业开始进入全面兴起阶段(1978—1995年)，从猕猴桃野生资源调查、栽培品种选育，到生产技术研发、商品化基地建设，浙江猕猴桃产业从无到有，呈现出迅猛的发展势头。但在1995—2005年的10年间，由于投入不足、品种单一等原因，致使猕猴桃面积、产量和效益都出现了负增长，进入猕猴桃产业发展的低谷阶段。2005年以来，随着新品种、新技术的应用和果园经营水平的提高，浙江猕猴桃产业进入了快速发展阶段。2016年，浙江猕猴桃的面积和产量分别达到逾8 000 hm^2 和9.6万 t，产值10.3亿元。

浙江猕猴桃产业布局具有3大特点。一是分布面广，产区遍及全省所有的11个地级市，种植猕猴桃的县(市、区)达86%，分布在77个县(市、区)。二是构建的三大主产区各具特色，衢州的江山市、温州的泰顺县和绍兴的上虞区已成为三大猕猴桃主产区。江山主栽徐香，泰顺主栽华特，上虞主栽红阳。三是地方特色品种产区崭露头角，金丽和少籽金义等黄肉猕猴桃、超华特和甜华特等毛花猕猴桃、早绿和绿手指等软枣猕猴桃，不仅品质优良，而且抗或较抗溃疡病，发展前景看好。浙江猕猴桃产业发展将进一步加快重大品种培育，突出区域优势，重点推广优质、早熟、抗溃疡病品种。强化标准技术研发，加强良种繁育体系建设，提高产前、产中、产后各个环节的综合管理能力。

八、江西

江西早在20世纪70年代已有30多个县(市)栽植猕猴桃，截至2017年江西已有80多个县(市)发展猕猴桃，栽培面积超过1.2万hm^2，年产鲜果16万t，金魁、徐香、米良1号、红阳、东红、金艳成为各产区的主栽品种。至“十三五”末，江西规划发展猕猴桃面积3万hm^2，产量达60万t。坚持立足土壤、气候等生态条件，因地制宜、适地适栽，立足赣西，面向赣东、赣北，均衡发展全省猕猴桃产业。实施高起点规划、高质量建设、高效益产出，加快新品种选育、调优品种结构，以赣南脐橙黄龙病转产复产为契机，充分利用产区独特的气候优势和生态条件，推进赣南猕猴桃产业发展。品种结构上以适应性强的绿肉美味猕猴桃品种为主，适当增加抗性强的黄肉品种。立足产区发展实际，增强产学研结合，提升龙头企业的自主创新和示范带动作用，加大猕猴桃品牌建设力度，全面提升赣产猕猴桃的市场竞争力。

九、云南

1978年到1990年是云南猕猴桃商业化生产发展的第一阶段，在全国猕猴桃协作组的支持下，云南开始引进、筛选栽培猕猴桃品种，到1990年在曲靖、昆明等地推广面积超过666 hm^2。由于云南社会经济条件相对落后、消费认知不够，加上栽培技术有限等，1990年以后猕猴桃产业发展陷入了停滞状态并逐渐衰退，2008年全省仅存200 hm^2左右。随着市场需求的扩大、猕猴桃栽培管理技术的提高及新品种的不断出现，2008年后云南猕猴桃产业同全国一样再次进入了发展的快车道，发展区域不断扩大，在红河、楚雄、昭通、大理、文山等地呈现全面开花的态势，栽培面积超过4 666 hm^2。

云南是猕猴桃资源大省，但资源优势还没有完全转化为经济优势。云南将利用其得天独厚的环境和种质资源优势，以山地为发展高原特色农业的主战场，加强野生资源的挖掘与利用，以适合当地气候特点的美味猕猴桃和中华猕猴桃系列为主，加大新品种培育力度，以“扩大优生区、稳定适生区、淘汰非适区”为原则，实施标准化生产，提升产业的科技含量，以标准化果园建设和优势产区发展带动云南猕猴桃产业的整体跃进。

十、广东

广东猕猴桃产业起步于河源市和平县。1984 年和平县开始进行猕猴桃引种试验，至 1992 年年底全县种植猕猴桃面积已达 300 hm^2，同时也带动了粤北部分山区猕猴桃的发展。2002 年以后，广东猕猴桃产业进入了快速发展时期，逐渐从主产区和平县向粤东西北山区县市扩展，当地选育的和平 1 号、和平红阳、仲和红阳等品种也开始在全省大面积推广。2018 年，广东省实施了乡村振兴计划的“猕猴桃‘双创’示范县”建设，计划在“十三五”期间将和平县猕猴桃产业发展到 5 000 hm^2 的种植规模，品种以红心系列为主，适当增加黄肉品种的比例，同时利用主产区效应，辐射带动其他种植区的生产规模，形成区域特色的产业技术体系，推动广东省猕猴桃产业的可持续发展。

参考文献

[1]Ferguson A R，Huang H. Genetic resources of kiwifruit：domestication and breeding [J]. Horticultural Reviews，2007，33：1-122.

[2]陈庆红，张蕾，罗轩，等. 湖北省猕猴桃产业现状[J]. 农业科技通讯，2016(2)：3-5.

[3]崔致学. 中国猕猴桃[M]. 济南：山东科学技术出版社，1993.

[4]丁建. 四川猕猴桃种质资源研究[D]. 雅安：四川农业大学，2006.

[5]胡忠荣，袁媛，易芍文，等. 云南野生猕猴桃资源及分布概况[J]. 西南农业学报，2003，16(4)：47-52.

[6]黄宏文. 猕猴桃属：分类、资源、驯化、栽培[M]. 北京：科学出版社，2013.

[7]李晓红. 陕西猕猴桃产业发展现状与对策[J]. 西北园艺：果树，2010(1)：8-10.

[8]龙成良. 湖南猕猴桃资源及其开发利用途径[J]. 经济林研究，2000，18(2)：60-61.

[9]吴苑红，黄春优，陈媛. 广东省猕猴桃产业发展现状及对策[J]. 农业与技术，2016，36(21)：114-115.

[10]徐蓉，黄昌学，唐合均，等. 四川省猕猴桃生产现状及对策[J]. 现代农业科技，2018(19)：131-132.

[11]徐小彪，张秋明. 中国猕猴桃种质资源的研究与利用[J]. 植物学报，2003，20(6)：648-655.

[12]姚小洪，徐小彪，高浦新，等. 江西猕猴桃属(*Actinidia*)植物的分布及其区系特征[J]. 植物科学学报，2005，23(3)：257-261.

第三章　遗传育种与品种结构优化

随着猕猴桃基因组的测序完成、功能基因的不断发掘、高密度遗传图谱的建立，猕猴桃品种选育逐渐由传统的实生选种、杂交育种向分子标记辅助选择育种方向发展，特别是雌雄标记辅助筛选加速了品种选育。果树遗传性状规律的研究以及果实品质的研究加速了一系列优异猕猴桃品种的选育进程。本章将介绍猕猴桃的遗传育种与品种结构优化的相关内容，并对近年来选育的主要品种进行介绍。

第一节　遗传机制与育种技术

一、果实品质性状遗传特点

掌握果树性状遗传的规律是进行果树杂交育种的前提和基础。由于果树童期长且许多经济性状是多基因控制的数量性状，出现复杂的分离，很难设计较完善的试验来验证性状的遗传规律性，因此对果树性状的遗传研究，多是在杂交育种实生后代群体性状遗传动态研究的基础上进行的。目前苹果、甜橙、梨、葡萄、桃等已有遗传倾向方面的研究。但是对猕猴桃遗传分析的研究还比较少，李明章等(2011)首次对红阳猕猴桃进行杂交后代果实经济性状的遗传倾向分析，通过对红阳猕猴桃杂交 F_1 代各植株的果实性状与品质进行调查和测定分析，初步确定了红阳猕猴桃杂交后代主要经济性状的遗传倾向。试验以红阳猕猴桃为母本、中华猕猴桃黄肉大果形的实生后代雄株为父本进行杂交，取杂交 F_1 代为材料，分析研究了果实大小、可溶性固形物等主要性状遗传倾向特点。结果表明，果实大小呈现趋小的遗传趋势，群体遗传水平呈退化负向趋势，杂交后代果实被毛程度呈趋向中粗、偏离母本光滑的遗传趋势；可溶性固形物含量表现超亲遗传倾向，果实子房红色着色程度表现趋向于非红色偏离母本的遗传倾向，也有少量超亲个体，表现一定的杂种优势；果实干物质呈现超亲遗传趋势且偏向母本性状。果实大小、可溶性固形物含量、果实子房红色着色程度以及干物质含量都表现为数量性状连续变异遗传的特征，果皮表面被毛程度属多基因控制性状。

二、性别分化与鉴定

1. 细胞形态学鉴定

王学东等(2001)对狗枣猕猴桃(*A. kolomikta*)花芽分化的形态特征进行观察时发现，其花芽为混合芽，花芽分化时间短、速度快，刚形成时两者难以区别，在雌雄蕊原基开始分化后两者的形态差异迅速出现，产生明显的功能分化。吕柳新等(1984)观察到毛花猕猴桃(*A. eriantha*)是雌雄异株植物，但雌株和雄株的花器结构仍分别保留着雄性和雌性的退化器官。无论雌花或雄花，花粉母细胞均能进行减数分裂。在第 1 次分裂的终变期或中期，有 29 个二价体。整个减数分裂过程染色体行为正常，但雌花的花粉最终完全败育。花粉母细胞的减数分裂是在雌雄花形态上分化之后才进行的，表明雌雄株花粉发育的差异是由各个体的基因型所决定的。猕猴桃早期性别鉴定的研究始于 20 世纪 80 年代，但到目前为止，其性别的决定机制仍不清楚，在细胞学或形态学上都没有可靠的性状用来确定其幼苗的性别。

2. 生理生化鉴定

(1)植物激素。植物激素与性别分化关系密切，几乎 5 大类植物激素对性别分化都有影响，而不同植物雌、雄株(花)内源激素的含量也有很大差异。植物激素对性别分化的影响是复杂的，同一种激素在不同植物中可以分别促进雌花或雄花的分化，如赤霉素在玉米中是促进雌花分化，而在黄瓜中则是促进雄花分化，而不同的激素也可能诱发同一种器官发生。GA_3处理有促雄作用，但有人则认为 GA_3 在菠菜中有促雌作用。陶汉之等(1994)用 NAA 或与 GA_3、6-BA 的混合液于美味猕猴桃海沃德和中华猕猴桃早鲜的花期喷施，发现经药剂处理后胚囊失去受精功能，即使受精其初生胚乳核也不分裂，且合子退化，因而形成无籽果实。

(2)大分子物质。性别分化特异蛋白质的研究对揭示性别分化程序表达的机理非常重要，对其进行定位研究，可探明某一特异蛋白质的出现是特定原基发育性别分化程序得以表达的结果，还是相反性别原基退化的结果。丁士林等(1997)用美味猕猴桃海沃德的雌雄株幼叶、功能叶和 1 年生枝皮为材料，发现其过氧化物同工酶谱带数目和位置都没有差异，未发现与性别相关的“性酶带”。但是，雄株的酶带染色要比雌株的相应酶带深，显色时间大大缩短，可以根据酶带显色时间鉴定猕猴桃雌雄株。王妹清等(1989)对猕猴桃雌雄植株叶片中过氧化物同工酶进行电泳分析测定发现，雌雄株之间同工酶的酶谱存在着明显差异，酶谱的变化与叶片生长量、植株的生育期、种类有关。猕猴桃雌雄株POD活性及同工酶图谱存在差异，且差异与试验材料种类、取材时期、培养方式等有密切关系。对已知性别的成年树的研究表明，猕猴桃不同性别间酶谱的谱带数量不同，同工酶的活性也有差异，这些研究结果为猕猴桃雌雄株早期鉴定提供了参考。但由于在不同种中的结果不一致，目前还无法直接根据同工酶酶谱或活性作为鉴别猕猴桃雌雄性别的依据。

(3)分子标记研究。性别决定基因的研究是性别分化研究的焦点，也是了解性别表达机理的关键所在。姚春潮(2004)利用RAPD技术对美味猕猴桃海沃德与秦雄201杂交F_1代雌雄分离群体进行分析，获得了与雄性基因连锁的RAPD标记。通过对300个随机引物的筛选和研究，得到了与猕猴桃雄性基因连锁的RAPD标记S1032-850，该标记的核苷酸特定序列，由867 bp的特定碱基序列组成。Harvey等以12个中华猕猴桃杂交群体为材料，用混合分离分析发现了与猕猴桃性别连锁的2个基因，*StaY*仅出现于雄株混合组，即雄性Y基因；*SmX*仅出现于雌株混合组，即雌性X基因。张潞生(2000)采用AFLP技术对中华猕猴桃雌雄分离群体和美味猕猴桃海沃德×毛花猕猴桃雌雄分离群体进行了分析，采用EcoRI/MseIAFLP引物组合和Operon等引物，筛选出与猕猴桃性别基因连锁的AFLP标记。柯辉鹏等(2007)的研究表明，同一品种雌雄样品之间的AFLP电泳图谱表现出一定的差异，但小于不同品种间的差异，而品种间的差异又小于不同种间的差异。同时AFLP多态性初步检测出猕猴桃不同性别在DNA水平上的差异。

三、功能基因研究

利用植物基因工程进行猕猴桃品种改良的潜力很大，目前已建立了有效的基因转化体系，并获得了转基因植株。猕猴桃转基因主要包括其果实发育、成熟与衰老及其抗逆性等有关的目的基因。

国内外学者已经分离与克隆出猕猴桃的一些目的基因(全长或片段、cDNA)，这些已克隆的基因绝大多数与猕猴桃的果实成熟及衰老过程密切相关。猕猴桃已被分离和克隆的目的基因有：①ACC合成酶(ACS)基因(cDNA片段)。②ACC氧化酶(ACO)基因(cDNA片段)。③多聚半乳糖醛酸酶(PG)基因(基因全长)。④β-半乳糖苷酶基因(cDNA片段)。⑤多聚半乳糖醛酸酶抑制蛋白（PGIP）基因（cDNA 全长）。⑥脂氧合酶（LOX）基因（基因片段）。⑦钙调蛋白（CaM）基因（cDNA 全长）。⑧促进早实性状的 LfycDNA。⑨双价耐盐基因 *mtlD*/*gutD*（1－磷酸甘露醇脱氢酶基因/6－磷酸山梨醇脱氢酶基因）。农杆菌介导法和 DNA 直接摄取法均能有效地进行猕猴桃的遗传转化，选用合适的外源目的基因，通过植物基因技术即可进行猕猴桃的品种改良。

四、分子标记在猕猴桃育种中的应用

1. 品种（系）鉴定

猕猴桃品种（系）鉴定是其种质资源保存、研究和利用的基础，也是新品种登记保护的基础。传统的品种鉴定多采用形态学、孢粉学和同工酶等分析，误差大、效率低，难以鉴定遗传差异较小的品种。DNA 分子标记对品种的鉴定实质是从 DNA 分子水平上对品种基因型的直接鉴定，准确度高、信息量大。

20 世纪 90 年代诞生的 RAPD 技术，因其简便、迅速、不受种属限制且拥有大量随机引物可选用而备受猕猴桃研究者的关注。宁允叶等（2003）采用 RAPD 技术对猕猴桃全红芽变系 86－3 及对照品种红阳进行鉴定，其结果与形态调查吻合，表明所得到的 RAPD 片段可用于全红芽变嫁接苗木纯度的早期鉴定。近年来，SSR 标记以其多态性程度高、重复性好和共显性遗传而为 DNA 印迹分析提供了更可靠的方法。郑轶琦等（2003）利用 SSR 标记技术，选用了 9 对稳定、适用性好的引物对我国栽培的 48 个猕猴桃品种进行鉴定，这些 SSR 标记在 9 个多态性位上共产生了 213 个等位基因片段，可将供试品种完全区分开，充分证实了 SSR 在鉴别品种上的有效性。

2. 系谱分析

猕猴桃属植物自发的种间杂交和种内多倍化现象严重，导致了该属植物种的界定及亲缘关系复杂。中华猕猴桃和美味猕猴桃是主要的栽培种，二者形态特征相似，长期以来对其分类地位和亲缘关系的争论十分激烈。很多学者通过形态学和分子水平的鉴定，认为二者亲缘关系极近。栗琪等（2004）用 SSR 分子标记技术对中华猕猴桃和美味猕猴桃的 9 个天然居群（共 221 个样）的遗传多样性分析表明，其野生居群拥有高比例的共同等位基因，再次印证了二者亲缘关系极近的说法。李健仔等（2003）进一步通过叶绿体基因 PCR－RFLP 分析确认了中华猕猴桃是美味猕猴桃的父本。李瑞高等（1995）发现，绿果猕猴桃雄花花冠的大小、花丝的多少及长度等介于中华猕猴桃和美味猕猴桃之间，且在中华猕猴桃和美味猕猴桃混杂的地区出现了绿果猕猴桃，从而推测绿果猕猴桃是中华猕猴桃和美味猕猴桃的自然杂交种。但李健仔等

(2002)的研究表明，绿果猕猴桃叶绿体DNA(cpDNA)的限制性位点性状与中华猕猴桃、美味猕猴桃之间仅有1个位点性状的差异，根据cpDNA单性遗传的方式，排除了中华猕猴桃和美味猕猴桃为其亲本的可能，推测绿果猕猴桃应为中华猕猴桃或美味猕猴桃的1个变种。

3. 性别鉴定

猕猴桃为功能性雌雄异株植物，已发现了至少6种不同的性别表现型：完全两性植株、雌株、不完全雌株、可结果雄株、雄株和中性株。猕猴桃在性别表达上几乎呈现连续的变异，而且上述6种表现型内部也有不同变异，这无疑增大了雌雄鉴别的难度。传统的雌雄株形态特征分析和同工酶鉴定等方法均没有得到理想的鉴定结果。Michelinore等(1991)提出的群体分离分析法(bulked segegant analysis，BSA)是一种有效的基因定位方法，在很多雌雄异株植物上已获得性别连锁基因。张潞生(2000)采用AFLP技术对中华猕猴桃雌雄集群(Bulk)和12株雌雄个体进行了分析，利用EcoRI - ACG/Msel - CTC引物组合检测出1条仅存在于雌雄集群和个体的特异性带AFI。姚春潮(2005)的研究结果表明，从美味猕猴桃中用混合分离分析发现的猕猴桃雄性连锁的RAPD标记S1032 - 867在实验所用的所有雄株中均出现，而在大多数雌株个体中未出现。其不仅在美味猕猴桃中表现出高的有效性，而且在中华猕猴桃中也具有有效性。根据猕猴桃性别表达的X/Y假说，S1032 - 867雄性标记应与Y染色体上控制雄性的主效基因相连锁。雄性标记S1032 - 867在个别雌株上有所表现，一定程度上说明了该标记并非是性别基因控制区的标记，而是与雄性性别控制基因紧密连锁的DNA标记。

4. 染色体起源分析

猕猴桃属植物的染色体倍性变异多样性极为显著，在种间和种内呈网状分布，从二倍体到八倍体频率逐步减少，其细胞遗传水平上的多样性为新种质和新品种的改良与创造提供了丰富的基因资源。然而，在猕猴桃的杂交育种中，种间杂交的亲和程度同本属植物染色体倍性的变化密切相关。已有研究结果表明，二倍体和四倍体之间亲本选配不当会造成杂交子代不育等后果。因此，对该属植物的染色体起源分析显得至关重要。

由于猕猴桃染色体数目多，且体积很小($2n=2x=58$，大小为0.7～1.0 μm)，并具多倍性，因此从细胞遗传学上研究其倍性关系较难。DNA分子标记法是从异源倍性中辨别同源性的最有效方法。对美味猕猴桃六倍体($2n=6x=174$)、中华猕猴桃四倍体($2n=4x=116$)和中华猕猴桃二倍体($2n=2x=58$)进行Southern杂交分析，未发现多倍体猕猴桃种基因组间的品种特异性，而是具有高度相似性。Huang等(1998)从2个富含AC/GT重复或AG/CT重复的中华猕猴桃基因组文库中分离了263个微卫星，大约有20%的引物对产生的谱带含有 2 个同位点的扩增产物，证实了猕猴桃的二倍体种起源是在染色体数目为 $x=14/15$ 的基础上多倍化，染色体的复制加倍可能发生在该属的进化过程中。

5. **胞质遗传和系统发育研究**

高等植物细胞质的遗传方式主要包括 3 种类型：母系遗传、父系遗传和双亲遗传。自 Cipriani 等和 Testolin 等分别证实了猕猴桃叶绿体 DNA（cpDNA）是严格的父性遗传、线粒体 DNA（mtDNA）为母性遗传以来，胞质遗传性很快成为研究猕猴桃系统发育和分类的有力工具。李健仔等（2003）对猕猴桃属毛叶硬齿（*A. callosa*）、安息香（*A. styraciflia*）和绵毛（*A. fulvicoma* var. *lanata*）等 27 个种和武植 2 号、武植 3 号、武植 5 号等 15 个栽培品种的叶绿体基因- *rbcL* 基因和 *psbA* 基因进行 PCR - RFLP 分析，利用 cpDNA 限制性片段长度多态性确立了该属植物的单元型分布，并对该属的系统发育方式和部分重要种类的亲缘关系进行了探讨，拓展了可用于猕猴桃属植物分子系统学研究的遗传信息。李林林等（2002）选用了 2 个线粒体基因（*nad*1 和 *nad*4）和 7 个限制性内切酶，对猕猴桃属对萼猕猴桃（*A. valvata*）、河南猕猴桃（*A. henanensis*）和阔叶猕猴桃（*A. latifolia* var. *latifolia*）等 34 个分类群进行 PCR - RFLP 分析，得到了 20 条具多态性的酶切片段，拓展了可用于猕猴桃分子系统学的遗传信息范围；获得的相同线粒体 DNA 酶切片段，则将对研究猕猴桃属植物的单元型分布以及进一步探讨造成物种形成不同单元型的原因有重要意义。张田（2007）采用 8 对 cpSSR 引物对我国西部高原台地向中东部丘陵平原过渡地带同域重叠分布的猕猴桃属绵毛猕猴桃（*Actinidia fulvicoma* var. *lanata*）、美味猕猴桃（*A. deliciosa* var. *deliciosa*）等 7 个物种的自然居群遗传多样性的研究表明，其 cpSSR 位点平均遗传多样性水平远远不及核基因组的遗传多样性高，反映了叶绿体基因组具有单一倍性、不存在分离交换和重组，而且进化保守的特性。但是，从叶绿体单倍型变异来看，猕猴桃属植物依然拥有丰富 cpSSR 单倍型遗传多样性，在试验所涉及的 7 种猕猴桃植物中，除了美味猕猴桃单倍型多样性略低外，其他 6 种猕猴桃的 cpSSR 单倍型多样性高于大多数叶绿体母系遗传的被子植物，与高多态性的葡萄和叶绿体偏父系遗传的紫花苜蓿的 cpSSR 单倍型多态性相近，甚至略高，与同为叶绿体父系遗传的裸子植物松科（Pinaceae）相比，其 cpSSR 单倍型多样性也高于多数松类植物。

6. **分子遗传图谱的构建**

控制重要农艺性状的基因 DNA 连锁标记的发掘和连锁图谱的构建，是果树分子标记辅助育种的基础，可以明显加快果树的育种进程。已在许多果树上找到了与目标基因连锁的 DNA 标记，并建立了相应的连锁图谱。刘春燕

(2016)利用RAD测序的方法，在174个F_1代植株中构建了中华猕猴桃和山梨猕猴桃的2张遗传图谱。母本山梨猕猴桃的MT570001图谱中包含29个连锁群共2 426个标记，图谱长度为2 651.3 cM，平均图距为1.09 cM，连锁群的长度为67.3～122.5 cM；中华猕猴桃桂海4号图谱共有4 214个SNP标记分布在29个连锁群上，总长度为3 142.4 cM，平均图距为0.75 cM，连锁群的长度为72.4～151.7 cM。徐小彪等(2012)利用开发的11对EST-SSR引物分析了33份猕猴桃种质资源的遗传多样性及其遗传关系。结果表明，11对EST-SSR引物在所有供试材料中均可扩增出清晰条带，其中有8对引物呈现多态性，多态性扩增率为72.7%，对33份种质材料的区分率达100%。8对多态性引物共检测到61个等位基因，每对引物可检测到的等位基因数为2～17，平均为7.6个。利用NTSYS-pc软件，以不加权成对算术平均法(UPGMA)对扩增结果进行聚类，谱系图显示，33份种质材料之间的相似系数在0.60～0.97，表明猕猴桃种质之间遗传关系相对来说不是很远。在相似系数0.73的水平上可将供试猕猴桃材料分为7个类群，其结果与传统的形态分类大体一致。

五、猕猴桃基因组学研究进展

目前，柑橘、苹果、葡萄、香蕉、黄瓜等园艺作物的基因组已经完成测序，这是园艺作物重要农艺性状功能基因组研究的基础，对于提升果树育种水平和培育新品种具有重大战略意义。中华猕猴桃红阳(V2、V3)、Reds以及毛花猕猴桃华特基因组的公布，为分子标记在猕猴桃育种中的应用及需借助基因组数据库的蛋白质组学在猕猴桃生殖生物学方面的研究提供了理论基础。简单重复序列(simple sequence repeat，SSR)，也叫微卫星(microsatellites)，与其他分子标记技术相比，SSR标记具有多态信息含量高、共显性遗传、技术简单、重复性好、特异性强等特点，已被应用于苹果、葡萄、柑橘和果梅等果树的基因组研究中。表达序列标签(express sequence tags，EST)，是指通过cDNA文库中随机挑取的克隆进行大规模测序所获得的cDNA的5'或3'端序列，长度一般为150～500 bp。近年来大量快速增长的EST数据已成为SSR的重要来源，各种植物中有1%～5%的EST含有可用于建立标记的SSR。EST-SSR标记具有信息量大、通用性好、开发简单快捷、费用低等优点，是一种简便、快速、有效的新型分子标记，并被证明有多方面的利用价值和功能性。猕猴桃历史悠久、分布广泛，种质资源极为丰富，但其分子生物学的研究却较为薄弱。引物数量不足制约了SSR标记的发展，除传统的基于实验手段的文库法、富集法、省略筛库法和不同物种间共用引物筛选法外，还有用生物信息学手段来设计和开发 SSR 引物的方法。而后者也是更方便、快捷、开发成本低的手段。目前，公共数据库中的猕猴桃 EST 序列为开发新的猕猴桃 SSR 引物提供了便利。徐小彪等(2012)利用筛查猕猴桃 EST 序列数据库，从 NCBI 公共数据库中最新公布的猕猴桃 EST 中随机抽取56 400条序列，应用 SSRHunter 软件查找 SSR。从猕猴桃 EST 序列中获得了 7 939 条 SSR，其中包括二核苷酸重复 5 131 条(64.63%)、三核苷酸重复1 237条(15.58%)、四核苷酸重复 284 条(3.58%)、五核苷酸重复 397 条(5.00%)、六核苷酸重复 890 条(11.21%)。在二核苷酸重复序列中，AG/CT 共分布 4 654 条(90.70%)。在猕猴桃 EST 序列中，二核苷酸重复序列是最丰富的重复单元，其次为三核苷酸重复和六核苷酸重复。在所获得的 SSR 重复单元中，AG/CT 为优势重复。同样利用 EST-SSR 技术，徐小彪等(2010)以中华猕猴桃矮型种质赣猕 5 号为母本、普通型中华猕猴桃奉雄 2 号为父本构建 F_1群体，结合群体分离分析法(BSA)在荧光 DNA 测序仪上进行了赣猕 5 号矮型性状连锁的 EST-SSR 分子标记研究。结果发现，对其开发并设计的 85 对 EST-SSR 荧光引物的扩增筛选，其中引物 EST-Ad042 在亲本及其矮型与普通型 DNA 池之间扩增出 1 条 285 bp 的多态性片段，经对其 F_1 代分离群体部分矮型与普通型单株进行随机验证，该片段稳定出现，在矮型植株中表现为有带，在普通型植株中表现为无带。遗传连锁分析表明，该标记与矮型基因之间的连锁距离为 8.8 cM。EST-SSR 荧光引物能够有效地筛选到中华猕猴桃的特异标记，可以作为鉴别矮型与普通型植株的标记引物。

第二节　育种途径与育种目标

一、育种途径和方法

猕猴桃育种途径包括实生选种、芽变选种、杂交育种、胚乳培养和生物技术育种。

1. 种质资源评价

我国野生猕猴桃种质资源丰富，挖掘优异的野生猕猴桃种质，并从野生种质中进行优选，是我国猕猴桃新品种选育的重要方式。种质资源的评价主要包含生物学评价、孢粉学评价和 DNA 分子评价。形态学评价包括果实表型性状遗传多样性分析、果实营养与风味品质分析、需冷量及抗性评价、核心种质构建等，孢粉学评价包括倍性水平鉴定、花粉形态扫描电镜观察、雄株花器形态及花粉性状分析、花粉直感效应研究、花粉耐热性研究等，DNA 分子评价包括 DNA 指纹图谱的构建、相关功能基因的挖掘、遗传多样性分析、亲缘关系分析等。

2. 育种途径

(1)实生选种。实生选种是猕猴桃新品种选育的主要方法，如新西兰选育的世界主栽品种海沃德，中国的优良品种金魁、秦美、徐香、魁蜜等，都是应用实生选种方法选育出来的。

(2)芽变选种。猕猴桃芽变频率较高，同一株上同一性状可存在多种表现型。意大利选育出海沃德芽变——最佳明星(TopStar)。中国利用芽变选种方法获得了一些优良品种(系)，如海沃德芽变——皖翠，其较海沃德丰产，并保留了海沃德果实耐贮藏、货架期长等优良特性。

(3)杂交育种。猕猴桃雌雄异株，个体基因型高度杂合，通过杂交育种使双亲基因重组，产生变异新植株。我国通过杂交育种获得了一些优良品种(系)，如中国科学院植物研究所北京植物园用美味猕猴桃 26 号与软枣猕猴桃杂交，获得了果大、绿色、无毛的新株系；四川自然资源研究所用中华猕猴桃变种红阳猕猴桃为母本，用美味猕猴桃为父本，选育出红华，改进了红阳品种果实偏小的性状；中国科学院武汉植物研究所自 1983 年开始进行 9 个种之间的种间杂交，获得 5 000 余株 F_1 实生苗，从中选出了江山娇、重瓣、满天星等 3 个观赏用品种；中国农业科学院郑州果树研究所用美味猕猴桃米良 1 号与太行雄鹰杂交，选育出中熟、大果类型的中猕 2 号品种。筛选具不同性状的亲本进行控制杂交，通过实生后代果实性状的综合比较，确定遗传性状稳定的亲本，供今后控制杂交亲本选择时参考。雌株较容易选择，雄株的选择较难，因其对果实性状的影响无法直接观察确定。

(4)胚乳培养育种。胚乳培养主要用于获得多倍体。如中国农业科学院郑州果树研究所从中华猕猴桃二倍体品种胚乳培养中得到了三倍体植株。

(5)生物技术育种。将生物技术应用于猕猴桃育种，产生了一些新种质、新育种材料和抗性基因。如中国科学院植物研究所通过胚挽救技术和胚培养获得了海沃德与毛花猕猴桃杂种胚植株；中国农业科学院特产研究所对软枣猕猴桃与美味猕猴桃进行种间杂种幼胚接种培养，得到了不定芽再生植株；北京师范大学用 PEG 法对中华猕猴桃、美味猕猴桃子叶愈伤组织原生质体与狗枣猕猴桃叶肉原生质体进行中间融合，获得中华猕猴桃与美味猕猴桃的八倍体融合体，获得中华猕猴桃与狗枣猕猴桃的三倍、四倍、五倍融合体；中国农业科学院郑州果树研究所用秋水仙素诱导中华猕猴桃二倍体品种琼露的试管苗茎段，得到了四倍体与二倍体嵌合体植株。

二、育种目标

品种改良的总目标可分为产量和质量2方面，产量从果实重量、结果数量来解决，质量从外观(形状、大小、茸毛多少等)、内在品质(果肉颜色、可溶性固形物含量等)、风味、质地、贮藏性能等方面进行改良。对于具有某些突出优良性状的新株系，推广前必须进行三方评价：消费者评议、化学成分分析、专门的品质鉴评。改变果皮或果肉颜色是今后新品种选育的主要目标之一。

猕猴桃新品种选育应注重常规育种方法和现代育种技术的结合，加强新材料的创新和新理论、新技术的应用，如分子标记技术、体细胞杂交、转基因技术、数量遗传学、基因工程等(郑少燕，2014)。充分利用中国丰富的野生资源，加强在红肉类型、雌雄同株、砧木育种、抗性育种、雄性品种、高维生素C含量、无籽、加工专用品种等方面的选育工作。

借助分子标记辅助育种(MAS)技术进行种间或种内有性杂交，并借助化学诱变(多倍体育种)等技术以创新猕猴桃新品种(徐小彪等，2009)。总体目标是：绿肉猕猴桃综合性状超过海沃德和金魁，黄肉猕猴桃综合性状超过早金(Hort16A)和金桃，红肉猕猴桃综合性状超过红阳；新颖猕猴桃(Novel kiwifruit)创新类型包括易剥皮、皮可食、彩色果皮与果肉、特异果型及香型。以海沃德品种为对照，着重改良中国已选出品种的外观、贮藏性和货架期。如鄂猕猴桃1号(金魁)，综合性状优良，但果面有棱，有很大的改良潜质(陈启亮等，2009)。

栽培品种育种目标：

(1)优质。风味品质佳，营养丰富，如高维生素C、高钾和高纤维；低糖但固酸比高；果实中猕猴桃碱含量低，无涩、麻等刺激性口味等。

(2)特色。果肉果皮颜色特别(如红肉、红皮，光皮绿肉)；果皮无毛可食用，果皮易剥离；果实成熟时果皮有明显转色的成熟标志；果实无籽；红色或黄色花等。

(3)耐贮。常温贮藏时间延长，软熟后货架期长。

(4)抗逆性强。如抗旱、耐渍、耐瘠、耐盐碱，高抗溃疡病、根腐病、花腐病等，即选育适应性广泛的新品种。

1. 绿肉猕猴桃

绿肉猕猴桃品种改良的目标是其食用品质及产量优于海沃德和金魁，具体包括：①更甜。②更高的干物质及可溶性固形物含量。③更诱人的香型。④无硬果心。⑤翠绿色果肉。⑥更高的维生素C含量。⑦果面绒毛更软。⑧成熟期更早。⑨雌雄同株类型，可提高单位面积产量。

2. 黄肉猕猴桃

黄肉猕猴桃品种改良的重点包括：果实大小、形状、果肉色泽和贮藏期，贮藏期在1℃条件下>24周，优于Hort16A和金桃；果实干物质含量>20%，可溶性固形物含量>17.5%；香气浓郁；无硬果心；金黄果肉；高维生素C含量(>85 mg/100g)；抗病性强。

3. 红肉猕猴桃

我国选育的大部分红肉品种仅仅是果心部分呈现红色，而非全红色。软枣猕猴桃天源红(齐秀娟等，2010)和红宝石星(齐秀娟等，2011)，虽然果皮、果肉和果心均为红色，但果实偏小。

红肉猕猴桃品种改良的目标是果肉色泽鲜红、果大、果形一致，其他商品性状至少与Hort16A、金桃、海沃德或金魁相似，需要克服目前红肉品种对溃疡病敏感、环境适应性差等不足。

4. 新颖猕猴桃

新颖猕猴桃品种改良的目标是外形美观、食用方便、风味浓郁，具体改良内容有：①果实干物质含量>20%，可溶性固形物含量>17.5%。②果实贮藏期>24周。③果实货架期10 d以上。④鲜果产量30 t/hm^{2}以上。⑤果皮可食。⑥果皮易剥。⑦果肉或果皮红、黄。⑧与海沃德、金魁、Hort16A或金桃等现有主栽品种外观上不同。

5. 雄株

目前我国推广栽培的猕猴桃品种虽然很多，但很少有专用授粉品种与之配套，往往存在授粉不亲和、花期不遇、授粉不良等问题，这也是导致部分果园产量与商品性不高的原因之一。由中国科学院武汉植物园选育的雄株磨山4号(黄宏文等，2006)在猕猴桃实际生产中被认为是“万能雄株”，被广泛应用于我国的猕猴桃生产中，然而磨山4号与早、中和晚熟的猕猴桃品种以及红肉、黄肉和绿肉栽培品种的适应性仍有待研究(Chen等，2019)。优良雄株授粉可改良果实品质，目前在新西兰，为海沃德授粉的雄株有：Chieftain、加州雄、马图阿、汤姆利、M51、M52、M54和M56(姜正旺等，2003)。雄株选育目标必须是树形紧凑、与主栽品种花期相遇、花量大、花粉活力高、花期长，且授粉后的果实有较好的果形。

6. 砧木

我国猕猴桃建园多采用实生苗嫁接目标品种的方法，但实生苗多为野生或未知种子繁育，苗木质量参差不齐。因此，选择合适的无性系砧木可减少植株间的变异，控制树体营养生长势，促进幼树成花，提高果实产量，增强对不同土壤类型的适应性，甚至提高抗寒力。目标是选育抗旱、耐渍、耐盐碱、抗根腐病、抗溃疡病等的专用砧木。

第三节　选育的主要品种

一、美味猕猴桃

1. 秦美

秦美由陕西省周至县猕猴桃试验站等单位选育。果实近椭圆形，平均单果质量 106.5 g，最大单果质量 204 g，可溶性固形物含量 10.2%～17%，鲜果维生素 C 含量 190～354.6 mg/100g。陕西西安地区 10 月下旬～11 月上旬成熟，果实耐贮藏，11～13℃条件下可存放 38 d。

2. 秦翠

秦翠由陕西省果树所和周至猕猴桃试验站从野生美味猕猴桃实生单株中选出。果实长圆柱形，平均单果质量 80 g，最大单果质量 115 g。果皮棕褐色，果肉翠绿，质地细，汁多，酸甜，有清香。总糖含量 6.29%，总酸含量 2.29%，鲜果维生素 C 含量 255.99 mg/100g，可溶性固形物含量 14%。室温条件下可贮藏 28 d。

3. 翠香

翠香是西安市猕猴桃研究所选育的优质猕猴桃早熟品种(图 3-1)。果实长纺锤形，平均单果质量 92 g，最大单果质量 130 g。果皮黄褐色，质地细而多汁，香甜爽口，味浓香。陕西西安地区 9 月上旬成熟，可溶性固形物含量 8.07%、总糖含量 3.34%、总酸含量 1.17%，鲜果维生素 C 含量 99 mg/100g。成熟采收的果实在常温条件下后熟期 12～15 d，0℃条件下可贮藏保鲜 3～4 个月。

图 3-1　翠香(徐小彪 提供)

4. 徐香

徐香由江苏省徐州果园实生育种而成(图 3-2)。果实圆柱形，平均单果质量 70～110 g，最大单果质量 137 g，可溶性固形物含量 15.3%～19.8%，鲜果维生素 C 含量 99.4～123 mg/100g。果实 10 月上、中旬成熟，室温下可存放 30 d。

图 3-2　徐香(徐小彪　提供)

5. 贵长

贵长由贵州省果树研究所在贵州紫云县从野生美味猕猴桃中选出。果实长圆柱形，果皮褐色，平均单果质量 70 g，最大单果质量 120 g。果肉绿色，肉质细腻，甜酸适度，清香可口。可溶性固形物含量 16%，总酸含量 1.45%，鲜果维生素 C 含量 113.43 mg/100g。鲜食、加工兼用。

6. 米良 1 号

米良 1 号由湖南省吉首大学生物学系等单位选育(图 3-3)。果实长圆柱形，平均单果质量 86.1～95.8 g，最大单果质量 162 g，可溶性固形物含量 16%～18%，鲜果维生素 C 含量 188.6 mg/100g。果实 10 月上旬成熟，室温下可存放 30～50 d。

图 3-3　米良 1 号(徐小彪　提供)

7. **沁香**

沁香由湖南农业大学园艺系育成。果实近圆形或阔卵圆形，果顶平齐，果形端正美观。果皮褐色，果实较大，平均单果质量 80.3～93.8 g，最大单果质量 158.7 g。果肉绿色至翠绿色，肉质鲜嫩可口，味甜而微酸，风味浓。果实 10 月上旬成熟。可溶性固形物含量 15%～17%，维生素 C 含量 148.46～236.9 mg/100g，常温条件下可存放 17～28 d。

8. **海沃德**

海沃德由新西兰选育（图 3-4），为新西兰、意大利、智利等国的主栽品种。果实宽椭圆形，平均单果质量 100～110 g，果肉绿色，风味佳，香气浓郁。可溶性固形物含量 13%左右，鲜果维生素 C 含量 105 mg/100g。果实成熟期 11 月上、中旬。耐贮藏且货架期长。

图 3-4　海沃德（徐小彪 提供）

9. **金魁**

金魁又名鄂猕猴桃 1 号（图 3-5），由湖北省农业科学院果树茶叶研究所实生选育，1993 年通过湖北省农作物品种审定委员会审定。果实圆柱形，平均单果质量 103 g，最大单果质量 203 g，可溶性固形物含量 20%～25%，鲜果维生素 C 含量 100～242 mg/100g，果肉翠绿色，果实风味浓郁，品质极佳。10 月下旬～11 月上旬成熟，耐贮藏，室温下可贮存 40 d。

图 3-5　金魁（徐小彪 提供）

10. 鄂猕猴桃 4 号

鄂猕猴桃 4 号是湖北省农业科学院果树茶叶研究所从湖北兴山猕猴桃资源中选育出的早熟美味猕猴桃品种，2007 年通过湖北省农作物品种审定委员会审定(周民生等，2008)。果实圆柱形，果面黄褐色，果肉绿色，质细汁多，甜酸适度，风味浓。平均单果质量 91 g，最大单果质量 140 g。可溶性固形物含量 14.0%左右，鲜果维生素 C 含量 58.16 mg/100g。9 月中、下旬成熟，丰产。

11. 金硕

金硕是湖北省农业科学院果树茶叶研究所从美味猕猴桃资源中实生选育的大果型新品种，2009 年 12 月通过湖北省林木品种审定委员会审定(陈庆红等，2010)。平均单果质量 120 g，最大单果质量 159 g。果实长椭圆形，果肉绿色，肉质细腻，风味浓郁，可溶性固形物含量 17.4%，总糖含量 9.22%，可滴定酸含量 1.8%，鲜果维生素 C 含量 104 mg/100g。在武汉地区 10 月上旬成熟，耐贮性较强，常温条件下可贮藏 20～30 d。

12. 华美 1 号

华美 1 号又名豫猕猴桃 1 号，是河南西峡县猕猴桃研究所选育的晚熟品种。果实长圆柱形，平均单果质量 56 g，最大单果质量 100 g，可溶性固形物含量 11.8%，鲜果维生素 C 含量 148 mg/100g。果实 10 月下旬成熟，耐贮性强，室温下可贮藏近 60 d。宜做切片罐头。

13. 华美 2 号

华美 2 号又名豫猕猴桃 2 号，是河南西峡县猕猴桃研究所选育的早熟品种，2000 年 10 月通过河南省林木良种审定委员会审定。果实长圆锥形，平均单果质量 112 g，最大单果质量 205 g。果皮黄褐色，果肉黄绿色，肉质细，汁液多，酸甜适口，可溶性固形物含量 14.6%，总糖含量 8.88%，总酸含量 1.76%，鲜果维生素 C 含量 152 mg/100g，常温条件下可贮藏 30 d。

14. 蜜宝 1 号

蜜宝 1 号是河南焦作农业科学研究所从野生猕猴桃实生群体中选育的新品种，2006 年 2 月通过河南省林木良种审定委员会审定(吴放等，2006)。果实长梯形，平均单果质量 53.1 g，最大单果质量 84.6 g，可溶性固形物含量 18.1%，鲜果维生素 C 含量 138.04 mg/100g，总糖含量 14.53%。果实品质好，风味浓郁，耐贮藏，常温条件下可贮藏 38 d。植株生长势强，抗逆性强，耐瘠薄，丰产稳产。10 月初果实成熟。

15. 皖翠

皖翠由安徽农业大学园艺系等单位育成，为海沃德的自然芽变品种，2000 年 11 月通过安徽省农作物品种审定委员会审定(朱立武等，2001)。果实圆柱形，平均单果质量 110～125 g，最大单果质量 200 g。果肉翠绿色，细嫩多汁，香味浓，可溶性固形物含量 15.5%～17.5%，鲜果维生素 C 含量 65～78 mg/100g。在皖中地区果实成熟期在 10 月下旬，耐贮藏。

16. **中猕 1 号**

中猕 1 号由中国农业科学院郑州果树研究所从河南伏牛山区野生资源中选出，2003 年 12 月通过河南省林木良种审定委员会审定(韩礼星等，2004)。果实椭圆形，果皮褐色，果肉绿色，平均单果质量 83.0～95.0 g，最大单果质量 137.8 g，果肉细嫩多汁，味甜。总糖含量 10.4%，总酸含量 2.23%，可溶性固形物含量 16.1%，鲜果维生素 C 含量 74 mg/100g。果实较难后熟，货架期 15 d 左右。在郑州地区成熟期在 10 月下旬。丰产稳产，抗逆性强。

17. **中猕 2 号**

中猕 2 号是中国农业科学院郑州果树研究所从米良 1 号×太行雄鹰杂交后代中选出的中熟优良新品种(图 3-6)，2014 年通过河南省林木品种审定委员会审定(齐秀娟等，2015)。果实椭圆形，平均单果质量 108 g，最大单果质量 145 g，果肉翠绿色，口感香甜。可溶性固形物含量 17.4%，总糖含量 12.4%，总酸含量 1.88%，干物质含量 21.05%。郑州地区 9 月中、下旬成熟。丰产，抗逆性强。

图 3-6　中猕 2 号(齐秀娟 提供)

18. **龙山红**

龙山红是四川省自然资源科学研究院在四川都江堰市紫坪镇海拔 1 200 m 处发现的猕猴桃两性花新品种，属美味猕猴桃(*Actinidia deliciosa*)变种彩色猕猴桃(*Actinidia deliciosa* var. *coloris*)(王明忠等，2012)。果实长椭圆形，单果质量 50～80 g，果实褐色，最外层果肉绿色，中柱外围的心室部分果肉淡红色，香气浓，鲜果可溶性固形物含量 14.60%，总糖含量 10.20%，总酸含量 1.87%，鲜果维生素 C 含量 65.1 mg/100g，在四川都江堰市海拔 1 100 m 处果实成熟期在 10 月中、下旬，抗寒、抗病和抗湿。

19. 红美

红美是四川省自然资源科学研究院等单位从野生美味猕猴桃实生苗中选育的彩色猕猴桃新品种，2004 年 10 月通过四川省农作物品种审定委员会审定。果实圆柱形，平均单果质量 73 g，最大单果质量 100 g。果肉 7 月初开始变红，种子外侧果肉红色，横切面红色素呈放射状分布，可直达果实两端。可溶性固形物含量 19.4%，总糖含量 12.91%，总酸含量 1.37%，鲜果维生素 C 含量 115.2 mg/100g。晚熟，丰产，抗逆性强。

20. 海艳

海艳由江苏海门市三和猕猴桃服务中心从实生苗中选出，亲本不详，2010 年 9 月通过江苏省农作物品种审定委员会审定(张洪池等，2011)。果实长圆柱形，平均单果质量 90 g，最大单果质量 120 g。果肉翠绿色，可溶性固形物含量 18. 20%，总糖含量 11. 69%，总酸含量 1. 07%，维生素 C 含量 71.58 mg/100g。在江苏海门市果实 8 月中、下旬成熟，是极早熟品种。果实在室温下后熟需要 12 d，货架期 8～12 d，在冷藏条件下可以贮藏 3 个月。

21. 湘吉

湘吉由吉首大学选育，于 2011 年获得农业部植物新品种权。果实短圆形，单果质量 40～50 g。果皮棕褐色，果肉黄绿色，肉质细嫩，酸甜适度，可溶性固形物含量 15%～17%，果实无籽。果实耐贮性一般，常温下可贮藏 20 d 左右。

22. 瑞玉

瑞玉是陕西省农村科技开发中心以秦美作母本、K56 作父本杂交育成的中熟品种，2015 年 1 月通过陕西省果树品种审定委员会审定(雷玉山等，2015)。果实长圆柱形兼扁圆形，平均单果质量 90 g，最大单果质量 135 g。果肉绿色，风味酸甜。可溶性固形物含量 17.3%～19.6%，总糖含量 9.98%，总酸 0.91%，鲜果维生素 C 含量 140.14 mg/100g。常温下后熟期 20～25 d，货架期 30 d 左右，冷藏可贮藏 5 个月左右。在陕西省秦岭北麓果实 9 月中、下旬成熟。

23. 农大猕香

农大猕香由西北农林科技大学园艺学院从徐冠实生后代中选出，2015 年 3 月通过陕西省果树品种审定委员会审定(郁俊谊等，2017)。果实长圆柱形，平均单果质量 98 g。果肉黄绿色，肉质细，总糖含量 12.5%，有机酸含量 1.67%，鲜果维生素 C 含量 243.9 mg/100g，软熟后可溶性固形物含量 17.9%。抗逆性较强，在陕西关中地区 10 月中、下旬成熟，耐贮性强。

24. 农大郁香

农大郁香由西北农林科技大学园艺学院从徐冠实生后代中选出，2016 年

12 月通过陕西省果树品种审定委员会审定(郁俊谊等，2018)。果实长圆柱形，果形大，平均单果质量 110 g，最大单果质量 160 g。果肉黄绿色，采摘期总糖含量 11.2%，有机酸含量 1.04%，鲜果维生素 C 含量 252 mg/100g，软熟后可溶性固形物含量 18.8%。果实后熟期 30～40 d，室内常温下可存放 35 d 左右。抗逆性较强，在陕西关中地区 10 月初采收。

二、中华猕猴桃

1. 早鲜

早鲜由江西省农科院园艺所等单位选育(图 3-7)。果实圆柱形，平均单果质量 75.1～94.4 g，最大单果质量 98.4～132.0 g，果肉黄色或黄绿色，总糖含量 7.02%～9.08%，柠檬酸含量 0.91%～1.25%，鲜果维生素 C 含量 73.5～97.8 mg/100g，酸甜，风味浓。在南昌成熟期在 8 月下旬～9 月初，较耐贮藏，室温下可存放 10～20 d。

图 3-7 早鲜(徐小彪 提供)

2. 魁蜜

魁蜜由江西省农科院园艺所等单位选育，以鲜食为主的大果型品种。果实扁圆形，平均单果质量 130.4 g，最大单果质量 183 g，可溶性固形物含量 15%，鲜果维生素 C 含量 125.6 mg/100g。9 月上、中旬成熟，室温下可存放 12～15 d。

3. 金丰

金丰由江西省农科院园艺所等单位选育，鲜食加工兼用型品种。果实椭圆形，平均单果质量 81.8～107.3 g，最大单果质量 124 g。果肉黄色，肉质细嫩多汁，味酸甜。总糖含量 7.07%～8.29%，柠檬酸含量 1.06%～1.65%，鲜果维生素 C 含量 103.4 mg/100g。适应性强。

4. 庐山香

庐山香由江西省庐山植物园等单位选育(图 3-8)。果实长圆柱形，平均单果质量 88.5 g，最大单果质量 175 g，可溶性固形物含量 14.3%，鲜果维生素 C 含量 159 mg/100g。9 月中旬成熟，室温下可存放 20 d。

图 3-8 庐山香(徐小彪 提供)

5. 素香

素香由江西省农科院园艺所选育。果实长椭圆形，平均单果质量 110 g，最大单果质量 180 g，可溶性固形物含量 16.5%，鲜果维生素 C 含量 300 mg/100g。江西南昌地区 9 月上、中旬成熟。室温下可存放 15～20 d。

6. 云海 1 号

云海 1 号由中国科学院庐山植物园从野生猕猴桃实生群体中选出。2011 年 12 月通过江西省农作物品种审定委员会审定(韩世明等，2012)。果实长圆柱形，平均单果质量 86.5 g，最大单果质量 125 g，果肉淡黄色，可溶性固形物含量 15.06%～17.8%，鲜果维生素 C 含量 71.42 mg/100g，总糖含量 8.71%，可滴定酸含量 1.48%。丰产稳产，适应性强。江西庐山地区 10 月下旬果实成熟。

7. 赣猕 5 号

赣猕 5 号由江西省瑞昌市农科所选出，2000 年 4 月通过审定。果实甜酸适口，香味浓郁。总糖含量 11.59%(以葡萄糖计)，可溶性固形物含量 17.16%，鲜果维生素 C 含量 83.9 mg/100g，总酸含量 1.5%(以苹果酸计)。10 月上旬成熟，耐贮藏，货架期长，鲜食与加工俱佳。丰产性能好，平均单果质量 85 g，最大单果质量 212 g。该品种株形紧凑、节间短缩、冠幅小，是矮化无架密植栽培的良好种质，也是猕猴桃矮化及观赏育种的良好亲本材料。

8. 鄂猕猴桃 2 号

鄂猕猴桃 2 号又名金农 1 号，是湖北省农业科学院果树茶叶研究所从野生中华猕猴桃中经实生选育的特早熟黄肉品种，2004年3月通过湖北省农作物品种审定委员会审定(陈庆红等，2004)。平均单果质量80 g，最大单果质量135 g，果实广椭圆形，果面绿褐色，果肉金黄色，汁液多，具芳香，肉质细腻，酸甜适度，品质上乘。可溶性固形物含量14.3%～15.2%，鲜果维生素C含量65.48～93.90 mg/100g。武汉地区8月中、下旬成熟，常温下可贮放10～15 d，冷藏可达30 d。具有较强的抗病虫、抗干旱能力。

9. 鄂猕猴桃3号

鄂猕猴桃3号又名金阳1号，是湖北省农业科学院果树茶叶研究所从野生中华猕猴桃资源中选育的早熟黄肉无毛品种，2004年6月通过湖北省农作物品种审定委员会审定(陈庆红等，2006)。平均单果质量85 g，最大单果质量155 g，果实长圆柱形，果肉金黄色，肉质细腻，酸甜适度，品质上乘。可溶性固形物含量15.0%，鲜果维生素C含量55.71 mg/100g，湖北武汉地区9月上、中旬成熟，常温下可贮放15 d，冷藏可达50 d。

10. 丰悦

丰悦是湖南省园艺研究所从野生猕猴桃资源中选育的优质良种，2001年2月通过湖南省农作物品种审定委员会审定和现场鉴定。平均单果质量90 g，最大单果质量127.8 g。果肉黄绿色或金黄色，细嫩多汁，味甜，香气浓，可溶性固形物含量13.5%～15.8%，最高可达19.0%，鲜果维生素C含量84.0～163.0 mg/100g。耐贮藏。长沙地区9月中、下旬成熟。

11. 翠玉

翠玉由湖南省园艺研究所从野生资源中选育，2001年9月通过湖南省农作物品种审定委员会审定和现场鉴定(钟彩虹等，2002)。平均单果质量90 g，最大单果质量129 g，果实圆锥形，果皮绿褐色，果肉翠绿色，肉质致密，汁液多，味浓甜，可溶性固形物含量14.5%～17.3%，最高可达19.5%，鲜果维生素C含量93～143 mg/100g。果实贮藏性极佳，常温(20℃左右)下可贮藏30 d左右，低温下可贮藏4～6个月。长沙地区10月上旬成熟。

12. 金早

金早是中国科学院武汉植物园从野生中华猕猴桃单株选出的早熟优良新品种，2004年通过湖北省农作物品种审定委员会审定(黄宏文等，2005)。果实卵圆形，果皮黄褐色，果肉黄色，质细、汁多、清香，品质佳，可溶性固形物含量13.3%，鲜果维生素C含量124 mg/100g，总酸含量17 g/kg。成熟期8月中旬，是弥补市场空缺的优良早熟品种。

13. 金霞

金霞是中国科学院武汉植物园从野生中华猕猴桃群体中选出的四倍体新品种，2004年3月通过湖北省品种审定委员会审定(王圣梅等，2004)。果实近圆柱形，平均单果质量 85 g，最大单果质量 134 g。果肉淡黄色，鲜果维生素 C 含量 110 mg/100g，可溶性固形物含量 15%，总糖含量 7.4%，有机酸含量 0.95%，品质上乘。成熟期较晚，武汉地区 9 月中、下旬成熟，是中华猕猴桃中耐贮性强的品种，常温下可贮藏 30 d 左右，果实适于鲜食和加工。

14. 金桃

金桃是中国科学院武汉植物园从中华猕猴桃野生优良单株武植 6 号单系中选育的黄肉猕猴桃品种。2000 年在欧盟国家申请专利，2004 年 10 月通过湖北省林木品种审定委员会审定（黄宏文等，2005）。果实长圆柱形，平均单果质量 82 g，最大单果质量 121 g，果皮黄褐色，果肉金黄色，肉质细嫩、脆，风味酸甜适中，可溶性固形物含量 18%，鲜果维生素 C 含量 147～152 mg/100g。在武汉地区 9 月中、下旬采果，常温下可贮藏 40 d 左右。授粉品种为磨山 4 号。

15. 武植 3 号

武植 3 号由中国科学院武汉植物园从高海拔地区自然形成的四倍体中华猕猴桃优良单株后代中选出，2007 年通过国家林木品种审定委员会审定（黄宏文等，2008）。果实大，平均单果质量 118 g，最大单果质量 156 g。果实近椭圆形或圆柱形，果肉翠绿色，鲜果维生素 C 含量高达 275～300 mg/100g，可溶性固形物含量 15.2%，总糖含量 11.2%，鲜食和加工兼用品种。武汉地区 9 月底成熟。抗干旱及病虫害能力强，适栽地域广泛。

16. 豫皇 1 号

豫皇 1 号由河南省西峡县猕猴桃研究所选育，2009 年通过河南省种子管理站品种鉴定。果实圆柱形，平均单果质量 88 g，最大单果质量 148 g，软熟后果肉黄色，肉质细嫩，汁多，香甜味浓，可溶性固形物含量 16.5%～17%，成熟期 9 月中旬，自然条件下可存放 2 个月左右，冷藏条件下可贮藏 6 个半月，货架期 20～30 d。

17. 豫皇 2 号

豫皇 2 号由河南省西峡县猕猴桃研究所选育，2009 年通过河南省种子管理站品种鉴定。果实长椭圆形，平均单果质量 85 g，最大单果质量 136 g，果肉成熟后金黄色，肉质细嫩，可溶性固形物含量 16.5%，总酸含量 1.29%，鲜果维生素 C 含量 78.62 mg/100g，充分软熟后味香甜可口，极耐贮，在自然条件下可贮藏 3 个月。

18. 皖金

皖金由安徽农业大学园艺学院与皖西猕猴桃研究所通过实生选种选出，2009 年 12 月通过安徽省林业厅林木品种审定委员会审定。果实卵圆形，果肉黄色，平均单果质量 133 g，可溶性固形物含量 12.5%，可滴定酸含量

0.88%，鲜果维生素C含量75.9 mg/100g。安徽霍邱地区成熟期在11月初。耐贮藏，抗逆性较强。

19. 金怡

金怡是湖北省农业科学院果树茶叶研究所从野生中华猕猴桃中实生选育的早熟新品种，2011年5月获得农业部植物新品种保护授权(陈庆洪等，2012)。果实短圆柱形，果皮暗绿色，平均单果质量70 g，最大单果质量110 g。果肉金黄色或黄绿色，肉质细腻，风味浓郁，可溶性固形物含量17.0%～20.0%，可溶性总糖含量12.1%，可滴定酸含量1.28%，鲜果维生素C含量132.2 mg/100g。武汉地区9月上旬成熟，抗虫、抗旱能力较强。

20. 金什1号

金什1号是四川省自然资源科学研究院从中华猕猴桃中实生选育的四倍体黄肉新品种，2014年2月通过四川省农作物品种审定委员会审定(谢玥等，2014)。果实长梯形，果皮黄褐色，平均单果质量85.83 g，最大单果质量102.4 g。果肉黄色，风味浓，具清香，可溶性固形物含量17.5%，干物质含量18.75%，总糖含量10.82%，总酸含量0.143%，鲜果维生素C含量205 mg/100g。四川德阳地区11月上旬成熟。

21. 金玉

金玉由中国科学院武汉植物园从红阳猕猴桃的实生后代中选育，2016年获得农业部颁发的植物新品种权证书。果实短圆柱形，小巧玲珑，果肉黄金色，风味浓甜，香气浓郁，口感极好。软熟果实可溶性固形物含量21%～25%，总糖含量14%，总酸含量1.3%，鲜果维生素C含量118 mg/100g。极耐贮藏。

22. 金瑞

金瑞是安徽省农业科学院园艺研究所等单位从中华猕猴桃中实生选育的早熟黄肉新品种，2016年12月通过安徽省园艺学会园艺作物品种认定委员会认定(齐永杰等，2017)。果实近圆柱形，果皮黄褐色，平均单果质量83.4 g，最大单果质量103.6 g。果肉金黄色，风味浓，可溶性固形物含量18.6%，最高达20.1%，总糖含量10.93%，可滴定酸含量1.7%，鲜果维生素C含量215 mg/100g。安徽省大别山地区9月中旬成熟，适于鲜食。

23. 农大金猕

农大金猕是西北农林科技大学园艺学院以金农2号猕猴桃为母本、金阳1号雄株为父本杂交选育的黄肉猕猴桃新品种，2016年12月通过陕西省果树品种审定委员会审定(姚春潮等，2017)。果实近圆柱形，平均单果质量82.1 g。果肉黄色，肉质细嫩多汁，风味香甜爽口，鲜果维生素C含量204 mg/100g，总糖含量14.2%，总酸含量1.42%，可溶性固形物含量20.2%。陕西关中地区9月上旬成熟，较耐贮藏，室温下可存放15～20 d。

24. 贝木

贝木是吉首大学从野生中华猕猴桃资源中选育的耐贮黄肉新品种，2017年5月获农业部颁发的植物新品种权证书(刘世彪等，2019)。果实短圆柱形，平均单果质量100.25 g。果肉黄色，肉质细嫩多汁，风味浓郁，可溶性固形物含量16.8%，总糖含量13.6%，总酸含量1.54%，鲜果维生素C含量367 mg/100g。湖南湘西地区10月上、中旬成熟。

25. 金喜

金喜是浙江省农业科学院园艺研究所以中华猕猴桃黄肉品种金桃为母本、中华猕猴桃雄性优株金雄1号为父本人工杂交选育的四倍体黄肉猕猴桃新品种，2018年通过浙江省非主要农作物认定(张慧琴等，2019)。果实圆柱形，平均单果质量88.5 g。果肉黄色，肉质细嫩，风味浓，可溶性固形物含量15.0%～21.7%，干物质含量18.7%～23.5%，总糖含量12.2%～13.5%，可滴定酸含量1.0%～1.2%，鲜果维生素C含量141.6 mg/100g。较耐贮藏，常温下可贮1～2个月，软熟果货架期较长，常温下可达15～20 d。丰产稳产，不易感溃疡病，适宜浙江产区及生态条件类似区域栽培。

26. 红阳

红阳由四川省苍溪县农业局等单位选育(图3-9)。果实短圆柱形，平均单果质量68.8 g，最大单果质量87 g，果肉紫红色，沿果心呈放射状紫红色条纹，可溶性固形物含量16%，鲜果维生素C含量250 mg/100g。四川苍溪地区9月上旬成熟。

图3-9 红阳(徐小彪 提供)

27. 红什1号

红什1号是四川省自然资源科学研究院以红阳猕猴桃为母本、黄肉大果型材料SF1998M为父本杂交育成的红肉猕猴桃新品种，2011年2月通过四川省农作物品种审定委员会审定，2014年11月获农业部颁发的植物新品种权证书(王丽华等，2016)。果实较大，平均单果质量85.5 g，最大单果质量95 g，椭圆形。果肉黄色，子房鲜红色，呈放射状，鲜果维生素 C 含量 147 mg/100g，总糖含量 12.01%，总酸含量 1.30 g/kg，可溶性固形物含量 17.6%，干物质含量 22.8%。

28. 红什 2 号

红什 2 号是四川省自然资源科学研究院从红阳×SF0612M 杂交实生后代中选出的红肉新品种，2014 年 2 月通过四川省农作物品种审定委员会审定(李明章等，2014)。果实广椭圆形，平均单果质量 77.64 g，最大单果质量 102 g，果肉黄绿色，果实横切面呈红、黄绿相间图案，可溶性固形物含量 17.1%，总糖含量 7.26%，总酸含量 0.184%，鲜果维生素 C 含量 184 mg/100g。四川德阳地区 9 月中旬成熟，较抗叶斑病、褐斑病。

29. 红昇

红昇是四川省苍溪县猕猴桃研究所在由河南省伏牛山的野生中华猕猴桃种子播种获得的实生苗中筛选出的优良中熟红肉型品种，2015 年 12 月通过四川省农作物新品种审定委员会审定。果实圆柱形，平均单果质量 83 g，最大单果质量 117 g，果皮黄褐色，果肉亮黄色，内嵌放射红色条纹，酸甜可口，可溶性固形物含量 18.3%，可滴定酸含量 1.08%，鲜果维生素 C 含量 47.2 mg/100g。四川苍溪地区 9 月中、下旬成熟，适应性较强。

30. 乐业红心

乐业红心由广西职业技术学院等单位选育，是红阳的优良株变，2012 年通过广西壮族自治区农作物品种审定委员会鉴定(崔勇等，2013)。果实圆柱形，平均单果质量 84.2 g，最大单果质量 141.0 g。果肉黄绿色，红心，果心有紫红色放射状线条，浓香，风味甜，品质优。可溶性固形物含量 16.50%～19.60%，总糖含量 12.08%，总酸含量 1.19%，鲜果维生素 C 含量 97.2 mg/100g。广西乐业县 8 月上、中旬成熟。

31. 楚红

楚红是湖南省农业科学院园艺研究所从中华猕猴桃野生资源中选出的猕猴桃红心早熟新品种，2004 年 9 月通过湖南省农作物品种审定委员会的现场鉴定。果实长椭圆形或扁椭圆形，平均单果质量 80 g，最大单果质量 121 g。果肉绿色，果心黄色，风味浓甜，软熟后可溶性固形物含量 16.5%，总酸含量 1.47%。长沙地区 9 月上旬成熟。果实贮藏性一般，常温下贮藏 7～10 d 开始软熟，15 d 左右开始衰败。

32. 湘吉红

湘吉红是吉首大学从野生猕猴桃资源中发现的红心无籽猕猴桃单株，经多代无性繁殖选育成无籽猕猴桃雌株。具有单性结实特性，果实圆柱形，无籽，横切面内侧果肉鲜红色，呈放射状排列，外侧果肉黄绿色。

33. 脐红

脐红由西北农林科技大学园艺学院从红阳的芽变优系中选育，2014 年 3 月通过陕西省果树品种审定委员会审定(郁俊谊等，2015)。果实近圆柱形，平均单果质量 97.0 g。果皮绿色，果肉黄绿色，果心周围有放射状红色图案，鲜果总糖含量 12.56%，可滴定酸含量 1.14%，鲜果维生素 C 含量 97.2 mg/100g，软熟后可溶性固形物含量 19.9%。抗逆性较强，陕西关中地区 9 月下旬成熟，果实较耐贮藏，常温下可贮藏 1 个月。

34. 晚红

晚红由陕西宝鸡市陈仓区桑果工作站等单位从 1998 年猕猴桃品种红阳高接园中选出(图 3-10)，2009 年 3 月通过陕西省果树品种审定委员会审定(郭旭华等，2011)。果实长椭圆形，平均单果质量 91.0 g，最大单果质量 132.0 g，果实绿褐色，熟后果肉黄绿色，红心。可溶性固形物含量 16.44%，总糖含量 12.05%，总酸含量 1.19%，鲜果维生素 C 含量 97.2 mg/100g。后熟期 20～30 d，较抗猕猴桃溃疡病。宝鸡地区 10 月中旬成熟。

图 3-10 晚红(徐小彪 提供)

35. 东红

东红是中国科学院武汉植物园从红阳品种开放式授粉种子播种一代群体中选育的红心猕猴桃新品种，2012 年通过国家林木品种审定委员会审定，2016 年获得农业部颁发的植物新品种权证书(钟彩虹等，2016)。果实长圆柱形，平均单果质量 65～75 g，最大单果质量 112 g。果肉金黄色，种子分布区果肉呈艳红色，可溶性固形物含量 15.6%～20.7%，干物质含量 17.8%～22.4%，总糖含量 10.8%～13.1%，可滴定酸(以枸橼酸计)含量 1.1%～1.5%，鲜果维生素 C 含量 113～160 mg/100g。武汉地区 9 月上旬成熟。较抗溃疡病，果实极耐贮藏，常温下可存放 1～2 个月，低温下可存放 5～6 个月，果实软熟后货架期长，常温下可存放 15～20 d。

36. 和平红阳

和平红阳由仲恺农业技术学院生命科学学院与和平县水果研究所选育，2006年1月通过广东省农作物品种审定，属中晚熟品种。果实圆柱形兼倒卵形，果肉黄绿适中，略显红色、红心，果皮褐绿色，平均单果质量56.5 g。可溶性固形物含量16%～18%、果酸含量1.2%～1.3%、总糖含量9.4%～10.9%，鲜果维生素C含量55～65 mg/100g。

37. Hort16A

Hort16A又名早金(Early gold)，由新西兰选育。果实卵圆形，果肉金黄色，质地细嫩，味甜具浓郁芳香，可溶性固形物含量16%～18%，单果质量100～120 g。10月中旬成熟。耐贮藏，冷藏条件下可贮存4个月。其配套授粉雄株为Meteor和Sparkler。该品种是第1个在中国以外从中华猕猴桃中选育出来被广泛种植的品种。

三、毛花猕猴桃

1. 沙农18号

沙农18号由福建沙县果茶站选育。果实圆柱形，平均单果质量61 g，最大单果质量87 g，总糖含量5.6%，总酸含量1.88%，鲜果维生素C含量813 mg/100g。

2. 安章毛花2号

安章毛花2号由福建顺昌经作站选育。果实长圆柱形，平均单果质量48.7 g，最大单果质量72 g。果皮绒毛在8月中旬开始脱落，为脱毛系品种。

3. 华特

华特由浙江省农科院园艺研究所从野生毛花猕猴桃中选育(图3-11)，2008年获中国植物新品种权(谢鸣等，2008)。果实大，单果质量82～94 g，是野生种的2～4倍，最大单果质量132.2 g。果实长圆柱形，果肉绿色，肉质细腻，

图3-11 华特(徐小彪 提供)

略酸，品质上乘。可溶性固形物含量 14.7%，可滴定酸含量 1.24%，鲜果维生素 C 含量 628.37 mg/100g，可溶性糖含量 9.00%。果实常温下可贮藏 3 个月。

4. 赣猕 6 号

赣猕 6 号由江西农业大学从野生毛花猕猴桃自然变异群体中选育(图 3-12)，2014 年 12 月通过江西省农作物品种审定委员会认定(徐小彪等，2015)。果实长圆柱形，果皮绿褐色。果实中大，平均单果质量 72.5 g，最大单果质量 96 g。果肉墨绿色，果心淡黄色。可溶性固形物含量 13.6%，可溶性糖含量 6.30%，可滴定酸含量 0.87%，干物质含量 17.3%，鲜果维生素 C 含量 723 mg/100g。成熟期 10 月下旬。果实后熟达食用状态时易剥皮，肉质细嫩清香，风味酸甜适度。鲜食加工兼用。耐热性强，抗湿性好，田间未发现溃疡病为害，适宜江西产区及生态条件相近区域种植。

图 3-12　赣猕 6 号(徐小彪 提供)

5. 玉玲珑

玉玲珑是浙江省农业科学院园艺研究所从毛花猕猴桃野生群体中选出的新品种，2014 年 12 月通过浙江省林木品种审定委员会审定(张慧琴等，2015)。果实短圆柱形，平均单果质量 30.1 g，果肉绿色，果实风味浓，可溶性固形物含量 14.5%～18.2%，干物质含量 20.49%，总糖含量 10.5%～13.1%，总酸含量 1.06%～1.18%，鲜果维生素 C 含量 616～659 mg/100g。浙南地区 10 月下旬成熟，抗逆性强，较抗猕猴桃溃疡病。

6. 桂翡

桂翡是中国科学院广西植物研究所用实生选育法选育的易剥皮新品种，2015 年 6 月通过广西农作物品种审定委员会审定(莫权辉等，2016)。果形长圆柱形，平均单果质量 38.3 g，最大单果质量 50.0 g。果皮暗绿色，容易剥离；果肉翠绿色，肉质细，风味浓郁，具有独特清香。可溶性固形物含量 15.2%，总糖含量 12.00%，总酸含量 0.85%，鲜果维生素 C 含量 240 mg/100g。广西桂林地区 9 月下旬成熟，中熟品种。

四、软枣猕猴桃

1. 魁绿

魁绿由中国农业科学院特产研究所等单位选育，1993 年通过吉林省农作物品种审定委员会审定。果实扁卵圆形，平均单果质量 18.1 g，最大单果质量 32 g，果肉绿色，酸甜适度，可溶性固形物含量 15%，总糖含量 8.8%，总酸含量 1.5%，鲜果维生素 C 含量 430 mg/100g。在吉林 9 月初成熟。抗寒性极强，在绝对低温−38℃的地区栽培无冻害。适于加工果酱及鲜食。

2. 丰绿

丰绿由中国农业科学院特产研究所等单位选育，1993 年通过吉林省农作物品种审定委员会审定。果实圆形，平均单果质量 8.5 g，最大单果质量 15 g，果肉绿色，多汁细腻、酸甜适度，可溶性固形物含量 16%，鲜果维生素 C 含量 254.6 mg/100g。吉林地区 9 月上旬成熟。适于加工果酱。

3. 天源红

天源红是中国农业科学院郑州果树研究所从野生软枣猕猴桃中经过自然选种选育的全红型新品种(图 3-13)，2008 年通过河南省林木良种审定委员会审定，同年进行了农业部植物新品种保护登记。果实卵圆形或扁卵圆形，成熟后果皮、果肉和果心均为红色。平均单果质量 12.02 g，可溶性固形物含量 16%，果实味道酸甜适口，有香味。河南郑州地区 8 月下旬至 9 月上旬成熟。适于带皮鲜食，也可用于加工果酒、果醋、果汁。

图 3-13 天源红(齐秀娟 提供)

4. 红贝

红贝由中国农业科学院郑州果树研究所从野生软枣猕猴桃种子实生后代中选育，已获得植物新品种保护登记。果实倒卵形，平均单果质量 10 g。果实较小，成熟后果皮、果肉和果心均为红色，完全成熟后果皮呈褐红色，可溶性固形物含量17%。适于带皮鲜食，也可用于加工果酒、果醋、果汁。河南郑州地区中秋节至国庆节期间成熟，采摘期可持续1个月以上。

5. 宝贝星

宝贝星由四川省自然资源科学研究院利用野生猕猴桃群体的优良单株进行无性繁殖选育，2011年2月通过四川省农作物品种审定委员会审定（谢玥等，2014）。果实短梯形，平均单果质量6.91 g。果肉绿色，味甜，可溶性固形物含量23.2%，总糖含量8.85%，总酸含量1.28%，鲜果维生素C含量19.8 mg/100g。四川德阳地区9月上旬成熟。

6. 佳绿

佳绿由中国农业科学院特产研究所从野生软枣猕猴桃群体中的优良资源经无性繁殖选出，2014年3月通过吉林省农作物品种审定委员会审定（秦红艳等，2015）。果实长柱形，果皮绿色，平均单果质量19.1 g。果肉绿色，可溶性固形物含量19.4%，总糖含量11.4%，总酸含量0.97%，鲜果维生素C含量125 mg/100g，酸甜适口，品质上乘。丰产性好，抗寒、抗病能力较强，吉林地区9月初成熟。

7. 苹绿

苹绿由中国农业科学院特产研究所从吉林集安市榆林乡的野生资源单株经多年无性繁殖优选而成，2015年2月通过吉林省农作物品种审定委员会审定（杨义明等，2015）。果实近圆形，平均单果质量18.3 g，最大单果质量24.4 g。果皮绿色光滑，果肉深绿色，细腻多汁，酸甜适度，品质上乘。可溶性固形物含量18.54%，总糖含量12.18%，总酸含量0.76%，鲜果维生素C含量76.5 mg/100g。吉林地区露地栽培，9月上旬成熟。开花至果实成熟需80 d左右，中早熟品种。以雄株品种绿王为授粉树，坐果率达95%以上。适应性强。

8. 馨绿

馨绿是中国农业科学院特产研究所从野生软枣猕猴桃群体中选育出的抗寒、耐贮新品种，2016年3月通过吉林省农作物品种审定委员会审定（秦红艳等，2017）。果实倒卵形，果皮绿色，平均单果质量12.4 g，最大单果质量17.0 g，果肉深绿色，多汁细腻，酸甜适口；可溶性固形物含量15.7%，可溶性糖含量7.9%，总酸含量1.2%，鲜果维生素C含量46.5 mg/100g。吉林地区露地栽培，9月上旬成熟。以绿王为授粉树，坐果率达95%以上。

9. 猕枣1号

猕枣1号是中国科学院武汉植物园从北方软枣猕猴桃品种魁绿的实生后代中选育而成的适于南方环境的新品种，2015年5月通过湖北省林木品种审定委员会审定(韩飞等，2016)。果实长圆柱形，果皮绿色光滑无毛。平均单果质量 15 g，最大单果质量 35 g，最小单果质量 8.7 g，果肉黄绿色，可溶性固形物含量 20%，总糖含量 9.7%，总酸含量 1.0%，鲜果维生素 C 含量 208 mg/100g。武汉地区 7 月底果实成熟，适于华中地区种植。

10. 猕枣 2 号

猕枣 2 号是中国科学院武汉植物园利用软枣猕猴桃品种魁绿实生选育的适合华中地区种植的新品种，2015 年 5 月通过湖北省林木品种审定委员会审定(韩飞等，2018)。果实小，单果重 10～16 g。果实短圆柱形，果皮和果肉均为绿色，果皮光滑可食；后熟果实可溶性固形物含量 24%～27%，总糖含量 11%，总酸含量 1.1%，鲜果维生素 C 含量 30 mg/100g。武汉地区 7 月底～8 月初成熟，丰产稳产，抗热性强，较抗旱。

五、其他

1. 华优

华优是陕西省农村科技开发中心从中华猕猴桃与美味猕猴桃的自然杂交后代中选育的猕猴桃中熟新品种，2007 年 1 月通过陕西省果树品种审定委员会审定(雷玉山等，2017)。果实椭圆形，单果质量 80.0～110.0 g，果肉黄色或黄绿色，肉质细，汁液多，香气浓，风味甜，品质好；可溶性固形物含量 7.36%，总酸含量 1.06%，鲜果维生素 C 含量 161.8 mg/100g；冷藏条件下可贮藏 5 个月左右，陕西西安地区 9 月中旬成熟。

2. 金艳

金艳是中国科学院武汉植物园于 1984 年利用从野外收集的大果型毛花猕猴桃株系 6113 作母本、中华猕猴桃雄性株系混合花粉作父本杂交，从杂种 1 代中经过 20 多年的初选、复选、子代鉴定和区域试验，培育出的国际上第 1 个远缘种间杂交新品种(图 3-14)，2010 年通过国家级品种审定，并获得农业部植物新品种权保护(钟彩虹等，2012)。果实长圆柱形，果形整齐美观，果实大，平均单果质量 100 g 左右；果肉金黄色，风味香甜，细嫩多汁，爽口；可溶性固形物含量 16%，最高达 19.8%，酸含量 0.86%～1.55%，固酸比 10.5～18；鲜果维生素 C 含量 105.5 mg/100g；常温下贮藏 3 个月好果率 90%，低温下(0～0.5℃加乙烯吸收剂)贮藏 5.5 个月好果率 100%。结果早，高产稳产，抗逆性强，生态适应性广。

图 3-14　金艳（徐小彪 提供）

3. 金梅

金梅由中国科学院武汉植物园从猕猴桃种间杂交品种金艳与中华红肉猕猴桃雄株的回交 1 代中选育，为中熟黄肉新品种，2014 年 12 月通过国家林木品种审定委员会审定，2016 年 9 月获得农业部颁发的植物新品种权证书（韩飞等，2017）。果实长椭圆形，单果质量 85～95 g。果肉黄色，风味浓郁。干物质含量16%～19.2%，可溶性固形物含量 15.0%～17.5%，可溶性总糖含量 9.8%，有机酸含量 1.3%，鲜果维生素 C 含量 124 mg/100g。武汉地区 9 月底～10 月初成熟，较耐贮藏。

4. 璞玉

璞玉是陕西省农村科技开发中心以华优为母本、K56 为父本杂交选育出的黄肉新品种，2017 年 5 月获得农业部颁发的植物新品种权证书（雷玉山等，2018）。果实圆柱形，果皮黄褐色，平均单果质量 106 g，最大单果质量 148 g。果肉金黄色，细腻，汁液多，具芳香味，可溶性固形物含量 18%～20%，可溶性糖含量 11.5%，总酸含量 1.5%，鲜果维生素 C 含量 172.4 mg/100g。陕西秦岭北麓 10 月上旬成熟，常温下货架期 25 d 左右，0.5～1℃冷藏条件下贮藏期 150 d。

5. 红华

红华由四川省自然资源科学研究院用中华猕猴桃变种红肉猕猴桃为母本、用美味猕猴桃为父本杂交育成，2004 年 10 月通过四川省农作物品种审定委员会审定。果实长椭圆形，平均单果质量 97.12 g，最大单果质量 137.00 g，果肉沿中轴呈放射状鲜红色，果肉横切面颜色十分美观，甜酸适度，中熟，丰产。果肉可溶性固形物含量 18.9%，总糖含量 11.94%，总酸含量 1.35%，鲜果维生素 C 含量 69.76 mg/100g。常温下后熟期 20 d 左右，冷藏（1℃）条件下后熟期 100～120 d。

6. 满天红

满天红由中国科学院武汉植物园从猕猴桃开放性授粉而形成的种间杂交

实生后代群体中选育，满足了花果兼美的选育目标，2009 年通过湖北省林木品种审定。果实长卵圆形，平均单果质量 72 g，果肉黄色，鲜果维生素 C 含量448 mg/100g，平均可溶性固形物含量 14%，最高达 16.7%，有机酸含量 1.7%。花冠玫瑰红色，观花期长达 30 d，观赏和食用兼备的优良新品种。

7. **江山娇**

江山娇由中国科学院武汉植物研究所育成，为中华猕猴桃与毛花猕猴桃远缘杂交的观赏新品种。每年开花 5 次左右，每次花期 7～10 d，最长可达 20 d。花冠为玫瑰红色。平均单果质量 30 g，鲜果维生素 C 含量 800 mg/100g 左右。

8. **重瓣**

重瓣由中国科学院武汉植物研究所育成。重瓣花，花瓣多在 10 片左右，呈2～3轮排列，花大而艳丽。鲜果维生素 C 含量 735 mg/100g。节间短，株形紧凑，可供盆栽。

9. **红宝石星**

红宝石星是中国农业科学院郑州果树研究所从野生河南猕猴桃群体中选育出的全红型猕猴桃新品种(图 3-15)，2008 年通过河南省林木良种审定委员会审定，同年进行了农业部植物新品种保护登记(齐秀娟等，2011)。果实长椭圆形，平均单果质量 18.5 g，最大单果质量 34.2 g。总糖含量 12.1%，总酸含量 1.12%，可溶性固形物含量 14%。果实成熟后光洁无毛，果皮、果肉和果心均为诱人的玫瑰红色。8 月下旬至 9 月上旬成熟。适于带皮鲜食，并可用于加工果酒、果醋、果汁。成熟期不太一致，有少量采前落果现象，不耐贮藏，需要分期分批采收。

图 3-15 **红宝石星**(齐秀娟 提供)

10. 金铃

金铃由中国科学院武汉植物研究所从大籽猕猴桃实生群体中选育，是以观果为主，集观果、观花、观叶为一体的园林绿化新品种，2007 年 11 月通过湖北省林木品种审定委员会审定(张忠慧等，2008)。果实浑圆美观，色泽橘黄艳丽，结果多，抗逆性强，适应性较广。湖北武汉地区 4 月下旬～5 月上旬开花，观果期 6～9 月。果实未成熟时绿色，成熟时逐渐转为橘黄色，卵圆形或圆球形，果面光滑美观无斑点，平均单果质量 20～25 g。果肉橘黄色，风味麻辣，果实仅供观赏。抗逆性强，适应性广，尤其对高温、干旱、短时间渍水的抗性较强。

六、特异种质

1. 大果型种质

美味猕猴桃华美 2 号、秦美、金魁、皖翠，最大单果质量分别为 205 g、204 g、203 g 和 200 g。中华猕猴桃赣猕 5 号、魁蜜最大单果质量分别达 212 g 和 183 g。此外，江西武宁县初选的中华猕猴桃优株 81-5-1 的最大单果质量达 223.5 g。中华猕猴桃太上皇、超太上皇的最大单果质量分别达 288 g 和 220 g。

2. 特早熟种质

中华猕猴桃早鲜品种，是鲜销为主的最早成熟的品种，8 月中、下旬即可采收。

3. 极高维生素 C 含量种质

阔叶猕猴桃、河口猕猴桃以及毛花猕猴桃是维生素 C 含量最高的猕猴桃种质，其鲜果中的含量分别为 939.8～2140.0 mg/100g、1350.0～1636.8 mg/100g 和 568.9～1137.0 mg/100g。江西井冈山初选的毛花猕猴桃优株井毛 2 号的鲜果维生素 C 含量达 923.2 mg/100g。

4. 极耐贮种质

江西奉新县初选的中华猕猴桃优株奉 93-1，成熟期晚、耐贮藏、货架期长，果实 10 月下旬成熟，室温下可存放 40 d。美味猕猴桃优株 E-30，果实 10 月上旬成熟，耐贮性强，在常温条件下商品贮藏期可达 60 d 以上。

5. 抗寒种质

狗枣猕猴桃能耐－43.1℃(黑龙江伊春地区)的低温，为最耐寒的猕猴桃种质，可作为抗寒育种的优良亲本。软枣猕猴桃魁绿抗寒性强，在绝对低温－38℃的地区栽培多年无冻害和严重病虫害。

6. 红果肉种质

河南猕猴桃(*A. henanensis*)成熟时果肉暗红色，红肉猕猴桃(*A. chinensis var. Rufopulpa*)为中华猕猴桃的红肉变种，彩色猕猴桃(*A. deliciosa* var. *coloris*)为美味猕猴桃的红心变种。

7. 雌雄同株种质

粉毛猕猴桃(*A. farinosa*)中发现有开两性花的单株，黄毛猕猴桃(*A. fulvicosa*)有雌雄同株的个体。Zhu 等(1995)发现了介于雌株与雄株之间的中间类型，该类型雌蕊部分发育，花粉粒可在柱头上发芽，此类型约占 0.5%左右。彩色猕猴桃龙山红为两性花新品种。

8. 少籽或无籽种质

猕猴桃通常种子较多，平均单果种子数为 250～400 粒，影响其鲜食的适口性。美味猕猴桃湘洲 83802，平均单果种子数为 27～33 粒，最多 50 粒，最少只有 2 粒。湖南吉首大学选育的无籽猕猴桃湘吉，果实无种子。

9. 矮化种质

中华猕猴桃赣猕 5 号，株形紧凑、节间枝条短缩、冠幅小，是矮化无架密植栽培的良好种质，也是猕猴桃矮化及观赏育种的良好亲本材料。

第四节　国内猕猴桃的品种结构及调整方向

我国 30 年来立足于本土猕猴桃遗传资源的研究及其新品种的选育，改变了全球猕猴桃产业依赖单一新西兰品种海沃德的局面，并成功实现了中华猕猴桃由野生到大规模商业栽培的驯化过程。目前猕猴桃栽培品种的构成约 30%为中华猕猴桃(*A. chinensis*)品种、65%为美味猕猴桃(*A. deliciosa*)品种。

成功选育的一批黄肉四倍体的中华猕猴桃新品种及二倍体红肉新品种，开始通过品种使用权的授权进入国际猕猴桃市场，改变了世界猕猴桃栽培品种的格局。

通过高接换种和新建果园，新西兰国内栽培的中华猕猴桃黄肉品种达到了 50%的产量。我国 20 世纪 90 年代从野生中华猕猴桃群体实生选育的红肉猕猴桃新品种——红阳，再次异军突起，逐步促成了国际猕猴桃市场中绿果、黄果、红果的多样化格局。

雌雄异株植物的育种改良至今仍存在许多有待克服的障碍，雄性父本选择的盲目性使得杂交组合配置产生优异后代变异的预见性差；以雌雄异株植物构建雄性父本家系，通过姊妹株判断雄性植株对果实性状的影响则需要耗费人力物力和育种土地资源，且效果不佳。因此，利用野外天然群体选优是便捷的途径。

同源多倍体植物的杂交育种由于倍性变异复杂，其基础研究不够深入，猕猴桃具有多年生植物的多倍体特征，人工控制杂交后代的选择预见性难以实现。如猕猴桃 $2n=58$、$2n=8x=232$，长期适应性进化的自然变异中存在着丰富的基因型和表型变异，为育种者创造了有利的选择空间及品种改良余地。同时，有目的地对野生群体中蕴含的倍性隐性种或倍性小种的选育，是发掘和利用的重要途径之一。

由于植物物种间生殖隔离的松散性，自然界中往往存在大量的种间杂合个体，诸如猕猴桃野外群体发现了从染色体倍性、性别表达到形态特征的连续变异，这为野生选优、品种改良提供了极大的选育潜力。

猕猴桃在中国的自然居群分布跨越了不同的地理范围和气候条件，丰富的生境中存在着大量不同的倍性基因型和表型个体，利用自然居群这一天然杂交、自然选择的实验场，结合新一代分子标记技术作为定向和非定向发掘有益新基因的手段，选育具有优质、高产和高抗性的基因型株系将是猕猴桃选育的有效途径。

今后猕猴桃品种的调整方向：中华、美味、软枣、毛花猕猴桃混合结构，绿肉、黄肉、红肉多样化。

参考文献

[1]Chen L，Wang S Y，Zhong M，et al. Effects of pollens from the 10 selected *Actinidia* male genotypes on 4 commercial planting kiwifruit female cultivars in Southern China[J]. New Zealand Journal of Crop and Horticultural Science，2019(4)：1-15.

[2]Huang S X，Ding J，Deng D J，et al. Draft genome of the kiwifruit *Actinidia chinensis*. [J]. Nature Communications，2013，4(4)：2640.

[3]Huang W G，Cipriani G，Morgante M，et al. Microsatellite DNA in *Actinidia chinensis*：isolation，characterisation，and homology in related species[J]. Theoretical & Applied Genetics，1998，97(8)：1269-1278.

[4]Michelmore R W，Kesseli I P V. Identification of markers linked to disease-resistance genes by bulked segregant analysis：a rapid method to detect markers in specific genomic regions by using segregating populations[J]. Proceedings of the National Academy of Sciences of the United States of America，1991，88(21)：9828-9832.

[5]Zhong C H，Wang S M，Jiang Z W，et al. 'Jinyan'，an interspecific hybrid kiwifruit with brilliant yellow flesh and good storage quality [J]. Hortscience，2012，47(8)：

1-4.
[6]陈启亮，陈庆红，顾霞，等. 中国猕猴桃新品种选育成就与展望[J]. 中国南方果树，2009，38(2)：70-76.
[7]陈庆红，顾霞，张蕾，等. 早熟猕猴桃新品种‘金怡’[J]. 园艺学报，2012，39(11)：2315-2316.
[8]陈庆红，顾霞，秦仲麒. 黄肉无毛猕猴桃新品种‘鄂猕猴桃 3 号’[J]. 园艺学报，2006，33(4)：927.
[9]陈庆红，顾霞，徐爱春，等. 大果猕猴桃新品种‘金硕’[J]. 园艺学报，2010，37(6)：1023-1024.
[10]陈庆红，顾霞. 早熟黄肉型猕猴桃新品种‘鄂猕猴桃 2 号’[J]. 园艺学报，2004，31(4)：560.
[11]崔勇，黄秀兰，黄树长，等. 猕猴桃新品种乐业红心猕猴桃的选育[J]. 中国果树，2013(6)：6-8，85.
[12]丁士林，洪泽. 猕猴桃过氧化物同工酶研究[J]. 安徽农业大学学报，1997(4)：395-397.
[13]郭旭华，朱继红，赵英杰，等. 猕猴桃中晚熟新品种晚红的选育[J]. 中国果树，2011(5)：8-11.
[14]韩飞，黄宏文，李大卫，等. 中熟黄肉猕猴桃新品种‘金梅’[J]. 园艺学报，2017，44(S2)：2641-2642.
[15]韩飞，黄宏文，刘小莉，等. 软枣猕猴桃新品种‘猕枣 1 号’[J]. 园艺学报，2016，43(S2)：2699-2700.
[16]韩飞，黄宏文，刘小莉，等. 软枣猕猴桃新品种‘猕枣 2 号’的选育[J]. 中国果树，2018(1)：91-93.
[17]韩礼星，黄贞光，李明，等. 猕猴桃新品种‘中猕 1 号’[J]. 园艺学报，2004，31(3)：419.
[18]韩世明，虞志军，魏宗贤，等. 猕猴桃新品种——‘云海 1 号’的选育[J]. 果树学报，2012，29(5)：954-955.
[19]黄宏文，姜正旺，钟彩虹，等. 优质四倍体猕猴桃新品种‘武植 3 号’[J]. 园艺学报，2008，35(10)：1554.
[20]黄宏文，王圣梅，姜正旺，等. 黄肉猕猴桃新品种‘金桃’[J]. 园艺学报，2005，32(3)：561.
[21]黄宏文，张忠慧，姜正旺，等. 早熟中华猕猴桃新品种‘金早’[J]. 园艺学报，2005，32(5)：963.
[22]黄宏文，张忠慧，姜正旺，等. 中华猕猴桃雄性新品种‘磨山 4 号’[J]. 园艺学报，2006，33(5)：1163.
[23]黄宏文. 猕猴桃属分类资源驯化栽培[M]. 北京：科学出版社，2013.
[24]姜正旺，王圣梅，张忠慧，等. 猕猴桃属花粉形态及其系统学意义[J]. 植物分类学报，2004(3)：245-260.

[25]柯辉鹏，李小丹，周玲艳，等. 不同猕猴桃品种雌雄植株的 AFLP 分析[J]. 仲恺农业技术学院学报，2007(3)：7-12.
[26]雷玉山，李亮，王西锐. 猕猴桃中熟新品种瑞玉的选育[J]. 中国果树，2015(5)：1-2.
[27]雷玉山，王西锐，李永武，等. 黄肉猕猴桃新品种‘璞玉’[J]. 园艺学报，2018，45(S2)：2727-2728.
[28]雷玉山，王西锐，刘运松，等. 猕猴桃中熟新品种——华优的选育[J]. 果树学报，2007，24(6)：869-870.
[29]李健仔，李思光，罗玉萍，等. 猕猴桃属植物叶绿体基因 PCR-RFLP 分析[J]. 植物研究，2003(3)：328-333.
[30]李健仔，李思光，罗玉萍，等. 叶绿体 DNA 分析技术及其在植物系统学研究中的应用[J]. 江西科学，2002，20(3)：183-189.
[31]李林林，黄宏文. 猕猴桃属植物线粒体 DNA 片段 PCR-RFLP 研究初报[J]. 植物科学学报，2002，20(2)：153-156.
[32]李淼，檀根甲，李瑶，等. 不同猕猴桃品种对细菌性溃疡病的抗病性及其聚类分析[J]. 植物保护，2004(5)：51-54.
[33]李明章，董官勇，郑晓琴，等. 红肉猕猴桃新品种‘红什 2 号’[J]. 园艺学报，2014，41(10)：2153-2154.
[34]李明章，邱利娜，王丽华，等. 红阳猕猴桃杂交 F_1 代果实主要经济性状遗传倾向分析[J]. 果树学报，2011，28(1)：51-54，189.
[35]李瑞高，梁木源，李洁维，等. 猕猴桃优良株系筛选鉴定研究[J]. 广西植物，1995(1)：73-82.
[36]栗琪，李作洲，黄宏文. 猕猴桃野生居群的 SSR 分析初报[J]. 植物科学学报，2004，22(2)：175-178.
[37]刘春燕. 猕猴桃种间高密度遗传图谱的构建及果实性状 QTLs 定位[D]. 武汉：中国科学院研究生院(武汉植物园)，2016.
[38]刘世彪，向小奇，田启建，等. 耐贮黄肉猕猴桃新品种‘贝木’[J]. 园艺学报，2019，46(3)：603-604.
[39]吕柳新，陶萌春，潘仰星. 毛花猕猴桃(*Actinidia eriantha* Benth.)的染色体与花粉母细胞减数分裂的观察[J]. 福建农学院学报，1984(1)：25-30.
[40]莫权辉，李洁维，蒋桥生，等. 猕猴桃易剥皮新品种‘桂翡’的选育[J]. 中国果树，2016(5)：80-82.
[41]宁允叶，熊庆娥，曾伟光，等. 红阳猕猴桃全红芽变系的 RAPD 分析[J]. 园艺学报，2003(5)：511-513，640.
[42]齐秀娟，韩礼星，李明，等. 全红型猕猴桃新品种‘红宝石星’[J]. 园艺学报，2011，38(3)：601-602.
[43]齐秀娟，林苗苗，徐善坤，等. 美味猕猴桃新品种‘中猕 2 号’[J]. 园艺学报，2015，42(S2)：2835-2836.

[44]齐秀娟. 全红型软枣猕猴桃品种——‘天源红’的选育[C]//中国园艺学会猕猴桃分会. 中国园艺学会猕猴桃分会第四届研讨会论文摘要集. 中国园艺学会猕猴桃分会：中国园艺学会，2010：1.
[45]齐永杰，王谋才，高正辉，等. 早熟黄肉猕猴桃新品种‘金瑞’[J]. 园艺学报，2017，44(11)：2233-2234.
[46]秦红艳，范书田，艾军，等. 软枣猕猴桃新品种‘馨绿’[J]. 园艺学报，2017，44(10)：2029-2030.
[47]秦红艳，杨义明，艾军，等. 软枣猕猴桃新品种——‘佳绿’的选育[J]. 果树学报，2015，32(4)：733-735.
[48]陶汉之，陈佩璁，高丽萍，等. 美味猕猴桃‘海沃德’胚胎发育的研究[J]. 安徽农业大学学报，1994(4)：446-448.
[49]王丽华，郑晓琴，庄启国，等. 红肉猕猴桃新品种‘红什 1 号’[J]. 园艺学报，2016，43(1)：193-194.
[50]王妹清，赵英琪，刘建朝，等. 猕猴桃雌雄植株过氧化物酶同工酶的研究[J]. 经济林研究，1989(2)：30-33.
[51]王明忠，蒲仕华. 彩色猕猴桃两性花新品种龙山红的选育[J]. 中国果树，2012(6)：1-3.
[52]王圣梅，张忠慧，姜正旺，等. 猕猴桃新品种‘金霞’[J]. 园艺学报，2004，31(6)：833.
[53]王学东，苍晶，吴秀菊. 狗枣猕猴桃花芽分化的观察[J]. 东北农业大学学报，2001，32(3)：285-289.
[54]吴放，张安世，宋爱青，等. 猕猴桃新品种——蜜宝 1 号的选育[J]. 果树学报，2006，23(6)：914-915.
[55]谢鸣，吴延军，蒋桂华，等. 大果毛花猕猴桃新品种‘华特’[J]. 园艺学报，2008，35(10)：1555.
[56]谢玥，王丽华，董官勇，等. 黄肉猕猴桃新品种‘金什 1 号’[J]. 园艺学报，2014，41(3)：597-598.
[57]谢玥，王丽华，董官勇，等. 软枣猕猴桃新品种‘宝贝星’[J]. 园艺学报，2014，41(1)：189-190.
[58]徐小彪，黄春辉，曲雪艳，等. 毛花猕猴桃新品种‘赣猕 6 号’[J]. 园艺学报，2015，42(12)：2539-2540.
[59]徐小彪，姜春芽，廖娇，等. 中华猕猴桃矮型性状 EST-SSR 连锁标记的筛选[J]. 园艺学报，2010，37(4)：553-558.
[60]徐小彪，廖娇，黄春辉，等. 基于 EST-SSR 标记分析猕猴桃种质遗传关系[J]. 果树学报，2012，29(2)：212-216.
[61]徐小彪，陈葵，冷建华. 猕猴桃品种改良策略[J]. 现代园艺，2009(8)：14-15.
[62]杨义明，范书田，秦红艳，等. 软枣猕猴桃新品种‘苹绿’[J]. 园艺学报，2015，42(S2)：2837-2838.

[63]姚春潮，李建军，郁俊谊，等．黄肉猕猴桃新品种‘农大金猕’[J]．园艺学报，2017，44(9)：1825-1826.
[64]姚春潮．猕猴桃雄性基因 RAPD 标记的研究[D]．杨凌：西北农林科技大学，2004.
[65]郁俊谊，刘占德，姚春潮，等．猕猴桃新品种‘脐红’[J]．园艺学报，2015，42(7)：1409-1410.
[66]郁俊谊，刘占德，姚春潮，等．猕猴桃新品种‘农大猕香’的选育[J]．中国果树，2017(6)：74-75.
[67]郁俊谊，刘占德，姚春潮，等．猕猴桃新品种‘农大郁香’[J]．园艺学报，2018，45(2)：399-400.
[68]张洪池，张森，倪水初．猕猴桃极早熟新品种海艳的选育[J]．中国果树，2011(4)：8-10.
[69]张慧琴，陆玲鸿，古咸彬，等．黄肉猕猴桃新品种‘金喜’的选育[J]．果树学报，2019，36(3)：385-387.
[70]张慧琴，谢鸣，张庆朝，等．毛花猕猴桃新品种‘玉玲珑’[J]．园艺学报，2015，42(S2)：2841-2842.
[71]张潞生．猕猴桃雌雄性别 AFLP 和 RAPD 标记[D]．北京：中国农业大学，2000.
[72]张田．猕猴桃属植物自然居群的遗传多样性及其同域分布物种的杂交渐渗与同塑[D]．武汉：中国科学院研究生院(武汉植物园)，2007.
[73]张忠慧，黄宏文，姜正旺，等．观赏猕猴桃新品种‘金铃’[J]．园艺学报，2008，35(9)：1401.
[74]郑少燕．阳春砂优良品种选育及品质评价研究(Ⅰ)[D]．广州：广州中医药大学，2014.
[75]郑铁琦，李作洲，黄宏文．猕猴桃品种 SSR 分析的初步研究[J]．植物科学学报，2003，21(5)：444-448.
[76]中华人民共和国农业部．植物新品种特异性、一致性和稳定性测试指南猕猴桃属.(NY/T 2351-2013)[S].
[77]钟彩虹，韩飞，李大卫，等．红心猕猴桃新品种‘东红’的选育[J]．果树学报，2016，33(12)：1596-1599.
[78]钟彩虹，王中炎，卜范文．优质耐贮中华猕猴桃新品种‘丰悦’、‘翠玉’[J]．园艺学报，2002，29(6)：592.
[79]周民生，蒋迎春，罗前武，等．美味猕猴桃早熟新品种‘鄂猕猴桃 4 号’[J]．园艺学报，2008，35(7)：1087.
[80]朱立武，丁士林，王谋才，等．美味猕猴桃新品种‘皖翠’[J]．园艺学报，2001，28(1)：86.

第四章　猕猴桃砧木研究

长期以来，我国猕猴桃的育种工作主要集中在对接穗新品种的选育方面，而对砧木品种的选育缺乏足够的重视，导致目前产业中砧木选用随意，缺乏抗性专用砧木品种。砧木不仅可以提高嫁接品种的抗性和适应性，还可以调节接穗品种的生长特性、开花结果习性、产量和果实品质等，因此，砧木的选用对嫁接品种的果实产量和品质具有重要影响。本章从猕猴桃砧木的应用概况、砧穗嫁接亲和性、砧木对接穗生长特性的影响以及砧木抗性等方面对猕猴桃砧木研究进行了综述，以便为评价、鉴定猕猴桃砧木的抗逆性，筛选、培育猕猴桃优良砧木提高其环境适应性，促进猕猴桃产业健康发展提供借鉴。

第一节　猕猴桃砧木育种及其应用概况

目前，我国已报道的猕猴桃品种超过180个，包括中华红心、中华黄肉、中华绿肉、美味绿肉、美味红心、全红型软枣、全绿型软枣、毛花猕猴桃等类型。然而，长期以来猕猴桃品种培育主要集中在对接穗品种的选育，对砧木品种的研究和报道较少，导致产业中缺乏可利用的专用砧木，通常采用共砧嫁接中华猕猴桃(*Actinidia chinensis*)或美味猕猴桃(*Actinidia deliciosa*)的方式进行苗木繁育(王莉等，2001)。研究表明，以长叶猕猴桃(*A. hemleyana*)、毛花猕猴桃(*A. eriantha*)、对萼猕猴桃(*A. valvata*)等作为砧木可促进海沃德、红阳等品种的花芽形成，提高砧穗组合的耐旱、耐涝、耐盐渍化能力。

一、国外猕猴桃砧木应用

在猕猴桃产业发达的新西兰，美味猕猴桃布鲁诺(Bruno)的实生苗被广泛用作砧木，能够促进海沃德等接穗品种快速生长并具有丰产性（Lawes，1990）。然而，相同气候条件下接穗品种间的果实数量及大小表现差异很大（Lawes 等，1986）。这种差异是由于砧木、接穗和（或）两者之间的相互作用造成的（Woolley 等，1988）。

凯迈（Kaimai）是新西兰于 20 世纪 90 年代初选育的一个优良猕猴桃砧木品种，它可以大幅提高美味猕猴桃的萌芽率，增加花量，进而提高果实的产量，在新西兰各产区的表现比较一致。2000 年湖南省农科院园艺研究所引进凯迈，并对其进行研究，结果表明，凯迈树势强旺，抗病虫、抗旱力强，特别是抗旱性明显强于中华猕猴桃和美味猕猴桃。但是，凯迈的耐渍性弱于中华猕猴桃和美味猕猴桃，对土壤通透性的要求较高（钟彩虹等，2005）。近些年，新西兰猕猴桃产业中使用 Bounty 71 作为 Hort 16A 和 G3 的砧木，和布鲁诺砧木相比，Bounty 71 显著提高了单果重和果实产量，且在耐渍性方面效果明显（Friend 等，2014）。

意大利一般选择美味猕猴桃海沃德的实生苗作为海沃德、Hort 16A 的砧木（Spinelli 等，2001；Cacioppo，2003），但在艾米利亚-罗马涅大区选择 D1 Vitroplant（从自然授粉的布鲁诺果实中获得的雄性实生苗）作为砧木（Testolin 等，2009）。

智利的果园一般用海沃德或布鲁诺的实生苗作为砧木（Sotomayor 等，2004）。

日本选择耐涝性较强的山梨猕猴桃作为砧木或中间砧（Nagata 等，1997）。

二、国内猕猴桃砧木应用

目前，我国一般选用野生美味猕猴桃品种或品种秦美、米良 1 号的实生苗作为砧木。秦美猕猴桃原为野生猕猴桃的自然杂交后代，于 1980 年在周至县就峪乡被发现（张有平，1988）。秦美猕猴桃树势健壮，适应性广，抗逆性强，能耐 42℃的高温，在－20℃的露地条件下能安全越冬（张清明，1988）。米良 1 号猕猴桃是吉首大学从野生猕猴桃中通过单株选育的优质、高产美味猕猴桃品种，抗寒性和抗旱性强，很少发生病虫害（王伟成，1995）。近年来，我国有些产区使用对萼猕猴桃作为砧木。对萼猕猴桃是中国南方山区特有的植物资源，根系发达，不仅适宜在山区栽培，也适宜于平原地区和易积水地块栽培。用对萼猕猴桃作砧木与接穗品种嫁接后，表现出很强的亲和力，能保持品种的优良性状，具有很强的耐渍、抗病虫害能力（石泽亮等，2010）。

第二节 猕猴桃砧木与接穗亲和性

一、种内嫁接亲和性

叶开玉等(2014)以中华猕猴桃桂海4号1年生实生苗作砧木，嫁接桂海4号、Hort 16A、红阳3个栽培品种。结果表明，红阳的嫁接成活率和保存率最高，分别为87.27%和77.27%；桂海4号和Hort 16A的嫁接成活率在75%以上，保存率在60%以上。说明种内不同品种间的嫁接亲和性有一定差异。

王莉等(2001)以中华猕猴桃武植2号、通山5号和美味猕猴桃金魁为接穗，以中华猕猴桃和美味猕猴桃混合种子实生苗为砧木进行嫁接试验，结果表明，混合砧木与3种接穗的嫁接成活率均高达100%，表现出高度亲和性，说明美味猕猴桃和中华猕猴桃的嫁接适应性广，是较好的砧木或选育砧木的亲本材料。

庞程等(1989)为了研究猕猴桃不同分类群的本砧嫁接特性，1983年采用切接法进行金花猕猴桃、中越猕猴桃、美味猕猴桃、绿果猕猴桃不同分类群的嫁接试验，砧木为2年生苗，接穗采用各分类群的优株。结果表明，不同分类群本砧嫁接均有较高的成活率，参试的4个分类群的成活率分别为94.2%、92.0%、90.6%和82.6%，且中华猕猴桃桂海4号嫁接于中华猕猴桃实生砧上的成活率达95%。说明猕猴桃本砧嫁接的效果好。

胡英建等(2013)发现，以美味猕猴桃翠香作为接穗、秦美实生苗作为砧木的嫁接亲和性较好，嫁接后伤口愈合良好，成活率高，且抗病、抗逆性强。

二、种间嫁接亲和性

叶开玉等(2014)以阔叶、桂林、长果和美味(米良1号)猕猴桃1年生实生苗作为砧木，嫁接红阳猕猴桃。结果表明，以美味猕猴桃作为砧木，红阳嫁接苗的成活率和保存率最高，而以桂林猕猴桃作为砧木，嫁接苗的成活率和保存率最低。卢开椿等(1986)以龙井1号和海沃德2个猕猴桃品种接穗分别和5种猕猴桃砧木进行嫁接试验，结果表明，中华猕猴桃、毛花猕猴桃、葛枣猕猴桃、阔叶猕猴桃、异色猕猴桃作龙井1号的砧木，砧穗愈合好，亲和性强。而海沃德嫁接在中华猕猴桃软毛变种、毛花猕猴桃、葛枣猕猴桃砧木上，接芽的萌发率分别为76%、75%和73.3%，而嫁接在阔叶猕猴桃和异色猕猴桃砧木上的亲和性较弱，接芽的萌发率分别为55%和60%。说明不同接穗与砧木的亲和性不同，因此，根据不同的接穗选择其亲和性强的砧木尤为重要。

庞程等(1989)的研究表明，将中华猕猴桃桂海4号嫁接于毛花猕猴桃、阔叶猕猴桃、金花猕猴桃亲和力较差，嫁接成苗率分别为58.3%、41.7%和38.3%。说明桂海4号猕猴桃与其他分类群的嫁接亲和性低。

胡波(1999)以中华猕猴桃和美味猕猴桃作砧木，分别与其他12种猕猴桃接穗进行嫁接成活试验。结果发现，在供试的12种猕猴桃中，对中华猕猴桃和美味猕猴桃2种砧木亲和性都较好的种为绿果猕猴桃、繁花猕猴桃、清风藤猕猴桃、毛花猕猴桃，表现为亲和性差或高度不亲和的种为葛枣猕猴桃、革叶猕猴桃。

王莉等(2001)以中华猕猴桃品种武植2号、通山5号和美味猕猴桃品种金魁为接穗，采用7种类型猕猴桃1年生实生苗为砧木进行嫁接，研究其嫁接亲和性。结果表明，嫁接亲和性在砧木间有显著差异，在7种供试砧木中，M_{16}和山梨猕猴桃2种砧木与武植2号和通山5号2种接穗的嫁接亲和性均较好(成活率在66%～82%)，但与金魁的亲和性较差(成活率不到40%)；湖北猕猴桃、繁花猕猴桃和大花猕猴桃3种砧木与3种接穗嫁接，亲和性一般，成活率在50%～76%之间；桂林猕猴桃和漓江猕猴桃2种砧木与3种接穗嫁接，亲和性较差。

1986年Chartier等(1997)在法国蒙托邦对海沃德、软枣猕猴桃、狗枣猕猴桃、葛枣猕猴桃、美味与软枣杂交种进行互接，结果发现，相互嫁接的海沃德与软枣猕猴桃很快死亡。8年后的调查显示，只有少量嫁接在狗枣猕猴桃上的海沃德成活，嫁接在海沃德上的种间杂交种及葛枣猕猴桃生长良好。

2019年浙江省农科院园艺所报道，葛枣猕猴桃优系浙猕砧1号作为砧木，与海沃德、金魁和米良1号都具有较好的亲和性，嫁接成活率都在60%以上，且该砧木具备极强的耐涝性，淹水52 d后仍然保持生长活力(古咸彬等，2019)。

近几年，中国农科院郑州果树研究所猕猴桃资源与育种创新团队在开展抗性种质资源筛选的同时，也进行了部分砧穗互作的研究，初步结论是，筛选出的1份对萼猕猴桃资源与中华猕猴桃品种红阳和金桃、美味猕猴桃品种中猕2号都具有较好的亲和性，成活率均在90%以上，表明对萼猕猴桃(部分基因型)在作为中华和美味猕猴桃品种的砧木方面具备较大潜力。

第三节 猕猴桃砧木对接穗生长特性的影响

果树砧木对接穗的生长、开花结果习性、果实品质、产量等具有重要影响。猕猴桃嫁接成活后是否能很好地生长、开花结实，是评价砧木优劣的重要考核指标(Cruz-Castillo等，1991；Kwack等，2011)。

一、猕猴桃砧木对接穗营养生长的影响

蒋桂华等(1998)以布鲁诺为接穗，以大籽猕猴桃和中华猕猴桃为砧木进行试验，对砧木和布鲁诺的营养生长进行研究，结果发现，大籽猕猴桃砧木根系发达、须根多，中华猕猴桃砧木的根系发育差、分布浅、须根少。嫁接在大籽猕猴桃砧木上的布鲁诺植株长势强于嫁接在中华猕猴桃砧木上的。

将中华猕猴桃品种桂海4号嫁接在不同猕猴桃砧木上，4个月后，中华猕猴桃砧木的嫁接苗株高、茎粗与以中越猕猴桃、金花猕猴桃、阔叶猕猴桃、毛花猕猴桃等作砧木的有极显著的差异，嫁接在中华猕猴桃本砧上的生长势强于嫁接在其他种作砧木的(庞程等，1989)。

Clearwater等(2006)以中华猕猴桃Hort 16A为接穗嫁接到7种不同猕猴桃砧木上，结果发现，砧木影响新梢长短和叶片大小。将接穗嫁接到低活力的砧木上，长出的短枝所占的比例较高；在后期生长中，长枝叶片大小与砧木活力呈正相关关系，即低活力砧木叶片小。而且猕猴桃砧木对接穗生长最重要的影响在于萌芽后初期新梢的生长。砧木和接穗间的物候期的差异是砧木影响接穗品种新梢生长的原因(Clearwater等，2007)。

李洁维等(2004)将美味猕猴桃优良株系实美嫁接到10个不同种类的砧木上，结果表明，以中华猕猴桃品种桂海4号为砧木的实美接穗长势旺盛，5年生植株干径达5.12 cm，存活率100%，生长指数高达0.9，并且物候期相对稳定，萌芽率和果枝率高。

二、猕猴桃砧木对接穗花芽分化及坐果的影响

砧木种类对猕猴桃的花芽分化影响极大，同一接穗品种在不同砧木上的花量有成倍的差异(Lowc，1989)。研究表明，大籽猕猴桃砧木可以极大地促进接穗布鲁诺花芽的形成，使其有花新梢占95.8%，每梢着花数4.5个，显著高于中华猕猴桃砧木(47.8%，2.3个)(蒋桂华等，1998)。

王中炎等(1994)开展的猕猴桃砧木对花芽分化影响的研究也表明，砧木种类极大地影响猕猴桃的花量。在长叶猕猴桃、毛花猕猴桃、山梨猕猴桃、美味猕猴桃和中华猕猴桃 5 种不同的砧木上，海沃德接穗花枝的平均花朵数分别为 6.2、5.5、3.8、3.5 和 2.7，不同砧木间相差悬殊，但接穗品种的营养生长十分相似。对春季花芽形态分化期芽的解剖观察表明，每个猕猴桃芽内通常能分化出大约 8 个花原基，其中一部分在发育过程中退化，不同砧木上花量的差异是后期花原基退化差异的表现。嫁接在长叶猕猴桃实生砧木上的海沃德接穗的萌芽率最高且整齐度最好，而嫁接在中华猕猴桃砧木上的萌芽率最低且整齐度最差，这说明能促进花芽形成的砧木也能显著地提高萌芽率和整齐度(Wang 等，1994)。能促进花芽形成的砧木，其根系中往往有更多和更大的木质部导管、更多的晶体细胞和更多的淀粉粒。这些砧木根系中的淀粉在春季运转较多，韧皮部和皮层有大量的含有多糖类黏状物质和草酸钙晶体的异细胞(Wang 等，1994)。

三、猕猴桃砧木对果实产量及品质的影响

李洁维等(2004)将美味猕猴桃优良株系实美嫁接到 10 个不同种类的砧木上，结果表明，以中华猕猴桃品种桂海 4 号为砧木的，果实内含有较多的固形物、维生素 C、还原糖等，且糖酸比高，品质优良；连续 3 年的平均产量极显著地高于其他 9 种砧木的产量。根据观测结果，认为中华猕猴桃桂海 4 号是美味猕猴桃优良株系实美的优良砧木。

Stewart Boyes 等(1997)对软枣猕猴桃及其 12 个砧穗组合的研究表明，砧木和接穗同时影响果实中糖及有机酸含量，果实成分的差异与采收期和后熟期的不同有关。接穗果实中的猕猴桃蛋白酶水平与砧木相关，蛋白酶水平高的砧木品种嫁接的接穗果实中的水平也高，反之则低。

Thorp 等(2007)测定了嫁接在 8 种砧木上的 Hort 16A 叶片、茎、果实内无机营养元素的含量，结果表明，不同砧木对接穗果实、叶片内营养元素的积累具有重要影响，低活力砧木上接穗积累的营养元素水平相对较低。

研究表明，将美味猕猴桃布鲁诺嫁接在大籽猕猴桃上，株产为 17.43 kg，单果质量为 67.2 g，显著高于嫁接在中华猕猴桃砧木上的(6.5 kg 和 43.7 g)(蒋桂华等，1998)。

Cruz-Castillo 等(1997)运用多变量分析方法评价 9 株美味猕猴桃砧木和 4 个海沃德株系接穗的田间表现，结果发现，嫁接在 4 株雄性砧木上的植株 3 年内具有独特强壮的主干和大果，而嫁接在雌性砧木上的植株在第 2 年和第 3 年的生产力较低。

1988—1997年，日本学者 Nitta 等(1999)对嫁接在葛枣猕猴桃、山梨猕猴桃砧木上及自根生长的海沃德猕猴桃的果实性状和营养生长进行比较，结果表明，对于海沃德接穗，以山梨猕猴桃作为砧木优于葛枣猕猴桃。

郑州果树研究所以筛选出的1份对萼猕猴桃资源为砧木，嫁接红阳、金桃和中猕2号，跟踪调查果实性状，发现和美味猕猴桃砧木相比，所用的对萼猕猴桃砧木可以显著促进接穗品种茎干的增粗($P<0.05$)、显著提高果实的单果质量($P<0.05$)，对果实可溶性固形物和干物质含量虽有影响，但没有达到显著水平($P<0.05$)，表明对萼猕猴桃在提高果实产量方面明显好于美味猕猴桃砧木。

第四节　猕猴桃砧木抗性研究

一、猕猴桃砧木对根系逆境的抗性研究

猕猴桃砧木的根系抗性研究主要集中在抗涝、抗旱、抗盐碱、抗根结线虫等方面。

涝害严重影响猕猴桃生长发育和果实品质(Miller 等，1998)。米银法等(2015)以1年生盆栽美味猕猴桃秦美和中华猕猴桃红阳实生苗为试材，研究了淹水胁迫对不同猕猴桃砧木幼苗光合特性的影响。结果表明，在淹水胁迫下，美味猕猴桃秦美合成同化产物的能力强于中华猕猴桃红阳，说明美味猕猴桃的耐涝能力明显优于中华猕猴桃。杨江平等(2014)以野生猕猴桃 LD-1 和美味猕猴桃品种米良1号为试材进行耐涝性研究，结果表明，米良1号实生植株根系淹水10 d后叶片全部枯死，而 LD-1 根系淹水10 d后叶片可溶性糖含量、可溶性蛋白质含量、丙二醛含量、叶绿素含量、SOD 活性和形态没有显著变化，30 d后叶片形态仍没有显著变化。表明 LD-1 耐涝性强。近年来以其作为米良1号等品种的砧木，在湖南湘西地区应用，表现良好。张琛(2013)以中华猕猴桃品种红阳、毛花猕猴桃品种华特和美味猕猴桃品种布鲁诺1年生实生苗为试材，通过人工淹水模拟涝害的方法研究其耐涝性。结果表明，美味猕猴桃品种布鲁诺对淹水胁迫的耐受性最强，是3个品种中最抗涝的，可将其作为抗涝砧木品种的选择。

米银法等(2009)以10个猕猴桃品种的实生苗为试材，采用营养液水培通氮气低氧或淹水处理的方法，研究了猕猴桃根际耐低氧能力的种间差异。结果发现，猕猴桃耐低氧能力可分为3个级别，一级为耐低氧型猕猴桃，如海

沃德、秦美、金香、华优、阔叶猕猴桃；二级为中等耐低氧型猕猴桃，如西选猕猴桃、毛花猕猴桃、金花猕猴桃、山梨猕猴桃；三级为不耐低氧(敏感)型猕猴桃，如红阳。

王在明等(1996)对中华猕猴桃和毛花猕猴桃进行抗性观察试验，结果表明，中华猕猴桃除耐低温比毛花猕猴桃强外，其耐高温、耐涝、耐旱和耐土壤酸碱度的能力均比毛花猕猴桃差。用毛花猕猴桃作砧木，可以增强中华猕猴桃的抗性，扩大栽培区，提高产量和品质。

刘旭锋(1992)采用盆栽方法，对秦美、85-1、曹营 1 号 3 个猕猴桃品种 1 年生嫁接苗进行耐盐性试验，结果表明，土壤全盐含量为 0.14%时即对猕猴桃产生危害，含量 0.54%为致死浓度。秦美、85-1 在含盐量为 0.1%和 0.3%时受害比曹营 1 号轻；在全盐含量相同而分盐不同时，氯离子对猕猴桃的危害最大，硫酸根离子的危害性较小。

王莉等(2001)对 9 种猕猴桃砧木进行抗根结线虫筛选试验，结果表明，参试砧木的病情指数及抗性存在较大差异。大籽猕猴桃和繁花猕猴桃 2 种砧木的感病最严重，多数植株根部根结呈串珠状，根结甚至相互联结成须根团，病情指数高达 64 以上，属极感砧木；湖北猕猴桃和山梨猕猴桃 2 种砧木感病也较严重，多数植株根部根结呈串珠状串生，须根、侧根受害严重，病情指数约为 44，属感病类砧木；桂林猕猴桃、大花猕猴桃 2 种砧木多数植株根部的大部分须根和侧根上有许多根结，严重的根结呈串珠状串生，病情指数约为 30，属较抗类砧木；M_{16} 和漓江 2 种砧木仅须根和侧根的幼嫩部分有根结，病情指数不到 20，和前几种砧木相比，表现出较强的抗性，属抗性砧木，但仍不及中华猕猴桃和美味猕猴桃；中华猕猴桃和美味猕猴桃感病最轻，仅少数须根的幼嫩部分偶见根结，属极抗类砧木。

Erper 等(2013)于 2009—2010 年，对土耳其里泽和萨姆松省的 42 个猕猴桃果园进行根腐病调查及 24 种真菌菌株致病性试验，结果显示，90.91%的供测菌株能诱导典型的根腐病症状，说明在土耳其引发根腐病的病菌具有多样性，严重影响植株的生长发育，并导致部分植株死亡。Stewart 等(1991)研究了 7 种疫霉菌对美味猕猴桃海沃德和布鲁诺实生砧木根腐病发生的影响，结果发现布鲁诺砧木对根腐病抗性较强。

在对大籽猕猴桃、对萼猕猴桃、美味猕猴桃和软枣猕猴桃 4 份资源的耐涝性研究中发现，根系完全淹水 14 d 后，大籽猕猴桃基因型 KR2 和对萼猕猴桃 KR5 依然能够发出新梢，表明这 2 份材料具有极强的耐涝性(白丹凤等，2019)。通过在培养基中添加不同浓度的 PEG8000 模拟干旱胁迫处理 5 份猕猴桃资源(大籽、对萼、长叶、长果和美味各 1 份)的研究发现，大籽猕猴桃和对萼猕猴桃的耐旱能力强于其他 3 份资源(Zhong 等，2018)。盆栽试验表明，对萼猕猴桃基因型 ZM-H 和长果猕猴桃基因型 Cg 的耐盐性强于美味猕猴桃基因型 XX 和长叶猕猴桃基因型 KM（Muhammad 等，2020）。以上研究表明，对萼猕猴桃的耐涝和耐盐性较强。已有报道称，部分产区开始使用对萼猕猴桃作为砧木，且表现良好。因此，对萼猕猴桃可以作为培育抗性砧木的重要亲本材料。

二、猕猴桃砧木对地上部逆境的抗性研究

研究表明，果树砧木对接穗品种抗逆性有很大作用（Liu 等，2012；Jogaiah 等，2014）。猕猴桃砧木对地上部分的抗性研究主要集中在抗干旱、抗高温、抗强光、抗冻害、抗病等方面。

耶兴元等（2004）对猕猴桃 1 年生盆栽苗进行高温干旱胁迫后发现，在 45℃高温时，猕猴桃叶片的叶绿素含量下降。Man 等（2015）的研究表明，25℃以上温度是抑制红阳猕猴桃花青素合成的一个主要因素，严重影响猕猴桃着色，降低外观品质。竺元琦（1999）对中华猕猴桃通山 5 号、武植 3 号、庐山香、金农以及美味猕猴桃海沃德、金魁、秦美、Ⅱ-18-1 进行高温及高温干旱处理，结果表明，4 个中华猕猴桃品种的高温伤害率普遍低于 4 个美味猕猴桃品种，说明中华猕猴桃比美味猕猴桃的抗高温能力强，其中，中华猕猴桃通山 5 号的抗高温干旱能力最强。在华中农业大学猕猴桃标本园中，夏季高温条件下，金丰、通山 5 号的冠幕明显优于庐山香、海沃德（彭永宏等，1995）。

李洁维等（2004）对 10 种猕猴桃砧木的嫁接组合进行了多年抗病力观测，结果表明，以中华猕猴桃桂海 4 号、美味猕猴桃东山峰、红肉猕猴桃和山梨猕猴桃为砧木的嫁接组合抗病力较强，病死株率为 0。而以毛花猕猴桃为砧木的嫁接组合，长势极弱，易感病，病死株率高达 66.7%，其次是桂林猕猴桃为砧木的嫁接组合病死株率为 50%；以安息香猕猴桃和融水猕猴桃为砧木的嫁接组合病死株率均为 33%。然而对于有些菌类如丁香假单胞菌（Pseudomonas syringae pv. Actinidiae/Psa），嫁接并不能抑制其侵染。Tyson 等（2014）对嫁接在布鲁诺砧木上的 2 年生 Hort 16A 进行 Psa 伤口接种，发现 Psa 通过砧木和接穗几乎以同样的速度在树干内移动。

雷玉山等（2013）以秦美猕猴桃作为亲本材料，以抗溃疡病为育种目标，经 2 代杂交、分离、筛选得到抗溃疡病种质材料 QM91136；以陕西秦巴山区野生猕猴桃雄株作为亲本材料，以抗溃疡病为筛选目标，经实生选择得到抗溃疡病种质材料 SX45872。以 QM91136 为母本、SX45872 为父本进行杂交，得到杂交 1 代 YZ，经筛选得到抗溃疡病杂交优系 YZ31012。再以 YZ31012 为

母本、以SX45872为父本进行回交，利用回交种子播种育苗，得到抗溃疡病猕猴桃砧木苗，其生长快、嫁接亲和力高，嫁接苗溃疡病抗性高于普通砧木嫁接苗，可作为优良抗病砧木应用于生产。

第五节 猕猴桃砧木研究展望

猕猴桃大多原产于温暖湿润、雨量充沛、阳光适宜的地区，其叶片肥大，输导组织和气孔发达，蒸腾强烈，耗水量大，对水分需求大。猕猴桃的根系属于浅根系肉质根，对水分胁迫敏感，幼树淹水1 d、成年树淹水3 d就会引起死树，立地栽培条件要求具备良好的排水设施。猕猴桃的根系喜偏酸性土壤，盐渍化或碱性土壤会引起叶片缺铁性黄化，造成植株生长不良。猕猴桃也不耐瘠薄，喜欢疏松肥沃、有机质和腐殖质含量高的沙质壤土。而我国多数猕猴桃栽培区不同程度地存在干旱、淹涝、盐碱、土壤贫瘠等问题，严重影响着猕猴桃的正常生长发育，制约着猕猴桃产业的发展。

猕猴桃砧木研究虽然取得了一定的进展，但与猕猴桃产业发展对砧木的迫切需求还有很大差距。中国作为猕猴桃属植物的起源中心，拥有最丰富的猕猴桃物种及种质资源(黄宏文，2013)，而且分布区南北跨度大，纵跨泛北极植物区和古热带植物区(崔致学，1993)。目前已报道的研究也表明，该属部分种与种之间的嫁接亲和性良好，为从该属野生种资源中筛选和培育砧木奠定了重要的物质基础，且该属54个种中目前研究和利用较多的主要集中在中华、美味、软枣和毛花猕猴桃4个种，其他大部分种的资源的利用价值有待进一步发掘。今后应借鉴其他果树砧木的研究成果，重视野生资源的收集、保存、评价与利用，加强猕猴桃优良砧木品种的选育、砧穗亲和性研究、砧木对接穗生长特性研究以及砧木抗逆性研究等，筛选、培育适应不同生态条件的优良猕猴桃砧木，促进猕猴桃产业的健康可持续发展。

参考文献

[1]Friend A P, Palmer J W, Seymour S M, et al. Potential of clonal rootstocks for devigoration and enhanced fruit characteristics in kiwifruit orchards[J]. Acta Hortic, 2014, 1058: 429-434.

[2]Boyes S, Strubi P, Marsh H. Sugar and organic acid analysis of actinidia argutaand rootstock-scion combinations of actinidia arguta[J]. LWT-Food Science and Technology,

1997, 30(4): 390-397.

[3]Boyes S, Strubi P, Marsh H. Actinidin levels in fruit of actinidia species and some actinidia arguta rootstock-scion combinations[J]. LWT-Food Science and Technology, 1997, 30(4): 379-389.

[4]Cacioppo O. Study of the biological cycle of kiwifruit cv. Hort 16A[J]. Informatore Agrario, 2003, 59(16): 57-58.

[5]Chartier J, Blanchet P. Reciprocal grafting compatibility of kiwifruit and frost hardy *Actinidia* species[J]. Acta Horticulture, 1997, 444: 149-154.

[6]Clearwater M J, Blattmann P, Luo Z, et al. Control of scion vigour by kiwifruit rootstocks is correlated with spring root pressure phenology[J]. Journal of Experimental Botany, 2007, 58(7): 1741-1751.

[7]Clearwater M J, Seleznyova A N, Thorp T G, et al. Vigor-controlling rootstocks affect early shoot growth and leaf area development of kiwifruit[J]. Tree Physiology, 2006, 26, 505-515.

[8]Cruz-castillo J G, Lawes G S, Woolley D J, et al. Evaluation of rootstock and 'Hayward' scion effects on fleld performance of kiwifruit vines using a multivariate analysis technique[J]. New Zealand Journal of Crop and Horticultural Science, 1997, 25: 273-282.

[9]Cruz-castillo J G, Lawes G S, Woolley D J, et al. Rootstock influence on kiwifruit vine performance[J]. New ZealandJournal of Crop and Horticultural Science, 1991, 19: 361-364.

[10]Erper I, Agustí-brisach Carlos, Tunali B, et al. Characterization of root rot disease of kiwifruit in the Black Sea region of Turkey[J]. European Journal of Plant Pathology, 2013, 136(2): 291-300.

[11]Fraser L G, Datson P M, Tsang G K, et al. Characterisation, evolutionary trends and mapping of putative resistance and defence genes in Actinidia (kiwifruit)[J]. Tree Genetics & Genomes, 2015, 11(2): 1-15

[12]Gjamovski V, Kiprijanovski M. Influence of nine dwarfing apple rootstocks on vigour and productivity of apple cultivar 'Granny Smith' [J]. Scientia Horticulturae, 2011, 129(4): 742-746.

[13]Gonçalves B, Correia C M, Silva A P, et al. Variation in xylem structure and function in roots and stems of scion-rootstock combinations of sweet cherry tree (*Prunus avium L.*)[J]. Trees, 2007, 21(2): 121-130.

[14]Gullo G, Motisi A, Zappia R, et al. Rootstock and fruit canopy position affect peach [Prunus persica(L.) Batsch] (cv. Rich May) plant productivity and fruit sensorial and nutritional quality[J]. Food Chemistry, 2014, 153: 234-242.

[15]Huang S X, Ding J, Deng D J, et al. Draft genome of the kiwifruit *Actinidia chinensis* [J]. Nature communications, 2013, 4: 1-9.

[16]Hudina M, Orazem P, Jakopic J, et al. The phenolic content and its involvement in the graft incompatibility process of various pear rootstocks(Pyrus communis L.)[J]. Journal of Plant Physiology, 2014, 171(5): 76-84.

[17]Jogaiah S, Ramteke S D, Sharma J, et al. Moisture and salinity stress induced changes in biochemical constituents and water relations of different grape rootstock cultivars[J]. International Journal of Agronomy, 2014, 2014(1): 1-8.

[18]Kwack Y B, Kim H L, Kim H D, et al. Grafting characteristics of kiwifruit cultivars bred in Korea[J]. Acta Horticulturae, 2011, 913: 379-384.

[19]Lawes G S, Woolley D J, Lai R. Assessing how much kiwifruit vines vary[J]. New Zealand Kiwifruit, 1986(2): 22.

[20]Lawes G S. Propagation of kiwifruit[C]//Kiwifruit science and management. Warrington I J; Weston, G. C. (ed.). New Zealand, Richards and New Zealand Society for Horticultural Science, 1990: 297-321.

[21]Liu B H, Li M J, Cheng L, et al. Influence of rootstock on antioxidant system in leaves and roots of young apple trees in response to drought stress[J]. Plant Growth Regulation, 2012, 67(3): 247-256.

[22]Lowc R G. New DSIR rootstock provides production boost[J]. New Zealand Kiwifruit, 1989(5): 16.

[23]Man Y P, Wang Y C, Li Z Z, et al. High-temperature inhibition of biosynthesis and transportation of anthocyanins results in the poor red coloration in red-fleshed Actinidia chinensis[J]. Physiologia Plantarum, 2015, 153: 565-583.

[24]Miller S A, Smith G S, Boldingh H L, et al. Effects of water stress on fruit quality attributes of kiwifruit[J]. Annals of Botany, 1998, 81: 73-81.

[25]Muhammad A, Zhang Y J, Li Z, et al. Effect of Salt stress on growth, physiological and biochemical characters of four kiwifruit genotypes[J]. Scientia Horticulturae, 2020, 271, No. 109473.

[26]Nagata K, Morinaga K, Ikeda F. Photosynthetic ability of kiwifruit(Actinidia deliciosa) and characteristics of Shima-sarunashi(*Actinidia rufa*) rootstock[J]. Bulletin of the Shikoku National Agricultural Experiment Station, 1997(61): 159-166.

[27]Nitta H, Ogasawara S. Characteristics of 'Hayward' kiwifruit vines grown on their own roots or grafted onto *Actinidia polygama* or *Actinidia rufa*[J]. Acta Horticulture, 1999(498): 319-324.

[28]Soar C J, Dry P R, Loveys B R. Scion photosynthesis and leaf gas exchange in Vitis vinifera L. cv. Shiraz: Mediation of rootstock effects via xylem sap ABA[J]. Australian Journal of Grape and Wine Research, 2006, 12(2): 82-96.

[29]Sotomayor C, Castro J. Rootstock used for fruit crops in Chile: an overview[J]. Acta Horticulture, 2004(658): 287-291.

[30]Spinelli R, Pavia R. Grafting in kiwifruit to introduce a new cultivar[J]. Informatore

Agrario，2001，57(36)：65-67.

[31]Stewart A，Mccarrison A M. Pathogenicity and relative virulence of seven Phytophthora species on kiwifruit[J]. New Zealand Journal of Crop and Horticultural Science，1991，19：73-76.

[32]Testolin R，Ferguson A R. Kiwifruit(*Actinidia spp.*) productionand marketing in Italy[J]. New Zealand Journal of Crop and Horticultural Science，2009，37：1-32.

[33]Thorp T G，Boyd L M，Barnett A M，et al. Effect of inter-specific rootstocks on inorganic nutrient concentrations and fruit quality of 'Hort16A' kiwifruit(Actinidia chinensis Planch. var. chinensis)[J]. Journal of Horticultural Science and Biotechnology，2007，82(6)：829-838.

[34]Tyson J L，Curtis C L，Manning M A，et al. Systemic movement of Pseudomonas syringae pv. actinidiae in kiwifruit vines in New Zealand[J]. New Zealand Plant Protection，2014，67：41-47.

[35]Vršič S，Pulko B，Kocsis L. Factors influencing grafting success and compatibility of grape rootstocks[J]. Scientia Horticulturae，2015，181：168-173.

[36]Wang Z Y，Kevin J P，Kevin S G，et al. Rootstock effects on budburst and flowering in kiwifruit[J]. Scientia Horticulturae，1994，57(3)：187-199.

[37]Wang Z Y，Kevin S G，Kevin J P. Comparative root anatomy of five Actinidia species in relation to rootstock effects on Kiwifruit flowering[J]. Annals of Botany，1994，73(4)：403-413.

[38]Woolley D J，Lawes G S，Lai R. Factorsaffecting fruit size[J]. New Zealand kiwifruit，1988，2：11-14.

[39]Zhong Y P，Li Z，Bai D F，et al. In vitro variation of drought tolerance in five actinidia species[J]. Journal of the American Society for Horticultural Science，2018，143(3)：226-234.

[40]白丹凤，李志，齐秀娟，等. 4种基因型猕猴桃对淹水胁迫的生理响应及耐涝性评价[J]. 果树学报，2019，36(2)：163-173.

[41]陈义挺，王卫，陈婷，等. 猕猴桃分子生物学研究进展[J]. 亚热带农业研究，2012(2)：131-137.

[42]崔致学. 中国猕猴桃[M]. 济南：山东科学技术出版社，1993.

[43]高登涛，白茹，鲁晓燕，等. 引入石河子地区的5个葡萄砧木抗寒性比较[J]. 果树学报，2015(2)：232-237.

[44]古咸彬，薛莲，陆玲鸿，等. ‘浙猕砧1号’对长期淹水处理的响应特征[J]. 果树学报，2019，36(3)：327-337.

[45]古咸彬，薛莲，陆玲鸿，等. 葛枣猕猴桃优株嫁接亲和性分析[J]. 浙江农业科学，2019，60(1)：72-74.

[46]郭洋涛，林苗苗，齐秀娟，等. 猕猴 *AcMED*25 克隆、表达分析及其与果实生长和大小的关系[J]. 果树学报，2014，31(4)：558-565.

[47]胡波. 不同砧穗组合对猕猴桃嫁接成活率的影响[J]. 林业科技通讯，1999，12(9)：19-20.
[48]胡英建，王效堂，金平涛，等. 翠香猕猴桃栽培表现及栽培要点[J]. 西北园艺，2013(4)：49.
[49]黄宏文. 中国猕猴桃种质资源[M]. 北京：中国林业出版社，2013：34.
[50]蒋桂华，谢鸣，陈学选，等. 砧木对猕猴桃生长结果的影响[J]. 浙江农业学报，1998，10(3)：161-162.
[51]雷玉山，樊红科. 一种抗溃疡病猕猴桃砧木快速繁育方法：CN103190337A[P]. 2013-07-10.
[52]李洁维，王新桂，莫凌，等. 美味猕猴桃优良株系'实美'的砧木选择研究[J]. 广西植物，2004，24(1)：43-48.
[53]李淼，檀根甲，李瑶，等. 不同猕猴桃品种 RAPD 分析及其与抗溃疡病的关系[J]. 植物保护，2009(3)：41-46.
[54]刘旭锋. 猕猴桃耐盐性比较试验[J]. 陕西农业科学，1992(1)：19.
[55]卢开椿，邱武凌，金光. 中华猕猴桃不同砧木嫁接亲和性试验研究[J]. 果树科学，1986(2)：46-47.
[56]米银法，崔瑞红. 水胁迫对不同抗性猕猴桃幼苗光合特性的影响[J]. 北方园艺，2015(2)：14-17.
[57]米银法. 猕猴桃实生苗对根际低氧胁迫的抗性评价及抗性生理机制研究[D]. 杨凌：西北农林科技大学，2009.
[58]庞程，李瑞高，梁木源，等. 猕猴桃嫁接试验[J]. 广西植物，1989，9(1)：77-81.
[59]彭永宏，章文才. 猕猴桃叶片耐热性指标研究[J]. 武汉植物学研究，1995，13(1)：70-74.
[60]齐秀娟，方金豹，赵长竹. 2009 年郑州地区猕猴桃冻害调查与原因分析[J]. 果树学报，2011(1)：55-60.
[61]齐秀娟，张绍铃，陈锦永，等. 蛋白质组学技术在果树生殖生物学方面的应用研究进展[J]. 果树学报，2012，29(6)：1115-1120.
[62]石泽亮，李加兴，龙金枚，等. 一种高抗性猕猴桃砧木的培育及其嫁接技术[P]. 湖南：CN101790940A，2010-08-04.
[63]石志军，张慧琴，肖金平，等. 不同猕猴桃品种对溃疡病抗性的评价[J]. 浙江农业学报，2014，26(3)：752-759.
[64]王莉，王圣梅，黄宏文. 猕猴桃属种间嫁接亲和性试验研究及抗根结线虫砧木的初步筛选[J]. 武汉植物学研究，2001，19(1)：47-51.
[65]王伟成. "米良 1 号"猕猴桃[J]. 湖南农业，1995，5：15.
[66]王在明，张琼英，刘小明. 中华和毛花猕猴桃抗性观察[J]. 果树科学，1996，13(1)：29-30.
[67]王中炎，Gould K S，Patterson K J，等. 猕猴桃砧木对花芽分化的影响及其生理基础[C]//中国园艺学会. 中国园艺学会首届青年学术讨论会论文集，中国杭州，1994：

350-355.
[68]杨江平，向小奇，唐玲玲，等．野生猕猴桃 LD-1 的耐涝性研究[J]．湖南农业科学，2014，23：8-9，14.
[69]耶兴元，马锋旺，王顺才，等．高温胁迫对猕猴桃幼苗叶片某些生理效应的影响[J]．西北农林科技大学学报(自然科学版)，2004，12：33-37.
[70]叶开玉，蒋桥生，龚弘娟，等．猕猴桃嫁接繁殖与砧木选择试验[J]．江苏农业科学，2014，429(1)：138-139.
[71]张琛．三个类型猕猴桃品种实生苗对淹水胁迫的生理反应及其耐涝性比较[D]．杭州：浙江师范大学，2013.
[72]张清明．秦美猕猴桃[J]．山西果树，1988(2)：50-51.
[73]张有平．秦美猕猴桃的选育[J]．陕西农业科学，1988(2)：27-28.
[74]钟彩虹，卜范文，王中炎．猕猴桃砧木"凯迈"的生物学特性及繁殖技术研究[C]//园艺学文集——湖南省园艺学会第八次会员代表大会暨学术年会论文集，2005.
[75]周月，赵许朋，吴秀华，等．农杆菌介导 *LJAMP2* 基因导入'红阳'猕猴桃及分子鉴定[J]．生物工程学报，2014，30(6)：931-942.
[76]竺元琦．猕猴桃高温干旱抗性研究[J]．湖北林业科技，1999(110)：14-15.

第五章　花芽分化及影响因素

花芽分化(flower bud differentiation)是指果树芽轴的生长点无定形细胞的分生组织经过各种生理和形态的变化最终形成花的全过程(邓西民等，1999)。猕猴桃与苹果、葡萄等其他果树不同，植株上形成的花朵少，但只要授粉条件良好，几乎每一朵花开花后都可以坐果而形成果实，直至成熟，很少有落果现象发生。因此，猕猴桃花芽分化的数量和质量对产量具有决定性的影响。猕猴桃花芽分化有其自身特点，但与其他果树也有很多相似之处。了解花芽分化过程、明确完成分化的关键时期和影响花芽分化的因素，对于制定调控花芽分化的技术方案具有重要意义。

第一节　花芽分化的一般过程

和其他果树一样，猕猴桃的花芽分化主要包括花诱导(floral induction 或 flower bud induction)和花发育(flower development)2 个过程。在花诱导期间，生长点内部发生一系列生理和生物化学变化，而在花发育期间，生长点在外部形态上发生显著的改变。因此，人们又将这 2 个过程分别称作生理分化(physiological differentiation)和形态分化(morphological differentiation)(邓西民等，1999)。花的诱导是一种质变，其实质可以被看作"成花基因的被解除阻遏"，这一过程有时也被称作花的孕育(曾骧等，1992)或花的触发或启动(floral evocation)。

在花诱导期间，生长点易受内外条件的影响而改变代谢方向，向营养生长方向发展形成叶芽或向生殖生长方向发展形成花芽，因此也将这个时期称为花芽分化临界期(critical period of floral induction)。

在芽轴上，无论是在其尖端还是侧面，可以辨认出花原基时叫花的发端

(floral initiation)，标志着花诱导的结束和花芽形态分化的开始。从花的发端到雌雄蕊的形成都属于花的形态分化，这一过程可进一步划分为花器官组织原基的发生及定形和花各器官组织的进一步发育直至达到它们的最后物理形状2个阶段。当芽内不再继续分化新的花器官时，标明着花芽形态分化的结束，这时可被称为花芽形成(flower bud formation)。

花芽分化的一般过程如图5-1所示。

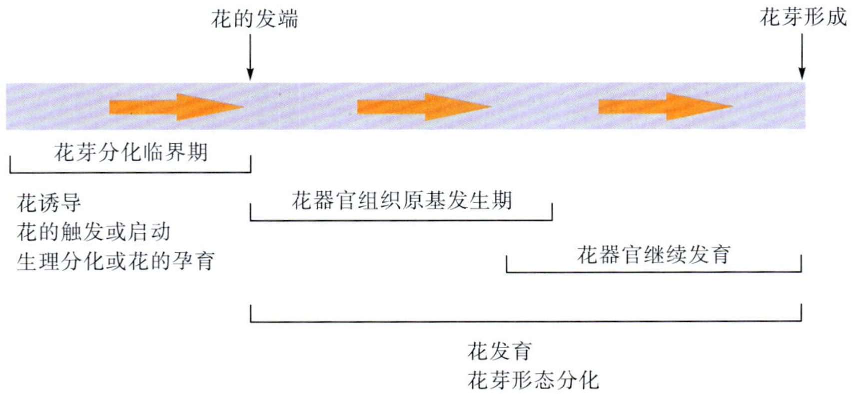

图5-1 花芽分化全过程(邓西民等，1999)

第二节 花芽分化的主要时期及形态特征

一、生理分化期

无论是嫁接苗还是实生苗，目前栽培的猕猴桃主要品种一般在定植后2～3年即可开花结果。雌性品种猕猴桃属于生长旺盛的树种，着生结果枝的母枝最长可达150 cm以上，最短的仅为2～3 cm。新梢在生长过程中1年可多次抽梢，在1～3次梢上均能形成花芽而开花结果，但各类枝抽生结果枝的比例不同，分别为53.9%、41.3%、4.8%，结果枝主要从1、2次梢上抽生。中华猕猴桃主要结果枝多在结果母枝的5～12节抽生，花的着生一般在结果枝的第3节开始，5～12节的花蕾大且充实饱满。雄株上花枝连续着生3～4个以上的较多，花枝基部1～2节也可着生花序，多为无叶花序，花朵较小(张先娟，1985；辛培刚等，1985)。

猕猴桃的花芽着生在新梢的叶腋间，新梢的顶芽难以形成花芽。通过去叶试验基本明确，美味猕猴桃海沃德新梢上花芽的生理分化期主要在8月～11月初(南半球2月～5月初)。新梢上的腋芽在分化之前(仲夏)芽内雏梢上已有19～22个叶原基呈螺旋状排列(Brundell，1975)。新西兰在8月初(南半球的2月初)，美味猕猴桃海沃德的新梢第12节位以上的腋芽中的雏梢，感受到成花信号，雏梢中第5～12节位的腋芽分生组织开始进行从营养生长向生殖生长的生理转化。然而，在形态上并不能观察到芽有明显的变化。并且，与其他果树不同，直到翌年芽膨大期才能够从形态上区分出花芽和叶芽(Davison，1974；1977)。

对软枣猕猴桃和狗枣猕猴桃的花芽形态观察也表明，它们的花芽分化与中华猕猴桃、美味猕猴桃的基本一致(赵淑兰等，1996；王学东等，2001)。

对毛花猕猴桃进行去叶、环剥试验，7月10日摘叶、环剥的翌年多数不开花，作为对照的环剥、不摘叶的则全部开花，因此认为毛花猕猴桃的生理分化期在7月上旬，要早于其他类型(王在明等，1993)。

去叶试验的结果表明，花的诱导应该在花的形态分化的上一个生长季的夏末和秋季。但Snelgar等(2007)认为，去叶试验不仅去掉了诱导信号的源，同时也去掉了光合产物的源，因此，依赖去叶试验确定生理分化期不一定可靠。在较早成熟的一级芽中花芽的诱导可能发生在夏初。形态观察和花同源基因表达结果支持一级芽进行花芽诱导较早，可能发生在晚春。而光合产物的缺乏甚至可能使花的激发延迟到春季花芽形态分化之前。

二、形态分化期

对中华猕猴桃、美味猕猴桃、软枣猕猴桃(赵淑兰等，1996)、狗枣猕猴桃(王学东等，2001)花芽形态分化的观察结果表明，这些类型的猕猴桃在夏、秋季完成生理分化之后，并不马上进行形态分化，直至翌年春天伤流期之前，结果母枝上越冬芽中雏梢上的芽在形态上仍然难以区分花芽或叶芽。春天随着温度的上升，越冬芽开始膨大、萌芽、抽生新梢，花芽开始逐步分化出花序原基、花蕾原基、萼片原基、花瓣原基、雄蕊原基、雌蕊原基，这一过程需要1个月左右。之后花芽继续发育，形成成熟花粉粒、成熟胚囊并开花，这一过程也需要1个月左右。

1. 花器官原基发生期及主要特征

中华猕猴桃越冬芽未萌动前芽顶平齐，芽内有鳞片4～5个，过渡性叶片2～3个，雏叶片9～13个，密集在芽内雏梢上(辛培刚等，1985)。下面介绍合肥地区美味猕猴桃海沃德及其雄株陶木里的花芽形态分化期及其特征(余厚敏等，1988)。

(1)未分化期。越冬芽芽体外观呈扁平状，深陷于叶柄痕中，未萌动前芽顶平展。2月下旬萌动前雏梢下部叶腋间有1个微小突起，而以雏梢内2～6节叶腋内的突起较为明显，但此时还分不清该突起物是否是花序原基，突起物顶端分生组织尚处于稳定状态，未见有花序原基的形态分化。

(2)花序原基分化期。3月12日芽开始萌动，突起原基的分生组织突然膨大，整个原基伸长。3月26日，原基继续膨大，顶端由圆状变得较平展，逐渐发育成花序原基。同时，在突起原基的两侧出现1对隆起物，出现明显的三裂片，这对隆起物发育成为苞片。雄株的分化比雌株要早2～3 d。在苞片腋部出现聚伞花序侧花的原基。

(3)花萼原基分化期。混合芽继续膨大，3月19日露绿期的前3 d，半球形的分生组织两侧产生萼片原基。

(4)花瓣原基分化期。混合芽露绿时(3月22日)，在花瓣原基的内侧，出现1圈突起物，即花瓣原基。这时花芽从半透明的白色变成不透明的浅绿色。

(5)雄蕊原基分化期。露绿后4 d(3月26日)，在花瓣原基的内侧逐渐出现2圈雄蕊原基，由外向内分化。此时，混合芽的膨大已能明显地看到尚未展开的幼叶。在雄蕊发育阶段，可以看出雌花内雄蕊的发育极为缓慢，虽也能形成花药并具有花粉粒，但无发芽能力。

(6)雌蕊原基分化期。3月30日混合芽即将展叶时出现雌蕊原基，通常三轮。4月1～15日，雌花和雄花的形态分化出现明显差异。雌花中雌蕊原基迅速发育，中间开始凹陷形成中空的花柱，上端是放射状的柱头，它们都明显地高出雄蕊。在柱头和花柱的下部形成1个膨大的子房，子房由数十枚心皮合生，呈辐射状排列，为典型的中轴胎座。在雄花中也分化雌蕊原基，但花柱及柱头不发育，而簇生白色茸毛。子房室内无胚珠，而雄蕊发达，花药几乎覆盖了退化的雌蕊。

(7)花粉母细胞减数分裂及花粉粒的形成。露绿后约22 d(4月12日)，雄蕊中的花粉母细胞开始减数分裂，随后形成花粉粒。花药横切面有4个花粉囊，切面呈蝴蝶形。间隔一段时间后，在4月28日左右花粉粒成熟。

各分化期主要形态特征见图5-2。

雌花、雄花形态分化上的差异：雌花(三轮)、雄花(二轮)的形态分化在雌蕊群未出现之前极为相似，难以分辨，之后出现差异。在雌花中，雌蕊群发育极为迅速，并明显高于雄蕊群。此雌蕊群外缘迅速隆起，只是花器中央呈凹陷状。柱头和花柱的下面形成1个膨大的子房，并在开花前继续生长膨大。形成子房的各室，室后出现胚珠。雌花里也有雄蕊，但雄蕊的发育缓慢，虽也形成完整的花药，并有花粉粒，但没有发芽能力。在雄花中，也分化出雌蕊群，但发育很差，结构也不完全。雄蕊群极为发达，发育很快，雄蕊上的花药几乎完全遮盖了退化的雌蕊群。花药中产生发育正常的花粉粒(辛培刚等，1985；Warrington 等，1990)。

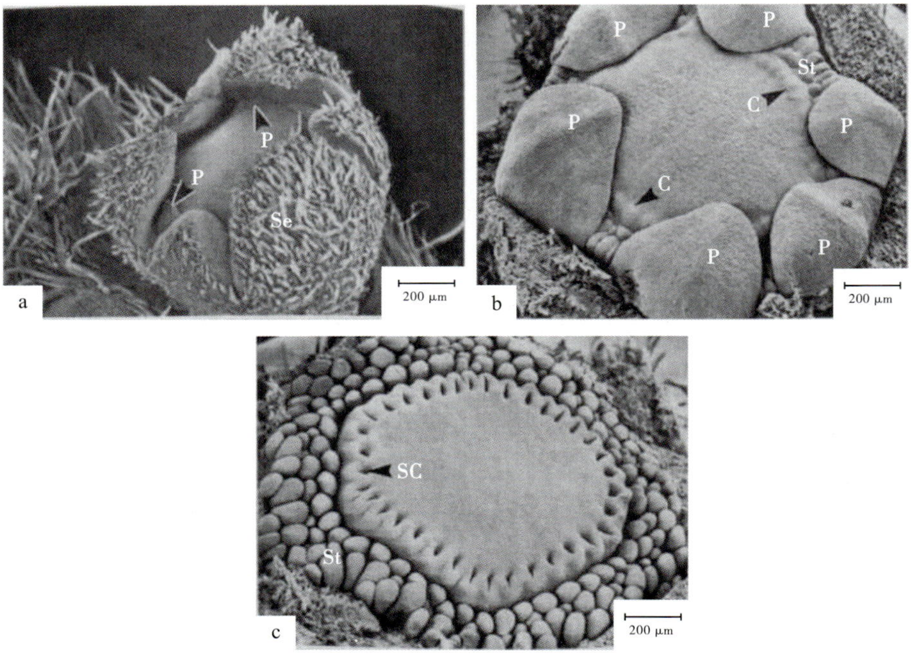

C. 心皮原始体；P. 花瓣原始体；SC. 原始花柱道；Se. 萼片原始体；St. 雄蕊原始体

a. 萌芽期，萼片原始体分化完成，花瓣原始体出现；b. 芽进一步萌发，花原始体顶端变平，周边出现 2 轮雄蕊原始体；c. 露叶期，雄蕊和雌蕊原始体均出现

图 5-2　花芽形态分化过程中花器官电子扫描照片(Polito 等，1984)

主花、侧花形态分化上的差异：侧生花的发育与顶花相似，仅时间稍迟，当顶花的雄蕊原基出现时，其侧花开始萼片原基的分化(余厚敏等，1988)。

2. 花芽败育和畸形花

理论上每个腋芽具有 8 个未分化的生殖分生组织。在一些雄性品种上能够看到 8 个花序。然而，对于大多数雌性品种，不到 60%的花原基最终能够形成花。一些位于雏梢中第 5 节附近的花芽原基在花瓣原基形成之前停止发育。同样，一些位于高节位的花芽原基早期花芽发育正常，但后期发生败育。所以，一些位于结果枝上第 5～12 节的叶腋间没有花。原因尚不完全清楚，原因之一可能是冬季需冷量不足。

有些位于第 4、第 5 叶腋间的花原基产生畸形花。原因是顶端花在发育过程中受到抑制，与侧花融合在一起。这些花最终也可坐果并形成典型的扇形果，但失去商品价值(Warrington 等，1990)。

3. **形态分化的时间进程与越冬芽的发育**

对武汉地区中华猕猴桃越冬芽形态变化的观察结果表明，冬季之前，“未分化的生殖分生组织”在芽内已分化形成。但至翌年 2 月下旬伤流期开始，腋芽原基才进行花器官各部分的分化。3 月上旬末至中旬初，随着芽膨大，茸毛出现，在萌动芽雏梢腋间可看到半透明、白色的小颗粒，此即为正在发育的花芽，这时的花原基、花萼原基、花冠原基正依次进行分化。至 3 月下旬花芽破绽时，幼叶腋间已可看到不透明的绿色小花序，这时雌、雄蕊原基先后形成(张先娟，1985)。

美味猕猴桃海沃德在合肥地区的形态分化时间进程与在武汉地区的观察结果相似(表 5-1)，只是时间上稍晚一些，可能与品种有关(余厚敏等，1988)。

表 5-1　合肥地区海沃德花芽形态分化的时间进程

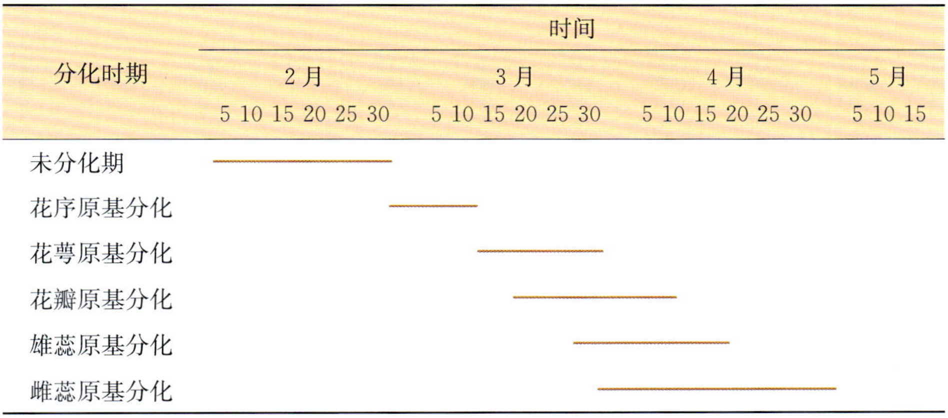

雌性品种海沃德和其授粉品种 Alpha 的花芽形态分化进程与越冬芽发育状态的对应关系大致如表 5-2 所示。在雌蕊原基分化之前，2 个品种的花芽形态分化没有明显差异，之后，Alpha 的进程要早于海沃德。在海沃德上，柱头原基继续膨大并形成上位子房，其顶端形成花柱和柱头。芽膨大后约 45 d 胚珠出现。此时，雄蕊膨大并分化出花药和花丝。在雄花上，柱头原基不能继续发育成子房。雄花的发育与雌花相似。开花前 20 d 花药中出现花粉粒(Warrington 等，1990)。但不同雄性品种的开花期不一致，同样存在分化早晚的现象。

在贵阳地区观察到，中华猕猴桃和美味猕猴桃从伤流期开始随着芽的萌动花原基开始形态分化进入分化初期，这一时期分化速度较为缓慢，在萼片原基分化后，花芽形态分化的后 3 个时期分化非常迅速，花瓣、雄蕊、雌蕊原基的分化仅需 8 d 左右。新梢上幼蕾出现后，花芽继续发育，1 个月后进入开花期(刘晓燕，1997)。

表 5-2 海沃德和雄性品种 Alpha 的花芽分化时期和芽的发育状态

距芽萌发的天数/d	混合芽的发育状态	花芽分化时期	
		海沃德	Alpha
休眠期	休眠	未分化的花原基	
−10	膨大期	花原基膨大	
−6	进一步膨大	苞片和花萼分化	
0	萌芽	花瓣分化	
5	进一步萌芽	雄蕊分化	
9			雌蕊分化
10	展叶		
11		雌蕊分化	
16			雌蕊群的发育停止
18		雌蕊群形成	
27			花药和花丝分化
34		花药和花丝分化	
38			花粉粒形成
40			花萼开裂
45		胚珠分化	
50		花萼开裂	
53			开花
60		开花	

对毛花猕猴桃的观察结果有所不同(王在明等，1993)。毛花猕猴桃形态分化期在生理分化后 1 个多月开始。花序原基出现于 8 月下旬，随后分化出花序的主体。9 月初顶生花序萼片开始分化，9 月下旬进入花瓣分化期。但 10 月上旬之后，直至翌年 3 月上旬，花芽的分化处于停顿状态。翌年春天枝蔓恢复生长后，才于 3 月中旬开始分化雄蕊群(3 月 10 日始)，4 月初芽体内的花萼、花瓣及雄蕊群已肉眼可见。4 月上旬进入雌蕊分化期，4 月中旬开花。

三、花芽分化的主要特点

与其他果树比较，猕猴桃的花芽分化存在下述特点(余厚敏等，1988；辛培刚等，1985；Davison，1974)：

(1)生理分化期发生较晚。猕猴桃上花的诱导或生理分化期主要发生在夏末和秋季，至少在部分品种上 8 月才有花芽的诱导。而苹果和桃在开花后几周就开始进行花芽的诱导。

(2)形态分化全部发生在春天。与梨、苹果、桃等果树明显不同，猕猴桃越冬芽的雏梢中，虽然已孕育有花的原始体，但冬季前并未进行形态分化，而苹果等多数落叶果树的花芽形态分化始于前 1 年的生长季，进入冬季休眠前花芽已分化出部分或全部花器官原始体。

(3)形态分化时间短，速度快。翌年春天伤流期开始，随越冬芽的萌发而开始形态分化。自花芽的发端至分化出雌蕊原始体，历时 30～45 d，分化进程极快。而苹果、桃等落叶果树的花芽形态分化从当年的 6～7 月至翌年的 3～4月，需时 8～10 个月。由于猕猴桃花芽分化的时间集中、速度快，因此，对于猕猴桃在春季萌芽前后的管理显得更为重要。

(4)枝势不影响成花。潜在的结果母枝，其枝势无论呈水平状还是垂直状，均不影响成花。而在苹果等大多数果树上，水平状枝条更易成花。

第三节　影响花芽分化的因素

猕猴桃的花芽分化首先受到遗传因素的影响，种间及种内品种之间在成花上存在很大差异。和其他果树相似，不同砧木对接穗品种的成花也会产生显著影响。植株和枝条生长状态、营养条件、环境因子、栽培措施等在花芽分化的不同时期起影响作用。

一、种、品种和砧木

在目前栽培的美味、中华、软枣、毛花 4 种类型猕猴桃中，一般情况下软枣成花量大、单株果实数量多。同一类型中，雄性品种成花量较雌性品种多，单生花少，大多呈二歧或多歧聚伞花序。美味猕猴桃中，海沃德的单生花多，侧花通常败育。徐香的花多呈二歧聚伞花序，侧花也能正常发育，但所结果实通常较顶花小，生产中一般将其人工疏除。美味猕猴桃中，秦美的花芽生理分化对高温胁迫敏感、耐受能力较差，海沃德次之，徐香具有较强的耐受力(李建明等，2014)。

砧木种类对接穗品种的开花量有显著影响(王中炎等，1994)。在营养生长相近的前提下，在长叶猕猴桃、毛花猕猴桃、山梨猕猴桃、美味猕猴桃和中华猕猴桃 5 种砧木上，接穗品种海沃德平均每个结果枝上的花朵数分别为 6.2、5.5、3.8、3.5 和 2.7。春季对越冬芽形态解剖的观察表明，越冬芽中雏梢上通常都能分化出 8 个左右花序原基，但其中一部分在花的发育过程中退化，不同砧木上接穗品种结果枝上花量的差异是由于花原基退化的差异所致。由此推断砧木对花芽形成的影响是在春季形态分化期，而不是影响生理分化。有助于促进花芽形成的砧木，还能显著地增加春季萌芽率和萌芽集中度。那些能够促进开花的砧木，根中贮藏的淀粉在春季向地上部输送较多。在根的结构上，这些砧木根中的木质部导管较多且大，并且韧皮部和皮层有大量的多糖类黏状物质和草酸钙晶体的异细胞。这些结构特点有利于春天萌芽期形成较大的根压，有利于加强向上的供水能力。促进花芽形成的砧木可能通过改善植株水分状况起作用。试验观察到，长叶猕猴桃的根压比中华猕猴桃约高 25%。从时间上看，猕猴桃花芽形态分化开始于树液流动期，此期根系的吸水活动产生较大的根压向地上部供应水分。如果失去了根压的供水作用，芽就不能萌发，花芽形态分化也将不能进行。萌芽前植株重施可溶性肥料，根系因吸收矿质导致吸水增强和根压增大，也可增加花量，促进萌芽。

朱北平等(1993)观察了美味猕猴桃结果母蔓的含水量变化，观察到其似乎与芽的活动有关。11 月 11 日结果母枝的含水量为 61%，1 月 9 日下降到最低值 57.3%，1 月 9 日～2 月 23 日基本稳定，此后又逐步上升到最高值 64%。可能是由于 11 月 1 日～2 月中旬气温和土温逐渐降低，树体大量落叶，造成树体的蒸腾作用大大减弱，蒸腾拉力显著降低，根系吸水力减弱，树体进入休眠期。2 月下旬气温和土壤温度逐渐回升，树液开始流动，根系吸水力增强，含水量回升。4 月 8 日展叶后，树体蒸腾作用增大，促进了吸水和输送，到 5 月 5 日开花前后含水量达到最高值，可溶性糖的变化则与含水量的变化相反。

猕猴桃与苹果比较，砧木对成花的作用的生理基础是不同的。首先，苹果促进花芽形成的砧木通常具有矮化从而削弱营养生长的作用，而猕猴桃却没有；其次，苹果促进花芽形成的砧木通常能促进树体内淀粉的积累，而不同猕猴桃砧木上植株内碳水化合物的积累量十分相似；再有，苹果矮化砧木的导管并不发达，而猕猴桃却正好相反。

二、生理分化期的主要影响因素

虽然在形态上难以鉴别猕猴桃花芽的生理分化期，但完成生理分化是成花的前提。凡影响生理分化的因素均会对翌年春天的成花数量产生影响(Davison，1987)。

1. 叶面积和枝势

正常的花芽分化需要一定的叶面积。不仅仅是由于叶片能够制造光合产物以满足植株的生长发育需要，而且还因为叶片是感受外界信号的重要器官。生理分化期进行摘叶，可抑制花芽分化，使得翌年不能开花或开花量减少。花芽的诱导出现在叶片膨大停止期，在生长季早期实施摘叶试验时发现，蔓上远端花芽的减少幅度大(Snelgar 等，2007)。夏季或秋季，高温、干旱、大风、病虫害等导致的不正常落叶也可引起翌年花量减少。猕猴桃枝条角度对成花影响不大，但也有试验指出，夏季枝条 60°角绑缚可促进营养生长，降低成花(Snelgar 等，2007)。因此，夏季使用吊蔓技术时，蔓的角度一般不能大于 60°，但也不能小于 45°，否则，顶端优势不明显，易发生副梢。

2. 植株营养条件

良好的营养条件对植株完成从营养生长向生殖生长的生理转化是必要的。对于特定营养元素与成花的关系的研究还不够深入。氮肥过量会引起枝条旺长、树冠郁蔽，对成花不利，但缺氮同样不利于花芽分化。成年果园的萌芽肥，特别是膨大肥、后期膨大肥，如果使用过量且氮、磷、钾的比例不协调，容易造成营养生长和生殖生长失衡，特别是在氮肥使用过量的情况下翌年的花量会明显减少(李建明等，2014)。

3. 负载量

植株上的负载量对成花会产生显著的影响，负载量不合理是造成产量不稳定的主要因素。对海沃德的观察发现，负载量大的翌年母蔓上的花量较负载量小的减少 30%以上。负载量过大甚至可能造成翌年完全不开花。对于中华猕猴桃、美味猕猴桃，结果枝上叶果比达到(2～3)∶1，全株叶果比达到(5～6)∶1 较为合理。叶果比过大，树冠可能产生郁闭，对花芽分化不利。

4. 光周期及光质

对海沃德进行的试验，自夏季日照最长日开始至秋季落叶，利用人工光源进行 16 h 长日照处理，不影响当年的果实重量，然而翌年成花量减少，减少幅度与延长的光源有关。使用荧光灯时新梢中花枝减少 13%，每枝花量减少 22%；使用白炽灯时，花枝减少 43%，每枝花量减少 36%。处理并不影响萌芽率，也不影响冬季休眠的起始时间。因此，可以认为长日照抑制了花的诱导(Snelgar 等，2007)。

5. 温度

对于大多数果树，花芽分化期较高的温度有利于花芽诱导，在新西兰，猕猴桃上也是这样。然而，在中国的猕猴桃产区，夏、秋季高温可达 38℃以上，高温可能对花芽分化产生不利影响。2014 年陕西猕猴桃产区的海沃德、秦美普遍出现了十分罕见的花芽大量减少，营养枝、徒长枝的比例大幅增加，成花量为正常年份的 20%～70%，花芽发育差，有明显的畸形花。通过分析 2013 年夏、秋季的气象资料发现，8～9 月温度偏高，分别比历史同期温度高 3.5℃和 2.3℃。高温伴随强光会影响树体的正常生长，造成营养的大量消耗，间接影响了花芽诱导。高温强光也可能直接影响花芽诱导(李建明等，2014)。

6. 干旱胁迫

猕猴桃喜湿润的气候条件。根系在土壤中分布浅，抗旱和抗涝能力差。土壤干旱导致植株萎蔫，空气湿度小会引起叶缘枯焦，严重情况下可导致落叶。在高温和干旱的共同作用下，即使对土壤进行灌溉，有些品种的叶片也会发生枯焦现象。这些不利于花的诱导。

7. 遮阴

在长沙于 7 月～9 月初对美味猕猴桃品种米良 1 号和中华猕猴桃品种翠玉、丰悦进行 70%(透光 30%)的遮阴处理，处理后树冠下的湿度显著增加，温度降低，特别是叶面和果面的温度下降明显。遮阴不影响米良 1 号翌年的花量，但丰悦和翠玉的花量显著减少，每枝的花芽量丰悦减少 91%、翠玉减少 36%。遮阴显著降低了 3 个品种的采前落果、落叶，改善了果实外观，米良 1 号的贮藏性得到了改善。米良 1 号、翠玉的固形物含量不受影响，但丰悦的显著降低。在新西兰，于仲夏或晚夏对海沃德树冠进行 50%的遮阴，可导致翌年的花芽数量下降 50%，果实品质也有所下降。在南非，夏季高温可达 38℃，此期 30%～40%的遮阴可显著增加光合效率、产量和品质。中国长江中下游地区夏季月均温达到 28℃，平均最高温 33℃，最高达 40℃以上，而新西兰则相应低 10℃。遮阴是这些地区克服高温伤害的有效方法，但过度遮阴对不同品种引起的负面影响需进一步评估(Wang，2007)。

8. 夏季环剥和修剪

猕猴桃在生长季进行环剥对促进成花的效果明显。在初结果树上，环剥宽度以 3～4 mm 为宜，深达木质部即可，不能伤及木质部分。环剥位置在枝干高度 1～1.5 m 处。如果在 5～9 月环剥(南半球 11～3 月)，伤口愈合迅速，1 周后愈伤组织出现，2～3 周可愈合。环剥处理后翌年产量增加明显，在枝干直径为 1.5～2.0 cm 的幼树上产量平均增加 60%，在生长旺盛的幼树上增产效果更为明显。主干直径在 1.5 cm 以下的植株不宜进行环剥。在结果枝组上进行环剥，效果也明显。最有效的环剥时间是在 8 月下旬～9 月(南半球 2 月下旬～3 月)。环剥时间过晚，如 10 月或 11 月，伤口愈合慢，翌年春天叶片可能出现黄化现象。在结果少的情况下，环剥对果实大小和新梢生长没有明显影响，因为环剥时新梢的生长大多完成(8～9 月)。环剥对翌年的开花期有一定的提前作用。分别于 6～7 月和 9 月进行 2 次环剥，增产效果可能更好。在 6～8 年生成年结果树上进行环剥，可增产 40%，这对于稳产、丰产，克服大小年现象尤为重要(Davison，1980)。

树冠郁闭不利于花芽分化，通过夏季修剪疏除部分枝叶来改善树冠的透光条件，可以促进花芽分化。一般透光条件好的枝条成花也好，所以冬季修剪时应选择这些枝条作为翌年的结果母蔓。理想的果园，在树冠下的地面上能够看见一些光斑。完全没有光斑出现，说明枝叶量过大，不利于花芽分化。

三、休眠期的主要影响因素

冬季休眠期植株并非完全处于静止状态，其间仍然会发生一系列的变化，温度是这一时期的主要影响因素。猕猴桃具有落叶果树对冬季低温需求的特点，冬季温度过高，需冷量不足，会造成春季花量减少。McPherson 等(1997)认为，休眠期芽的呼吸速率与芽的发育状态、芽对低温累积的反应有关。冬季气温在 9℃以上时，气温每增加 1℃，春天萌芽期延迟 7 d，萌芽期拉长 3 d。平均气温从 7℃增加到 12℃，越冬芽抽发新梢的比例成指数下降。随着冬季温度的升高，花枝的比例呈线性下降。即使在早至萌芽前 17 周的秋季(11 月初)，冷凉地区芽的呼吸速率也更高，而花枝比率、每枝花量与呼吸速率相关。根据此期的呼吸速率，可以预测翌年的花量。他们提出，在计算低温累计量时秋季温度的影响也应被考虑进去。冬季呼吸速率变化不大，或许是因为芽的状态变化不大，或许是因为芽的状态的变化不影响呼吸。通过早春(萌芽前 3～6 周)呼吸速率的变化可以预测萌芽期、萌芽期长短和萌芽率，但不能预测花量。早春呼吸速率有一个快速升高的过程，与花芽形态的变化同步，也与芽中水分的变化同步。

Snelgar 等(2007)指出，猕猴桃花芽诱导和花芽形态分化之间相对较长的时间间隔，可能使猕猴桃容易逆转和(或)花芽败育。在温暖地区，同一果园，冬季温度低，春天的花量相对多。有试验指出，休眠枝在较高的温度条件下放置一段时间，然后再回到先前冷凉的条件下，也会导致花量减少。对于海沃德，4℃人工强迫低温处理 50 d 以上，才能形成功能正常的花。新西兰冬季较为温和，在正常冬季条件之外(5 月～9 月初)，补充 4℃低温 10 d，海沃德枝条上形成的功能性花量最大。雄株上也能观察到类似现象(Warrington 等，

1990）。新西兰的研究结果指出，花量与冬季(11 月～翌年 1 月)平均温度呈负相关(Snelgar 等，2007)。为了克服冬季需冷量不足，萌芽前枝条上使用化学药剂单氰氨，可以取代 30%左右的低温积累量，促进萌芽，增加开花量。

四、形态分化的主要影响因素

春天随着芽的活动，越冬芽内开始发生一系列快速变化，大约在 1 个月时间内完成形态分化，再需要 1 个月时间进行花的继续发育，直至开花。有 2 个过程影响开花的数量(Davison，1974)：一个是花原基是否能够完成分化。有些花原基在春天不同发育阶段败育，直接影响花枝上的花朵数。另一个是萌芽率。萌芽率低，即使芽通过了生理分化，也无法开花。自花芽的发端到开花的这段时间内，植株的营养条件、环境温度是重要的影响因素。在胁迫条件下，部分正在分化和发育的花芽停止发育而不能成花。这种现象可发生在芽开始活动的早期，也可发生在后期(Davison，1987)。花的发育是否正常与花芽在母枝上距基部的距离没有关系(Brundell，1975)。

1. 营养条件

树体冬季贮藏营养与翌年开花结果密切相关。为了提高树体贮藏营养水平，必须秋施基肥和防治早期落叶，加强后期管理，在生产中必须高度重视营养问题(张先娟，1985)。

花芽的败育与枝条的生长对养分的竞争有关，如果萌芽后对抽生的结果枝连续去叶，可减少花芽的败育。幼叶的膨大可能与花芽发育争夺养分，导致花芽的败育(Warrington 等，1990)。有试验指出，在美味猕猴桃雌花芽形态分化期间(2 月下旬～5 月中旬)，其结果母枝上的氨基酸总量、蛋白质、可溶性糖和氮、磷、钾等矿质元素以及 C/N，在花芽形态分化前均不断升高，而进入分化盛期则迅速下降。分化过程中，含量最高的是谷氨酸，占氨基酸总量的 13.2%，最低的是蛋氨酸，只占 0.6%，这可能与花芽分化是合成特殊的蛋白质有关(朱北平等，1993)。为了提高树体的营养水平，不仅在冬前要早施基肥，翌年萌芽前后也应注意肥水的充分供应，特别是要在早春增施速效性肥料(余厚敏等，1988)。

2. 温度

气候变化是此期影响成花的最重要因素。McPherson 等(1997)认为，尽管冬季低温可以促进花芽分化，但春季低温可能会抑制成花和萌芽。将植株的环境昼/夜温度分别控制在萌芽前 13℃/3℃、17℃/7℃，萌芽后 17℃/7℃、21℃/11℃。结果表明，萌芽前温度低，萌芽率高，但萌芽期长。温度高萌芽快，花枝比例和花量大(Warrington 等，1986)。萌芽后花芽发育期急剧的温度波动也会导致花芽败育(Warrington 等，1990)。对狗枣猕猴桃的观察发现，花芽的发端受气候和光照的影响。在年与年之间及植株的不同受光面之间也有一定差异。如遇到春季长时间大风、气温非常低的年份，花芽甚至全年不进行分化(王学东等，2001)。

3. 光照

春季是树冠的形成期，一般不存在光照不良的问题。但利用结果母枝进行的离体试验表明，萌芽后进行连续遮阴处理可抑制成花。遮阴的作用可能是直接的而不是通过叶片起作用，因为连续去叶处理可以促进成花和枝条生长(Brundell，1975)。

猕猴桃植株上的开花量取决于萌芽率、结果枝比例、结果枝上的花量，与花芽生理分化、休眠、形态分化过程有关。明确这些过程发生的确切时期和影响因素，通过园地选择、整形修剪、疏花疏果、施肥、生长调节剂的使用等手段可以进行调控。还可以通过当年的气象条件、负载量等预测翌年的成花量，从而及早采取措施进行应对，以确保丰产、稳产。

参考文献

[1]Davison R M. Flowering of kiwifruit. Proceedings of Kiwifruit Seminar[M]. Tauranga, New Zealand, 1974: 13-16.

[2]Davison R M. Girdling of young kiwifruit vines to increase cropping[J]. The Orchardist of New Zealand, 1980, 53: 5, 7.

[3]Davison R M. Some factors affecting flowering and cropping in kiwifruit[M]. In Proceedings of Kiwifruit Seminar, Tauranga, New Zealand, September, 1977: 23-27.

[4] Brunbell D J. Flower development of the Chinese gooseberry (*Actinidia chinensis* Planch). I. Development of the flowering shoot[J]. New Zealand Journal of Botany, 1975, 13(3): 473-483.

[5] Brundell D J. Flower development of the Chinese gooseberry (*Actinidia chinensis* Planch.)[J]. New Zealand Journal of Botany, 1975, 13(3): 485-496.

[6]Brundell D J. Effect of defoliation, shading, and tipping of shoots on flower bud development and vegetative growth of Chinese gooseberry(*Actinidia chinensis* Planch.)[J]. New Zealand Journal of Agricultural Research, 1975, 13(4): 365-370.

[7]McPherson H G, Snelgar W P, Manson P J, et al. Bud respiration and dormancy of kiwifruit(*Actinidia deliciosa*)[J]. Annals of Botany, 1997, 80: 411-418.

[8]Warrington I J, Stanley C J. The Influenceof pre-and post budbreak temperatures on the flowering in kiwifruit[J]. Acta Horticulturae, 1986, 175: 103, 1.

[9]Warrington I J, Weston G C. Kiwifruit science and management[M]. New Zealand society for horticultural science, INC, 1990.

[10]Snelgar W P, Walton E F. Flowering of kiwifruit(*Actinidia deliciosa*) is reduced by long photoperiods[J]. New Zealand Journal of Crop and Horticultural Sciences, 2007, 35: 33-38.

[11]Wang Z Y, Yuan F R, He K J, et al. Effects of overhead shading on yield and fruit quality of kiwifruit in regions with high temperatures in summer[J]. Acta. Hort., 2007, 753: 399-405.

[12]邓西民，韩振海，李绍华. 果树生物学[M]. 北京：高等教育出版社，1999.

[13]丁士林，朱秀珍. 中华猕猴桃生物学特征和栽培技术研究[J]. 安徽农学院学报，1988(2)：30-33.

[14]黄宏文. 猕猴桃高效栽培[M]. 北京：金盾出版社，2001.

[15]李建明，李小晶，黄小静. 不良气候条件对猕猴桃花芽发育的影响[J]. 北方果树，2014(6)：39-40.

[16]刘晓燕. 猕猴桃花芽形态分化时期的研究[J]. 贵州农业科学，1997，25(3)：50-51.

[17]王在明，林庆槐. 毛花猕猴桃花芽分化的观察[J]. 福建果树，1993(4)：8-9，61.

[18]王中炎，Gould K S，Patterson K J，等. 猕猴桃砧木对花芽分化的影响及其生理基础[C]//中国园艺学会. 中国园艺学会首届青年学术讨论会论文集，杭州，1994：350-355.

[19]王学东，苍晶，吴秀菊. 狗枣猕猴桃花芽分化的观察[J]. 东北农业大学学报，2001，32(3)：285-289.

[20]辛培刚，华方兰. 中华猕猴桃花芽分化的初步观察[J]. 中国果树，1985(1)：14-17.

[21]余厚敏，丁士林，朱秀珍. 中华猕猴桃生物学特征和栽培技术研究[J]. 安徽农学院学报，1988(2)：30-33.

[22]张先娟. 中华猕猴桃花芽分化的初步研究[J]. 华中农学院院报，1985，4(2)：46-49.

[23]曾骧. 果树生理学[M]. 北京：北京农业大学出版社，1992.

[24]赵淑兰，王玉兰，孙宪忠，等. 软枣猕猴桃花芽分化时期观察[J]. 中国果树，1996(2)：25-26.

[25]朱北平，李顺望. 猕猴桃良种选育及栽培技术的研究[J]. 湖南农学院学报，1993，19(5)：428-436.

第六章　果实发育生理

果实性状与果实品质是育种学家最为关心的。猕猴桃从开花、授粉、受精到果实发育的过程中都存在精细的调控过程，果实风味不仅受遗传因素控制，也受到花果管理、采收时间等因素的影响。本章介绍猕猴桃果实发育的生理生化过程，并分析了果实生长发育调控因素以及相关的调控技术，为猕猴桃优质丰产和杂交育种提供参考。

第一节　猕猴桃开花、授粉生物学特性

一、花器官特征和开花特性

猕猴桃花从结构上看属于完全花，具有花柄、花萼、花瓣、雄蕊和雌蕊，但从功能上看绝大多数属于单性花，分为雌花和雄花（图 6-1）。雌花子房发育肥大，多为上位扁球形，柱头多个，心室中有多个胚珠，正常发育；雌花中雄蕊退化，花丝明显矮于柱头，花药干瘪，有些虽然二者高度接近，但是花药中没有花粉粒，或即使有少量的花粉粒，花粉也没有活力。雄花则雄蕊发达，明显高于子房，花药呈饱满状态，花粉粒大，花粉量大且活力强；子房退化，形态上很小，呈圆锥形，有心室而无胚珠，不能正常发育。

图 6-1　猕猴桃的雄花和雌花（齐秀娟 提供）

猕猴桃开花时间和花期长短因种类、品种、性别、管理水平和环境条件的不同而发生变化。中华猕猴桃和美味猕猴桃花初开时呈白色，后渐变成淡黄色或橙黄色。花大美观，具芳香，但缺乏明显的蜜腺组织。一般来说，中华猕猴桃比美味猕猴桃开花早 7～10 d，雄株比雌株开花早一些。无论是雌株还是雄株，开花顺序一般是自上而下，但由于枝条强弱和着生部位的不同而略有差异。向阳面枝蔓的中部花先开，中心花先于侧花开。1 朵单花可开放 2～6 d(多为 3～4 d)，开花后前 2 d 为最佳授粉时间。猕猴桃的花序有单花、二歧聚伞花序和多歧聚伞花序(图 6-2)。雌花多为单花或二歧聚伞花序，雄花多为多歧聚伞花序。雌性优良品种的花以花期适中、单生、无畸形花者为优。雄性品种以花量大、花粉量大、花粉活性强、花期长、授粉范围广者为优。

单花　　二歧聚伞花序　　多歧聚伞花序

图 6-2　花序类型(齐秀娟 提供)

二、授粉生物学特性

有效授粉期(effective pollination period，EPP)是指开花后胚珠的寿命与从授粉至受精所需要的时间差。有效授粉期的长短除了与柱头的活力、柱头与花粉的亲和力及花粉活力等性状有关外，也与授粉期的温度、湿度等环境因子有关。花期温度较为平稳时，花期持续的时间相对较长。而如果花期温度变化幅度大，则会加速柱头的褐化，使可授性降低。我们对郑州地区全红型软枣猕猴桃天源红的花器结构、雌花开放动态及寿命、花期温度、柱头可授性、有效授粉期、花粉管行为等进行了系统研究。在较稳定的适宜温度下，天源红开花较为整齐，而花期突然降温会使花朵的柱头变得干枯发黑。电镜下观察，其柱头具有 1 道裂沟，表面有大量长圆柱形乳突细胞，无黏液分泌，表面纹理丰富，顶端形状有钝圆、尖凸或凹陷 3 种形态(图 6-3)，这种表面形态结构有利于“嵌合”外来花粉。雌花单花期为 1～2 d；柱头可授性在花后 1～2 d 最强，花开后 3～5 d 逐渐降低，花后第 6 d 失去可授性。有效授粉期为开花第 1 d 和第 2 d。此外，观察其受精及胚胎发育过程时发现，在雌雄株配置比为 8∶1 的情况下，存在同一子房受精不同步及胚囊、胚胎发育异常等现象，可导致少量落果。综合判断，花期、有效授粉期以及柱头可授性时间短、同一子房受精不同步、胚囊和胚胎发育异常是天源红产量较低的主要原因。在生产中可以人为适量喷水改善小气候条件，延长其有效授粉期。增加花粉密度，改善授粉、受精条件，也是提高产量的有效措施(齐秀娟等，2011)。

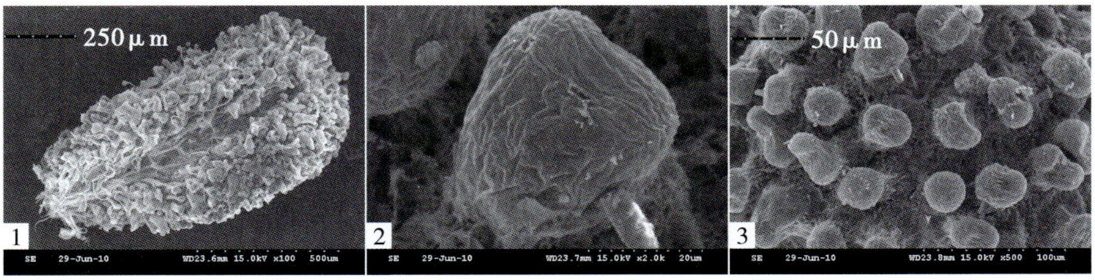

1. 柱头具有 1 道裂沟；2. 柱头乳突细胞；3. 授粉前柱头

图 6-3　天源红花器官柱头结构(齐秀娟 提供)

我们观察了郑州地区美味猕猴桃徐香的花期特点，开花前 1 d～开花后第 2 d 花柱呈纯白色，而且鲜亮，从开花后第 3 d 开始柱头逐渐变黄、变干，第 5 d 开始变黄褐、焦枯。通过坐果率调查，认为在郑州地区徐香猕猴桃开花前 1～2 d 内的授粉效果明显好于其他时期，有效授粉期是开花前 1 d～开花后第 3 d，共 4 d。当然，同一品种在不同温度、湿度和其他因子条件下，其有效授粉期的长短可能不尽相同。利用 ZDR-20 型智能数据记录仪观察了徐香猕猴桃花期温度的变化，在开花前后的 5 月 1～10 日，资源圃内的小气候温度为 14～35℃，温度上升很快，所以花的开放速度也很快。例如，5 月 3 日整个树体基本处于大蕾期，只有极少的花蕾开始绽开，而 5 月 4 日全树则有约 50% 的花朵开放，花期很短。在高温条件下，柱头更容易干枯变黑，使得肉眼观察到的柱头可授性大大降低。

第二节　猕猴桃授粉、受精过程

一、花粉与雌蕊的相互作用

植物的有性生殖是一个十分精巧而复杂的发育过程。花粉是植物的雄配子体，通过传粉媒介将花粉授到雌蕊柱头上，在亲和条件下萌发长出花粉管，花粉管穿过柱头表面的乳突细胞进入花柱，在花柱引导组织中生长。花粉管的正常生长是多种信号分子调控的结果，其中钙在其过程中作用显著。

钙是一种重要的第二信使，在细胞信号转导通路中起重要的作用。它将外界的多种生物或非生物胁迫转化为对细胞内基因表达以及细胞生理反应，同时，钙也直接参与了许多植物细胞的生理活动，调节植物的生长发育。近20年来，用焦锑酸钾方法虽然已对多种植物的柱头和花柱组织进行了观察，并发现柱头和花柱引导组织中分布有丰富的Ca^{2+}，但是柱头、花柱组织中是否存在一个引导花粉管生长的Ca^{2+}分布梯度，至今尚无定论，需要广泛采用多种植物进行研究。有关果树作物雌蕊中Ca^{2+}分布的研究报道不多。我们应用扫描电镜和荧光显微镜对软枣猕猴桃天源红同种花粉在柱头上原位萌发及花粉管的生长情况进行了观察，并用焦锑酸盐沉淀法对其授粉前后柱头及花柱中的Ca^{2+}进行超微细胞化学定位(图6-4)。研究结果表明，天源红同种授粉后1 h，花粉管伸长穿过柱头表面，授粉后10 h，生长到达花柱底部。授粉前后，柱头接受面靠近柱头外围细胞的角质层一侧细胞器内含有丰富的钙，而柱头非接受表面钙颗粒分布很少。授粉前和授粉后1 h，花柱顶端的钙颗粒较少，基部钙颗粒较多。授粉后10 h，花柱顶端和基部的钙分布密度无明显差别。授粉前后花柱顶端钙主要均匀分布在细胞质膜位置，在花柱基部授粉前主要在引导组织胞间隙中，授粉后1 h主要在细胞质内，授粉后10 h主要存在于细胞质、内质网上。猕猴桃授粉前后，柱头和花柱组织中均含有钙，授粉前和授粉后1 h花柱中的钙呈现出梯度分布，授粉后10 h钙的梯度分布现象减弱甚至消失(齐秀娟，2010)。

我们应用差异凝胶电泳(DIGE)、质谱(MALDI-TOF/TOF)和生物信息学技术，对天源红猕猴桃授粉前和授粉后10 h的花柱蛋白质组变化进行了分析，以差异点的相对丰度比率>2.5为标准，发现有24个蛋白质点的丰度在2个样品间存在显著差异，成功鉴定了18个差异蛋白质点，它们主要是与蛋白质水解、细胞壁代谢以及与逆境胁迫响应、糖类和能量代谢等有关的蛋白质(齐秀娟等，2012)。

另外，在猕猴桃成熟花柱引导组织中还存在各种丰富的分泌物质，主要包括大量的游离单糖、多糖、糖基化蛋白质、脂类及多种氨基酸。当花粉管进入引导组织后，碳水化合物明显减少，淀粉含量显著下降。花粉管进入花柱后刺激引导组织表皮细胞发生程序性细胞死亡，为花粉管生长发育提供营养。花粉管在雌蕊中生长的后期阶段，珠孔处覆盖的一层糖基化的分泌物可能诱导花粉管向胚珠的方向定向生长(Gonzalez等，1996)。

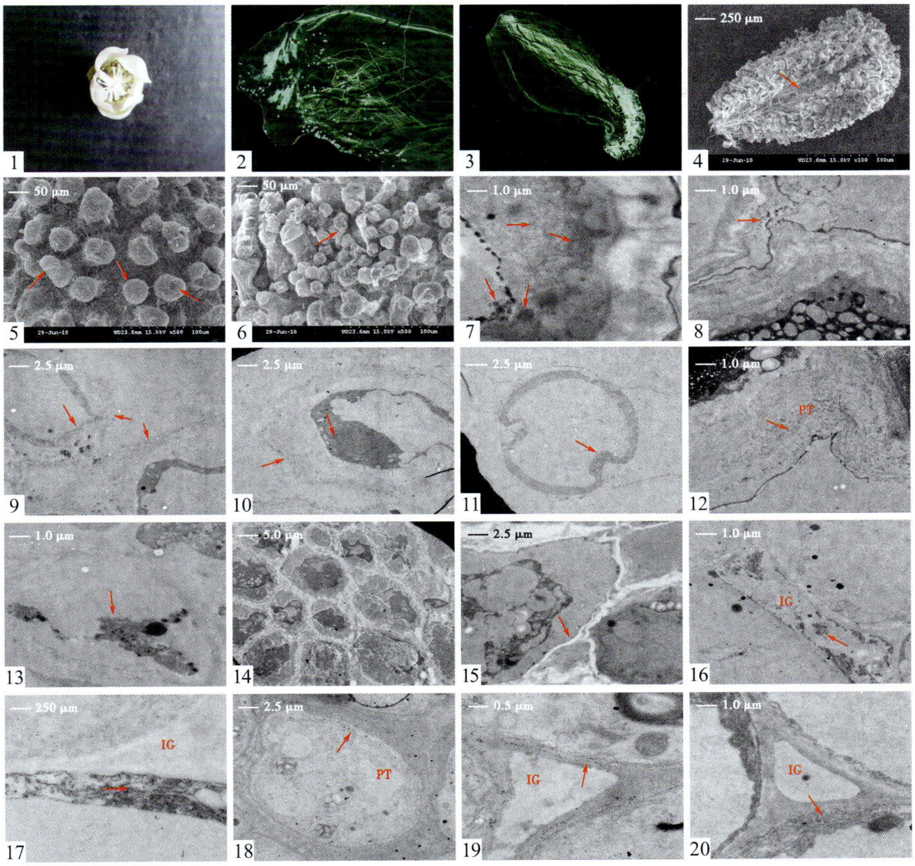

PT. 花粉管；IG. 胞间隙

1. 天源红花；2. 授粉后 3 h，花粉管生长穿过柱头(40×)；3. 授粉后 7 h，花粉管生长到达花柱底部(40×)；4. 柱头具有 1 道裂沟(箭头示裂沟)；5. 授粉前柱头(箭头示乳突细胞)；6. 授粉后 3 h 柱头(箭头示萌发的花粉)；7. 授粉前，柱头接受面乳突细胞向外部分，细胞壁分为 2 层，各细胞器里有很多钙颗粒；8. 授粉前，柱头非接受表面表皮细胞的细胞壁中没有钙颗粒；9. 授粉后3 h，柱头细胞壁外围、细胞质里仍有一些钙颗粒沉淀；10. 授粉后7 h，柱头细胞壁外围以及液泡中有很多钙颗粒；11. 授粉后 7 h，在花粉萌发过程中，一些钙颗粒开始积累在萌发沟内壁的表面，箭头示萌发沟；12. 授粉后 7 h，在花粉管表面分布有许多钙颗粒；13. 授粉后 7 h，箭头所示黑色也有可能是细胞质降解产生的浓缩；14. 授粉后7 h，在柱头非接受面表皮细胞中的钙颗粒较少；15. 授粉前，花柱顶部引导组织横切面，在胞间隙的中央以及细胞壁中几乎没有钙沉淀，主要分布在细胞质膜的位置；16. 授粉前，花柱基部引导组织胞间隙(IG)中钙颗粒多；17. 授粉后 3 h，花柱基部引导组织胞间隙(IG)中没有钙，大量存在于细胞质中；18. 授粉后 7 h，花柱顶端引导组织横切面，注意花粉管壁中的钙沉淀；19. 授粉后 7 h，花柱顶端引导组织横切面，箭头示侧壁内膜上的钙沉淀，胞间隙(IG)中的钙颗粒少；20. 授粉后 7 h，在花柱基部胞间隙里仍然没有钙分布，细胞壁内膜上也没有了钙分布，而在细胞质、内质网等部位存在较大量的钙颗粒

图 6-4　天源红授粉前后柱头及花柱中的 Ca^{2+} 超微细胞化学定位(齐秀娟 提供)

二、双受精过程

双受精是指被子植物的雄配子体形成的2个精子，1个与卵子融合形成二倍性的合子，另1个与中央细胞的极核(通常2个)融合形成初生胚乳核的现象。双受精后由合子发育成胚，初生胚乳核发育成胚乳。猕猴桃受精前2个极核、助细胞和反足细胞的行为在不同种猕猴桃上描述不尽一致。葛枣猕猴桃受精时，助细胞和反足细胞甚至在极核融合之前即退化。软枣猕猴桃受精时，大多数胚囊中2个极核合并为次生核，少数的仍不合并。受精时，1个助细胞被破坏，另1个受精后解体。与此同时，反足细胞也开始解体，个别的保持到初生胚乳核分裂。

对传粉至受精间隔期的了解和掌握，可为生产中科学的花果管理提供理论依据。美味猕猴桃海沃德授粉后2～3 h花粉在柱头上萌发，多数在授粉后48 h花粉管通过实心花柱进入子房以后直达胚珠，由珠孔进入胚囊，属于珠孔受精。花粉管进入胚囊后破坏1个助细胞，精核与次生核融合成初生胚乳核，另1个精核与卵核结合成合子(陶汉之等，1994)。狗枣猕猴桃授粉后约2～4 h，花粉开始萌发出花粉管，花粉管沿花柱的传输组织向下延伸至子房，授粉后约120 h，花粉管到达胚珠进入胚囊，受精后初生胚乳核分裂先于合子，即受精极核首先分裂已形成多个胚乳细胞时，合子发育仍不明显(苍晶等，2001)。美味猕猴桃和中华猕猴桃软毛变种早期胚胎发育时，在授粉后64～68 h，1个助细胞由于花粉管进入胚囊而破裂，极核融合成1个单核的中央细胞；授粉后约72 h，一些卵细胞中可见到2个核仁，2种猕猴桃授粉后96～180 h，初生胚乳核第1次分裂，合子呈梨形，具厚壁，位于胚囊珠孔端，单核期为8～10周左右(Catherine等，1989)。美味猕猴桃和软枣猕猴桃杂交后，花粉粒在柱头的乳突细胞表面萌发，在开放型的V形花柱道内生长，生长速度比对照的缓慢，到达胚珠珠孔处的时间延迟50～60 h；当花粉管生长到花柱基部时出现波纹状弯曲、顶端膨大或尖细、部分花粉管的直径发生变化、少数花粉管生长极不规则；花粉管中胼胝质沿管壁不规则沉积，有的不形成胼胝质塞，或整个管壁被胼胝质所覆盖(梁铁兵等，1995)。我们研究的天源红猕猴桃，最早在人工授粉后25 h，可见花粉管到达胚囊附近，在授粉后34 h，观察到2个精子分别向雌核移动，1个精子进到卵细胞附近；但是，精子向卵核靠近最多的切片的时间是授粉后70 h；至人工授粉后90 h，多数胚囊已完成双受精作用(图6-5)。天源红猕猴桃受精前和受精后差异表达的蛋白主要与次生代谢、氧化还原、水解等有关。

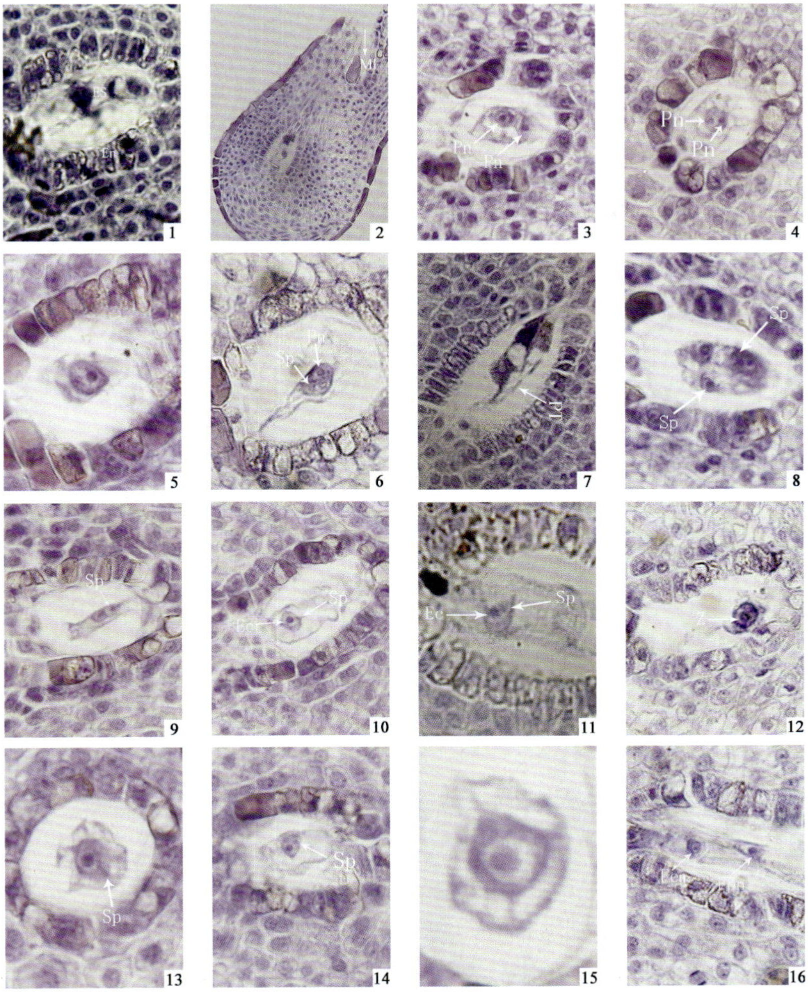

Es. 蓼型胚囊；En. 珠被绒毡层；MI. 珠孔；Pn. 极核；Sp. 精子；PT. 花粉管；Ec. 卵细胞；Z. 合子；Fe. 受精卵；Fpn. 受精极核

1. 蓼型胚囊(Es)，示珠被绒毡层(En)(400×)；2. 珠孔(200×)；3. 授粉后 34 h，成熟胚囊(次生核中 2 个核仁未融合)(400×)；4. 授粉后 70 h，2 个极核正在融合(400×)；5. 胚囊中，2 个极核融合为次生核(400×)；6. 授粉后 145 h，初生胚乳核内的 2 个雌性核仁与 1 个雄性核仁，雄性核仁增大，3 个核大小几乎相等(400×)；7. 1 个花粉管到达胚囊附近(400×)；8. 授粉后 34 h，2 个精子，1 个精子到达卵核，另 1 个精子到达次生核附近(400×)；9. 授粉后 70 h，精核沿着质膜内侧逐渐向卵核移动(400×)；10. 融合后在核膜附近出现雄性染色质，并在卵核中逐渐分散(400×)；11. 授粉后 70 h，卵核内雄性核仁逐渐增大(400×)；12. 授粉后 80 h，合子形成(400×)；13. 授粉后 70 h，精子贴靠次生核(400×)；14. 精核与次生核融合后出现雄性核仁并逐渐长大(400×)；15. 授粉后 80 h，极核完成受精，成为初生胚乳核(1000×)；16. 授粉后 90 h，完成双受精过程，示胚囊中的受精卵(Fe)和受精极核(Fpn)(400×)

图 6-5 天源红猕猴桃的精卵融合过程(齐秀娟 提供)

三、胚胎的发育

猕猴桃胚胎发育的一般过程为：当卵核与精核融合形成合子，合子便进入休眠状态，一段时间后合子发生分裂，经不均等横分裂 1 次，形成 2 个大小不相等的细胞——靠近合点端的 1 个较小的顶端细胞，近珠孔端的 1 个较大的基细胞，即为 2-细胞原胚。顶端细胞经过 2 次互相垂直的分裂形成四分体，四分体又横分裂形成八分体；八分体继续分裂，胚体长大成球形胚；胚体进一步分化形成鱼雷胚。由于鱼雷胚顶端两侧生长较快，出现 1 个中央凹陷，在凹陷的两侧形成突起，并逐渐发育成 2 片形状、大小相似的子叶。在胚发育成熟的时候，一般胚乳仍然存在，并且很丰富。

美味猕猴桃和中华猕猴桃软毛变种杂交早期胚胎发生时，初生胚乳核第 1 次分裂将胚囊分成大致相等的 2 室。以后的分裂是随机的，细胞核之间有薄的细胞壁。继续发育时，胚乳细胞壁更厚，大小几乎相等，且含有大量淀粉粒，种子成熟前，胚乳细胞明显解体，子叶中有贮藏物质。在大孢子母细胞阶段，最外面的表皮细胞层和珠被的表皮层相连接，最终形成种皮。合子在受精后 8～10 周分裂，到 12 周后，胚从圆形变成心形，子叶中含有淀粉。在美味猕猴桃海沃德胚的发育过程中，认为授粉后 3 d 初生胚乳核开始分裂，授粉后 5～7 d 合子分裂形成 2 -细胞原胚；花后 20 d、29 d 和 40 d 分别观察到球形胚、鱼雷胚和子叶的发育；花后 40～50 d，胚已基本发育完全(陶汉之等，1994)。狗枣猕猴桃的胚乳发育为细胞型，线性直立胚，胚乳发达，主要贮藏物是蛋白质；种皮外表面呈蜂窝状，种皮较硬，由 2 层细胞构成。猕猴桃也存在多胚现象，其种间杂交种子中存在双胚和三胚的现象已得到肯定(苍晶等，2001)。

我们以徐香猕猴桃与长果猕猴桃进行远缘杂交，在观察胚胎发育过程时发现存在胚乳退化、直立胚以及败胚和空胚囊，而在后期调查杂交当代种子性状时发现存在数量极不稳定、数量少、干瘪等现象，证实了猕猴桃种间杂交存在一定程度的不亲和性(齐秀娟等，2013)。天源红猕猴桃胚发育为茄型，授粉后 145 h，休眠后的合子先伸长，然后发生分裂，经不均等横分裂 1 次，形成 2 个大小不相等的细胞——靠近合点端的 1 个较小的顶端细胞，近珠孔端的 1 个较大的基细胞，即为 2-细胞的原胚；授粉后 35 d 左右，胚体从长、宽、厚 3 个方向均匀增长，胚体增大为圆球形，称为小球胚，胚柄细胞数目继续增加并增加了宽度，并且明显液泡化，到小球胚后期，胚柄发育达到顶点；以后经过球形胚、鱼雷胚、心形胚等阶段，直到 7 月 2 日，1 个具有胚芽、胚轴、胚根和 2 片子叶的胚分化完成。至胚发育成熟时，胚乳细胞分布于靠胚囊壁内侧周围(图 6-6)(齐秀娟，2014)。

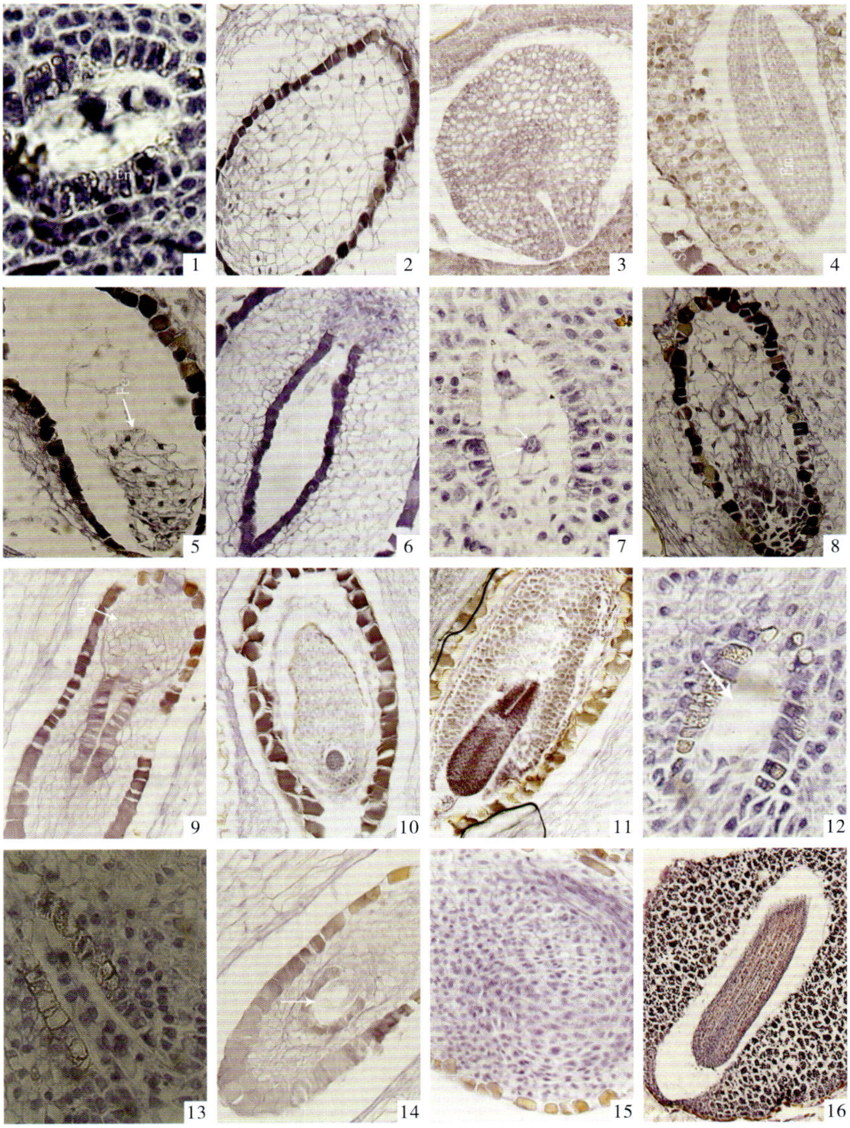

Z. 合子；Ens. 胚乳；Fe. 游离核；Sco. 种皮；Em. 胚

1. 授粉后 95 h，初生胚乳核启动分裂，合子仍处于休眠状态(400×)；2. 胚乳充满胚囊(6 月 7 日)(200×)；3. 心形胚(6 月 23 日)(400×)；4. 种子纵切，示种皮(Sco)、胚乳(Ens)和胚(Em)(200×)；5. 合子分裂前的游离核(400×)；6. 伸长的合子(400×)；7. 示合子横分裂后形成的顶细胞(短箭头)和基细胞(长箭头)(400×)；8. 多细胞原胚(200×)；9. 小球胚，胚柄细胞数目增加(400×)；10. 球形胚(胚柄完全消失)以及胚乳游离核(6 月 15 日)(100×)；11. 鱼雷形胚以及胚乳游离核(100×)；12. 授粉后 50 h，空胚囊(400×)；13. 授粉后 145 h，初生胚乳核分裂异常(400×)；14. 胚胎发育停滞(100×)；15. 没有胚囊(200×)；16. 胚发育异常(200×)。

图 6-6 胚胎发育过程(齐秀娟 提供)

四、果实发育

猕猴桃果实发育期间单果质量呈"快—慢—快—慢"的变化规律。美味猕猴桃海沃德的果实纵横径在花后 110 d 经历了"慢—快—慢"的变化规律，呈现 S 形生长曲线；中华猕猴桃金丰的果实纵横径在花后 110 d 内其生长曲线呈现"双 S"形，花后 50～70 d 有 2 个短暂缓慢的生长期生长高峰，分别出现在花后 12 d 和 80 d 左右，第 1 峰值明显高于第 2 峰值；海沃德和金丰果实纵横径生长曲线的拐点(最大生长速度出现的时间)分别为花后 20～22 d、12～13 d。金丰果实的纵横径生长高峰的出现早于海沃德，至花后 20 d，金丰和海沃德果实的纵横径分别达 110 d 果实的 60％和 45％左右，而至花后 40 d 时，2 个品种果实纵横径均达 110 d 果实的 80％左右，因此花后 40 d 之前是果实纵横径和体积增长的主要时期(高丽萍等，1994)。海沃德果实内种子的物质积累主要在花后的 40～75 d 内，而金丰果实内种子的物质积累则延续至花后 110 d (陶汉之等，1994)。软枣猕猴桃天源红在郑州地区 5 月 8 日开始进入初花期，果实纵横径同时生长，果实发育持续约 16 周(5 月上旬～8 月下旬)，纵、横径生长呈"单 S"形曲线。

第三节　猕猴桃果实品质

一、维生素 C 含量

猕猴桃因富含维生素 C 而享有"维生素 C 之王"和"水果之王"的美誉。猕猴桃维生素 C 的含量在种间和种内均有很大差异。中华猕猴桃代表品种之一的红阳，其鲜果维生素 C 含量为 135 mg/100g，而毛花猕猴桃(*A. eriantha*)的鲜果维生素 C 含量高达 1 285 mg/100g，阔叶猕猴桃(*A. latifolia*)的鲜果维生素 C 含量高达 1 323 mg/100g(Wang 等，1996；Du 等，2009)。授粉后 40 d 猕猴桃果柄中的维生素 C 含量(68.7 nmol/cm)明显高于同时期叶柄中的维生素 C 含量(25.9 nmol/cm)，果实维管束区域的维生素 C 积累量明显高于其他部位(Li 等，2010)，这说明猕猴桃果实中的维生素 C 可能有一部分是从叶片中转运而来的。在果实发育过程中，维生素 C 含量总体上都呈下降趋势(谭皓，2006)。

二、色泽

猕猴桃果肉有多种颜色，有浅绿色、深绿色、绿黄色、黄色、橙色、红色、紫色。目前，国际市场上栽培品种多为选自绿色果肉的美味猕猴桃，以及黄色果肉而内果皮为红色的中华猕猴桃，还有少量的绿色软枣猕猴桃品种。绿色果肉猕猴桃的主要色素是叶绿素，黄色果肉的是类胡萝卜素，红色果肉的是花色苷。果实发育的初期，绿肉美味猕猴桃和黄肉中华猕猴桃果肉颜色都是绿色的，并且色度相近，随着果实发育，果实重量、硬度和可溶性固形物的增加，黄肉猕猴桃的色度显著降低，绿肉猕猴桃的色度变化较小(Pilkington 等，2012)。红肉中华猕猴桃在盛花期子房横截面组织间有 1 个红色的圆环，最终发育成外果皮和内果皮，从坐果到花后 20 d，慢慢褪色；在这个阶段，外果皮有轻微的红色，花后 40 d 后完全消失；花后 89 d，红色再次呈现，但仅呈现在内果皮(Montefiori 等，2011)。

三、香气

到目前为止，猕猴桃中共检测出 300 多种芳香成分，主要为酯类、醇类、醛类、酮类以及杂环类化合物，如从米良 1 号、金魁和武植 6 号的不同发育时期的果实中共检测出 303 种香气成分(谭皓，2006)。虽然各种芳香成分占果实鲜重的比率很小，但对果实的品质有重要影响，不同品种间所含香气成分的种类及相对含量存在明显的差异。在盛花期后 60 d、90 d、120 d、150 d、180 d，从米良 1 号猕猴桃果实中分别检测出 56 种、51 种、46 种、50 种、51 种香气成分，从金魁猕猴桃果实中分别检测出 55 种、48 种、47 种、51 种、47 种香气成分，从武植 6 号猕猴桃果实中分别检测出 50 种、52 种、47 种、51 种、41 种香气成分(谭皓，2006)。果实中的某些内含物，如各种单糖、糖苷、氨基酸、脂肪酸、维生素 C 等物质，在果实发育过程中可通过复杂的生物合成途径转变成许多香气成分，这些内含物可称为香气前体物。猕猴桃果实香气的形成属于较典型的生物合成过程，不同的香气成分是由不同的内含物或香气前体物经过不同代谢途径形成的(谭皓，2006)。

第四节 猕猴桃果实发育调控技术

一、人工授粉

(一)人工授粉的作用

对徐香猕猴桃的研究表明，猕猴桃单果质量与其种子总数呈线性正相关，相关方程为$Y=10.736x-91.731$，$r=0.7$；单果质量与正常种子数呈线性相关，相关方程为$Y=9.5543x-124.76$，$r=0.8$(齐秀娟等，2013)。这说明对猕猴桃果实来说，种子越多且实际受精的胚珠数量越多，果实越大。猕猴桃花期因其种类和栽培地区的不同而有所差异。南方一般在3月中、下旬(桂林)～4月下旬(长沙)，北方一般在4月下旬(郑州)～5月中旬(北京)。雌花花期3～5 d，雄花花期4～6 d，雌雄花都在早晨5：00左右开花。最适宜猕猴桃传粉授粉的气候条件为：温度20～25℃，风力1～3级，空气相对湿度70%～75%；良好的微环境，包括叶幕层厚度不大于1 m，枝茎均匀不过密，雌雄株距离小于3 m。猕猴桃花期，南方容易遇到低温多雨的潮湿天气，北方容易遇到高温干燥的大风天气，这些不利的气象条件均不利于猕猴桃的自然授粉受精，所以包括放蜂授粉在内的人工辅助授粉显得尤为必要。

(二)人工授粉的注意事项

1. 清除周围的花草和树木

清除果园周围与猕猴桃同期开花的花草和树木，如刺槐和柿子的花期与猕猴桃相近。

2. 花前复剪

于开花前5～10 d疏除过多的徒长枝蔓、发育枝蔓、结果枝蔓和发育不良的花蕾。一个花序上只留中心花蕾，并在结果枝蔓最上一个花蕾后留5片叶摘心，发育枝蔓留12～15片叶摘心，可利用的徒长枝蔓留3～4节重剪，将叶幕层控制在1 m以内，保持园内通风透光。

3. 花前灌水

北方干旱地区要进行花前灌水，以提高土壤和空气的湿度，增加花粉的活性。南方地区应注意花期排水，防止根系渍水。

4. 人工辅助授粉

1)花期放蜂

在猕猴桃的传花授粉昆虫中，蜜蜂是主要的传粉者，但蜜蜂给猕猴桃传粉时有三大不利条件：一是雌雄异株，蜜蜂传粉时从雄花到雌花的交换频率低；二是猕猴桃花蜜腺极不发达，对蜜蜂的吸引力远不及其他一些花类，因此，仅靠蜜蜂的自然传粉对猕猴桃是不足的，需要在果园人工放蜂；三是在遇到低温、阴雨天气时，蜜蜂活动的次数少，影响授粉。在猕猴桃园放蜂，最好选择利用定向力强、善于采集零散蜜粉源、节省饲料的蜂种，国内已有用熊蜂的，如喀尔巴阡蜂、喀尼阿兰蜂、东北黑蜂、美意蜂等及其杂交种，它们采集花粉量最大的时期是春天抚育大量幼蜂时。放蜂前应将授粉蜂分框分箱，每箱蜂量只占其满量的1/2，以刺激蜜蜂采粉育子，增大猕猴桃雌雄花间接接触的频率。

如果在猕猴桃园放蜂太早，这时花量过少，蜜蜂就会到别的地方寻找花粉源。如果放蜂太晚，则花粉量过少，传粉质量差。在雌雄花大都开放时放蜂最好，以便蜜蜂在两种花上交替采粉传授粉，避免它们只习惯于某一性别的花。人工放蜂时，应适时调换蜂群，而不宜用某群蜂固定授粉到底，这样既保证有数量稳定的蜜蜂，又利于蜂群适当休养补充。蜂箱放置密度为7.5箱/hm^2，每箱中有不少于3万头活力旺盛的蜜蜂。

2)对花

上午8：00～12：00，用1朵雄花轻轻对5～8朵雌花，雄蕊对雌蕊，随摘随对，为了防止对柱头有所损伤，可采取用2朵雄花在雌花柱头上方轻轻摩擦的方法。此方法是人工授粉中最好的，但速度慢。

3)散花

上午6：00～8：00，收集当天开放的雄花花药，在9：00～11：00用鸡毛或毛笔轻轻弹撒在雌花柱头上。

4)插花授粉法

开花初期，剪数株雄花插入1%的糖水瓶中，挂在远离雄株的母树中间，依靠风力、虫媒自然授粉。此法适用于雄株分布不均的果园，应注意及时给瓶中加水，以免瓶中的雄花枯萎。

5)机械授粉

(1)花粉的收集。在授粉前2～3 d，选择比雌树品种花期略早、花粉量多、与雌树品种亲和力强、花粉萌芽率高、花期长的雄株，采集含苞待放或初开放而花药未开裂的雄花。将采集到的雄花用手在2～3 mm筛或铁丝网上摩擦，剔除花瓣和花丝；或用小型电动粉碎机对所采雄花进行粉碎，再过筛剔除花瓣和花丝。将花药在牛皮纸或开药器上平摊成薄层，自然阴干；或在

22～25℃、相对湿度为50%的干燥箱中放置1 d，花药即开裂，释放出花粉。然后再用100～120目的筛筛去囊壳等杂物，贮于瓶内备用。每1 000朵花可收集7 g左右的纯花粉。

(2)喷粉。为节约花粉，在不影响授粉质量的前提下，在纯花粉中加入体积不大于10倍的石松子等进行混合稀释。在全树25%左右的花开放时，于上午8：00～10：00或下午3：00～5：00，用人工授粉器喷于雌花柱头上。间隔1 d再授粉1次，整个花期共进行3次左右。同一朵花授1次即可，为防重复，需在稀释剂中添加染料进行标记。

(3)喷雾。猕猴桃花粉遇水易破裂而失去活性，糖液可防止花粉在溶液中破裂，蔗糖还可促进花粉发芽。为了促进花粉萌发，也可添加硼酸等促进花粉管伸长的物质。按10%的糖水10 kg(混合后立即使用时可不加糖或少加糖)加50 g花粉的比例配制成花粉溶液。应注意的是，须在2 h内用完，最好随配随用。在全树25%左右的花开放时进行第1次授粉，于上午8：00～10：00或下午3：00～5：00，利用手动喷雾器直接将花粉溶液喷在开花2 d内、柱头新鲜湿润的雌花上。如授粉后3 h内遇到中等强度以上的降雨，需重复授粉。

二、疏花疏果

在良好授粉条件下猕猴桃坐果率较高，几乎没有生理落果现象。如果结果过多，则会消耗养分，降低果实单果重，使果实品质下降，商品果率降低，同时也会出现大小年结果现象。通常情况下，猕猴桃花芽的形态分化是从春天萌动开始，直至开花前几天结束，通常侧花和基部的花分化迟、质量差，为了节约养分，提高花的质量，在开始现蕾时就可以把侧花蕾、结果枝基部的花蕾疏掉，过晚疏除则养分消耗大。据观察，猕猴桃开花坐果后60 d，生长量可占整个果实生长量的80%。因此，疏蕾比疏花疏果更能减少养分消耗。猕猴桃的花期较短而蕾期较长，一般不疏花而提前疏蕾。生产中，为了避免因疏蕾过量或疏蕾后花期遇雨导致授粉不良而影响当年产量的情况发生，一般将疏蕾、疏果2种措施结合进行，先进行适量的疏蕾。

1. 疏蕾

(1)时间。通常在4月中、下旬，当结果枝生长量达到50 cm以上时，或者侧花蕾分离后15 d左右，即可开始疏蕾。

(2)方法。疏蕾时，先着重疏除过小的畸形蕾、发育较差的两侧蕾、病虫为害蕾，再疏除基部的花蕾，最后疏顶部的花蕾。应重点保留发育较好的中心蕾。

不同结果枝的疏蕾法：强壮的长果枝留5～6个花蕾，中庸的结果枝留

3～4个花蕾，短果枝留1～2个花蕾。

2. 疏果

(1)时间。应在盛花后2周左右进行，对坐果后结果过多的树进行疏果。

(2)方法。对猕猴桃而言，每个结果枝中，其中部的果实最大、品质最好，先端次之，基部的最差；每个花序中，中心花坐果后果实发育最好，两侧的较差。所以，疏果时先疏除畸形果、伤残果、病虫果、小果和两侧果，然后再根据留果指标，疏除结果枝基部或先端的果实，以确保果实质量并使树体均匀挂果。

三、果实套袋

猕猴桃是一种中等喜光性果树，许多引种栽培地区因高温、干旱以及强光危害而造成落叶落果、果实品质下降、产量和贮藏性降低，甚至导致植株死亡，严重影响经济效益。高温、干旱、强光是通过影响冠幕微气候环境、抑制光合作用等生理过程、破坏叶片细胞膜的结构和功能等来影响猕猴桃正常的生长发育的，而遮阴、果实套袋等调控措施是缓解这些危害的有效途径。套袋还能使果面保持洁净，使灰尘、农药及害虫分泌物不直接污染果实而产生果锈，从而改善果实的外观形象。一般套袋后每千克猕猴桃可提高售价1～2元。研究表明，低海拔地区，猕猴桃采前往往落果严重，通过套袋能显著减少采前落果；海拔较高的地区，套袋的果实成熟较晚，贮藏寿命较长。但套袋也存在不足，它会使果实中糖、维生素等的含量有所减少，果实风味变淡，品质下降，且需要较多的人工。所以套袋与否要根据实际情况来决定。目前，猕猴桃果实套袋主要用于商品性高的品种或有特殊性状的优良品种。

1. 套袋时间

谢花后20～50 d(5月下旬～6月中、下旬)进行。过早会影响果实增大。

2. 纸袋种类

以单层褐色纸袋为好。袋长约15 cm、宽约10 cm，上端侧面粘合处有5 cm长的细铁丝，在果袋两角分别纵向剪2个1 cm长的通气缝。

3. 套袋方法

套袋前要喷1次杀菌杀虫剂混合液，选用80%的大生M-45可湿粉、50%的苯菌灵、70%的甲基托布津等+功夫1 000倍液防治褐斑病、灰霉病和东方小薪甲、蟜象类等，待药剂风干后立即套袋。果实选定后，用左手托住纸袋，右手撑开袋口，先鼓起纸袋，打开袋底通气口，使袋口向上，套入果实，让果实处于纸袋中间，封口时先将封口处搭叠小口，然后将袋口收拢并折倒，夹住果柄。封口时不宜太紧，以免挤伤果柄。可先套内膛果、大果，再向外套。套后勤检查，以防风吹脱，一般在采前 10～15 d 去袋或把纸袋的下口撕开。去袋时间不能太早，太早果实仍然会受到污染，失去套袋作用。也可以带袋采摘，采后处理时再去掉果袋。

4. 套袋注意事项

(1)一般应从树冠内膛向外套，这样不会碰掉套好的袋子。

(2)对畸形果、扁果、有棱线果不套袋。

(3)套袋时轻拿轻扎，不要把铁丝扎到果柄上。

(4)套袋过早叶柄易受伤而影响营养运输，易出现黄色果，过晚则效果明显降低。

(5)当天喷过药的最好在当天套完。

参考文献

[1]苍晶，王学东，桂明珠，等. 狗枣猕猴桃果实生长发育的研究[J]. 果树学报，2001，18(2)：87-90.

[2]高丽萍，陶汉之，夏涛，等. 猕猴桃果实在生长发育的研究. 园艺学报[J]. 1994，21(4)：334-338.

[3]雷玉山. 猕猴桃无公害生产技术[M]. 杨凌：西北农林科技大学出版社，2010.

[4]梁铁兵，母锡金. 美味猕猴桃和软枣猕猴桃种间杂交花粉管行为和早期胚胎发生的观察[J]. 植物学报，1995，37(8)：607-612.

[5]中华人民共和国农业部. 植物新品种特异性、一致性和稳定性测试指南 猕猴桃属(NY/T 2351-2013)[S].

[6]齐秀娟，张绍铃，方金豹. 全红型软枣猕猴桃花器结构和开花授粉生物学特性[J]. 西北植物学报，2011，31(5)：0966-0971.

[7]齐秀娟，张绍铃，方金豹. 猕猴桃花粉原位生长过程中 Ca^{2+} 的超微细胞化学定位[J]. 西北植物学报，2010，30(12)：2400-2405.

[8]齐秀娟，方金豹，陈锦永，等. 软枣猕猴桃受精后子房蛋白表达的 2D-DIGE 分析[J]. 中国农业科学，2012，45(17)：3646-3652.

[9]齐秀娟，徐善坤，张威远，等. 美味猕猴桃'徐香'与长果猕猴桃远缘杂交亲和性的解剖学研究[J]. 园艺学报，2013，40(10)：1897-1904.

[10]齐秀娟，徐善坤，林苗苗，等. '天源红'猕猴桃受精及胚胎发育显微观察[J]. 果树学报，2014，31(6)：1100-1104.

[11]齐秀娟. '天源红'猕猴桃授粉受精生理特性及其相关差异蛋白质组学研究[D]. 南京：南京农业大学，2013.

[12]陶汉之，陈佩璁，高丽萍，等. 美味猕猴桃'海沃德'胚胎发育的研究[J]. 安徽农业大学学报，1994，21(4)：446-448.

[13]谭皓. 猕猴桃发育过程香气成分变化规律研究[D]. 乌鲁木齐：新疆农业大学，2006.
[14]Du G R，Li M J，Ma F W，et al. Antioxidant capacity and the relationship with polyphenol and Vitamin C in Actinidia fruits[J]. Food Chemistry，2009，113：557-562.
[15]Li M，Ma F，Liang D，et al. Ascorbate biosynthesis during early fruit development is the main reason for its accumulation in kiwi[J]. PLOS One，2010，5：14281.
[16]Montefiori M，Espley R V，Stevenson D，et al. Identification and characterisation of F3GT1 and F3GGT1，two glycosyltransferases responsible for anthocyanin biosynthesis in red-fleshed kiwifruit（*Actinidia chinensis*）[J]. The Plant Journal，2011，65（1）：106-118.
[17]Pilkington S M，Montefiori M，Jameson P E，et al. The control of chlorophyll levels in maturing kiwifruit[J]. Planta，2012，DOI 10. 1007/s00425-012-1723-x.
[18]Wang H，Cao G H，Prior R L. Total antioxidant capacity of fruits[J]. Journal of Agricultural and Food Chemistry，1996，44：701-705.

第七章　矿质营养、缺素症诊断及矫正技术

矿质营养失调是猕猴桃生产中最常见的问题之一。猕猴桃植株内的某些营养元素缺乏或过多，都会导致其体内代谢混乱和生理障碍发生，进而造成产量损失、品质下降，特别是果实提前变软、贮藏品质变劣。本章将围绕猕猴桃所需各类矿质营养元素及其变化，着重讨论缺素症的诊断及矫正技术。

第一节　不同组织矿质元素的分布及含量

猕猴桃对各类矿质元素的需要量较大，且不同生育期各种营养元素的吸收量明显不同，主要矿质元素在根、茎、叶和果中的分配也存在较大差异。早春萌芽期至坐果期，氮、磷、钾、镁、锌、铜、铁、锰等在叶中的积累量为全年总量的80%左右；果实膨大期，氮、磷、钾营养元素逐渐从枝叶转移到果实中。

氮元素在猕猴桃根、叶、果中的分布高于茎，在皮层中的分布高于木质部。冬季氮的贮存部位是根和茎的皮层，且主要贮存在茎的皮层。产量为30 t/hm^2的猕猴桃园，树体全年总吸氮量为217 kg/hm^2，其中，果实收获后和坐果前共吸收33.75 kg/hm^2，整个果实生长期吸收183 kg/hm^2，分别占总吸氮量的15.57%和84.43%。

磷元素在猕猴桃根、叶、果中的分布高于茎，在皮层中的分布高于木质部。萌芽期到果实生长始期，猕猴桃叶生长所需的磷元素有78.89%来自从外界的吸收，4.44%来自根的上年贮藏磷，16.67%来自茎的上年贮存磷。果实生长始期到果实迅速膨大末期，树体吸磷量为全年总吸磷量的55.40%，被称为磷素营养最大效率期。产量为39 t/hm^2的猕猴桃园，其树体全年吸收磷素

的总量达 39.6 kg/hm^2。

钾元素在不同部位的分布情况大致为：果实＞叶≥1 年枝皮层≥2 年枝皮层≥多年枝皮层≥主干皮层、根皮层，皮层＞木质部，根木质部、1 年枝木质部＞2 年枝木质部、多年枝木质部、主干木质部，细根＞粗根。产量为 39 t/hm^2 的猕猴桃园，其树体全年吸收钾素的总量达 168 kg/hm^2。

已有研究表明，猕猴桃果实中的钙、镁、锰、锌含量均低于根、叶、茎中的含量，且这种差距在果实迅速膨大并进入成熟期有加大的趋势。而叶片中的情况刚好相反。以米良 1 号猕猴桃为例(表 7-1)，7 月的元素测定结果表明，果实中的钙含量分别只有叶片和根中的 18%和 20%左右；叶片中的镁含量是果实中的约 5 倍多，是根和茎的约 1.5 倍；果实中的锌含量分别是叶片中的 6 倍和根中的 3.5 倍；叶片中的锰含量是果实中的 6.3 倍，其分布情况与镁相似，可能是两种元素在细胞中的功能相近的缘故。果实中的钾含量居各部位之首，7～9 月表现尤其明显，此时正值果实迅速生长期，形成一个强大的“钾库”。

表 7-1　米良 1 号猕猴桃 4～9 月不同组织主要元素含量(秦玉芝等，2004)　单位：mg/g

元素	组织	4 月	5 月	6 月	7 月	8 月	9 月
钙	根	27.437	22.624	26.593	22.545	22.807	28.241
	茎	12.589	6.566	16.489	14.625	25.307	11.836
	叶	20.869	21.626	26.455	24.122	25.845	23.198
	果	9.301	4.825	5.890	4.398	3.714	3.918
钾	根	14.360	14.679	11.984	13.079	11.991	13.476
	茎	12.469	12.507	11.687	8.891	13.044	12.159
	叶	19.439	16.722	15.649	10.457	13.823	16.652
	果	21.057	15.973	14.909	14.503	23.202	18.045
镁	根	1.820	2.165	1.945	3.953	2.433	2.298
	茎	3.940	3.940	4.355	3.963	3.564	1.756
	叶	5.547	3.500	4.662	5.858	7.973	7.168
	果	2.871	1.338	1.515	1.156	2.315	1.372
锌	根	0.090	0.134	0.088	0.150	0.063	0.086
	茎	0.082	0.082	0.075	0.086	0.087	0.069
	叶	0.065	0.073	0.078	0.090	0.073	0.070
	果	0.081	0.047	0.047	0.532	0.043	0.071

续表

元素	组织	4月	5月	6月	7月	8月	9月
锰	根	0.087	0.072	0.114	0.067	0.142	0.038
	茎	0.026	0.027	0.026	0.018	0.064	0.081
	叶	0.121	0.128	0.141	0.138	0.169	0.184
	果	0.055	0.035	0.027	0.022	0.002	0.006
钠	根	0.132	0.171	0.127	0.252	0.151	0.138
	茎	0.152	0.111	0.137	0.132	0.128	0.156
	叶	0.167	0.061	0.104	0.068	0.108	0.086
	果	0.136	0.122	0.125	0.128	0.006	0.126
铜	根	0.053	0.055	0.066	0.060	0.060	0.064
	茎	0.052	0.058	0.062	0.059	0.049	0.070
	叶	0.053	0.054	0.052	0.058	0.058	0.053
	果	0.060	0.046	0.050	0.056	0.060	0.058

第二节　不同组织矿质营养水平的变化

一、叶片中矿质营养水平的变化

成龄猕猴桃叶片中不同元素浓度的季节变化大体可分为3类：①稳定的变化。钾一直下降。②有规律的变化。氮、磷、铜和锌早期下降，中期保持相对稳定；钙、镁、硫、硼、锰与铁等早期下降，后期上升。③无变化。钠和钼无明显的季节变化。发育中的果实对叶片中的氮、钾含量有很大的影响，靠近果实的叶片尤其如此。在整个生长期内，海沃德猕猴桃叶片中的氮(5.07%～2.74%)、磷(1.0%～0.44%)、钾(3.29%～1.95%)和锌(36～19 mg/kg)一直下降，而钙(1.41%～4.21%)、镁(0.23%～0.50%)与锰(151～275 mg/kg)等则一直上升。

研究表明，中华猕猴桃与美味猕猴桃虽分属2个不同种，但在营养元素含量上无明显差别，各元素在年生长周期中的变化规律也趋于一致。值得注意的是，正常生长的猕猴桃叶片中的氯含量很高，可达干重的2%，其对氯的需求比其他果树高10倍。在低光照下植株对氯的要求更高。每克干重叶片中的氯降至 70 μmol 以下时，其生长将会严重受阻。

二、果实中矿质营养水平的变化

猕猴桃果肉中氮、磷、钾、硫、铜、铁和锌等的浓度在生长的前 8 周下降，然后趋于稳定或下降缓慢直至采收。果肉中钙、镁、硼和锰的浓度在整个生长季持续下降。总体来说，果肉与果皮相比有较高的氮、磷、钾浓度，但钙、锰、锌的浓度却较低。营养转运的途径主要是韧皮部，钙、锰和锌似乎例外，这些元素优先由木质部运转。

三、根系中矿质营养水平的变化

猕猴桃根内贮藏的钠和钾，在萌芽后不久就在树体发育中发挥重要作用。锌、铜多累积于根中，锰、铁、硼则大多累积于叶内，有 50%的钙也存在于叶中。在休眠期，根中锰、铁、硼、锌、铜、钙等元素的含量仅占树体的 60%，但大量元素则占树体的 75%～85%。

第三节 猕猴桃缺素症诊断及矫正技术

一、主要表现在老叶上的缺素症

1. 缺氮症状及矫正

氮素是猕猴桃生长的重要物质基础，对其器官建造、物质代谢、生化过程、果实产量及品质的形成等都有不可替代的作用。充足的氮是细胞分裂的必要条件，氮素供应的充足与否直接关系到器官分化、形成以及树体结构的形成。氮与树体内其他组分密切相关，增加氮用量可提高叶片中氮的含量，随其增加锰和镁的量也相应增加，而磷、钾则降低。施氮亦能增加果实中氮的含量，同时降低磷、钾的量。果实及树体内的氨基酸也随氮的施用而增加。施氮不当还会导致果实中钙含量的降低，进而诱发生理失调。

猕猴桃缺氮时生长明显衰弱，症状首先在老叶上出现，并逐渐向新叶扩展，直到整树。叶色由最初的深绿色逐渐变为淡绿色，甚至完全变成黄色。不过即使缺氮严重的植株，其叶脉仍保持绿色(图 7-1)。老叶更是如此，其叶边缘可呈焦枯状，橙黄色焦枯首先从叶尖开始，沿叶缘向叶基扩展，坏死部分微向上卷曲。缺氮植株的果实会变小。健康植株的全展叶氮含量为2.2%～2.8%，通常当其含量降至1.5%时开始出现缺氮症状。

图7-1 缺氮症状（谢鸣 提供）

缺氮的主要原因是尿素使用方法不当：①尿素与碳铵混用导致前者的流失和挥发，因尿素属氨态氮肥，混施碳铵会使其转化成氨的速度大减。②与碱性肥料混施，在碱性条件下，尿素作为氨态氮肥会变成氨气挥发掉，因此，尿素不能与石灰、草木灰和钙镁磷肥等碱性肥料混施或同时使用。③尿素施后马上灌水或于大雨前施用，会使其在转化为氨态氮前就溶于水而流失。④地表撒施，尤其是在碱性土壤和有机质含量高的土壤，氮素损失更多更快。此外，为避免缺氮，建园时及每年秋冬季节要施足基肥，生长季节要定期追施氮肥。猕猴桃园要生草覆草，以草养园、以草治草。

2. 缺磷症状及矫正

磷能促进花芽分化、果实发育、种子成熟，能增进品质，还能提高根系的吸收和扩展能力，促进新根的发生和生长，进而提高其抗旱、抗寒能力。

图7-2 缺磷症状（谢鸣 提供）

缺磷除了减缓树体生长外，可不表现出明显的可见症状。植株缺磷使其茎变得较细、叶片变得较小。当生长严重受阻时，植株才出现明显的可见症状，其老叶叶脉间失绿变成淡绿色，并从叶尖向叶基扩展（图7-2）。叶背面的主脉和侧脉呈红色，其叶基部更明显。健康叶背面的主脉和侧脉常为淡绿色，缺磷时，叶正面尤其是叶缘呈暗红色。健康叶的含磷量为0.18%～0.22%，低于0.12%时出现缺磷症状。

猕猴桃果实需磷量虽不高，但各地土壤中的含磷水平差异较大，在缺磷地区应注意补施磷肥，可于后期追施速效性磷肥，如磷酸二氢钾或磷酸氢铵等。由于磷的移动性小，而且极易被土壤固定，为了提高肥效，可结合秋施基肥混施一些缓释性磷肥，如过磷酸钙等。

3. 缺钾症状及矫正

适量的钾素有益于糖的转化和运输，促进果实膨大及成熟，可显著提高果实硬度，提高可溶性固形物、淀粉和维生素 C 的含量，降低果实含酸量，提高果实的品质和耐贮性；并可促进加粗生长和组织成熟，增强树体的抗逆性。

缺钾的最初症状是萌芽时生长衰弱。缺钾严重时叶片小化并呈现浅黄绿色，老叶叶缘轻度失绿，向上卷曲，在晴热的白天尤其明显。但这种症状到了晚间又会消失，故常被误认为是由缺水所致。受害叶在后期一直呈卷曲状，细脉间的叶肉组织常向上隆起，最初叶缘褪为淡绿色，逐渐向脉间和侧脉扩展，在近主脉处和叶基部留下 1 条带状绿色组织。褪绿组织很快变焦枯，由淡褐色变为深褐色，最后呈日灼状焦枯(图 7-3)，直至碎状、脱落。严重缺钾能引发采前落叶，致使果数变少、果实变小，直至严重减产。正常叶片的钾含量为 1.8%～2.5%，当下降至 1.5%以下时会显现出缺钾症状。缺钾时，花腐病的发病率也比较高，可达 36%，而钾含量较高时发病率仅为 16%。

图 7-3　缺钾症状(谢鸣　提供)

可通过追施钾肥来补钾，常用的钾肥有硫酸钾、硝酸钾和氯化钾。用氯化钾补钾最理想，补钾的同时还补充了猕猴桃需求量较大的氯，氯化钾本身也比较便宜。可结合秋施基肥施入适量钾肥。

4. 缺镁症状及矫正

镁能调节植物的光合作用和呼吸作用，适量的镁可促进果实膨大，增进果实品质。

缺镁现象主要发生在猕猴桃植株生长的中、晚期。早期症状表现在老叶上，其叶脉间失绿并呈淡黄绿色，叶缘褪绿明显，并向叶中心侧脉扩展，形成清晰的网状脉纹(图 7-4)。在主脉两边均留有相对较宽的健康组织部分，与失绿部分相间排列。有时叶缘颜色不变，而离其一定距离处却出现褪绿并坏死，这些坏死组织与叶缘平行，形成了“马蹄”形。健康叶的镁含量常大于 0.38%，而当新成熟叶片的镁含量在 0.10%以下时，会出现缺镁症状。

图 7-4 缺镁症状(谢鸣 提供)

缺镁可施硫酸镁等肥料来矫正，施用量因树龄而异，一般至少为 200 kg/hm^2。

5. 缺锌症状及矫正

锌是多种酶的组成原料，能促进生长素的合成，影响光合作用及叶绿素的形成。沙地、偏碱地以及瘠薄的山地，猕猴桃园容易出现缺锌现象。土壤中磷素多、施磷肥过早，会影响猕猴桃对锌的吸收。

缺锌症状发生于老叶，着生于主干与主蔓连接部的枝蔓上的老叶特别多见，即使植株严重缺锌，其幼叶仍能保持绿色和健康。缺锌常发生于生长中期。锌在树体内移动性小，极易缺乏，使旺盛生长的幼嫩部分受阻，出现“小叶症”(图 7-5)。老叶脉间呈黄色，而叶脉仍为深绿色，失绿变黄的叶肉和深绿色的叶脉十分明显。叶缘失绿一般较重，但并不坏死。严重时，根部的侧根发育不良。正常叶中

图 7-5 缺锌症状(谢鸣 提供)

(干物质)的锌含量为15～28 μg/g，当含量低于12 μg/g时会表现缺锌症状。施磷过多使锌的有效性降低，也可导致缺锌。

轻度缺锌时，可于盛花后3周叶面喷施0.3%的硫酸锌或氯化锌溶液。严重缺锌时，可在早春萌芽前喷施3%～4%的硫酸锌溶液。也可土施，在施基肥时每株成年树施硫酸锌100～150 g。

6. 缺氯症状及矫正

氯与光合作用及水合作用有关。猕猴桃对缺氯敏感，缺氯时严重影响对钾元素的吸收。

缺氯症状始于老叶，在靠近其叶尖端的主脉之间，出现离散分布的片状失绿(图7-6a)。通常于叶缘发生失绿，并在脉间向中脉扩展。老叶还有可能反卷呈杯状，幼叶因缺氯的加重而呈现浅绿色，其叶面积明显减少。缺氯也可减缓根系生长，并在离根端2～3 cm处发生异常肿大，这种肿大会被误认为是由根线虫诱发的囊肿(图7-6b)。在多雨区域，土壤中的氯易被淋溶而流失。正常叶中的氯含量为0.8%～2.0%，完全展开叶中0.2%的氯含量被视作临界浓度。缺氯时可通过施氯化钾等肥料来矫正。

a. 缺氯时叶片　　　　b. 缺氯时根系

图7-6　缺氯症状(谢鸣　提供)

二、主要表现在新成熟叶上的缺素症

1. 缺钙症状及矫正

钙在细胞壁构成中起重要作用，能调节光合作用，与膜的稳定性和渗透性密切相关，适宜的含钙量可延迟果实衰老，提高果实的硬度及耐贮性。

严重缺钙时，症状最初出现在新成熟的叶片上，形成"瓢状"叶，并逐渐向幼叶扩展。起初，叶基部的叶脉坏死变黑，慢慢地细脉也坏死。这些坏死斑块扩大合并后形成大面积坏死组织，之后干枯、变脆，甚至落叶。此阶段，

图 7-7 缺钙症状(谢鸣 提供)

枝梢生长点死亡，腋芽萌发后呈丛生状。同时，老叶边缘向上卷曲，脉间的叶肉坏死，并被其周围的褪绿组织包围(图 7-7)。缺钙影响根系发育，严重时造成根尖死亡。在根尖附近也会诱发大面积的坏死组织，且易被根病原体入侵。健康叶中的钙含量为 3.0%～3.5%。猕猴桃对缺钙反应不太敏感，最新完全展开叶片中的钙含量低于 0.2%时才出现缺钙症状。缺钙一般不普遍，尤其在常施用过磷酸钙的地区。

土施过磷酸钙、硝酸钙等肥料，可预防缺钙症的发生。在花后 3～5 周及采前 1 个月叶面喷施氯化钙或螯合钙，可增加果实的钙含量，提高果实的硬度及耐贮性。

2. 缺锰症状及矫正

适量的锰能保证猕猴桃各生理过程的正常进行，可提高维生素 C 的含量。

缺锰症状表现为脉间淡黄色至黄色，最初出现在新成熟的叶片上，严重时殃及全树的所有叶片。失绿始发于叶缘，然后向主侧脉扩展，仅在其脉的两边留下细条状的绿色带。当症状加重时，除了叶脉保持绿色外，整个叶肉都变黄。同时小叶脉间组织向上隆起且带有光泽(图 7-8)。正常完全展开叶中(干物质)的锰含量为 50～150 μg/g。当营养枝上最新完全展开叶中(干物质)的锰含量低于 30 μg/g 时，出现受害症状。施石灰过多和 pH 值高于 6.8 的土壤易发生缺锰症。缺锰会使产量锐减。

图 7-8 缺锰症状(谢鸣 提供)

缺锰时，可施硫黄粉、硫酸铝和硫酸铵等来降低土壤的 pH 值，提高锰的有效性。值得注意的是，锰过量会引发中毒，多发生在酸性土壤或排水性较差的果园，可通过施用石灰来提高土壤的 pH 值，以减少可溶性锰。当然，改善猕猴桃园的排水状况是必不可少的措施。

三、主要表现在幼叶上的缺素症

1. 缺铁症状及矫正

铁元素参与植物的基础代谢，在蛋白质的合成、叶绿素的形成、光合作用等生理生化过程中起重要作用。

缺铁症状首先出现在树体的新生组织上，幼叶叶脉间失绿，其叶色逐渐变黄甚至呈雪白色，但老叶仍保持绿色。缺铁较轻时，褪绿常在叶缘发生，而叶缘以下直至靠近叶柄的附着点部分都不褪色。严重时，整叶变黄(图 7-9)，仅叶脉为绿色，最终叶脉亦失绿，叶片变薄、易落，生长严重受阻。正常完全展开叶中(干物质)的铁含量为 80～100 μg/g，当低于 60 μg/g 时出现缺铁症状。连续下雨后易出现缺铁症状，土壤 pH 值超过 7 的果园也易缺铁。

图 7-9 缺铁症状(谢鸣 提供)

碱性土壤缺铁时，可施硫酸亚铁、硫黄粉、硫酸铝或硫酸铵等来降低土壤 pH 值，以提高有效性铁的浓度。叶面喷施 0.5%的硫酸铁铵也可使叶片转绿。酸性土壤缺铁时，结合基肥施入 EDTA 铁钠、黄腐酸二铵铁和 FCU 复合铁等有机铁。

2. 缺硼症状及矫正

硼能促进花芽分化和花粉管生长，对子房发育也有影响。适量的硼能提高维生素和糖的含量，增进品质。硼还能促进根系发育，增强根的吸收能力。

缺硼的最初症状是在幼叶近中间部分出现不规则黄斑，然后这些黄斑在主、侧脉两边扩展，并形成大面积的黄色组织(图 7-10)。同时，顶部未成熟的叶片变厚，扭曲变形，小叶脉间的叶肉组织向上隆起。严重缺硼时，节间变短，枝蔓畸形，生长受阻。正常情况下，完全展开叶中(干物质)的硼含量为 40～50 μg/g，当最新完全展开叶中(干物质)的硼含量低于 20 μg/g 时，就会表现出缺硼症状。缺硼常见于轻沙壤土和有机质含量低的土壤。

图 7-10 缺硼症状(谢鸣 提供)

增施有机肥可提高土壤中可给态硼的含量，因此硼肥可与有机肥一同施入，施后灌水，其有效期可长达 3～5 年。轻度缺硼时，可在开花前后叶面喷 1 次 0.3%的硼砂或硼酸溶液。严重缺硼时，可在树体周围沟施硼砂，一般每株幼树施 100～150 g，初果期每株施 150～200 g，盛果期每株施 250～500 g。由于猕猴桃硼含量充足与中毒之间的界限非常狭窄，因而施硼肥时需倍加小心。据新西兰学者研究，当每公顷施硼量超过 2 kg 或灌溉水中含硼量达 0.8 mg/L时，均会出现硼中毒。

3. 缺硫症状及矫正

硫为多种氨基酸和酶的组成成分，与糖类、脂肪和蛋白质的代谢密切相关。

图 7-11 缺硫症状(谢鸣 提供)

缺硫引发的症状与缺氮相似，表现为植株生长缓慢，叶片呈浅绿色至黄色。但有 1 个重要不同点，即幼叶出现缺硫症状时，老叶仍保持绿色和健康。缺硫时，在幼叶的叶缘首先出现弥漫性浅绿色至黄色(图 7-11)，进而失绿逐渐蔓延到叶片的大部分。仅在主、侧脉结合处保留 1 块楔形的绿色。严重缺硫时，不仅幼叶的脉间组织完全失绿，而且与缺氮症状不同，其叶脉也失绿，且叶缘不焦枯。正常叶片的含硫量为0.25%～0.45%，低于0.18%则表现出缺硫症状。通常施用硫酸铵、硫酸钾等肥料进行矫正。

4. 缺铜症状及矫正

铜作为微量营养元素，在调整蛋白质构成、参与光合作用、线粒体的呼吸作用和细胞壁的新陈代谢等方面均起着重要作用。

缺铜的最初症状是幼嫩叶片出现均匀一致的淡绿色(图7-12)，之后除了主脉保持绿色外，叶脉间失绿加重，甚至变成漂白色。健康叶中的铜含量为10 μg/g，低于3 μg/g时出现症状。

缺铜时，土施硫酸铜最有效，一般施用量为25 kg/hm^2，于萌芽前施入。应避免叶面喷施，因为猕猴桃对铜离子特别敏感，尤其在早期。

图7-12　缺铜症状(谢鸣　提供)

参考文献

[1]秦玉芝，陈军，李朝阳，等. 米良1号猕猴桃营养期主要矿质元素分配、吸收特性研究[J]. 果树学报，2004，21(3)：212-21.

[2]谢鸣，张慧琴. 猕猴桃高效优质省力化栽培技术[M]. 北京：中国农业出版社，2018.

[3]Smith G S，Aher C J，Clark C J. Kiwifruit nutrition diagnosis of nutritional disorders，Ruakura Soil and Plant Research Station[M]. Ministry of Agriculture and Fisheries，Hamilton，New Zeala，1987.

第八章　苗木繁育技术及优质苗木生产

繁育即繁殖产生后代，包括种子繁殖后代和营养繁殖后代，是猕猴桃生产过程中最重要的环节之一。虽然猕猴桃的经济寿命较长，但由于需要立支架、投产迟等原因，其建园成本相对较高。因此，良种良苗对于猕猴桃生产显得尤为重要。当前猕猴桃栽培正趋向于宽行距种植，且要求植株生长均一、适于机械化作业和标准化管理，所以迫切需要良种良苗生产的专业化、标准化、设施化及智能化，以确保能为猕猴桃生产提供在长势、产量和品质等方面都具有优势和潜力的高质量苗木。

第一节　育苗方式

一、实生苗繁育

1. 实生砧木苗

先栽实生苗，然后在实生苗上高位嫁接所需要的品种接穗，这已成为目前国外常用的育苗方法。实生砧木苗的培育既快又易，而且适于嫁接。再者，实生苗的繁殖成本较低，果农又可根据各自的需要进行嫁接，因此这种育苗方法越来越普遍。实生砧木的生长势旺盛，在较差的立地条件下该优点更加突出。虽然我国的猕猴桃产业发展较快，但现有砧木基本通过中华猕猴桃和美味猕猴桃的混合种子繁育而成，尚缺乏良种良砧的固定组合，在耐涝、抗旱和抗病虫等砧木品种的研发和应用上更是一片空白。

布鲁诺实生苗在新西兰被广泛用作砧木，其原因是布鲁诺的种子萌发率高且一致，其苗长势旺盛。但其根系不抗根结线虫，极不耐涝，又易感至少 4

种疫病菌，其枝干在冬季易受冻害。针对这些问题，亟待研发抗涝、抗病或抗冻砧木。对于抗性砧木的研发，需进一步鉴定其他猕猴桃种是否可成为抗性砧木育种的遗传材料，如软枣猕猴桃和狗枣猕猴桃的抗寒性，葛枣猕猴桃和大籽猕猴桃的耐涝性等。值得注意的是，用其他猕猴桃种作砧木还存在嫁接不亲和的问题，如用软枣作砧木嫁接美味猕猴桃表现为不亲和，葛枣嫁接中华或美味出现较严重的“大小脚”现象。

2. 种子留取及保存

猕猴桃种子细小，其千粒重只有 0.8～1.6 g，且其外种皮薄而易受害。种胚约于花后 110 d 达到其充分大小。

播种繁殖应选用种子发芽好、实生苗长势旺的品种，如米良 1 号、布鲁诺等，以及一些生长势强的中华猕猴桃品种。用于播种的种子取出后一般需先贮藏，但随贮藏期的延长其发芽率会下降。为了保证较高的发芽率，首先种子要适度干燥，控制其含水量在 4%～6%；其次要求低湿冷藏，贮藏温度小于 10℃，湿度为 30%～50%或置于密闭容器内。种子发芽率受果实成熟度、种子来源、贮藏条件、萌芽条件和品种等因素的影响。种间杂交种子有时较难萌芽。

用于留取种子的果实，最好选用经冷藏(0～5℃)几周或几个月的完全软熟的大果。可用搅拌机对软熟果进行短时间的低速搅拌，再用水冲洗粉碎的果肉，使其与种子初步分离。将初步分离果肉的种子进行适度干燥处理，以至完全分离与果肉黏附在一起的种子。如果种子取自未经冷藏的果实，播种前必须进行层积处理。播种前应去除小的、不成熟的种子。

3. 育苗基质

选择合适的播种基质和实生苗生长基质，可以提高萌芽率，有利于植株生长、减少苗木病害。选用标准化基质，有利于获得均匀一致的植株。

育苗基质必须具有良好的透气性和排水性，可提供充分而均匀的水分，并不带病原微生物。可以利用一些原料配制无土基质，这些原料包括泥炭、树皮、沙、锯末、浮石、珍珠岩、蛭石。其中，按 1∶1 的比例混合泥炭和沙的基质效果较理想。盆栽使用基质可减轻重量、方便运输；出口苗木要求“净根”，使用基质培育的苗木很容易洗净其根部。配合水、肥供应和环境调控设施，基质可以培育出根系发达、生长旺盛、均匀、健康的猕猴桃苗木。带土基质虽然也可以用于育苗，但其在各方面都逊色于精制的无土基质。

猕猴桃实生幼苗易感立枯病，该病主要由丝核菌、镰刀菌和腐霉菌等真菌引起，应采用基质消毒、破坏发病条件等措施对该病害进行全程控制。播种前务必对土壤进行适当的处理，可用蒸汽或甲基溴处理。苯菌灵或克菌丹可用于种子处理和出苗后的灌注或喷雾。铜杀菌剂对猕猴桃实生苗具有植物毒性，在其出苗后不宜使用。

4. **种子层积处理**

不经层积处理的猕猴桃种子萌芽率非常低。实验结果显示，在4.4℃的条件下层积6～8周，可改善种子的萌发；层积2周以上，并结合在萌发过程中的昼夜温度变化，萌芽又好又快；在4℃的湿润条件下层积5周以上，再进行21℃/16 h和10℃/8 h的变温处理，萌芽效果更好。播前对种子进行层积处理，或用2.5～5.0 g/L的赤霉酸(GA_3)溶液浸泡24 h，都能获得很高的发芽率。已证实赤霉酸具有促进种子发芽以及消除种子对低温层积期的需求。

猕猴桃种子的层积处理方法虽多，但以沙藏层积处理的效果较好，且该法简单易行。具体做法是：将种子置于60℃的温水中浸泡约2 h，取出后将其与含水量20%左右的湿润细河沙(以手捏成团、松手则散为度)均匀混合。用纱布包裹均匀混合了种子的河沙，将其埋入装有湿沙的花盆或木桶等容器中。要求容器透气，其底部设有排水口，容器中作为底部铺垫层和顶部覆盖层的湿沙厚度均为3～5 cm。最后将容器置于阴凉通风处保存，每隔半个月左右检查1次湿度。为保持湿度的稳定，沙藏期间需上下翻动数次。通常沙藏40～60 d即可。

5. **实生苗木生产**

猕猴桃可在晚冬和盛夏进行播种。早播有利于当年形成强壮的植株用于翌年春季的嫁接，迟播的至少要多1个生长季节才能用于嫁接或种植于果园。

为便于移栽和最大限度地减少猝倒(立枯病)，播前要对播种基质进行消毒，播种深度约3 mm。若白天温度在21℃左右，则播种后2～3周就能发芽。大田一般不适合播种和育苗，因为其生长条件差且不稳定，还存在真菌、冠瘿细菌或根结线虫的为害。因此，最好在专用设施中进行猕猴桃育苗。苗床中的幼苗长出2～4片真叶时需间苗，将间出的苗移栽到托盘或直径为60～80 mm的营养钵中。随着苗的长大，还要将其移栽到更大的营养钵中(图8-1)。生长过程中苗木的耐寒能力逐渐增强，最后将其移栽到苗圃或大田中。用于培育苗木的苗圃或地块应装备遮阴和灌溉等设施，并要求土壤条件有利于苗木生长，无病虫为害。

图8-1 容器实生育苗(谢鸣 提供)

猕猴桃在育苗容器(营养钵)中一般不应超过1个生长季，否则，因根系生长受限，苗木的长势会受到抑制，变得衰弱。因此，嫁接前的实生苗通常需要移栽到苗圃或果园，进入其第 2 个生长季节，要求移栽后继续保持只有 1 根直立而粗壮的茎干。移栽和调苗时，应进行苗木分级，去除等外苗和劣质苗。直接用于建园时，要求苗木健康，其茎干直立、粗壮(直径＞10 mm)，须根发达。

通过地膜覆盖、人工除草等方法可有效控制杂草。对于苗龄不足 1 年的幼树，特别是种植在轻沙壤土上的，易受一些残留除草剂的伤害。为安全起见，猕猴桃园的土壤中应没有残留的除草剂，还要避免除草剂雾滴飘落到幼树上。采用土壤和大田苗圃育苗，有被根结线虫或根癌病感染的风险。例如，幼树感染根结线虫后，根发生畸变，造成根缩短且侧根较多，生长衰弱。因此，在移栽时应检查植株是否感染根结线虫或根癌病，同时对苗圃地和果园进行必要的防控处理。

二、扦插繁育

1. 嫩枝扦插

嫩枝扦插法可以快速生产优质苗，因此也是较常用的苗木繁育方法。

插穗常于初夏采集，此时的枝梢正处于半成熟生长阶段。初夏后至 9 月采集的插穗生根较难。插穗可取自盆栽砧木、砧木母树和果园修剪下来的枝条。理想的插穗粗 0.5～1.0 cm、长 10～15 cm，节间相对较短。不可取未成熟的"水枝"。益于幼嫩组织形成的条件将促进插穗发根。插穗发根的难易与其在枝梢上所处的位置有关，第 9～12 节的枝梢发根最好。雌、雄株之间的发根情况差别不大。

因为取穗时的叶片和春梢正处于生长时期，插穗离体后会在很短时间内迅速失水并使叶片受损，插穗叶片的组织缺失会导致发根率大幅度减少。因此，取下的插穗需保湿，以保持其处于"膨胀"状态。

扦插条按等级分剪成长度约为 10 cm 或 20 cm 以上的插穗，并将其基部削成一个 1 cm 长的斜面。在插穗上保留 20%～50%的叶片。可在选留的叶片中间横向剪去半张叶片，也可按叶片的自然形状剪成圆弧状。

最好用杀真菌剂或杀虫剂对插穗进行浸泡处理，以有效防控高温高湿繁殖条件下易发生的红蜘蛛及有关病害。插穗经吲哚丁酸等处理可提高扦插成活率。

选择旺盛幼嫩的枝梢作插穗，发根良好、萌芽一致，良苗率高。5～7 月初通常被视为猕猴桃插穗的适宜采集期。迟于这个阶段采穗(剪自成熟蔓)，虽发根尚可，但其萌芽水平和生长量均达不到适宜期采穗的扦插效果。

从小型拱棚到大型温室，均可选作扦插育苗设施(图 8-2)。可在苗床上扦

图 8-2　扦插育苗(谢鸣　提供)

插，也可在直径为 50～70 mm(100～200 cm^3)的营养钵里扦插。盆(钵)栽的基质宜选用等比例混合的泥炭、细沙混合基质，其内不加矿质营养。通过弥雾系统对插穗进行间歇式喷雾，喷雾间隔时间由控制系统控制在合适的范围内。例如，扦插后前 10 d 里，每隔 20 min 喷雾 10 s，之后的 3～4 周内逐渐减少喷雾次数。猕猴桃插穗对其根的伤害十分敏感，特别是由高浓度肥料引发的伤害。因此，在插穗的根系生成之前，不宜将其移植于具有平衡营养的基质里。如果插穗在含有养分的基质里发根，则在 6 周的发根期内，基质里的营养会缓慢积累到较高的浓度，这对早期的发根将造成不良的影响。扦插后第 6 周停止喷雾，此时根系已形成，可将其移入具有遮阴功能的温室内。接下来的 2 周根系将进一步发育，在这个时期萌动芽将膨大，在某些情况下可伸长到约 10 cm。扦插 8 周后应换成直径为 12 cm(1 100 cm^3)的大号营养钵，因为当年生长的植株至少可增长 15～30 cm。

嫩枝扦插的关键是时间的选择和插穗的类型，特别在喷雾时对水分的控制要恰到好处。选用易于排水的基质也很重要，以确保基质在插穗发根和以后的生长期间足够透气。

2. **硬枝扦插**

硬枝扦插的生根难于嫩枝扦插，发根率通常不到 60%。结合冬季修剪，选用上一年夏季生长的、充分成熟的休眠枝作为插穗，取下后冷藏或立即使用。插穗至少有 2 节的长度，将其基部斜削成 1 个小斜面，用 IBA 对其进行浸渍处理，然后将插穗插入湿润的生根基质中。生根基质可铺设在专用的繁殖台上，也可置于田地上，并用地膜覆盖。在春季开始抽梢时，为了防止干燥需要遮阴和灌水，因为此时只有少量的根发育。粗质的生根基质比细质的发根效果更好。

有关硬枝扦插的研究较多。用高浓度 IBA 处理插穗后在冬季扦插效果较好。也有日本学者报道，初冬采集插穗后用 IBA 处理(80 mg/L，20 h)，再在插穗基部加热(21℃)3 周，然后置于塑料袋内在 5℃条件下贮藏，春季再将插穗置于繁殖床上进行发根，这样可显著提高插穗的发根率。在新西兰也获得了相似的结果，在温暖条件下用 IBA 处理冬季插条，以诱导愈伤组织的形成，然后将插穗在低温下保存至春季，春季的温暖条件有利于插穗的新梢生长和根系发育。另外，用 1.25 g/L 或 2.5 g/L 的 IBA 处理冬末收集的成熟的节(芽)间插穗，可获得较高的发根率，且优于带有芽(节)的插穗。

3. 根插

猕猴桃的根在适宜条件下可产生不定芽，从而产生新的植株。由于枝扦插、嫁接等育苗技术更实用可靠，在猕猴桃苗木生产上极少采用根插。再者，根插条有赖于所繁殖品种的健康根系，这使得根插材料来源受到了极大的限制。根插条通常于冬季起苗时取自 2 年生的苗，要求根的直径在 5～30 mm，将其剪成 50～70 mm 的长度，而后在田地或育苗圃进行根插。根插的土壤需要消毒，或者选用合适的育苗基质。为生发好的枝梢，插条应垂直或水平地置于生根基质内。水平方向的插条产生的枝条量最大。垂直扦插时，注意插条不能上下颠倒。温暖条件下(25℃)经过 3 周左右的时间，在根的近端切面将抽生一些绿枝。用苄氨基嘌呤浸泡插条可增加其抽梢的数量和能抽梢插条的比率。

插条抽生枝梢的能力取决于碳水化合物和植物生长调节剂之间的平衡。扦插约 8 周后，枝梢已伸长，这时可将枝梢与根插条分离，并将其置于温水雾台上进行诱导发根。当根插条还能产生新枝梢时应保留，使之继续抽生枝梢，从而产生新的植株。长出的幼株获得营养后耐寒能力逐渐增强，然后移入温室大棚。

三、组织培养

近年来猕猴桃的组织培养取得了长足发展，特别是在挽救杂种胚方面发挥了不可替代的作用，在高效育种和生理基础研究方面的应用也越来越深入。虽然组织培养是目前最快速的果树繁殖方法，但其在成本、设备、专门技能以及专用砧木等方面的"门槛"较高，在我国还没有大规模运用在果树苗木生产上。

有研究发现，尽管组织培养属于无性繁殖，但通过离体繁殖培养的猕猴桃植株会发生表型变异。当然，用于新变异的植物材料的快速繁殖时，组织培养还是非常高效的。

猕猴桃茎尖快繁的过程大概是：将从田间取得的枝芽表面消毒后接种到初代培养基上，分离出 2～5 个叶原基的分生组织的顶点，这些微繁殖体在 6

周内即产生簇生叶。生长 3 周后将无菌的芽转入增殖培养基中进行 5 周的芽增殖诱导，1 个芽继代培养增殖率可以达到 3.4～5.8，器官发生能力在通过 29 次继代培养后仍然得以保持。将芽苗在生根培养基中培养 3 周后即可形成较好的根。

四、嫁接育苗

嫁接育苗是猕猴桃最常用的繁殖方法。

1. 嫁接时期

春、夏、秋 3 个季节均可进行猕猴桃嫁接，春季嫁接一般在 2～3 月进行，夏季嫁接以 6 月为好，秋季嫁接通常在 9 月。具体嫁接时间要视实际情况而定，生产上多数选择春季。

2. 采穗时期

冬季采集接穗，采后在保湿条件下冷藏。嫁接一般在冬季或春季进行，贮藏效果好的接穗，直至 4 月仍可用于嫁接。接穗粗度宜与砧木相当，理想砧木的直径为 8～10 mm。在温室播种 6 个月后长成的实生苗可用于夏季的嫩枝嫁接。嫩枝嫁接的接穗以随采随接为好。

3. 嫁接部位

苗木的嫁接部位与砧木的大小有关，通常在茎干离地面 5～6 cm 的光滑处。

高位嫁接更适合于高标准的猕猴桃园，其基本做法是：先定植砧木苗，砧木抽生的强梢伸长到离地 1.6 m 时，即可用于嫁接。选择粗度与砧木苗相当、带有 2 个芽的接穗，在距地面 1.6 m 处实施高位嫁接。嫁接时间最好选在 2 月中旬～3 月上旬，即在芽萌动(从枝梢切面有很多树液渗出)前。适时高位嫁接，可在嫁接当年发育成沿棚面的 2 根主蔓。

4. 嫁接方法

与其他果树相比，猕猴桃嫁接育苗稍显困难，原因在于其枝芽组织形态的特点：①猕猴桃枝条髓部空心大，枝茎纤维多而粗，切削面不易光滑，砧穗接合面积小，影响愈合。②猕猴桃芽座大，芽垫厚，常规芽接较难与砧木切面贴紧。③猕猴桃伤流严重，枝条维管束大，组织疏松，切口易失水干枯。生产实践证实，以下 5 种嫁接方法效果较好。

(1)单芽枝腹接。将接穗切成带 1 个芽的枝段，在芽的正下方削 5°左右的短斜面，在芽的背面或侧面选一平直面削 3～4 cm 长、深度为刚露木质部的削面。砧木选平滑的一面从上向下切削，仍以刚露木质部为宜，削面长度略长于接穗削面，将削离的外皮切除长度的 2/3，保留 1/3。然后将接穗插入，使二者形成层紧密吻合。用塑料薄膜条包扎，接穗的芽需外露。

(2)单芽片腹接。在接芽下 1 cm 处下刀呈 45°斜削至接穗周径的 2/3 处，在芽上方 1 cm 处下刀沿形成层往下纵切，略带木质部，直到与第 1 刀口底相交，取下芽片，全长 2～3 cm。在砧木上选光滑的一面，按削接穗芽片的同样方法切削，使切面稍大于接芽片。将芽片嵌入砧木切口，对准形成层，上端最好露出一点破皮层，以促进形成愈伤组织。嵌好芽片后用塑料薄膜带包扎，露出接芽即可。

(3)切接。在接穗上选 1～2 个饱满芽，在芽下 3.5～4 cm 处下刀，呈 45°斜向切断接穗，再在芽对面下方约 1 cm 处下刀，顺形成层向下纵切，稍带木质部，直到第 1 刀切断处，最后在芽上方 3 cm 处剪断，即为嫁接枝段。在需要嫁接处剪断砧木，剪口要平而光，选平直光滑的一面，从剪口顺形成层往下削，略带木质部，其削面长 3～4 cm，与接穗削面基本相符，再削去切离部分的 1/3。将接穗长削面与砧木切口对齐，砧木的外皮包住接穗，用塑料薄膜条绑紧，将接穗的芽露出即可。切接是目前生产上最常用的嫁接方法(图 8-3、图 8-4)。

图 8-3　切接育苗(谢鸣　提供)

图 8-4　更新品种(切接)(谢鸣　提供)

(4)劈接。劈接与切接有点相似，但接穗的粗度与砧木要基本一致。在砧木离地面 5～10 cm 处横向剪断，剪口粗度与接穗相同或接近。在砧木中间垂直于横断面向下纵切 1 刀，深 2 cm 左右。接穗下端两边均削成长度约 2 cm 的对等或近似的斜面，形成 1 个楔形，将其插入砧木切口，然后用塑料薄膜条将接口部位包严绑紧即可(图 8-5)。

(5)舌接。舌接是成活率极高的嫁接方法。要求接穗的粗度与砧木基本一致。将接穗切成带 1 个芽的枝段，在芽对面的下剪口削出倾斜 20°～30°、长 3～4 cm 的斜面，在斜面的对面、向芽的方向削出倾斜 10°～20°、长 2～3 cm 的斜面。砧木的剪口同样削出倾斜 20°～30°、长 3～4 cm 的斜面，其方向正好与接穗削出的切面方向相反，在斜面的上端向下削出倾斜 10°～20°、长 2～3 cm的斜面。将削好的接穗与砧木，按其相反(对)方向相互嵌入，形成上下 2 个 V 形。用塑料薄膜条绑紧相互嵌入的部分即可(图 8-6)。

图 8-5 容器嫁接育苗(劈接)(谢鸣 提供)

图 8-6 舌接(谢鸣 提供)

5. 嫁接苗管理

嫁接苗成活后应及时剪砧，一般剪口距接芽 3～4 cm，务必抹除砧木上的萌蘖。应在接穗嫁接部位完全愈合、新梢半木质化后解除嫁接绑扎带。在接芽生长不受影响的前提下，解绑愈迟愈好。接芽长到一定高度时，需立柱引缚护苗。幼苗长到 50～60 cm 时，应及时摘心，以促进组织充实。

育苗地土壤应保持湿润，其相对湿度保持在 70%～80%。应及时排水、除草，根据苗木长势进行叶面喷肥，或结合除草、浇水等进行追肥。用尿素或磷酸二氢钾进行叶面喷肥时，浓度不超过 0.3%。土施尿素追肥时要谨防“烧根”。9 月中旬停止施肥，以促进苗木的木质化。

第二节 苗木质量要求

一、苗木质量标准

国家标准《猕猴桃苗木》(GB 19174—2010)对猕猴桃的苗木质量提出了具体的要求(表 8-1)。

表 8-1 猕猴桃苗木质量标准

质量参数		苗木级别		
		一级	二级	三级
品种砧木		纯正	纯正	纯正
侧根数量		4 条以上	4 条以上	4 条以上
侧根基部粗度		0.5 cm 以上	0.4 cm 以上	0.3 cm 以上
饱满芽数		5 个以上	4 个以上	3 个以上
根皮与茎皮		无干缩皱皮	无新损伤处	陈旧损伤面积<1cm²
嫁接口愈合情况及木质化程度		良好	良好	良好
侧根长度		全根，且当年生根系长度最短>20 cm，2 年生根系长度最短>30 cm		
侧根分布		均匀分布，舒展，不弯曲缠绕		
苗木高度	当年生种子繁殖实生苗	40 cm 以上	30 cm 以上	20 cm 以上
除去半木质化以上嫩梢	当年生扦插苗	40 cm 以上	30 cm 以上	20 cm 以上
	2 年生种子繁殖实生苗	200 cm 以上	180 cm 以上	160 cm 以上
	2 年生扦插苗	200 cm 以上	180 cm 以上	160 cm 以上
	当年生嫁接苗	40 cm 以上	30 cm 以上	30 cm 以上
	2 年生嫁接苗	200 cm 以上	180 cm 以上	160 cm 以上
嫁接口上 5 cm 处茎干粗度	低位嫁接当年生嫁接苗	0.8 cm 以上	0.7 cm 以上	0.6 cm 以上
	低位嫁接 2 年生嫁接苗	1.6 cm 以上	1.4 cm 以上	1.2 cm 以上
	高位嫁接当年生嫁接苗	0.8 cm 以上	0.7 cm 以上	0.6 cm 以上
	高位嫁接 2 年生嫁接苗	0.8 cm 以上	0.7 cm 以上	0.6 cm 以上

二、主要质量指标

（1）饱满芽。指嫁接口以上的饱满芽。

（2）根皮及茎皮损伤。因人为、自然、机械或病虫引起的损伤。无愈伤组织为新损伤处，有环状愈伤组织的为陈旧损伤处。

（3）侧根基部粗度。侧根距茎基部 2 cm 处的直径。

（4）全根。根系在起苗后完好无损，没有缺根、劈裂伤和断根。

（5）苗干高度。地面至嫁接品种茎先端芽基部的长度。

（6）苗干粗度。低接苗是指苗干离地面 5 cm 处的直径，高接苗是指离地面 160 cm 处的直径。

（7）扦插苗苗干粗度。当年生扦插苗苗干粗度是指扦插苗干上距原插穗 5 cm处苗干的直径，2 年生扦插苗苗干粗度是指高接苗离地面 160 cm 处的直径。

（8）苗木年龄要求。实生砧苗要求砧木生长 1 年。嫁接苗要求砧木生长 1 年，嫁接后生长 1 年。扦插苗要求扦插后生长 2 年。

参考文献

[1]韩礼星. 猕猴桃标准化生产技术[M]. 北京：金盾出版社，2014.
[2]黄宏文. 猕猴桃属分类资源驯化栽培[M]. 北京：科学出版社，2013.
[3]谢鸣，张慧琴. 猕猴桃高效优质省力化栽培技术[M]. 北京：中国农业出版社，2018.

第九章　栽培制度及现代新型果园建设

近年来，随着美国、意大利、法国、日本和新西兰等发达国家对现代化果园的研究和实践，新型省力化栽培和管理模式及其技术日新月异，果园的机械化、省力化、自动化和信息化程度不断提高。以苹果矮化栽培为代表的宽行距、窄株距高密度省力化栽培模式的成功，为整个果树产业的发展指明了方向，并迅速在欧美等果树主要生产国得到推广和发展(小池洋男，2017)。陕西等地近年也成功引进和示范了适合机械化、省力化栽培管理的苹果生产新技术。根据不同果树种类及其特性，相继开发出的宽行高密度栽培技术已开始在甜樱桃、葡萄、桃、西洋梨等果树生产上得到应用。我国劳动力价格的不断上涨，挤压了猕猴桃果园的盈利空间，生产效益逐渐下降。猕猴桃果园选址不合适、建园标准低(规划设计不科学、园内排水沟过深且纵横交错、园区地面高低不平、棚架低等)、栽培管理技术落后、溃疡病综合防控意识淡薄等，也严重影响着猕猴桃产业的生产效益。因此，如何紧跟现代果园省力化栽培和管理的新潮流，开展不同区域简约、增效、可复制的绿色发展技术模式的探索，已成为我国现代化新型高标准猕猴桃果园建立及猕猴桃产业良性发展的迫切课题。

第一节　果园选址

猕猴桃为多年生落叶藤本果树，喜温暖潮湿，常生长在海拔 200～2 300 m 的背风阴湿地块或隐蔽的山窝、荒坡、溪谷和林地中。在新西兰，传统上猕猴桃与柑橘以及亚热带作物树番茄的栽培区域相同。但随着排灌和防风防冻设施和技术的运用，主栽区域渐渐扩展到普伦蒂湾地区、北地和奥克兰。我国猕猴桃起源于中部、西南部和东南部地区，人工栽培从北京到海南(左长清，1996）、从云贵川到台湾均可以（韩礼星，2000）。

在长期的进化过程中，猕猴桃形成了怕高温干旱、涝渍、强风、霜冻和盐碱的特性。选择园地时，可以参考表 9-1 所列的部分产区的气候条件数据。

表 9-1 中国、新西兰和日本猕猴桃产地的气候条件

国别/地区	中国			新西兰		日本	
	陕西西安	上海浦东	广西桂林	陶朗加	北地	山梨	松山
年平均最高气温/℃	18.8	18.5	21.5	18.9	20.1	19.9	20.3
月最高气温/℃	26.5	27.4	33.7	24.0	24.7	31.4	31.7
年平均最低气温/℃	8.6	14.5	15.8	8.9	11.4	8.9	11.5
月最低气温/℃	−1.2	3.6	6.7	4.6	6.1	−3.6	1.5
年平均气温/℃	13.2	15.7	18.8	14.0	15.1	13.7	15.6
年降水量/mm	700	1 190	1 921	1 312	1 682	1 093	1 337
年日照时间/h	1 993	2 080	1 670	2 298	2 004	2 197	2 133

注：中国的数据是 1971—2010 年的平均值，日本的数据是 1951—1980 年的平均值，新西兰的数据是 1980—1990 年的平均值。

一、温度

落叶果树一般都需要经历低温阶段后再打破休眠、恢复正常生长，猕猴桃大约需要 4℃左右的低温积累 950～1 000 h。在广东南部地区引种秦美等品种的猕猴桃，结果只萌芽长叶而不开花，就是因为不能满足需冷要求。猕猴桃生长要求年平均气温在 11.3～16.9℃，极端最高气温不超过 42.6℃，极端最低气温不低于−15.8℃（韩礼星，2000）。猕猴桃耐寒性弱，极端最低气温在−10℃以下时就有危险（熊代克己等，2003）。>10℃的有效积温在 4 500～5 200℃。猕猴桃比柑橘类耐寒性强，但如果春季萌芽后遇到晚霜，最低气温不能低于−2～−1℃。收获期前后遇到初霜会影响叶片和果实的正常生长，也会影响果实的耐贮性。无霜期宜在 160～240 d，不宜选择在晚霜和初霜容易发生和容易导致寒气积聚的地域建园。在日本，猕猴桃最适栽培地的气温条件标准是年平均气温在 13℃以上、4～10 月平均气温在 19℃以上。一般适宜温州蜜柑栽培的地区也适宜栽培猕猴桃（志村勲，2011）。

二、土壤

猕猴桃对土壤的适应性广，但对排水性和保水性要求高，要求土壤通透性强、排水良好，最好选择地下水位 1～1.5 m 以下、排灌便利的地块。积水较多的黏重土壤，地下水位高的水田转换园，以及容易干燥、高温干燥持续时间较长的环境容易引起生理障碍(志村勲，2011)。过湿或者排水不良容易导致叶片黄化，容易受到颈腐病(*phytophthora* crown rot)的感染(颈腐病的病原是一种类似真菌的病原菌)。猕猴桃枝蔓在生长的第 1 阶段和第 2 阶段，土壤最适的相对含水量分别为 45.0％和 48.4％(崔致学，1988)。猕猴桃园最好建在土层深厚、疏松肥沃的沙壤土地块。猕猴桃的土壤最适 pH 值为 6.0～7.0，大于 7.3 时容易引起黄化，酸性较强的土壤容易引起生理障碍，需要调整土壤的 pH 值。

三、降水量和光照

猕猴桃对年降水量的适应性广，从甘肃部分 450 mm 的地区到福建 2 000 mm 的地区，均有猕猴桃集中栽培区。相对湿度要求在 60％～85％。成年猕猴桃渍水 3 d 左右，会导致枝蔓叶萎蔫，甚至整株枯死。1 年生猕猴桃在生长旺季淹水 1 d 后，在 1 个月内相继死亡。

猕猴桃幼苗期喜欢阴湿的生长环境，但进入结果期后对光照要求较高，属于喜光耐阴植物。中华猕猴桃、美味猕猴桃、软枣猕猴桃和毛花猕猴桃需要的最少年日照时数分别为 1 700 h、1 700 h、1 300 h 和 1 800 h。光照时长与光合速率直接相关，影响新梢和果实的生长、花芽分化和果实品质，但是光照过强通常伴随高温和干旱，容易引起日灼病。

四、地形

猕猴桃生长适应多种地形，在平原、丘陵和山地均可建园。高海拔山区立地条件差异大，机械化操作困难，经营成本较高，不利于规模化栽培。山地果园需要做好水土保持工作，避免在夏日太阳直射的西南向山坡建园。与南坡相比，北坡容易发生低温冻害。应避免选择在地势低洼、冷空气容易积聚和容易发生霜冻的地域建园。中低海拔地区多为平原丘陵，地势平坦，经过改良后的平整旱地和易排水的水田可以集中成片种植猕猴桃，实现规模化栽培。

第二节 建园

一、栽植方式

在山地和丘陵地区建园，一般需建成梯田，沿等高线设行，行的长度依地形、道路和防风林的距离而定。坡度较大的山地可以采用鱼鳞坑方式栽植。在平坦地建园，可根据地形设置成长方形或者正方形。在新西兰，一般设置成长 150 m、宽 40 m 的小区，南北行向，便于机械化操作。

一般选择在 11 月底～翌年 3 月间定植。在定植带上挖定植穴，施用充分腐熟的有机肥和复合肥。提前完成抽槽改土和回填等工作，使得回填土沉实。选择健壮苗木，定植前蘸上混配有生根粉的泥浆。定植时应避免栽植过深，要将苗木嫁接部位露出地面。定植完毕应及时浇水，适当重剪，留 3～5 个饱满芽促发新梢，以促其快速成形。

二、根域限制栽培

20 世纪 90 年代初，我国猕猴桃栽培逐步向广大平原地区发展，地处长江流域的上海、浙江、江苏、湖北、江西和湖南等地区先后建立了一批猕猴桃生产基地，其中有很大一部分是由水稻田改成的果园，土壤黏性较重、通透性差。猕猴桃的阔叶和肉质根系对水分的需求量大，抗旱性差，但又怕涝，对水分的要求十分严格。同时，这些地区还面临着地下水位高、梅雨季节易受涝害、夏季易受高温和干旱的胁迫等不利环境条件。1999 年 6 月底，上海市多处猕猴桃园遭遇暴雨，受灾严重的果园积水 72 h 以上，当年植株死亡率高达 1/6，翌年春夏季节又有大量植株陆续死亡。涝渍灾害导致上海等地区的猕猴桃寿命很难超过 15 年。涝渍危害发生的时期正值猕猴桃的果实膨大期，涝害致使果实发育不良，当年单果质量仅约为 40 g。积水排除后挖开土壤观察，发现猕猴桃根系顶端的白根大多变褐腐烂。研究发现，猕猴桃渍水 48 h 就开始烂根。未淹死的植株当年大多落叶严重，果实含糖量显著下降，花芽分化差，翌年产量明显降低，优质果率仅为 10%，果实小且品质差。

为了在东中部平原地区实现猕猴桃的优质高效栽培，上海交通大学结合宽行棚架栽培采用垄式根域限制栽培技术，既解决了地下水位高的难题又方便了机械作业，是一种新型的猕猴桃栽培模式。所谓根域限制栽培，是指利用物理的或生态的方式将果树根系的生长范围封闭在一个有限的容积内，通过控制根系生长来调节地上部的营养生长和生殖生长的一种新型栽培模式（王世平等，2002）。生产上通常有垄式、箱筐式和坑式 3 种根域限制栽培模式。日本香川县采用箱框式根域限制栽培模式开展高品质猕猴桃的设施栽培（图 9-1）。我国在葡萄上的根域限制栽培技术已在生产上广泛采用，大幅提高了果实的品质和肥水的利用效率。在苹果、柑橘、甜樱桃等果树生产上，也开始运用该技术。通过控根器也可以实现猕猴桃的根域限制栽培（图 9-2），其较垄式栽培建园更省工省力。

图 9-1　日本香川县采用的猕猴桃箱框式根域限制栽培（张才喜　摄）

图 9-2　上海地区的猕猴桃控根器栽培（张才喜　提供）

易积水地区宜采用撒肥改土＋全园深翻＋聚土起垄的方式准备定植行（图 9-3）。图 9-4 所示为上海地区的猕猴桃垄式根域限制栽培，株距 1 m、行距 6～8 m，平棚架栽培。垄高 0.5 cm，垄面上宽 0.4～0.6 m、下宽 1～1.2 m。幼苗期垄间可套种甜玉米、蔬菜、大豆等作物，垄面种植苜蓿、红薯等作物以保持水土、增加土壤养分和避免夏季垄面高温暴晒。宽行距、窄株距的栽培模式便于机械化作业，可通过移动式作业平台进行绑蔓、摘心、套袋、采果、病虫防治和冬季修剪等作业。意大利部分猕猴桃产区也采取深翻做畦，将定植带整理成凸形，高约 30～35 cm，顶部栽植猕猴桃。

图 9-3　简单聚土起垄（张才喜　提供）

定植当年　　　　定植第2年

图 9-4　猕猴桃垄式根域限制栽培(张才喜，许文平　摄)

三、栽植密度

一般认为，山地和丘陵果园可以密植，平原地区宜稀植；土壤肥沃的地方稀植，生长势强的品种稀植，长势中庸、短枝型品种适宜密植；棚架可以稀植，篱架宜密植。我国山地篱壁架栽培株行距多为 2m×3m、3m×3m 和 3m×4m(图 9-5)，种植密度分别为 1 665 株/hm^2、1 110 株/hm^{2}和 833 株/hm^2；平地果园多为 3m×4m、4m×4m 或 4m×5m，种植密度分别为 833 株/hm^2、624 株/hm^{2}和 499 株/hm^2。山地和平地水平大棚架也常分别采用 3m×4m 和 4m×5m(图 9-6)，种植密度分别为 833 株/hm^{2}和 499 株/hm^2。采用垄式根域限制栽培的株行距一般为 1m×6m，种植密度为 1 665 株/hm^2。猕猴桃一般至少需要 4～5 年才能完成其固定的树形结构。

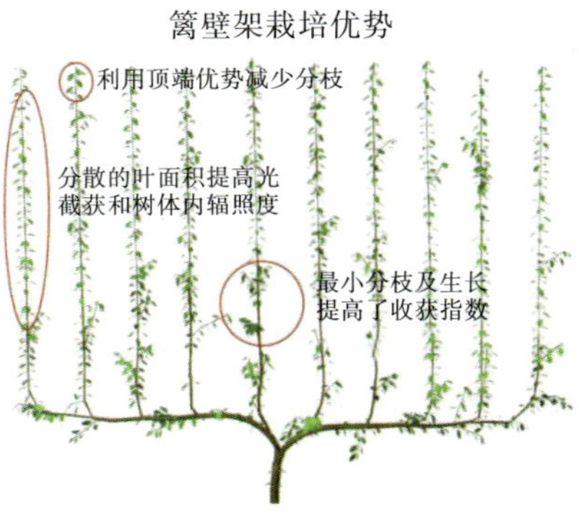

图 9-5　篱壁架栽培(方金豹　提供)

图 9-6　水平棚架栽培(顾红　提供)

为了增加收益、充分利用土地，猕猴桃园前期可以合理密植，树冠交叉郁闭时再进行移出或者间伐。密植方式可以是单行式，也可以是双行式(图 9-7)。单行式一般保持行距不变而只减小株距，以免影响管理作业。

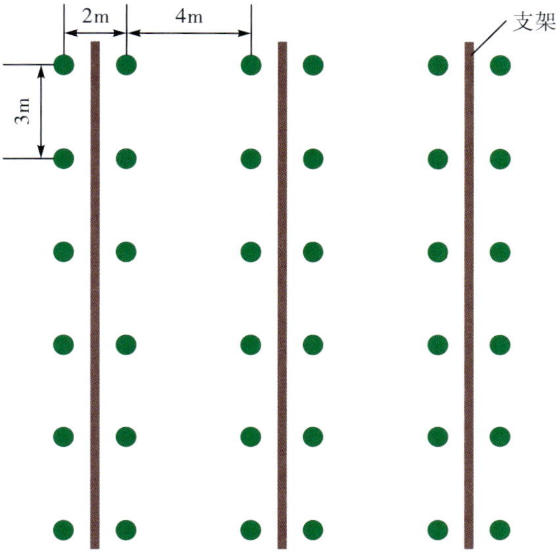

图 9-7 猕猴桃双行密植示意图

双行式在架材两边附近各栽 1 行，2 行间距 2 m、共用 1 行架材作支架，支架间距 6 m，株距 3 m。这种栽植方式不需要间伐，可以充分利用架材、土地和空间，便于管理，有利于提高产量。

四、授粉树配植

猕猴桃属的栽培品种绝大多数为雌雄异株，雌株的雄蕊退化、花粉没有生活力，必须依靠雄株的花粉授粉才能正常结果。对于雄株的选择，应该选择花期长、花粉量多、花粉萌芽率高、和雌株开花期一致且亲和性好的优良雄株品种。低温需冷量不足的地区，容易引起雌株和雄株开花不一致。王明忠等(2012)在四川都江堰市紫坪镇海拔 1 200 m 处发现的猕猴桃新品种龙山红为两性花品种，属美味猕猴桃变种彩色猕猴桃。该品种的发现对于猕猴桃的自花结实和省力化栽培将产生深远影响。但目前的猕猴桃园，为了保证雌株的正常授粉受精，必须配植一定数量的雄株作为授粉树。我国传统的猕猴桃雌、雄株配植比例为 8∶1，即 8 株雌株配植 1 株雄株(图 9-8)。最近的研究表明，适当提高雄株的配植比例有利于提高果实的大小、品质和风味。欧洲一般都采用 6∶1 或 7∶1 的雌雄株配比。大型连片果园可适当减小雄株的配植比例，而零星的小果园则需要增大。实际生产中，也有人将雄株枝条嫁接在雌株基部萌发的枝条上或者腹接于雌株枝干下部，或者在雌株上高接雄株枝条，以代替授粉雄株，效果也很好。

在新西兰，以海沃德为主的雌性栽培品种通常以陶木里为授粉树。在意大利，金桃的授粉雄株为 Belen。中国以磨山 4 号和厦亚 18 号作为早中晚熟中华猕猴桃和美味猕猴桃的授粉品种，郑雄 1 号和岳- 3 号作为中晚熟中华猕猴桃和美味猕猴桃的授粉品种。猕猴桃属于风媒和虫媒花，与苹果、桃等果树不同的是，它的雌雄花蜜腺均不发达，如果邻近有花期相同的果园、防风林和花草等，很容易将蜜蜂等授粉昆虫引开而影响猕猴桃的授粉受精。

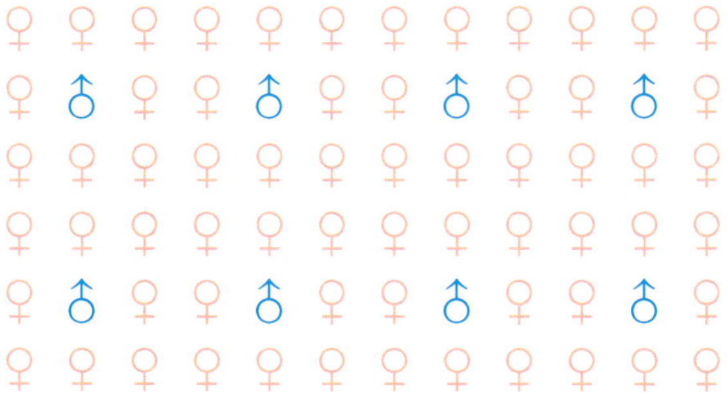

♂雄株 ♀雌株

图 9-8 猕猴桃雌雄株 8 : 1 配植示意图

五、防风林与风障

猕猴桃叶大质脆，果实皮薄质嫩，枝蔓木质化程度差，6 级以上大风对猕猴桃的生长发育易造成很大的危害。据王俊儒等(1978)的调查，开阔地栽培的猕猴桃易受春季干热风的危害，新梢的年生长量仅为防护林内猕猴桃的 30%。猕猴桃建园时要特别考虑防风问题，一般用设立风障或营造防风林的方法来减轻风害。

在猕猴桃防风林的树种选择方面，要避免所选树种的开花期与猕猴桃相同，树种应当生长迅速、根冠紧凑、根系分布深、寿命长、抗性强，没有与猕猴桃相同的病害或者不会为病虫提供寄主。可供选择的乔木树种有白杨、水杉、木麻黄、香樟、柳树等，灌木树种可选择冬青、竹类、枸橘、酸枣、花椒等。一般防风林设计有主林带和副林带，主林带种植在主干道和干道两侧，副林带种植在小区之间。防风林带和果园间用深沟隔开，以防止防护树的根系向果园内快速生长。为更好地发挥防风林的效果，果园可以规划成狭长长方形，长边与主风向垂直。新西兰猕猴桃栽培小区的设置一般为 40 m

宽、150 m长，防风效果较好(图9-9)。防风林最有效的防风范围为树高的10～30倍。

图9-9 新西兰猕猴桃园的防风林(顾红 提供)

新西兰和意大利等国家的一些新建果园，通常用人造风障(图9-10)来进行防风。人造风障主要用聚乙烯材料制成，高2～7.2 m。人造风障不与猕猴桃争夺水分和养分，可快速布设，建园当年就可布设，可以选择与调节透风度，便于达到最佳的防风效果。

图9-10 防风障(顾红 提供)

参考文献

[1]Sale P R. Kiwifruit Culture[M]. 2nd ed. Wellington: New Zealand Government Printer, 1985.

[2]Warrington I J, Weston G C. Kiwifruit: Science and Management[M]. New Zealand: Ray Richards Publisher, 1990.
[3]韩礼星. 猕猴桃新优品种及高档果品生产[M]. 北京：中国劳动社会保障出版社，2000.
[4]姜正旺，黄宏文，张忠慧，等. ‘金桃’猕猴桃在意大利推广与栽培技术发展[C]//猕猴桃研究进展(IV). 北京：科学出版社，2008：311-318.
[5]王世平，张才喜，罗菊花，等. 果树根域限制栽培研究进展[J]. 果树学报，2002，19：298-301.
[6]王明忠，蒲仕华. 彩色猕猴桃两性花新品种龙山红的选育[J]. 中国果树，2012(6)：1-3.
[7]秦仲麒. 猕猴桃规范化栽培模式[M]. 武汉：湖北科学技术出版社，1996.
[8]小池洋男. リンゴ高密植栽培[M]. 日本：農文協，2017.
[9]熊代克己，铃木铁男. 果樹栽培の基礎知識[M]. 日本：農文協，2003.
[10]志村勲. 果樹園芸[M]. 2版. 日本：文永堂出版，2011.
[11]左长清. 中华猕猴桃栽陪与加工技术[M]. 北京：中国农业出版社，1996.
[12]朱道圩. 猕猴桃优质丰产关键技术[M]. 北京：中国农业出版社，1999.

第十章　整形修剪技术革新与省力化管理

整形修剪是调节树体营养生长和结果的有效手段。猕猴桃是木质藤本果树，如果任其自由生长，则枝蔓会相互缠绕，在架面上的分布将杂乱无章，这会导致树体通风透光不良，即便结果，产量也很低，品质劣，大小年现象严重，而且寿命不长。合理的整形修剪可使猕猴桃树体生长健壮、结果均衡、树冠通透、果实品质优良。因此，整形修剪是提高猕猴桃果实商品性的关键技术之一。

第一节　猕猴桃整形修剪技术革新

一、猕猴桃整形修剪的依据

整形修剪的目的可以用“早果、丰产、稳产、优质、壮树、长寿”12 个字来概括。整形修剪的实质是通过调节树体生长与结果的关系来实现上述目的。幼树轻剪长留，适当缓和生长势，可以促进早结果；盛果树通过修剪调节枝量与密度，可以调控叶果比，使树体通风透光，减少病虫害，增进果实品质，健壮树体，延长树体的经济寿命。

应根据具体情况灵活制定整形修剪方案，采用适宜的修剪力度。

(1)品种的生物学特性。各品种的萌芽力、成枝力和结果习性不同，应分别修剪。

(2)树势。树势强的适当轻剪，树势弱的适当重剪。

(3)树龄。幼树生长势强，应适当轻剪，以尽快扩大树冠、快速获得产量；成年树可以适当重剪，控制结果母枝的数量，获得高产稳产；衰老树应重剪，利用隐芽抽枝更新树冠。

（4）栽植密度。密度大时，树冠宜小，分枝级次宜少；密度小时，树冠宜大，分枝级次宜多。

（5）立地条件。土壤瘠薄、土层浅的山地，树势弱，树冠宜小，宜适当重剪，以使树体健壮。土层深厚、土壤肥沃的平地，树势强，树冠宜大，宜适当轻剪，使之多结果。

（6）管理水平。栽培管理水平高的，树势强，应采用大树冠，适当轻剪；栽培管理水平低的，树势弱，宜采用小树冠，适当重剪。

二、整形

理想树形因栽培架式不同而异，目前主要有大棚架、T 形架和篱架 3 类。大棚架采用“一干两蔓”的“丫”字形树形（图 10-1）或“一干单蔓”的一边倒形树形（图 10-2）；T 形架采用“丫”字形树形；篱架采用“单干双层形”树形。

图 10-1　一干两蔓树形（张慧琴　提供）

图 10-2　一干单蔓树形（张慧琴　提供）

1. 棚架整形

“丫”字形树形较为普遍，要求主干直立向上，当主干长至棚面高度时，在离棚面20～30 cm处摘心，促其分枝，选2个方向相反、生长健壮的枝条分别作为第1和第2主蔓，形成一干两蔓的“丫”字形树形。另一种整形方法是让直立向上的主干生长，直至高出棚面，然后在棚下距棚面30 cm左右处弯曲，促其在弯曲部位生发副梢，以所发生的副梢作为第2主蔓，而将主干被弯曲的上端部分作为第1主蔓。无论选用哪种方法，在形成“丫”字形期间，第1主蔓和第2主蔓均需用小竹竿引缚，2个主蔓也可互换位置、交叉引缚，使其各自与棚面呈45°左右的角度生长。当主蔓长度超过1/2株距时，将其绑缚在架面的主丝上，并摘心促发副梢。主蔓同侧每隔25～35 cm培养1个侧枝，作为翌年的结果母枝，使其与主蔓垂直。若苗木质量高、立地条件好、管理得当，定植当年即可形成具有较多侧枝抽生的两大主蔓，并于翌年开花结果，实现“一年上架成形，两年开花结果，三年开始量产”，这也是目前比较理想的整形要求和目标。

“一干单蔓”树形整形的主要操作过程是：当主干延伸到棚下20～30 cm时，使其弯曲呈45°角上棚，上棚后使其水平笔直延伸，抹除棚下弯曲部抽发的腋芽，从而形成“一干单蔓”的一边倒形。这种树形较少采用。

2. T形架整形

T形架是大棚架的一部分，其整形方法与棚架基本一致，只是当结果母枝及结果枝生长超过横梁最外一道铁丝后，任其下垂生长。下垂的蔓过长时，可在离地50～60 cm处短截。完成T形架整形的时间与大棚架整形差不多，快者1～2年，慢者3～4年。

3. 双层叶幕(高拉牵引)整形

双层叶幕整形是一种以“一干两蔓”为基础的新型整形方法。首先需要架设牵引支架，即在行间中心线上的每两树的中心点竖立1根立杆，其高度根据株行距确定，如株行距均为4 m，则其高度不低于4.8 m。在立杆的顶端系24～32根直径为1 mm的细绳(弱势品种32根，强势品种24根)，每边细绳根数各半，间隔25～35 cm(弱势品种25 cm，强势品种35 cm)系在主蔓钢丝上。定植后第1年的管理与“一干两蔓”整形的相同。在第2年的萌芽期，间隔25～30 cm保留主蔓上的芽正常生长，并及时逆时针缠绕在临近的牵引绳上，抹除下垂枝，其余枝到5片叶时做捏心处理(约10 cm长)。冬剪时，将牵引绳上的枝蔓按25～30 cm的间隔平行摆放在架面上，其余枝条留3～4个芽进行短截，剪留长度约3 cm。第3年及以后的管理重点是：既要确保平面架上每年的正常生长结果，又要在主蔓上重新培养来年的结果母枝，并周而复始地沿绳高拉牵引，在生长季形成1个错落有致的立体叶幕(图10-3)。

图 10-3　双层叶幕(高拉牵引)树形(张慧琴　提供)

4. 篱架整形

篱架整形应根据定植苗木有无分枝分别处理。苗高、粗壮、有分枝时，选用 3 个生长健壮、腋芽饱满的枝蔓进行短截，要求其中 2 个枝蔓左右分开、水平生长，另 1 个枝蔓直立生长，经短截促其抽生强枝，之后发育成为 3 个方向不同的主蔓。苗小无分枝时，进行短截，在剪口下留 3 个饱满芽，待翌年春季萌芽抽梢时进行培养。把其中 2 个培养成一左一右、水平生长的主蔓，分别将其引缚于第 1 道铁丝上。在这 2 个主蔓上，根据芽的着生位置、饱满程度和枝条萌发情况选留结果母枝，一般每隔 30～40 cm 培养 1 个结果母枝。把另 1 个较直立的培养成向上生长的主蔓，将其引缚到第 2 道铁丝上，可按照第 1 层的做法培养第 2 层的主蔓和结果母枝，依此类推，直至第 3 层。各层的结果母枝、结果枝生长要相互错开，均匀地分布于架面空间，经 3～4 年即可达到满架枝蔓(图 10-4)。

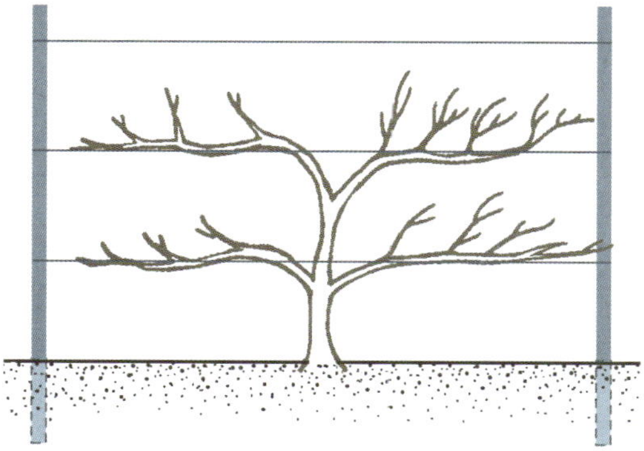

图 10-4　篱架整形示意图(张慧琴　提供)

三、修剪

修剪按时期分为冬季修剪和夏季修剪。一年四季除伤流期外均可进行修剪，落叶到伤流前期的修剪被称为冬季修剪，又称休眠期修剪，简称冬剪；萌芽至落叶时段的修剪被称为生长期修剪，又称夏季修剪，简称夏剪。

(一)冬季修剪

冬季修剪最好在落叶 2 周后开始，至伤流期前 1 个月结束，一般于 1 月上旬～2 月中旬进行。结果母枝的选留、枝蔓的更新、预备枝的培养和留芽数量等，是冬剪时要重点关心的内容。选留结果母枝时，应优先选留生长健壮的营养枝和结果枝蔓，其次选留生长中庸的枝蔓，在缺乏枝蔓时可适量选留短枝蔓来填补空缺。应尽量选距主蔓较近的枝蔓留作结果母枝，越近越好。应根据生长状况将选留的枝蔓修剪到饱满芽处。枝蔓的更新修剪，原则上选留从原结果母枝基部抽生或直接着生在主蔓上的枝条作为结果母枝，将上一年的结果母枝回缩到更新枝附近或完全疏除掉。每年至少使全树 1/2 以上的结果母枝得以更新，2 年内全树更新一遍。预备枝的培养是指，对于着生位置靠近主蔓的、未留作结果母枝的枝蔓，剪留 2～3 芽为翌年培养更新枝。留芽数量主要取决于所设定的单株产量指标。

1. 冬季修剪方法及其作用

(1)短截。将枝条短截一段可刺激剪口芽及其以下几个芽的萌发。短截程度不同，修剪反应也不相同，短截越重刺激作用越强。

(2)疏剪。疏剪是指将枝条从基部剪除。通过疏剪可以调节枝条的密度，使树冠通风透光，还有“抑前促后”的作用。

(3)回缩。回缩是指对多年生枝进行短截。回缩对树体既有削弱作用也有促进作用，回缩减少了叶面积，对树体有削弱作用，但它节约了养分、可促进后期枝条的生长。

(4)拉枝。拉枝是指将直立或斜生枝拉平。拉枝可以缓和枝条的生长势，可以填补树体的生长空间，使其枝叶分布得更加均匀。

(5)绑枝。绑枝是指将枝绑于拉丝上，固定其位置，调节其生长方向。

(6)伤芽。伤芽是指人为地损伤枝背上的芽，促进侧芽萌发，同时还可避免背上芽长出强旺的直立枝而扰乱树形。

2. 修剪强度

除了剪除枯枝、病枝外，冬季修剪主要是考虑留芽量、结果母枝的剪留长度和枝蔓更新等。

留芽量取决于预定单株产量的指标，其计算公式表示为：

单株留芽量＝单株预定产量(kg)/萌芽率(%)×果枝率(%)×每果枝果数(个)×平均单果重(kg)

上式中的萌芽率、每果枝果数和平均果重等，取自各品种2～3年的平均数据。

3. 冬剪注意事项

猕猴桃结果性很强，特别是结果枝有连续结果的特性。达到结果年龄的猕猴桃树，除主干基部萌发的徒长枝外，几乎所有的新梢，包括结果后的各类结果枝，都能形成混合花芽，从而成为翌年的结果母枝。各类结果母枝的剪留长度视其强弱和长度而定。一般长且强旺的结果母枝应轻剪、多留芽，短而细弱的应适当重剪、少留芽。

枝蔓更新分为结果母枝更新和多年生枝蔓更新。对已衰老的或连续结果2～3年及以上的结果母枝应进行更新，更新方法依具体情况而定。如果结果母枝的基部有生长充实健壮的结果枝或营养枝，可将结果母枝回缩至健壮部位，以防结果部位的外移；如果结果母枝生长过弱或其上分枝过高，则应将其从基部潜伏芽处剪除，促使潜伏芽萌发。对多年生枝蔓的更新也分局部更新和全株更新。对衰老、结实能力下降的枝蔓，将其从基部的分枝处疏除；全株枝蔓失去生产能力时，将老蔓从基部一次剪除，利用从基部萌发的萌蘖枝重新形成植株。

猕猴桃枝蔓的髓部大而中空、组织疏松，水分极易蒸腾，而且伤口的愈伤组织形成较慢，剪口下易干枯。因此，修剪时剪口不宜离芽太近，应留出2 cm左右，以保护剪口芽。

此外，冬剪还要考虑不同树龄的生长发育特点，使幼株及时成形，使成年树丰产、稳产，使老树复壮、延长结果年限。

(二)夏季修剪

夏季修剪即生长期修剪，泛指从萌芽后至落叶前的修剪，主要集中于4～8月进行。夏季修剪的主要任务，一是选留与培养结果母枝和更新枝；二是修剪结果枝，以保持枝蔓井然有序、通风透光。夏剪始于4月，分多次进行。

不结果、无利用价值的嫩梢应一概剪除。较直立的徒长枝可留桩短剪，其短桩上要留2～3个腋芽，以抽生理想的更新枝。结果枝修剪以摘心为主，一般要求结果枝上的叶果比不低于(2～3)∶1。但也有人提出“零叶”摘心修剪的方法(图10-5)，即将结果枝末位1个果以上部分全部摘去，仅保留结果部位的叶片，其目的是清除能抽生副梢的所有腋芽。新梢先端一出现缠绕应立即除去。6～7月是夏季修剪的关键时期，主要任务首先是选择翌年的结果母枝，对营养枝或靠近主蔓的结果枝应尽量长放，以培养成为翌年的结果母枝。在生长季可抽生 2～3 次副梢，为使树冠不郁闭并平衡生殖生长与营养生长，对经摘心或短截的枝蔓顶端抽生的副梢可留适当长度进行反复摘心，尤其要抑制或控制结果枝结果部位以上副梢的抽生与生长。为了控制摘心后不抽副梢，可采用上述"零叶"摘心的方法，也可采用"掐芽"的方式，即于 5 月将结果枝顶端的嫩芽掐得"半死不活"，以抑制其腋芽萌发。所有枝蔓都应合理分布，尽量不超出所限定的空间。对缠绕枝和 T 形架行间阻挡通道的强旺枝，应一概短剪或除去。要确保大棚架叶幕的透光性，以树冠下地面能产生斑驳光亮为度。

图 10-5 "零叶"摘心修剪(张慧琴 提供)

1. 夏季修剪方法及其作用

(1)除萌。除去树干上及基部的萌蘖，可以节约养分，并避免萌条扰乱树形。

(2)抹芽。在春季萌芽时，抹除结果母枝上的下垂芽、过密芽、弱芽和病芽，可以减少树体养分消耗，使留下的芽抽梢健壮，防止无用枝蔓生长，使树冠通风透光。

(3)摘心。摘心是指摘除新梢的嫩尖。对结果枝做以下处理：一般从结果枝上最末一个果起留 6 片叶摘心，对于生长势强的长果枝可留 7～8 片叶摘心，而对于自然停长或"自剪"的果枝一般不做处理；二、三次梢留 2～3 片叶连续摘心(幼树除外)。对发育枝摘心可充实蔓芽，使枝条增粗、芽饱满，也可促进分枝；开花前对结果枝摘心可以提高坐果率。

(4)剪梢。剪梢是指将已木质化或半木质化的新梢进行短截，促其分枝。

促形成分枝的作用剪梢比摘心的更大。直立枝短截后抽生的枝条可改向成为水平生长枝，其中6月抽生的分枝大都可以培养成翌年较好的结果母枝。植株之间的交叉碰头枝也可适当剪短，以便于通行。

(5)疏梢。疏梢是指将新梢从基部剪去。疏去弱梢和过密的新梢，可以减少养分消耗，并使树体通风透光。

(6)打梢。生长后期，用棍子打断梢尖，可促进枝、芽充实。

(7)环割。用环割工具在枝或干某部位环状剥皮1圈或半圈，在不伤及其木质部的同时，割断韧皮部，以阻断光合有机产物向下运输，使光合有机产物更多地积累于果实。环割后，在有效增产的同时生长素含量降低、乙烯含量增加，控梢封顶，促进枝条老熟。环割宽度不超过5 mm，2次环割之间的距离应大于10 cm。环割时间一般在7月。一般对树龄较大、长势旺盛的树进行环割，1年环割1～2次(旺树可环割2次，第2次环割要在第1次环割的伤口充分愈合后再进行。中庸树环割1次)。弱势树和发生病虫害的树不宜进行环割，树龄低于7年的不建议环割。

(8)环刻。环刻是指用刀在枝的某部进行环状刻伤，深达木质部。环刻的作用与环剥相似，但效果较环剥稍差。

2. 夏季修剪注意事项

夏季修剪量不宜过大，每次的修剪量尽量不超过树体枝叶总量的5%。特别是在高温、高湿的夏季，修剪伤口不宜过多、过大，否则易引发病虫害。修剪前须对修剪工具进行消毒，而且要做到“一树一消毒”。环割后需要对伤口进行包扎，剪口过大时需要用保护剂涂抹，以免被病菌侵染。

(三)雄株与不同龄期树的修剪

1. 雄株修剪

雄株的修剪容易被忽视，有的果农错误地认为它只开花不结果，不修剪花还多一些。如果不修剪，几年之后树体就会未老先衰，甚至死亡。尤其是庭院猕猴桃，经常出现雄株死亡现象。而在生产园，雄株又常采用与雌株相同的方法进行修剪，结果是减少了雄株的开花量。

为使猕猴桃雄株能提供更多的花粉，谢花后应对雄株进行修剪。修剪时，对已开过花的母枝要进行回缩，留2～3个未开花的发育枝作为翌年的开花母枝，短截或疏除其余花枝。对多年未修剪的雄株，应在开花后进行树体改造，首先疏除和回缩部分多年生蔓，形成一个基本树形，然后再按上述方法进行修剪。新梢的夏季修剪重在对新梢的长放和反复摘心，培养健壮的更新母枝，疏除弱梢和过密枝。雄株的冬季修剪只疏除枯枝、病虫枝、缠绕枝和基部萌蘖。

2. 初果期幼树修剪

初果期幼树的修剪宜轻，要适当多留枝叶，以辅助主干、主蔓的增粗，为以后的丰产培养好壮实的骨架。冬季修剪时，应适当多留结果母枝，宜轻短截，结果母枝要均匀地绑缚在架面上，要逐步疏剪辅养枝。夏季修剪时，应在结果母枝上适当多留新梢，其他按修剪原则进行。

3. 盛果期修剪

猕猴桃栽后4～5年进入盛果期，盛果期的整形修剪原则为：前期多缓放，促进成花，以果控制树势；中期应均衡应用短截、缓放等措施，维持树体生长势中庸，使结果状态稳定；后期多采用重短截、重摘心等促进营养生长的修剪措施，以防止树体过早衰弱。夏季修剪应重点控制叶幕层的厚度，把握的原则是地面可见适量的光斑，光斑占树体投影的15%～20%。注意留枝、留果不要互相拥挤。

4. 衰老树修剪

对衰老树要重修剪，以促其更新复壮。对结果母枝进行重回缩，利用其中生长较好的枝条更新结果母枝。利用主枝上隐芽发出的徒长枝更新结果母枝。主枝严重衰弱的，要利用主干上的萌蘖更新主蔓。如果主干严重损坏，可锯至未损坏处，通过促主干上的隐芽萌发抽梢来更换主干。如果主干已经死亡，可利用基部萌蘖高接换头，重新培养良种树冠。

第二节　猕猴桃省力化管理

从世界果树产业的发展来看，省力化栽培是必然趋势。随着社会经济的发展，我国的农业用工也渐趋短缺，劳动力成本不断上涨，果树产业也不例外。深入研究适合本地特点的猕猴桃省力化栽培技术，已成为猕猴桃栽培模式转型和产业升级的关键切入点。猕猴桃省力化栽培主要包括地面机械化作业、肥水一体化自控灌溉和整形修剪标准化。地面机械化作业指充分利用果园除草、耕作、施肥、喷药等机械设施进行果园高效栽培管理，使猕猴桃生产由人力劳作逐渐转向机械化作业，提高猕猴桃生产的标准化、规模化和组织化程度。适宜机械化操作的猕猴桃种植株行距为4 m×5～6 m，同时果园道路也要适应机械化作业。

一、机械挖栽植坑、开沟施肥

新建果园时，可以使用翻转犁、深松机等挖定植穴。翻转犁通常采用功率为60～97 kW的拖拉机，深松机通常采用功率为30～45 kW的拖拉机，可挖直径1 200 mm、深1 000 mm或直径400～700 mm、深400～700 mm的土坑。种植前在坑内填入秸秆和农家肥。机械挖坑速度快、效果好，深翻、深松土壤，打破犁底层，达到保水、抗旱的作用。可用自走式开槽机挖宽、深均为 80 cm 的长槽，用秸秆、杂草、农家肥回填后栽植果树，或在幼树期植株的两边开槽填埋农作物秸秆和深施农家肥，增加土壤的有机物含量，提高土壤的蓄水保肥能力。

二、机械中耕、除草

田园管理机或微耕机在果树行间作业，可以清除杂草、浅耕保墒，增加土壤的透气性，还可以施用速效肥料，增强树势。机械开沟施肥，是指使用机械在果园内顺着果树行向，每行开 1 条宽、深均为 20～30 cm 的条状沟，将肥料施入沟内并覆土，适用于较规整的果园。开沟可按“井”字形，横、竖方向每年择 1 个方向作业。机械全园普施肥，是指先将肥料普施于果园表面，秋季或冬季深中耕(25 cm 左右)把肥料翻入土壤内，主要用于布满根系的成龄果园大批施肥，肥料多以粗肥为主。全园普施肥也可用牵引式撒肥机，该机具有性能可靠、通用性强、适应性广、抛撒均匀、省时省力等特点，可与功率为 22～100 kW 的拖拉机配套，以播撒石灰、各种沤肥、有机肥为主，配套相应功能部件后还可实现开沟、施肥、覆土一条龙作业。果园割草机有背包式、乘坐式、玛斯特履带自走式割草机、液控果园割草机、偏置式旋转割草机等类型，可根据需求选择适合的类型。如专为果园设计的某除草机，适于低、矮、窄条件，易操作、效率高，可在坡地果园的行间除草，适宜于窄行距作物或不规则地块除草。某后正悬挂式圆盘割草机可用于大草、密草、杂草的果园，其内设的风机可促进排草通畅，其排草风量大、可靠性高、工作效率高。除草机械的宽度窄、转弯半径小，有利于作业机械的整体转弯。偏置式旋转割草机能粉碎近树杂草，并将粉碎后的杂草喷到树旁，促进有机肥吸收，作业时设备不与果树接触。

三、水、肥一体化技术

1. 液体施肥枪

液体施肥枪由通用机件和专用机件两大部分组成，是液态肥(药)地下施用和地上喷施的理想工具。将多功能枪出厂时设置为地上喷雾状态，接入高压药(肥)液即可对果树及其他农作物进行地上喷雾。进行地下施肥作业时，须换装地下施肥装置。

2. 水肥一体化

水肥一体化技术是一种将灌溉和施肥相结合同时进行的农业新技术。实施水肥一体化作业，需要配备压力灌溉系统，或利用地形的自然落差将水肥混合液直接灌溉到作物的根部。水肥混合液是将液体肥料或可溶性固体肥料均匀混入灌溉水中所得。根据农作物自身的生长特点及对营养的需求，通过水肥一体化技术进行定时、定量的肥水灌溉，可以准确控制肥、水用量。因为是直接作用在农作物根部，吸收效果更好，肥水利用率高。

水肥一体化技术涉及平衡施肥、节水灌溉、施肥设施、营养诊断等，将滴灌、喷灌和水肥技术融为一体，是当前重点推广的新技术。水肥一体化技术的优点可以概括为“三省三节三增”——省心、省力、省工，节药、节肥、节水，增产、增收、增效。

四、收集花粉、授粉

人工授粉可以弥补自然授粉的不足，是现代猕猴桃生产中提高果实产量与质量的关键措施之一。随着技术的进步，人工授粉方法不断改进，可分为简易授粉和机械授粉两类。

1. 花粉制备

制备花粉是人工授粉的基础工作和首要任务。花粉制备包括花粉的收集、调制和存储，大致要经过采摘花朵、处理花药(脱离、除杂与干燥)、收集花粉和调制成品等步骤。选择比雌树品种花期略早、花粉量多、与雌性品种亲和力强、花粉萌芽率高、花期长的雄株，于上午 9：00～11：00 集中采集含苞待放或初开放而花药尚未开裂的雄花，以花蕾露白 1/3、手按有蓬松感为宜，花瓣张开 1/3 的雄花也可。可用“猕猴桃剥花机”等分离、获得花药，然后是脱粉，方法有：①将平摊在纸上的花药置于多功能花药烘干恒温箱内，在 22～28℃条件下放置 20～24 h，使花药开放散出花粉。有条件的可优先选用该法。②将花药摊放在一个平面上，在平面上方 1 m 处悬挂 100 W 的电灯泡照射，待花药开裂后取出花粉。此法温度较难控制，需要密切监控，以确保温度不超过 28℃。将阴干或烘干的花药过 100 目筛，用研磨机研磨筛余物再过筛，重复 3 次研磨和过筛，直至花粉从花药中充分分离出来。

为了激活花粉的活性，冷藏的花粉使用前必须常温解冻吸潮 24～48 h。花粉解冻后不宜长时间存放，以免影响授粉质量。比如，上年采集并贮存于－20℃的陶木里花粉，使用前须先将其放在 5℃的环境中 48 h，再置于常温下 5～7 h。这种使用前逐步升温的办法效果较好。

2. 机械授粉

机械授粉分为机械干式授粉和机械湿式授粉。

(1)机械干式授粉。机械干式授粉的授粉器主要由吸粉腔、贮粉腔、喷粉管和动力系统4部分组成。授粉所使用的花粉宜用自制的或来自正规企业的纯花粉，盛果期用量200～500 g/hm^2，按1∶(1～2)的比例混配专用染色石松子，以1∶1的比例混配的效果最好。一般在花期喷粉2次，全园开花30%～40%时喷1次，开花70%～80%时再喷1次。贮粉腔的装料不能超过其80%的容量。阴雨天授粉效果很差。授粉前应做好水肥管理工作，以促花、壮花。机械干式授粉是目前最常用的授粉方法之一。

(2)机械湿式授粉。选择没有喷过农药(或除草剂)的喷雾器洗净待用。按1∶10∶9 989的重量比将花粉、白糖和水配制成花粉悬浮液，也可在1 g/L的花粉悬浮液中添加1 g硼酸、4 g阿拉伯胶和10 g白糖。配制的花粉悬浊液要在1 h内用完，以免花粉在液体中浸泡时间太久吸水膨胀而破裂，影响授粉效果。喷雾时调节喷头保持雾化良好，喷头向上对着雌花喷。喷头距花朵约15 cm，不可太近。喷雾时要迅速，不可在一处停留过久，以免形成水珠后使花粉随水珠滴落而降低授粉效果。新西兰人在花粉液中添加食用色素，以显示喷过的部位，以免漏喷或重复喷。雨天要待雨停后喷雾授粉，隔1 d再喷1次。晴天一般喷1次即可。在花粉液中加入0.5%～1%的蜂蜜，效果会更好。花粉用量一般为450～750 g/hm^2。采用几种授粉品种的混合花粉对雌花授粉，效果比用一种花粉好，一般坐果率可提高5%～10%。目前机械湿式授粉在生产上的应用还不太多。

五、果园植保机

果园植保机有牵引式高压静电喷雾机、助力自走式高压静电喷雾机、自走式风送打药机、履带自走式遥控果园喷雾机及无人机等多种类型。牵引式高压静电喷雾机喷幅可达6 m，药箱容积达100 L，8喷嘴的额定流量达1.44 L/min，作业效率为3.33 hm^2/h，最高车速可达20 km/h。该机具低矮狭长车身、四轮驱动六轮底盘、百米喷枪管线等设计，通过性好，能电动回收卷盘，行走能力强，安全性高，越野性突出。助力自走式高压静电喷雾机喷距达6 m，喷幅为2 m，喷雾流量为0.48 L/min，配套动力为3.5 kW，作业效率为0.53 hm^2/h，具有体积小、重量轻、方便在狭窄区域作业等特点，作业效率高，可节约农药50%以上。

六、机械粉碎果树枝条

果树枝条粉碎机可以将修剪下的果树枝条加工成木屑，木屑可作培养食用菌的基料和生产高密度板的原材料，也可堆沤成肥料使用。

七、冷链贮藏

刚采收的猕猴桃果实自身带有较多的田间热量，贮藏前要尽快排除田间热量。若作为鲜销果实，可直接运到销售地进行催熟上市，果箱在车内必须码成花垛，以便通风散热。从贮藏库运往市场，最好用冷藏车运输。尽量减少二次转运所造成的机械损伤，普通货车运输一定要采取防震措施，减轻果实碰撞，运输过程中可加冰或先预冷再加保温层。

果品机械分拣(图 10-6)是利用果品分级机进行自动化分拣，可提高作业效率 30～50 倍，减少用工和开支，一般在大型果品冷链贮藏库使用。

图 10-6　小型果实自动分级机(张慧琴　提供)

参考文献

[1]黄宏文. 猕猴桃属分类资源驯化栽培[M]. 北京：科学出版社，2013.
[2]齐秀娟，韩礼星. 怎样提高猕猴桃栽培效益[M]. 北京：金盾出版社，2006.
[3]谢鸣，张慧琴. 猕猴桃高效优质省力化栽培技术[M]. 北京：中国农业出版社，2018.

第十一章　猕猴桃土、肥、水管理

果园土肥水管理是猕猴桃生产的基本环节，是猕猴桃高产、优质、高效的基础。加强土壤管理、注重科学施肥、实施节水灌溉的技术措施，可使果园的土壤结构得到改良，起到节省肥料、节约用水、少投入、多产出的作用。果园管理的好坏直接关系到果园经济效益，因此需要高度重视。果树生产先进国家对猕猴桃土肥水管理极为重视，相关研究成果很多，并用于指导生产。我国的相关研究工作起步虽晚，但成绩显著。本章根据国内外猕猴桃土、肥、水管理的研究成果和先进技术经验，简要阐述现代果园土肥水管理技术，为猕猴桃丰产优质栽培提供参考。

第一节　土壤管理

一、土壤管理制度

(一)清耕法

清耕法是指在果树生长季经常通过中耕、除草来保持果园地面无杂草和土壤表层疏松的土壤管理方法。在灌溉后或杂草长到一定高度后即须进行中耕松土与除草。

清耕的优点：①经常中耕除草，清耕园通透性好，尤其是密植园。②在经常清耕的条件下，果园易做到较彻底地清园，清园时配合深翻土地，对控制病虫害的效果较好。③多次浅清耕有利于春季土壤温度的上升。④技术简易，投入小。

清耕的缺点：①表层以下有一个坚硬的"犁底层"，长期清耕会破坏土壤结构，表层水、土、肥易流失，影响通气和渗水。②长期清耕，土壤有机质含量下降得快，对人工施肥，尤其是对有机肥的依赖性强。③清耕条件下，果树害虫的天敌少。④清耕管理，劳力投入多，劳动强度大。在实施清耕法时应尽量减少中耕除草的次数，或者在长期施用免耕法、生草法后进行短期性清耕。

(二)覆盖法

覆盖法也称覆盖制，是指用覆盖物覆盖全园或部分面积进行土壤保墒、提高地温、灭草或改善树冠内光照状况等的方法。所用的覆盖物有薄膜、秸秆(粉碎或不粉碎)、粗沙等。在覆盖法中，覆盖材料不同，其功能和管理特点也不同。

1. 薄膜覆盖

薄膜覆盖(图11-1)常用的薄膜材料是0.02 mm厚的聚乙烯塑料膜，白色或无色透明，每千克可铺45 m^2左右的地面，操作与保管好时可用2年，一般只能用1年。

图11-1 猕猴桃园薄膜覆盖(王仁才 提供)

薄膜覆盖的优点：①抑制土壤水分蒸发，尤其是在春夏季节，保墒效果非常好。②提高地温，尤其是早春，可促使果树根系提早开始吸收养分，早萌芽、早开花。③灭除或抑制杂草，减少病虫害，阻止在土壤中越冬的害虫返回树上。④果园通风透光好，树冠内光照状况有一定的改善。⑤排水良好的情况下，涝害轻。

薄膜覆盖的缺点：①覆盖会使果树早萌芽、早开花，有的地区可能会增加晚霜的危害率。②由于土壤中养分转化得快，导致土壤肥力降低得快，土壤中有机质含量降低得也快，从而增加了对人工施肥的依赖。③减少了蚯蚓、害虫天敌等有益动物的种群与数量，会增加果园化学防治病虫害的投入。这些缺点可通过采取带状覆盖、树盘覆盖、延迟春季覆盖等措施来缓解。

2. 秸秆覆盖

可用麦秸、豆秸、玉米秸或谷糠，也可用杂草等取之方便的植物材料，进行全园覆盖、带状覆盖或树盘覆盖。

秸秆覆盖的优点：①保墒、保温。覆盖后土壤可以较稳定地保持一定的湿度，土壤温度的变化也缓慢。②提高肥力。长期覆盖结合翻耕，可增加土壤的有机质含量，提高土壤肥力。③改善土壤的团粒结构。覆盖使土壤结构得到良好的发育，团粒结构增加，也是一种形式的免耕。④防止返盐。由于地面蒸发受抑，下层的可溶性盐分向地表上升、凝集自然减少，因此，在旱季根系分布层中的盐分减少，盐害减轻。⑤有一定的抑制杂草的作用。

秸秆覆盖应注意的问题：①秸秆覆盖费材料、费工，增加成本，只宜在劳动力多、秸秆材料丰富且易获取的地区实施。②山坡地覆盖不当时，暴雨季节易引起较大的冲刷和水土流失。③易发生鼠害和火灾，造成果园损失。防止这些问题发生的措施：①早春翻晾覆盖材料，或轮番倒翻一边，使部分覆盖过的地面晒太阳，以利于土壤升温。②用畦埂或土壤压住覆盖材料，防冲刷、隔火。③树干套铁皮或包扎塑料膜，避鼠。④距主干 10 cm 范围内不覆盖。⑤覆盖厚度达 20 cm。

3. 沙、石覆盖

在我国西北地区，如河西走廊，有用沙、石覆盖农田和果园的传统。沙、石覆盖的目的主要是保墒，也有增加土壤积温的效果，这对干旱和半干旱地区、年积温低的地区，是非常有意义的。沙、石覆盖可分为长期覆盖和短期覆盖：①长期覆盖。先在幼树树冠下进行小面积覆盖，后逐渐扩大面积，至带状覆盖或全园覆盖。覆盖厚度为 10～20 cm，施肥时可挪动石块，施肥后恢复原覆盖状。②短期覆盖，主要在土壤蒸发量最大、降雨最少的季节覆盖，覆盖厚度也是 10～20 cm。

(三)生草法

生草法也称生草制，是指在全园种草或只在行间带状种草来管理土壤的方法(图 11-2)。国外果园普遍采用生草法，使土壤有机质含量大大提高。所种的草一般为人工播种(或移栽)的多年生牧草，或利用自然生杂草，但要剔除个别不适宜的种类。草的种类主要是豆科与禾本科牧草，如紫云英、毛叶苕子、三叶草、百喜草、黑麦草等。生草法是果园土壤管理的方向。

生草法的优点：①减少水、土、肥流失，增加土壤有机质，改善土壤结构，提高土壤肥力。尤其是在山坡地、河滩沙荒地，效果更突出。②生草条件下，可以缓和土壤表层温度的季节变化与昼夜变化，同时减轻了果园涝害，有利于果树根系的生长和吸收活动。③生草园有良好的生态条件，害虫天敌的种群多、数量大，增强了天敌控制病虫害发生的能力，减少了人工控制病虫害的劳力和物力投入，减少了农药对果园环境的污染，为生产绿色产品提供了良好条件。④较清耕园、覆盖园省工，节省投入。

图 11-2 猕猴桃园生草(王仁才 提供)

(四)清耕覆盖生草法

清耕覆盖生草法综合了生草法、覆盖法和清耕法的优点，使果园的土壤管理效果达到最优。清耕覆盖生草法是对生草法、覆盖法和清耕法的综合运用，其优点有：①清耕法可以避免草与树体竞争养分和水分。②覆盖法可以供给有机物，防除杂草，防止水土流失，抑制土壤水分蒸发和调节地温。③生草法可补充有机质，改善土壤物理性状，防止水土流失，调节地温等。④结合这 3 种方法的管理，以生草法作为基础，在 3～8 月，待农作物开花结果时进行清耕，阻止草与作物争养分，9～12 月用覆盖法保持土壤温暖(8 月，土壤不需要保暖)。

(五)间作套种

间作套种是指在同一块土地上，按照一定的行、株距和占地的宽窄比例种植不同种类的农作物，以充分利用空间和土地为目的的一种农业生产模式，也可称为立体农业(图 11-3)。猕猴桃间作种植可以保土固水，防止水土流失，同时增加土壤的有机质含量，改良土壤。幼龄猕猴桃树体喜欢遮阴环境，可在幼龄果园间作 1 年生高秆作物(如玉米)，以减少果园的管理难度，增加苗木的成活率。成龄果园种植间作物前要先用旋耕机进行土壤旋耕，可以间作一些耐阴的、花期与猕猴桃错开的(以不影响传粉)矮秆经济作物，如草莓、马铃薯、葱、蒜等。也可以在行间种植紫花苜蓿、红花三叶草等绿肥，一般绿肥作物都有深根聚氮作用，其根部具有根瘤菌，能固定土壤和空气中的氮素。此外，猕猴桃间作绿肥不能连作，注意轮作倒茬。

图 11-3 猕猴桃园间作套种(王仁才 提供)

二、树盘管理

1. 中耕除草

中耕除草是指在生长季将田间杂草用人工或机械方法铲除的传统土壤管理制度。中耕除草针对性强、干净彻底、技术简单，在铲除杂草的同时还利于通气、保墒。整个生长季可根据需要进行多次中耕除草，要抓住有利时机早除、除小、除彻底。采用人工中耕除草操作方便，不用考虑机械行走的位置，除草效果好，行间、株间的杂草均可铲除，但耗劳费时、效率低。机械中耕除草工作效率高，但除净度不如人工，行间须留有机械运行的位置。

在猕猴桃生长季，根据果园土壤板结及杂草生长的情况中耕 2～3 次，深度为 5～10 cm。发芽前(3 月上、中旬)，结合追肥松土 1 次。在 5 月上、中旬的果实迅速生长期，结合除草追肥松土 1 次。初建园，可结合间作物的管理及时清除树盘杂草，保持土壤松透、无杂草。

2. 培土

培土是指在除草及整理沟渠时，用中耕机在作物之间翻土，将翻上来的土覆在作物的根部的田间作业，在增加根部土壤的同时，还疏通了田间沟渠，有利于排水防涝。

丘陵山地土层瘠薄，水土流失严重，易使根部裸露。遇夏季雨后天晴高温时，易造成大量裸露的须根死亡，导致枝叶萎蔫。培土和客土可起到增厚土层、改良土壤结构、保肥保水的作用，是果园土壤改良及根系保护的一项有效措施。

一般每株培土 150～250 kg，培土厚度以 5～10 cm 为宜。培土前须先耕松园土，然后耕耙或浅刨，使所培土与原土壤掺混，切忌原土层与新培土分开(即"形成两层皮")。也可于秋末冬初将培(客)土置于树盘周围分散堆放，经冬季冻融松散后，翌年春季萌芽前将其与原土混合均匀后覆盖在树盘附近。注意培土时不得掩埋嫁接口部位。

3. 覆盖

夏季的树盘覆盖是防止土壤干旱的措施之一。树盘覆盖的好处有：①可以降温，盛夏可降低地表温度 6～10℃，有利于根系生长。②可以防止土壤水分蒸发，保湿抗旱，覆草后 10 cm 土层的含水量比清耕的提高 11%～12%。③可以防止杂草生长。④覆盖物翻入土中，可增加土壤有机质，提高土壤肥力。⑤覆盖可以减少地表径流，防止水土流失。

可以利用稻草、杂草、山青、秸秆、锯木屑、塘泥等材料进行树盘覆盖。覆盖时间在旱季前、中耕后。覆盖厚度20 cm，近主干处留空隙。旱季过后应及时将覆盖物翻入土中。此外，采用专用可降解地布覆盖方便实用。

三、土壤改良

1. 种植绿肥

绿肥是重要的有机肥源，养分含量丰富，其有利于培肥土壤、改良土壤物理结构、促进团粒结构的形成和微生物的活性、增强土壤的通透性和蓄水保肥能力、提高土壤的有机质含量。种植绿肥还能减少化肥的使用量，减轻土壤污染，改善农业生态环境。猕猴桃园种植绿肥(图 11-4)的优点有：①增加土壤中的氮含量。果园种植三叶草等豆科绿肥，以鲜草产量 30 t/hm^2 计，则每公顷可增加氮素 112.5～187.5 kg，相当于 225～375 kg 尿素。②有利于改良土壤。新鲜绿肥中含有 10%～15%的有机物，压入土中后成为腐殖质，有利于土壤形成团粒结构，从而改良土壤的理化性能。③夏季绿肥覆盖土壤，可以防止地温过高。高温季节，种植绿肥作物的土壤表面温度要比土壤清耕的低 9～16℃。④减少地面径流，防止水土和肥料流失。⑤防止杂草滋生，减少清耕铲草投入。

在猕猴桃园内种植绿肥，投资少、收效大，水土保持效果好。适合南方栽培的优良绿肥品种很多，冬季有黄花苜蓿、满园花、苕子、紫云英、豌豆、箭舌豌豆等，夏季有绿豆、印度豇豆、乌豇豆、田菁、柽麻等。多年生绿肥三叶草在南方春、秋季均可播种。各地可选择适合当地气候条件、生长迅速、覆盖面大、鲜草产量高、不与猕猴桃争水争肥、养分含量高的绿肥品种进行间作，成年猕猴桃园全部遮阴以后，冬季仍可种一季绿肥。翻压绿肥时可撒施石灰来中和土壤酸性、增加土壤钙质，用量为 375～750 kg/hm^2。

图 11-4 猕猴桃园种植绿肥(王仁才 提供)

2. 深翻扩穴，增施有机质

通过深翻扩穴并增施有机肥料，可以培肥土壤、改良土壤的物理结构、提高土壤的有机质含量。深翻扩穴一般在树苗定植后的次年进行，时间宜在根系生长缓慢期，一般在 2～4 月和 9～10 月，以 9～10 月最适宜，此时温度湿度适中，深翻时受创的根系容易愈合，也容易生长新根。

深翻扩穴时，沿树冠滴水处向外挖深、宽各 50 cm 的环状沟，向沟中施入肥料。最好分层施入有机物和有机肥，如绿肥、牛圈肥、人畜肥、煤灰、堆肥、阴沟泥、塘泥等，适当加油枯、磷肥、石灰等，每穴用量为 25～50 kg，一般有机物填入最底层，上层为有机肥，施一层肥回填一层土。

3. 客土

客土是一种改良土壤的方法，是将其他地方的土壤(通常质地较好，如沙壤土)或根据需要人工配制的土壤置换原生土壤。客土可以改善土壤的理化性状，提高土壤的有机质含量。

为了提高改土效果，可根据天然土的具体情况在客土中添加一些功能物质：①纤维材料，在增加有机质含量的同时还可防止土壤团粒散落。②各类肥料。③土壤改良剂，如保水剂、黏合剂和土壤稳定剂等，提高客土的保水性，增强团粒结构和稳定性。

客土栽培的实质是挖走原来不适宜植物生长的原土，回填适宜生长的土，从而彻底改变不利于植物生长的基质。为了防止周边原土中不利于植物生长的盐分、有毒有害物质的侵入，可建设隔离体系：用石屑、炉渣等颗粒较大的隔离材料隔离下部原土与客土，阻断下面的水分通过毛细作用渗透到上面的客土中；用墙、板、薄膜等将客土与四周的原土隔离，防止原土中的盐分或有毒有害物质向客土中渗透。客土表面可以覆盖沙石、树屑等来抑制水分蒸发。

4. 调整土壤酸碱度

酸碱度是果园成土条件理化性质、肥力特征的综合反映，其对果园土壤肥力及果树生长的影响很大。酸碱度直接影响果园土壤中养分的存在状态、转化特性和有效性，从而影响果树根系对养分的吸收。可根据土壤的酸碱特性来调整土壤的酸碱度。

(1)碱性土壤的调整方法。①重视有机肥料的施用，选择施用具有中和土壤碱性、改良碱化土壤的肥料。②施用石膏($CaSO_4$)、硫酸亚铁或硫黄等来调节碱性土壤。使用石膏时，通过离子代换作用将土壤中有害的钠离子代换出来，再结合灌水将之淋洗出去。③盐碱地中的可溶性盐碱较高，不适于果树生长，因此在盐碱地上种植果树，种植前必须排盐碱。可在果园内修条田和排水系统进行洗、排盐碱。具体做法是：顺行间每隔 20～40 m 挖 1 道排水沟，沟深 1 m，上宽 1.5 m，底宽 0.5～1 m。同时还要深耕施入有机肥。采取地面覆盖麦秸、玉米秸、杂草等措施，减少水分蒸发、防止盐碱上返地面。

(2)酸性土壤的调整方法。①重视有机肥料的施用，选择施用具有中和土壤酸性、改良酸化土壤的肥料。②施用石灰类进行改性，我国常用氧化钙或氢氧化钙，国外常用碳酸钙粉末。石灰的使用量可参考潜性酸度计算，并根据石灰的种类和性状、土壤的质地、有机质含量、植物种类及气候条件等综合考虑。过量使用石灰会使有机质过度分解，导致土壤板结。③果园覆盖植被可增加土壤中的腐殖质，腐殖质在吸收、保持水分和养分的同时，能与周围环境中的其他离子互相代换，提高土壤对酸碱度的缓冲力。

第二节 水分管理

猕猴桃既怕干旱又忌涝淹，与其他果树相比，其水分管理显得尤为重要。

一、排水防涝

1. 排水系统

排水是猕猴桃园管理工作中一项非常重要的措施。首先，园地不要建在低洼、地下水位高的地方。要在地块周围及行间开挖排水沟，经常疏通沟渠，使排水通畅。特别是对于质地黏重或地下水位较高的平地果园，或者是红壤丘陵果园的低洼地带，尤须重视挖排水沟(图 11-5)。4～6 月的梅雨季节，往往由于雨水过多造成果园积水而诱发黄叶病，甚至引起根系腐烂、整株死亡。要高度重视雨季及时清沟排水，至少要求土层深度 0.8 m 以下无积水现象。

图 11-5 猕猴桃园的排水沟(王仁才 提供)

高温干旱季节经常灌溉，此时要注意掌握灌水时间，地面灌溉做到速灌速排，即在水灌透后马上排出，否则极易发生涝害。

一般果园的排水系统有明沟排水、暗沟排水、抽水排水 3 种。明沟排水是在地面挖明沟，利用自然地势落差排水。暗沟排水多用于排除地下水。根据具体情况采取合理的排水方式。

(1)山地。一般丘陵山地果园多采用明沟排水，排水系统由总排水沟和与其连通的各级等高排水沟组成。总排水沟的流向一般与等高线垂直或斜交。

(2)平地。平地果园排水沟的流向应与果树的行向一致，由众多小排水沟将水汇集到较大的排水沟，最后由低处排出果园。

(3)地下水位高的低洼地或盐碱地。可采用深沟高垄栽培，以利于排水、排盐碱。在距树干约 40 cm 处向行间挖 4～6 条放射沟，直达行间排水沟。放射沟靠近树干端的宽度和深度均为 20 cm，靠近行间排水沟端的宽度和深度均为 40 cm。沟内放置作物秸秆(不用粉碎)，放一层秸秆覆一层土，同时每株树施入 50～100 g 尿素或 1～2 kg 商品生物有机肥。最后将多余的土覆于树盘下，呈馒头状。此方法在有效防涝的同时，还能优化根区，提高根系活力，防止早期落叶。

2. 雨季排水

夏季雨水多，常造成地面积水，致使土壤通气不良。土壤通气不良会抑制根的呼吸，同时还会抑制土壤中好气性菌的活动。在土壤缺氧的情况下，还容易积累各种有害盐类，引起根中毒，甚至根死亡。地下水位高，根系分布浅，易造成树体未老先衰。因此，雨季要保持园内不见“明水”，地下水保持在 1.3 m 以下。要及时排出受涝果园的积水，受涝严重时要扒开根茎部分土壤晾晒进行抢救，然后及时松土、增进土壤的通透性，以尽快恢复树体正常的生理活动。

二、蓄水保水

建在山坡地上的猕猴桃园，大多缺少水源、水土流失严重、蓄水保肥性能差。若缺少灌溉条件，产量和质量常受干旱的影响。因此，山地果园必须加强蓄水保水、科学灌溉，增强果树自身的抗旱力。下面是4项行之有效的措施。

(1)科学施肥。施有机肥为主，合理追施化肥。每年结合施有机肥进行土壤深耕，逐年撩壕扩穴，增加松土层，改良土壤结构，增强土壤的蓄水、保肥、抗旱能力。

(2)蓄水。根据果园的实际情况，挖坑建池、积蓄雨水。所蓄的水平时可用于施肥、喷药，旱时用于灌溉。蓄水池也可与沤制有机肥相结合，增加果园肥料来源。

在海拔500～1 000 m的山区，7～9月气温普遍比丘陵、平地低，在7月平均气温、雨量条件下，一般极少出现大旱。这些地区的猕猴桃园应以排水防洪为主，开设洪水沟、排水沟等。园内多挖山塘、水池用以留、蓄雨水，供干旱时使用。

(3)雨季结束后，尽快在园中地表覆盖作物秸秆、水草、山茅柴草等，也可在行间间作绿肥或蒸香蓟、薄荷、留兰香等害虫天敌的寄主植物。采取这些措施，夏秋季可降温、保湿、抗旱，冬季可保温防寒，还可有效地保护瓢虫、寄生蜂(蝇)等害虫天敌。

(4)地面覆盖保水。4～5月，就地刈割枝叶及青草覆盖于树盘周围，厚度是15～20 cm，行间空地任其自然生草。7～8月，旱季来临之前进行第2次覆盖，并将行间杂草就地刈割后自然摊放。果实采收后的10月，结合施用基肥进行全园翻耕，并将覆盖的有机物翻入土中作肥料，然后再刈割梯壁杂草覆盖地面。这样，既能全年保持树盘土壤的疏松湿润，起到良好的保水防旱作用，又能增加土壤肥力。

三、灌溉

1. 简易管道灌溉

传统的地面灌水虽然投资少、简单易行，但耗水量大、土壤易板结，且不便于果园操作机械化，管理不好还容易发生涝害。地面灌水不要一次灌水太多，切忌漫灌。可采用管道结合沟灌、穴灌等方式，少量多次，随灌随排，防止造成涝害。地面灌水适用于盛夏气温不太高、水源充足、土块平整、投资不足的园地。

管道灌溉是贫水山区最常用的一种灌溉方式。管道灌溉系统一般由输水系统和配水系统组成。输水系统一般由塑料管道(PVC)、铸铁管、钢筋混凝土管或者其他硬管材构成，配水系统一般采用 PVC 或其他硬质管材，另外还辅助以给水栓及移动塑料软管等田间配套设施。管道灌溉系统具有设计简单、投资少、易于建设、管理方便、单次灌溉时间短、节水等优点，在缺水山区被广泛采用。

2. 滴灌

滴灌通过过滤、加压与管道系统将水输至果树树冠下，由滴头将水均匀、缓慢地滴入土中，使土壤处于湿润状态，保持适宜猕猴桃生长的含水量(图 11-6)。这种方式灌溉可使猕猴桃根系周围土壤湿润，而树体株行间保持相对干燥。滴灌不需要整地，其用水量仅为喷灌用水量的 1/2、地面漫灌用水量的 1/3，甚至更少。滴灌果园树体生长结果好，产量高，品质优，省工省力、效率高。滴灌适于丘陵山区缺水果园，但需要较高的投入，对水质的要求也严。

图 11-6 猕猴桃滴灌(王仁才 提供)

3. 喷灌

喷灌是利用水泵、管道系统和喷头，在一定压力下把水喷洒到空中进行灌溉(图 11-7)。喷灌具有节水、不需要整地、效率高等优点，还有利于改善果园小气候，果实产量高、品质优。但建设喷灌系统时，一次性投入高，且在多风地区灌溉效率受一定影响。喷灌是发展较快的一种先进的节水灌溉方式，尤其适用于高温干旱地区及地形复杂的丘陵山地。喷灌可分为高喷、高微喷、低微喷。

喷灌可以调节猕猴桃园的小气候及局部生态环境。高温季节(7～8 月)进行喷灌，在补充土壤水分的同时，还可以明显提高空气的相对湿度，降低园内气温和地表温度，降低叶温和果温。在喷灌当天及第 2 d，空气湿度提高了

7%～32%，园内气温降低了 3.5～8.5℃，地表温度降低了 1.6～3℃，叶温和果温降低了 3～11℃。

图 11-7 猕猴桃喷灌(王仁才 提供)

喷灌省水、省工、保土、保肥，不占用土地面积。地形复杂的丘陵山地的缺水果园尤为适用喷灌。与沟灌相比，可节约用水约 60%，提高肥料利用率 25%～45%，喷后也不会造成土壤板结和过湿，土壤的通透性能良好。要根据气候条件、土壤条件及猕猴桃的生长状况等正确掌握进行喷灌的时间。南方地区一般在 7～9 月的高温干旱期进行喷灌。盛夏时，高喷、微喷的轮喷周期分别为 4～6 d 和 2～3 d，以土壤湿润深度 20～40 cm(猕猴桃根系密集层)为度，保持田间最大持水量的 60%～80%。

4. 雾化灌溉

雾化灌溉(图 11-8)由喷灌和滴灌技术发展而来，兼具两者之长，克服两者之不足。雾灌是低压运行，比喷灌节能；大多是局部灌溉，比喷灌省水；雾灌喷头直径在 0.5 mm 以下，雾化程度比喷灌高，对作物无损伤，土壤不会板结。

图 11-8 猕猴桃雾化灌溉(王仁才 提供)

四、生育期调亏灌溉

调亏灌溉是调控亏水度灌溉(regulated deficit irrigation，RDI)的简称，是在非充分灌溉(non-fullirrigation)或限水灌溉(limited irrigation)基础上发展延伸的一种新型灌溉策略。澳大利亚维多利亚州持续农业灌溉研究所 Tatura 中心的科学家们在 20 世纪 70 年代中期，在研究提高密植果园(桃树)生产率的过程中，首次提出并实际验证了这种节水灌溉技术。

调亏灌溉与非充分灌溉有所不同，主要区别在于前者是从作物的生理角度出发，根据作物对水分亏缺的反应，人为主动地施加一定程度的水分胁迫，以影响作物的生理生化过程，对作物进行抗旱锻炼，以提高作物的后期抗旱能力，即通过作物自身的变化来提高水分的利用效率。因此，调亏灌溉是一种主动利用水分胁迫正面影响的灌溉技术，是对传统灌溉理论的突破。调亏灌溉还可以控制营养器官的生长，提高根冠比，改变光合产物在营养器官和生殖器官之间的分配比例，以获得更高的经济产量，并且在增加产量的同时改善果实的品质。

调亏灌溉的早期研究主要在果树上进行。国外学者对桃树、梨树、苹果等果树在调亏灌溉下的生理生化反应、需水规律和调亏时期、调亏程度等做了大量研究，发现调亏灌溉能明显抑制果树的营养生长，大幅减少果树的需水量和剪枝量，而对果实产量的影响甚小。调亏灌溉在控制果树营养生长的同时，通过提高坐果率、增加单果质量来增加产量。在营养生长期实施调亏灌溉，降低了果树的枝条生长量，且降低量与水分的亏缺程度成比例；在调亏灌溉结束后的复水期间，果实生长显著增加，且下一个生长季果树的开花率明显增加。20 世纪 90 年代以后，调亏灌溉由研究提高果树产量转向改善果品品质，测试指标也由原来的定性描述转向定量调亏指标的研究，以期更好地运用这一技术。在果树生长季早期利用调亏灌溉技术，基本不会降低果实品质，对某些树种还会改善品质。调亏处理的果实比对照的硬度高，主要是因为干旱胁迫改变了果实软化的生理机制。果实颜色不受影响。与对照相比，调亏果实灼伤较少，提高了贮存质量。

第三节 施肥

一、施肥原则、时间和方法

（一）施肥原则

施肥应适时适量，以有机肥为主、化肥为辅，不应对果园环境和果实品质产生不良影响。应施用无公害肥料，多施有机肥和复合肥，包括腐熟的优质农家肥、沼肥、绿肥、饼肥、腐殖酸类肥料和氨基酸类复合肥、果树专用肥等，提倡使用微生物肥料和矿质肥料。

(二)施肥时间

1. 基肥

在10月底至土壤封冻前，为猕猴桃基肥施入期。采果后施肥越早越好，这时树体经过整个生长季节的消耗需要补充养分以恢复树势，同时根系进入第3次生长高峰，对肥料的吸收利用率较高，及时施肥还有利于花芽分化和促发新根。基肥以腐熟的优质农家肥、沼肥和饼肥为主，配合适量的矿质肥料。基肥施入量应占全年总施肥量的60%以上。

基肥施用量取决于树龄。定植当年，每公顷施优质农家肥或沼渣肥7.5 t、过磷酸钙300 kg；2～3年生树，每公顷施优质农家肥或沼渣肥22.5 t、过磷酸钙450 kg、硫酸钾5 kg；4～5年生树，每公顷施优质农家肥或沼渣肥30 t、过磷酸钙1 500 kg、饼肥600 kg；盛果期树，每公顷施优质农家肥或沼渣肥45 t、过磷酸钙1 500 kg、硫酸钾300 kg、饼肥750 kg。

施基肥应结合土壤深翻同时进行。幼龄猕猴桃园以开环状沟、条状沟、放射状沟施肥为主，从栽植穴的外缘或上一年深翻的边缘，每年向外扩展，沟宽30～40 cm、深40～50 cm，以不损伤根系为准。先将农家肥或沼渣肥与熟土混合均匀填在沟底，再将钾肥等撒在熟土上面拌均匀，最后把生土盖在上面。成龄猕猴桃园可把基肥均匀地撒在树冠下，全园浅翻一遍，以不损伤根系为度，把肥料盖住即可。施肥后要及时浇水，以利于根系对肥料的吸收。

2. 追肥

猕猴桃生长季可多次追肥。第1次为萌芽肥，可促进枝叶生长和花芽分化，于2月底～3月初猕猴桃芽即将萌动时追施，采用穴施或沟施，施后覆土。株施腐熟的人畜粪尿或沼液20～50 kg加复合肥0.1～0.2 kg，也可株施尿素0.1～0.15 kg加过磷酸钙0.2～0.3 kg。

第2次为果实膨大肥，以保证幼果迅速膨大和新梢生长所需要的大量养分，在坐果后10 d内追肥，以磷、钾肥为主，采用穴施或沟施，施后覆土。株施腐熟的人畜粪尿或沼液20～50 kg加磷酸二氢钾0.1～0.2 kg，或株追施猕猴桃专用复合肥0.25～0.4 kg。

第3次追肥是在生长旺季(5～8月)进行的叶面喷肥，以快速补充树体的养分消耗。应连喷3～4次，每次间隔7～10 d。喷肥时间应在无风晴天的上午9：00前、下午4：00后或阴天，这些时段喷肥可减少肥料的挥发和肥害。喷肥后6 h内如果遇雨应补喷。要严格掌握和控制叶面喷肥的浓度，常用的叶面喷肥的浓度为：腐熟的人粪尿10%～15%，沼液20%～50%，草木灰1%～5%，尿素0.3%～0.5%，磷酸二氢钾0.2%～0.3%，硫酸钾0.5%～1.0%，硫酸钙0.3%～0.5%，利果美有机肥800～1 000倍液，等等，可酌情选用。最后1次叶面喷肥必须在果实采收前20 d进行。沼液中含有速效氮、速效磷、速效钾及17种氨基酸、多种活性酶以及丰富的微量元素，用20%的沼液喷、浇猕猴桃苗木，既能改善叶片功能、延长生育期，还可有效防治病虫害，因此，应大力推广沼液肥。沼液要选用正常使用、常温发酵、出料口加盖的沼气池内的发酵液，提取池内的中层沼液，用纱布过滤后放置1～2 h再用。

（三）施肥量

猕猴桃生长迅速，枝叶繁茂，叶大而肥厚，其枝梢生长量远大于一般果树，同时其结实多、挂果时间长（一般为150～180 d），因此，猕猴桃生长的养分消耗量大（表11-1），需肥量较多，且需求养分的种类全面，不仅要注意氮、磷、钾肥的施用，还需适时补充微肥。

表11-1　修剪和采果树体矿质养分的年消耗

营养元素		春剪和夏剪	冬剪	采果	合计
每株年消耗量/(g/株)	N	67.3	62.7	66.2	196.2
	P	6.81	8.05	9.63	24.49
	K	80.7	39.7	132.7	253.1
	Ca	48.3	38.7	13.1	100.1
	Mg	9.01	10.78	5.66	25.45
每公顷年消耗量/(kg/hm^2)	N	28	26	24	78
	P	2.9	3.4	3.5	9.8
	K	34	16	48	98
	Ca	20	16.3	4.7	41
	Mg	3.8	4.6	2.0	10.4

注：根据Ferguson和Eiseman(1983)、Beevar和Hopkirk(1990)的数据整理。

猕猴桃施肥量一般取决于树龄、树势、结果多少、土壤肥力状况、土壤保肥性等，各地有所差异。如新西兰猕猴桃幼年园的经验施肥量为：第1年，全年株施纯氮14 g（相当于尿素30 g），4～8月（北半球，下同）分3～4次施，施肥范围1～2 m^2；第2年，3月株施纯氮55 g（尿素120 g），施肥范围3～4 m^2，4～8月补施3次追肥，每次施纯氮28 g（尿素60 g）；第3年，3月全园普施纯氮115 kg/hm^2，5月补施纯氮55 kg/hm^2。新西兰成年猕猴桃园的施肥量为：3月全园普施纯氮113 kg/hm^2、纯磷56 kg/hm^2、纯钾100～150 kg/hm^2，5月补施纯氮57 kg/hm^2。适量补施钙、镁、硼肥。

我国猕猴桃幼年园的经验施肥量一般为：施基肥每株施腐熟的厩肥 50 kg 或饼肥 0.5 kg，全年追肥每株施尿素 300 g，分 3～4 次施。

果园施肥应以有机肥为主，配合施用速效氮、磷、钾肥，有机肥料应占施肥总量的 95%。应针对微量元素缺乏综合征对症施用微肥。有机肥应以堆肥、厩肥、腐殖酸肥料、绿肥、秸秆、瓜蔓、青草为主，也可适当掺入人粪尿、草木灰等。值得注意的是，化肥养分浓、有效养分高，应充分混合均匀后才能施入，施肥后要及时覆土。

(四)施肥方法

我国猕猴桃施追肥多采用穴施或撒施。

(1)穴施。即在树盘外缘(树冠滴水线稍外)挖 4～6 个长、宽各 20～30 cm、深 15～20 cm 的洞穴，将肥料施入。

(2)撒施。幼年园多在树盘内撒施，成年园由于根系已布满全园，应全园撒施。将肥料均匀撒在土面，结合浅耕或翻园将肥料锄入(翻入)土中，施后灌水。也有的施肥(多为化肥)后不锄土，直接灌水即可。

国外追肥多结合灌溉，将肥料溶于水中，随喷灌或滴灌施入土中。施基肥主要采用环状沟施肥和条状沟施肥，环状沟施肥是以树干为中心，距树干 60 cm 左右(依树冠大小而定)挖 1 条环状沟，沟深 40～50 cm、宽 20～30 cm，拌匀肥料后施入沟中盖土。以后随树龄的增长与树冠的扩大，环状沟逐年向外扩展。条状沟施肥是在树冠滴水线外的株间或行间两边各挖 1 条深 40～50 cm、宽 30～40 cm 的条状沟施肥，隔年交替更换开沟的方向与位置。

对于已封行的猕猴桃园，特别是水平棚架园地，可采用全园施肥，即将肥料均匀地撒入园地，再结合深耕翻入土中。注意应在土壤有墒时施入，或施后灌水。如果长期全园撒施，因施肥浅，易导致根系上浮、根系抗逆性降低，故需与条状沟施肥交替使用。

二、配方施肥与水肥药一体化

猕猴桃对各种营养元素的需要量较大，而且从萌芽后至开花和果实发育的不同时期，对各种营养元素的吸收量存在差异。新西兰的有关资料表明，萌芽至坐果这段时期内，氮、钾、锌、铜在叶片中的积累数量为全年总量的 80%以上，磷、硫的积累也主要在春季；钙、镁、铁、硼、锰的积累在整个生长季基本一致；坐果后，钾、氮、磷等营养元素已逐渐从营养器官向果实转移。猕猴桃对氯的需要量比一般作物大得多，一般作物含氯约 0.025%，而猕猴桃含氯 0.8%～2%，尤其是在钾含量不足时，对氯的需要量更大。

各类矿质营养元素的供应均衡、适量时，猕猴桃生长结果良好。当某些营养元素的供给过多或不足时，会造成树体生长发育不良，表现出中毒或缺素症状。表 11-2 列出了猕猴桃正常生长结果时其叶片部分的矿质元素在不同时期的含量。

表 11-2 猕猴桃叶片部分矿质元素在不同时期的含量(肖兴国，1997)

矿质元素		法国	新西兰	
		7 月	1 月	展叶后 4 周
大量元素/%	N	3.12	2.2～2.8	3.5～3.9
	P	0.2	0.18～0.22	0.6～0.7
	K	2.76	1.8～2.5	2.65～2.75
	Ca	2.30	3.0～3.5	1.35～1.45
	Mg	0.70	0.3～0.4	0.30～0.35
	S	—	0.25～0.45	0.50～0.55
	Na	—	0.01～0.05	—
	Cl	—	1.0～3.0	—
微量元素/(mg/kg)	Mn	40	50～100	85～95
	Fe	169	80～200	115～150
	Zn	29	15～30	55～70
	Cu	20	10～15	20～30
	B	71	40～50	18～30

注：新西兰(南半球)的 1 月，相当于北半球的 7 月；法国的数据为分析值，新西兰的数据为认定的最佳含量范围。

(一)配方施肥

1. 猕猴桃施肥标准

猕猴桃对营养元素(包括微量元素)的需求量比其他果树大得多。比如，猕猴桃对有效铁的需求量很大，在桃、梨等生长结果表现正常的土壤中，猕猴桃可能会出现缺铁症状。植株生长和结果的养分有 70%来源于上一年的营养贮藏，树体的总体营养水平与上一年施肥特别是秋季施肥的关系很大。施肥量和施肥次数，取决于品种、树龄、树势、计划达产和土壤肥力等。定植当年，每公顷需施优质农家肥或沼渣肥 7.5 t、过磷酸钙 300 kg；2～3 年果园，每公顷需施优质农家肥或沼渣 22.5 t、过磷酸钙 450 kg、硫酸钾 75 kg；4～5 年果园，每公顷需施优质农家肥或沼渣肥 30 t、过磷酸钙 1 500 kg、饼肥 600 kg；盛果期果园，每公顷需施优质农家肥或沼渣肥 45 t、过磷酸钙 1 500 kg、硫酸钾 300 kg、饼肥 750 kg。

据测定，每生产 100 kg 鲜果，需吸收纯氮 1 kg、纯磷(P_2O_5)0.8 kg、纯钾(K_2O)0.9 kg。

2. 科学施肥

(1)施足基肥。采果后结合深翻施基肥，包括：有机肥 37.5 t/hm^2，全年总量 50%的氮肥，全年总量 60%的磷、钾肥。

(2)适时追肥。一般追肥 2～3 次：第 1 次在萌芽前，施全年总量 30%的氮肥。第 2 次为花后施的促果肥，施全年总量 20%的氮、磷、钾肥。有条件的地区此期可施油饼或鸡粪，实践证明，施油饼或鸡粪能明显提高果实品质。第 3 次是壮果肥(7 月上旬)，以提高果实品质、补充后期枝梢生长所需营养为目的，施全年总量 20%的磷、钾肥。

(3)配方施肥。配方施肥是指根据作物对各种养分的需求特点和规律，结合当地的实际情况，参考各类肥料的养分含量，制定科学、精准的施肥方案进行施肥。配方施肥的猕猴桃园，产量高、品质好，节省成本，综合效益远好于传统的施肥。

配方施肥时需要准确了解各种肥料的养分含量，常用肥料中的养分含量为：尿素含氮 46%，硫酸钾含钾 48%～52%，磷酸铵含氮 17%、含磷 47%，磷酸二氢钾含磷 52%，硼砂含硼 11.3%，硫酸钾含锌 23～25%，硫酸亚铁含铁 19%～29%。

3. 3 种配方施肥方法

(1)地力分区(级)配方法。利用土壤普查、耕地地力调查和当地田间试验资料，把土壤按肥力高低分成若干等级，或划出一个肥力均等的田片，作为一个配方区。再应用资料和田间试验结果，结合当地的实践经验，估算出比较适宜这一配方区内的肥料种类及其施用量。

优点：提出的用量和措施接近当地的经验，方法简单，群众易接受。

缺点：每种配方只能适应于生产水平差异较小的地区，而且更多地依赖于一般经验，对具体田块来说针对性不强。

在推广过程中必须结合试验示范，逐步扩大科学测试手段和理论指导的比重。

(2)目标产量配方法。根据作物产量的构成，由土壤本身和施肥两个方面供给养分的原理来计算肥料的用量。先确定目标产量，以及为达到这个产量所需要的养分。再计算除土壤所能供给的养分外，还需要补充的养分。由需要补充的养分来确定施肥种类和数量。

(3)田间试验法。通过简单的单一对比，或应用较复杂的正交、回归等试验设计，进行多点田间试验，从而确定最优的施肥方案。

（二）水肥一体化

将肥料溶于灌溉水中，在灌溉过程中肥料就会同时注入作物根部或被喷洒到作物植株上，这种利用灌溉系统将灌溉和施肥合为一体、同步进行的作业方式就是水肥一体化（图 11-9）。水肥一体化是现代农业的一项重要技术，节水、节肥、省工效果显著，在发达国家农业中已得到广泛应用。

已有的喷药设备稍加改造后用来追施液肥，这实际上也是水肥一体化操作。

简易水肥一体化作业所需要的设备主要有贮肥罐（最好可存水 1 000 kg）、加压泵、高压管、追肥枪等。

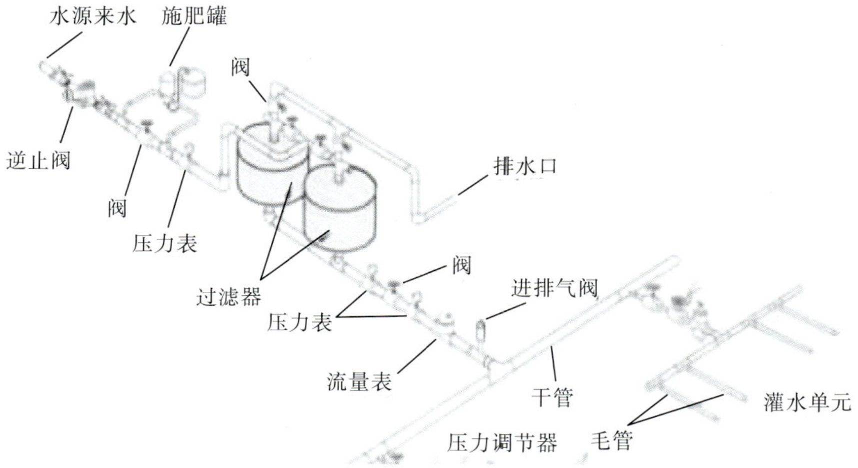

图 11-9　猕猴桃水肥一体化示意图

1. 水肥一体化具体步骤

（1）采用二次稀释法配肥。首先用小桶将水溶肥料溶解，再将已溶解的肥料水溶液加入贮肥罐，然后按比例添足水量，充分搅拌即可。

图 11-10　猕猴桃水肥一体化管道系统

（2）设备的组装及准备。将高压软管的两端分别与加压泵和追肥枪连接，将带有滤网的进水管、回水管以及带有搅拌头的另外一根出水管放入贮肥罐。检查管道接口的密封情况，顺果树行间摆放好高压软管，注意别让软管打结，设定好压力后开加压泵开始追肥(图 11-10)。

(3)施肥区域。在果树树冠垂直投影的外沿附近区域施肥。依果树大小，每株树打 4～16 个追肥孔，孔深 25～35 cm，孔间距不小于 50 cm。施肥时，往每个孔注肥液 10～15 s，注入肥液 1～1.5 kg。根据栽植密度，每株树追施肥液 5～30 kg。

2. 水肥一体化注意事项

(1)树势偏弱，腐烂病、轮纹病、溃疡性、干腐病严重，以及挂果量大的果园，可适当多施。

(2)连年施用农家肥的果园地下害虫较多，可在肥水中加入杀虫剂。根腐病严重的果园，可在肥水中加入杀菌剂。药液浓度与叶面喷施相同。

(3)用 1 把枪施肥时，加压泵的压力保持在(2～2.5)×10^5 Pa；如果用 2 把枪同时施肥，可根据高压软管的耐压情况，将压力调到(2.5～3)×10^5 Pa。用 2 把枪施肥时切忌同时停枪，以免因为瞬间压力过大而使管子爆裂。

(4)配备肥液时切勿擅自加大浓度，以免烧根。一般氮磷钾复合肥的浓度在 4%左右，水溶有机肥的浓度在 4%～5%。对于特别干旱的土壤，还应当增加配水量。对于新栽幼树，肥料浓度应降低到正常情况的 1/4～1/2。

参考文献

[1]王仁才，熊兴耀，庞立．湖南猕猴桃产业发展的问题及建议[J]. 湖南农业科学，2015(5)：124-127.

[2]伍莉娟. 徐香猕猴桃优质丰产栽培技术[J]. 现代园艺，2019，42(17)：80-81.

[3]黄遵义. 无公害猕猴桃种植技术[J]. 农业与技术，2019，39(15)：95-96.

[4]王仁才. 猕猴桃优质栽培丰产周年管理技术[M]. 北京：中国农业出版社，2011.

[5]陈俊伟，李维，孟亚萍，等. 湖南省有机猕猴桃栽培管理技术要点[J]. 南方农业，2018，12(13)：43-45.

[6]何钢，赵思东. 猕猴桃园地山青深埋与覆盖效应的研究[J]. 湖南林业科技，1996(4)：36-38.

[7]Rencai W. The selection and cultivation of 'QinXiang' Actinidia[C]//The Fifth International Symposium on Kiwifruit Acta Horticulture，2003.

[8]王仁才. 猕猴桃优质高效标准化栽培技术[M]. 长沙：湖南科学技术出版社，2016.

[9]周艳霞，张海平，覃秀顺，等. 红阳猕猴桃水肥一体化栽培技术[J]. 中国园艺文摘，2018，34(4)：204，210.

第十二章　病虫害防控

猕猴桃是一种较抗病虫害的果树。早期栽培时曾认为猕猴桃是无病虫的水果，但在大规模商业化栽培过程中，逐渐发现了诸多为害猕猴桃的害虫和病害，有些为害还相当严重，如细菌性溃疡病的爆发流行，给猕猴桃产业带来了重大经济损失。

第一节　无公害猕猴桃病虫害防治

无公害猕猴桃生产病虫害防治是指按照病虫害发生规律，以农业和物理防治为基础、生物防治为核心，科学使用化学药剂，有效控制病虫为害。应加强病虫害的预测预报，做到对症选药、科学用药、适时用药，注意不同作用机理的农药交替使用和合理混用，以延缓病菌和害虫产生抗药性，使用高压弥雾喷药器械以提高防治效果。

1. 农业防治

无公害猕猴桃生产病虫害防治中的农业措施主要包括：剪除病虫枝、清除枯枝落叶、刮除枝干翘皮裂缝、耕翻树盘、覆盖秸秆，创造不利于病虫害发生、发展的环境条件。科学施肥，重施有机肥、增加磷钾肥、控制氮肥，合理灌溉，及时摘心剪梢，防止树势过旺、果园郁闭，抑制病虫害发生。采用人工振落、收集、扑杀害虫等措施防治害虫。同时，加强外来苗木检疫，杜绝花叶病毒病、根结线虫病、溃疡病及根腐病等检疫性病害向非疫区的传播。增强树势，提高抗病虫能力。

2. 物理防治

无公害猕猴桃生产病虫害防治中的物理防治措施主要是指：根据害虫的生物学特性，采用频振式杀虫灯、粘虫板、糖醋液、熏烟、树干绑诱虫带或缠草绳等方法防治害虫。

3. 生物防治

无公害猕猴桃生产病虫害防治中的生物防治措施主要包括：果园种草，保护瓢虫、草青蛉、捕食螨，人工释放赤眼蜂等天敌。悬挂性诱蕊，利用昆虫性外激素诱杀或干扰成虫交配。利用白僵菌、淡紫拟青霉菌、枯草芽孢杆菌、拟康氏木霉菌、EM复合菌、荧光假单胞菌等微生物菌剂，以菌治虫、以菌治菌。

4. 化学防治

无公害猕猴桃生产病虫害防治中的化学防治的原则：根据防治对象的生活习性和为害特点，合理使用化学药剂防治病虫害。主要使用生物源农药、矿物源农药、植物源农药及低毒化学合成农药，限制使用中毒化学农药，禁止使用剧毒、高毒、高残留化学农药。因《无公害食品 猕猴桃生产技术规程》(NY/T 5108—2002)被代替，猕猴桃生产上杀虫杀菌剂的使用，参照《无公害食品 苹果生产技术规程》(NY/T 5012—2002)执行。

(1)允许使用的杀虫剂。《无公害食品 苹果生产技术规程》(NY/T5012—2002)中允许使用的主要杀虫剂如表12-1所列。

表12-1 允许使用的主要杀虫剂

农药品种	毒性	稀释倍数和使用方法	防治对象
1%的阿维菌素乳油	低毒	5 000倍，喷施	叶螨、金纹细蛾
0.3%的苦参碱水剂	低毒	800～1 000倍，喷施	蚜虫、叶螨等
10%的吡虫啉可湿粉	低毒	5 000倍，喷施	蚜虫、金纹细蛾等
25%的灭幼脲3号悬浮剂	低毒	1 000～2 000倍，喷施	金纹细蛾
50%的蛾螨灵乳油	低毒	1 500～2 000倍，喷施	金纹细蛾
20%的杀铃脲悬浮剂	低毒	8 000～10 000倍，喷施	金纹细蛾
5%的尼索朗乳油	低毒	2 000倍，喷施	叶螨类、金蚊细蛾
10%的浏阳霉素乳油	低毒	1 000倍，喷施	叶螨类
15%的哒满灵乳油	低毒	3 000倍，喷施	叶螨类
苏云金杆菌可湿粉	低毒	500～1 000倍，喷施	金龟子
10%的烟碱乳油	低毒	800～1 000倍，喷施	蚜虫、叶螨等
5%的卡死克乳油	低毒	1 000～1 500倍，喷施	叶螨

(2)限制使用的杀虫剂。《无公害食品 苹果生产技术规程》(NY/T5012—2002)中限制使用的主要杀虫剂如表12-2所列。

表 12-2　限制使用的主要杀虫剂

农药品种	毒性	稀释倍数和使用方法	防治对象
50%的抗蚜威可湿粉	中毒	800～1 00C 倍，喷施	黄蚜、瘤蚜等
25%的辟蚜雾水分散粒剂	中毒	800～1 00C 倍，喷施	黄蚜、瘤蚜等
2.5%的功夫乳剂	中毒	3 000 倍，喷施	叶螨类
20%的灭扫利乳油	中毒	3 000 倍，喷施	叶螨类
30%的桃小灵乳油	中毒	2 000 倍，喷施	叶螨类
80%的敌敌畏乳油	中毒	1 000～1 500 倍，喷施	金龟子
20%的氰戊菊酯乳油	中毒	2 000～3 000 倍，喷施	蚜虫
2.5%的溴氰菊酯乳油	中毒	2 000～3 000 倍，喷施	蚜虫
50%的马拉硫磷乳油	低毒	1 000 倍，喷施	蚜虫、叶螨等
50%的辛硫磷乳油	低毒	1 000～1 500 倍，喷施	蚜虫、叶螨

(3)允许使用的杀菌剂。《无公害食品　苹果生产技术规程》(NY/T5012—2002)中允许使用的主要杀菌剂如表 12-3 所列。

表 12-3　允许使用的主要杀菌剂

农药品种	毒性	稀释倍数和使用方法	防治对象
腐必清乳剂(涂剂)	低毒	萌芽前 2～3 倍，涂抹	腐烂病、溃疡病
4%的农抗 120 水剂	低毒	萌芽前 20～50 倍，涂抹；300～600 倍，喷施	腐烂病、溃疡病
80%的大生 M-45 可湿粉	低毒	800 倍，喷施	轮纹病、炭疽病、溃疡病
倍量式波尔多液	低毒	200 倍，喷施	轮纹病、炭疽病、溃疡病
50%的扑海因可湿粉	低毒	1 000～1 500 倍，喷施	轮纹病、炭疽病、溃疡病
70%的乙膦铝锰锌可湿粉	低毒	500～600 倍，喷施	轮纹病、炭疽病
硫酸铜	低毒	100～150 倍，喷施	根腐病
石硫合剂	低毒	萌芽前 4～5°Bé、开花后生长期 0.3～0.5°Bé，喷施	白粉病、霉心病等
843 康复剂	低毒	5～10 倍，喷施	溃疡病、炭疽病等

(4)禁止使用的农药。《无公害食品　苹果生产技术规程》(NY/T5012—2002)中禁止使用的农药有：甲拌磷、乙拌磷、久效磷、对硫磷、甲胺磷、甲

基对硫磷、甲基异硫磷、氧化乐果、磷胺、克百威、涕灭威、灭多威、杀虫脒、三氯杀螨醇、克螨特、滴滴涕、六六六、林丹、氟化钠、氟乙酰胺、毒杀芬、二溴氯丙烷、特丁硫磷、甲基硫环磷、治螟磷、内吸磷、灭线磷、硫环磷、蝇毒磷、地虫硫磷、氯唑磷、苯线磷、水胺硫磷、福美砷等砷制剂，以及国家规定禁止使用的其他农药。

第二节 主要病害及防治

为害猕猴桃的主要病害有细菌性病害溃疡病、花腐病，真菌性病害灰霉病、褐斑病、炭疽病、黑斑病、软腐病、根腐病，以及缺铁性黄化病等生理性缺素症。

一、细菌性溃疡病

猕猴桃细菌性溃疡病（*Pseudomonas syringae pv. actinidiae*）是一种严重威胁猕猴桃生产和产业发展的毁灭性病害，其发生具有范围广、传播快、致病性强、防治难度大等特点，可在短期内造成大面积树体死亡，现已被我国列为森林植物检疫性病害。

1. 分布及为害

1980年美国加利福尼亚州和日本静冈县最早报道细菌性溃疡病为害，后来多国陆续报道发现该病为害，如中国（1985）、意大利（1992）、伊朗（1994）、韩国（1994）、法国（2010）、葡萄牙（2010）、智利和新西兰（2010）等。细菌性溃疡病在发生国都曾造成过严重的产量和经济损失，已成为世界猕猴桃最主要病害。

世界猕猴桃第3大生产国、第1大出口国新西兰，2010年11月发现该病害，到2012年1月全国有961个果园感染该病，感病面积达到种植面积的37%，严重影响了猕猴桃生产。据2008—2009年的调查，在世界猕猴桃第2大生产国意大利的中部及北部猕猴桃主栽区，50%～80%的2～8年生Hort16A和金桃品种感染溃疡病，造成了约200万欧元的经济损失。在我国四川、贵州、安徽、湖南、安徽、福建、陕西等省的猕猴桃栽培区，已较大面积发生该病害，并造成了严重的经济损失。陕西作为我国猕猴桃人工栽培起步最早、发展最快、规模最大的省份，1997—2007年的10年间溃疡病的发病面积从0.13 hm^2扩大到311.5 hm^2，平均发病株率从3.6%迅速增加到20%以上，2009年春季的病株率普遍达30%以上，发病严重的红阳果园达

80%以上，因死树率太高而导致许多果农砍树毁园，损失惨重。

2. 发病症状

细菌性溃疡病可为害猕猴桃树干、枝条、嫩梢、叶片及花等部位。感病后树干或枝条皮层组织变软、隆起，之后病部龟裂，并从发病部位的芽眼、叶痕、皮孔、伤口等处溢出乳白色菌脓，后变为黄褐色，在寄主伤流期常与伤流液混合后呈红褐色或锈红色；剥开皮层可见韧皮部腐烂，木质部黑褐色，病组织下陷呈溃疡状腐烂，病斑扩展绕茎1周后导致发病部以上的枝干坏死，也会向下部扩展导致地上部枯死或整株死亡(图12-1)。嫩枝感病后其上子叶焦枯、卷曲，花蕾萎蔫，不能张开。叶片发病后先形成红色小点，外围可见不明显的黄色晕圈，后形成不规则或多角形褐色病斑，并可见2～5 mm的明显黄色晕圈(图12-2)。该病不仅降低猕猴桃的产量，还导致果皮越来越厚、果味越来越酸、果色越来越差、果形不一致、果实变小、果品品质下降、树势减弱，严重影响猕猴桃的产量和质量。

图12-1 溃疡病为害猕猴桃枝干(王亚国 提供)

图12-2 溃疡病为害猕猴桃叶片(秦虎强 提供)

3. 病原菌

多国学者对猕猴桃细菌性溃疡病的病原菌进行了研究。1983 年，Opgenorth 等对美国加利福尼亚州的猕猴桃溃疡病植株进行了常规病原学研究，根据该病病原菌的形态特征及病害症状，推论该病原菌为丁香假单胞杆菌（*Pseudomonas syringae*）。1989 年，日本学者根据该病在静冈县的发病症状、寄主范围以及病原菌的生物化学特性，认为该病病原菌与 *P. syringae pv. syringae* 和 *P. syringae pv. morsprunorum* 有明显区别，且比后两者对猕猴桃有更强的致病力，在枝蔓、花及叶片上均能表现出溃疡病的典型症状，并首次将该病原菌命名为丁香假单胞杆菌猕猴桃致病变种 *P. syringae pv. actinidiae*（PSA）。1994 年，意大利及韩国学者同样认为猕猴桃溃疡病的病原菌为 PSA 菌株。中国学者从该病原菌的致病性、生理生化性状和寄主范围等方面，分别研究了四川苍溪市和都江堰市、重庆、安徽和陕西关中地区的猕猴桃细菌性溃疡病的病原菌，结果证实其病原均为 PSA 菌株。综合对 PSA 菌株的生理生化、显微观察（图 12-3）与营养特征的研究结果，可知 PSA 病原菌为短杆状或稍微弯曲，单细胞，两端钝圆，多数具 1 根、少数具 2～3 根极生鞭毛；革兰氏染色为阴性，无荚膜，不产芽孢；低温、强光照和高湿适于该病菌的生长；菌体为好氧菌，在牛肉蛋白胨培养基上的菌落为乳白色、圆形、光滑、边缘全缘，在肉汁胨培养液中呈云雾状混浊且不形成菌膜，在金氏培养基上的菌落一般产生黄绿色荧光；氧化酶阴性，精氨酸双解酶阴性，对烟草花叶有过敏反应。

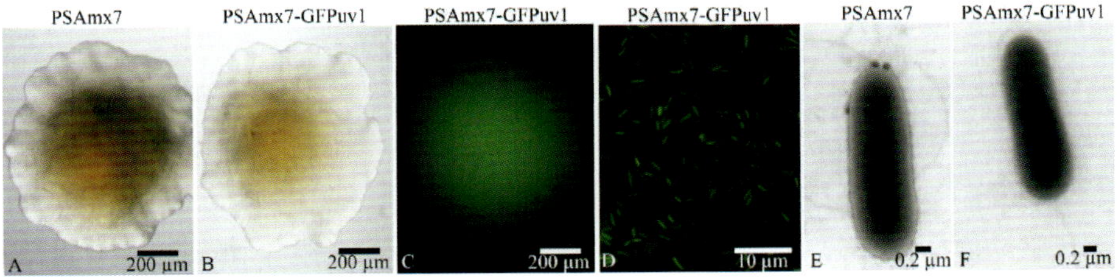

A、B 为病菌 PSA 在荧光显微镜下生长 2 d 的菌落形态；C、D 为病菌 PSA 在荧光显微镜下的菌落菌体；E、F 为病菌 PSA 在电子显微镜下的细胞

图 12-3 病菌 PSA 形态（秦虎强 提供）

近年来，分子生物学技术逐渐被运用到 PSA 菌株鉴定中。2009—2012 年，基于生物学特性、16S 和 16S-23S（ITS）rDNA 序列比对分析，意大利、新西兰、法国、土耳其、葡萄牙、西班牙的病原菌均被鉴定为 PSA 菌株。2011 年，张立新等对中国安徽、重庆和陕西等猕猴桃溃疡病重发区的代表性菌株进行了 16S rRNA 片段扩增比对，结果显示，供试的 3 个代表性细菌的

16S rRNA 序列与美国国家生物技术信息中心(National Center for Biotechnology Information, NCBI)收录的 PSA 菌株序列(GenBank 序列号：AB001439.1)的同源性达到99%。2012年，赵利娜等对安徽岳西、陕西户县和重庆黔江等地病原菌的致病力、生化特性及 ITS 序列进行了分析，结果证实，得到的菌株 ITS 序列与已报道的 PSA 菌株序列(GenBank 序列号：JN172920.1)一致。

4. 发生规律

1)病害循环

(1)越冬。猕猴桃溃疡病病菌是一种弱寄生、耐低温的细菌，主要在病枝蔓上越冬，也可随病残体在土壤中越冬(无症状枝干、叶片、果实、花粉、根部等带菌)。

(2)侵染方式。病菌可从植株的气孔、水孔、皮孔、伤口(虫伤、冻伤、刀伤)、枝杈及表皮裂缝、果把、落叶痕等处入侵，以皮孔、伤口、表皮裂缝入侵为主。

(3)传播途径。枝干带菌、发病部位形成的菌脓，可以通过风雨、相互摩擦、昆虫携带等方式在田间传播；在进行修剪等农事操作时，病菌也可以通过修剪刀、农具等传播。在1个生长期内，病部溢出的病菌可以被不断传播引起多次再侵染。条件适合时，3～5 d后出现症状并产生菌脓进行再侵染。由于病原菌在枝蔓、干皮、芽等病健组织中越冬，在猕猴桃组织内受环境变化影响小，因而在运输过程中病菌的存活基本不受影响，人为调运带菌的猕猴桃苗木接穗和繁殖材料，是该病害远距离传播扩散的主要途径。

(4)侵染循环。冬末及翌年早春(2月中旬～4月中旬)温湿度适宜，病菌开始侵染发病，并进入发病高峰期，低温潮湿时感病部位产生乳白色黏质菌脓，在冬末、早春植物伤流期与枝干伤流混合后呈黄褐色或锈红色，随后逐步扩延至整个枝蔓；春末夏初(4月下旬～5月中旬)开始侵染叶片、花蕾、花梗、幼芽及嫩枝；夏季(5月下旬～8月下旬)病原菌在枝干上侵染至木质部，发病严重者病部溃烂，影响养分的输送和吸收，造成树势衰弱或枝干枯死。随着温度升高(20℃以上)，病菌逐步停止繁殖，侵染减弱，病斑小、发病轻者病斑周围逐渐形成愈合伤。此外，3月中旬至10月下旬，病菌借助风雨、昆虫或修剪工具等途径传播，在植株的皮孔、伤口、枝杈裂缝及果柄等处定植，也可随病残体在土壤中定植；秋冬季(8月中旬～翌年2月上旬)温湿度适宜时病菌开始侵染并零星发病，冬末与翌年早春(2月中旬～4月中旬)再次进入发病高峰期，如此形成侵染的周年循环(图12-4)。

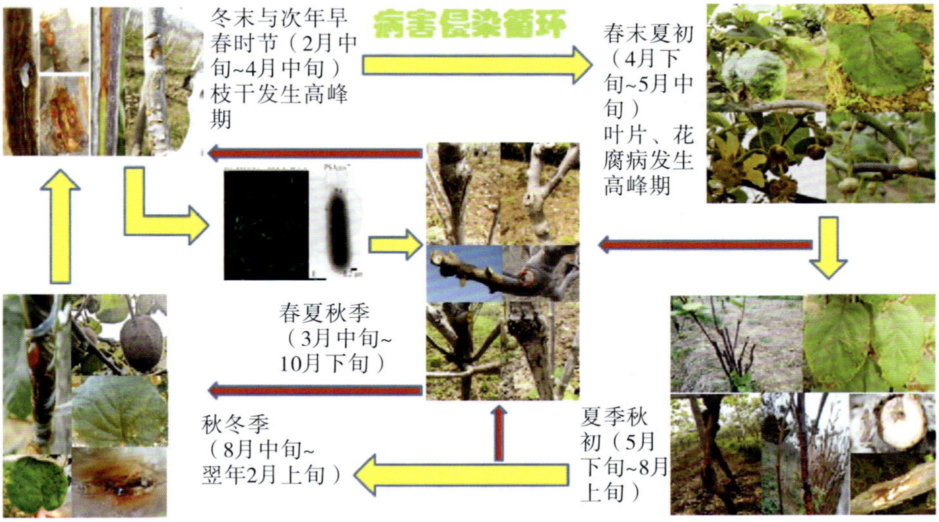

图 12-4 溃疡病病害侵染循环（秦虎强 提供）

2)影响病害发生的因素

(1)气候对发病的影响。气温变化与病害发生密切相关，低温及冻害有利于枝干发病。当春季 4 月日均气温上升到 20℃以上时发病明显放缓或停滞，病株率极少增加。5 月日均气温上升到 25℃以上时枝干病斑停止扩展，伤口开始愈合。

日均气温在 0℃以下的低温期出现的早晚、长短和温差变化对冬春季枝干发病有重要影响。日均气温在 0℃以下的低温期出现得越早、温差变化指数越高，则枝干发病越早；日均气温在 0℃以下的低温期天数越长，该年度枝干发病率越高，日均气温 0℃以下的天数与当年枝干发病率呈正相关。

出现倒春寒或日均气温温差变化大、连续低温降雨等气候有利于枝干发病，细菌性溃疡病发病严重。上年度 6～9 月的降水量大、降水天数多时，当年的细菌性溃疡病发病严重。

(2)品种对发病的影响。猕猴桃栽培品种间对猕猴桃溃疡病的抗性差异较大，因此，种植抗病品种是降低该病为害最有效的途径之一。应刻不容缓地开展抗猕猴桃溃疡病种质研究，筛选综合性状优良且高抗溃疡病的品种。

新西兰学者已经对本国猕猴桃品种进行了系统性的溃疡病抗性鉴定，初步结果表明，红阳感病率最高，Hort16A、Gold3、Gold9、海沃德的感病率依次降低。在 Hort16A 严重感病的情况下，下决心挖除，推出了抗溃疡病黄肉品种 Gold3。同时，用美味系抗病品种与经济价值较高的中华系黄肉品种杂交，获得了一批优良的杂交抗病品种，如 Green14。意大利、新西兰和韩国的学者在调查中也发现，中华系列猕猴桃 Hort16A 等在当地的感病程度明显高于美味系列的海沃德。在中国，2000 年张学武等的研究结果表明，秦美溃疡病发病严重，而秦香、秦翠则发病率很低；2004 年李淼等发现，金魁为抗病品种，早鲜次之，魁蜜再次之，华美 2 号、海沃德中感病，秦美、金丰最感病；2009—2011 年，申哲等和高小宁等的研究结果表明，红阳感病率最高，海沃德、亚特及秦美的感病率依次降低，徐香最低。但由于各项研究采用的操作和统计方法存在差异，且植株的生长环境、园区管理水平不同，因此，暂时无法对各品种对溃疡病的抗感病能力作出客观评价。

(3)农艺性状对发病的影响。通过对多地不同树龄发病情况的调查发现，1 年生猕猴桃幼树少有细菌性溃疡病发生；随树龄的增大，树体的营养消耗增大，树势逐渐衰弱，对病害的抗性降低，溃疡病的发生率和感病指数都随之增加。猕猴桃雌雄株间溃疡病的发生存在明显差异，雄株发病较严重，雌株发病较轻，其原因可能与雌雄株的生理差异有关。一般雄株的伤流期早、开花也早，病原菌在其体内的活动期也相应提前和增长，故雄株较雌株发病更重。另外，通过对同一立地条件同一树龄不同密度猕猴桃园区发病情况的调查发现，种植密度越大，越有利于病原菌的传播；同时，密度大导致园内的通风透光性差、湿度大，不利于树体的生长，因而更有利于病原菌的侵入和为害。

5. 防治

坚持“预防为主，综合防治”的原则，以优质稳产为目标，以选用抗病砧木和品种为前提，以增强树势、控制产量为基础，以清除病原、保护伤口为重点，综合运用农业、生物及化学药剂等防治措施，切实做到统防统治。

1)选用抗病砧木、品种和脱毒苗

从选用抗逆性、抗病性强的野生猕猴桃种子和金魁、瑞玉等高抗溃疡病猕猴桃种子培育实生砧木，进一步发展到选育高抗溃疡病的物种作为砧木，通过组培技术繁育专用砧木。选择瑞玉、翠香、徐香、亚特、海沃德等较抗溃疡病的优良品种，控制红阳等中华猕猴桃易感病品种的种植区域及规模，并在无病史的健壮母树上采集接穗，防止接穗传染；嫁接时用 15%的噻霉酮液处理种条，并在接口上涂抹药剂后再包扎。严禁栽植带菌苗木或在溃疡病疫区繁殖苗木、采集接穗。可以直接选用组培脱毒成品壮苗建园。

2)农业措施

(1)加强肥水管理，提高抗病能力。加强栽培管理，增强树势，提高抗病能力。结合土壤改良，采果后尽早施入农家肥(45～75 t/hm^2)，加施钙镁磷肥(1 500～2 250 kg/hm^2)或多元复合肥(1 500～2 250 kg/hm^2)；生长期追施氯化钾或硫酸钾(225～300 kg/hm^2)；在展叶期喷施 0.2%～0.3%的磷酸二氢钾，果实膨大期喷施 0.2%～0.3%的硫酸钾，每隔 10～15 d 喷 1 次，连续喷 2～3 次。避免偏施氮肥。

(2)合理修剪。进入秋季后，严禁在植株上人为造伤，发病严重区域和园地以夏季修剪为主，减少冬季修剪量或栽培一些发枝量少、修剪量小的品种，以减少伤口从而减轻为害。

落叶后及时进行修剪，促使剪口及早愈合，减少病菌侵染途径，降低发病率。冬剪应依据品种、树龄和目标产量合理确定留枝芽量，平衡营养生长与生殖生长，避免过度修剪，减少伤口产生。剪口要平滑，减少机械创伤，可用"人工树皮"涂抹伤口。修剪工具要经常消毒。对红阳、金艳等易感病品种，修剪时宜短截，多留预备枝，增强生长势，合理进行夏季修剪，改善架面的通风透光条件，提高树体光合效能和光合产物积累，增强植株的抗病性。生长前期适当多保留枝叶，防止日灼。凡接触到病株的工具和手要用75%的酒精消毒。

秋季应避免采用促进晚秋梢抽生的肥水管理方法，以求枝梢充实健壮，降低发病率(李源，2002)。

(3)冬季防冻。为避免树体越冬遭受冻害，建园选址时要考虑背风或营造防风林；寒流来临之前，全树喷防冻剂或氨基酸类制剂以提高树体的抗寒性，减轻冻害；对浅山区、低洼地、滩地和河谷地等气流不畅的果园，应对猕猴桃主干进行包裹防寒，包裹材料可选用稻草、玉米秸、布条等透气性材料，包裹高度不低于1 m，不能使用塑料等透气性差的材料包干；对幼树及初挂果树进行培土以保护根茎，培土高度25～30 cm；对于新栽小苗可进行埋土防寒；刮除猕猴桃树主干上的粗翘皮进行涂白，涂白范围从主干基部到主干分叉上部，涂白剂配方为水10份、生石灰2份、食盐0.5份、石硫合剂1份和动植物油少许；根据土壤墒情，在降温前3～4 d及时灌水，可减轻冻害。

(4)控制产量。依据树龄、树势，实行花前疏蕾、花期授粉、花后疏果定果，合理负载。成龄园产量指标：中华猕猴桃品种15～22.5 t/hm^2，美味猕猴桃品种30～37.5 t/hm^2。

3)清除传染源

春季溃疡病盛发期进行定期巡查，一旦发现感病较严重的植株及时清除烧毁，迅速控制病菌扩散。对个别初发较小病斑的植株及时刮除，涂抹高浓度可杀得叁仟或春雷王铜。反复检查伤口、芽眼、枝杈处及旧病疤部位。发病轻、未造成皮层环剥的，先彻底刮除病斑或在病斑处用刀纵划数道(深达木质部)，后涂药控制扩展；发病重的(刮后已造成皮层环剥的)，应在好皮以下处剪截或锯除。

秋季应彻底刮除树干枝杈处的粗老翘皮，落叶后和冬季修剪后及时清除地面残枝、落叶、烂果、杂草及废弃物，集中烧毁，消灭病菌的越冬场所。

对确属新发病点，发病株仅为零星的果园必须将病株连同四周15 m之内的猕猴桃树全部彻底销毁；病树附近保留的猕猴桃树应加强肥水管理，并施药保护树体，对病树插花分布或病树普遍的果园必须全园彻底销毁。

重病园块发病期病斑会流出菌脓，污染果园地面，成为重要的传染源。因此，必须重视地面消毒。

4)药剂防治

可选用铜制剂、链霉素、春雷霉素、叶枯唑、噻霉酮、加瑞农、百菌通、醚菌酯等药剂防治细菌性溃疡病，应几种药剂交替使用，以免病菌产生抗药性。同时，应选择加入内吸、渗透作用强、铺展性能好的助剂，以利于最大限度地发挥药效。

5)病斑治疗

枝干感病后会造成枝死树亡，防止枝干染病是控制猕猴桃溃疡病为害的关键。枝干防溃疡病的处理，有涂干(白)、刮治、(纵)划道涂抹等方法。

划道涂抹抑制溃疡病流行的方法行之有效，具体做法是：冬春划道控制病斑扩展，夏季刮除彻底治疗(对挂果没有影响)。划道后无须包裹，操作简单，愈合效果好。对嫁接口纵划涂药防治后，发病率降至1.7%，避免了红阳等易感品种依靠“年年嫁接，前仆后继”来维持生存及产量的局面。

冬末春初是一年中病斑增加最多、扩展速度快、为害程度重的时期，也是病斑防治的关键时期。春季选择阴天或下午伤流较少的时间处理效果较好。对病害严重的地区及品种，秋季(8月下旬～9月下旬)对骨干枝、嫁接口、大枝分叉处及结果母枝基部进行无差别纵划涂抹药剂，预防效果较好。春季对已发病而未造成病斑环剥的大枝蔓，可采取纵划病斑(尤其是与病斑相对未发病部分)涂抹药剂，可有效防止枝蔓枯死，减少产量损失。

二、花腐病

猕猴桃细菌性花腐病主要为害花蕾、花，其次为害幼果和叶片，此病往往引起大量落花落果，并导致小果和畸形果，严重影响猕猴桃的产量和品质。据报道，该病在日本、新西兰发生严重，我国猕猴桃产区有不同程度的发生。1993年福建建宁县大南果场首次发现该病，据1994年的调查，全县猕猴桃园均有不同程度的发生，平均发病率在20%以上，最高达80%。2005年陕西眉县有30%左右的猕猴桃园不同程度地发生了落花落果，其中一些果园因此减产20%～60%，个别果园绝收。近年来，花腐病在全国猕猴桃主产区均有较大程度的发生。

1. 病原菌

关于猕猴桃花腐病的致病原，各国报道不尽相同。新西兰最早认为猕猴桃花腐病的病原为绿黄假单胞菌（*P. riridifava*），但后经实验分析认为病原菌属于萨氏假单胞菌（*P. sarastanoi*）的遗传变种。法国和美国认为，在其国内引起猕猴桃花腐病的病原以绿黄假单胞菌为主，但同时也确证丁香假单胞菌丁香致病变种（*P. syringae pv. syringae*）也会产生较为轻微的花腐症状。日本认为其猕猴桃花腐病的病原主要是丁香假单胞菌，其次是绿黄假单胞菌和丁香假单胞菌死李致病变种。我国于1993年在福建建宁县首次发现该病，确定病原为 *P. ulridifaod Bu-rk*，胡方平等对福建、湖南和湖北的猕猴桃花腐病进行了研究，发现福建和湖北的属于萨氏假单胞菌，而湖南的菌株属于绿黄假单胞菌，而且丁香假单胞菌丁香致病变种对花也有一定的致病性。近年来，陕西猕猴桃栽培区的花腐病发生严重，但病原菌尚不清楚。

2. 发病症状

猕猴桃花腐病发病初期，感病花蕾和萼片出现褐色凹陷斑，之后花瓣变为橘黄色，花开时变为褐色，并开始腐烂，很快脱落（图12-5）。受害轻时，花虽能开放，但花药和花丝变褐或变黑后腐烂；受害严重时，花蕾不能开放，花萼变褐，花丝变褐腐烂，花蕾脱落。病菌入侵子房后会引起大量落蕾、落花，偶尔能发育成小果的多为畸形果。受害叶片出现褐色斑点，逐渐扩大，导致整叶腐烂。

图12-5　花腐病感病花蕾（雷靖　提供）

3. 发病规律

（1）侵染循环。猕猴桃花腐病的病原菌普遍存在于猕猴桃树体中，春季经风雨传播到猕猴桃的花蕾、叶片上，芽体萌动至花蕾吐白是病菌的侵染期，遇上连续阴雨天气会暴发为害，在一个季节中可出现多次再侵染。秋冬季病原菌主要在猕猴桃枝条的芽体内。

（2）发病程度与气候的关系。猕猴桃花腐病的发病程度与气候的关系十分密切，花朵发病率与整个花期的降雨量呈正相关，相关系数为0.780 5（$P<$

0.01)。如果花期天气正常、无长期阴雨，则发病率较低，遇花期连续阴雨时发病率相对较高。

(3)发病与生长环境的关系。栽植密度大、生长过旺、过量施肥的果园，猕猴桃花腐病的发病率高于种植密度适中、生长中等、平衡施肥的果园；大龄树果园发病率高于幼龄树果园；郁蔽不通风的果园高于通风透光良好的果园；低洼、平地果园发病率高于坡形果园。

4. 防治

1)农业措施

(1)采果后至上冻前(最佳时段是“寒露”至“小雪”期间)认真清除果园内的杂草、残叶、残果、病虫枝、干枯枝，集中于园外烧毁或深埋，防止病菌传播。

(2)加强肥水管理，提高抗病能力。秋冬季深翻扩穴，增施大量的腐熟有机肥，保持土壤疏松；春季以速效氮肥为主，配施速效磷、钾肥和微量元素肥；夏季以速效磷钾肥为主，适量配施速效氮肥和微量元素肥。

(3)注意园内排水，杜绝园内行株距小、枝条密、叶片重叠，保证园内的通风透光，保持园内适宜的湿度，营造不利于病菌生存的环境，降低病原基数。

(4)及时摘除病蕾、病花，并收集出园外集中处理。人工授粉时要选择健康无病菌的花粉，降低感病风险。

2)药剂防治

(1)采果后全园喷布77%的可杀得可湿性粉剂800倍液，减少病原基数。萌芽期、萼片开裂初期至花蕾膨大期，用春雷霉素、春雷王铜等交替喷雾，每10～15 d喷1次。特别是在开花初期，可选用20%的噻唑锌500倍液对全树细致喷雾。

(2)现蕾初期用杀菌剂进行全园喷雾，如嘧霉胺、咪鲜胺、腐霉利、异菌脲、醚菌酯等，药剂要轮换使用。对发病严重的地块或品种，最好保护剂(常用的有丙森锌、代森联、杜邦易保、大生M-45等)和治疗剂混合使用，以达到防、治兼备的目的。

三、灰霉病

灰霉病导致叶片干枯，污染果实表面，降低商品价值，每年造成很大的经济损失。

灰霉病主要发生在猕猴桃的花期、幼果期和贮藏期。幼果期发病率平均为11.2%，贮藏期发病率平均为18%，在发病严重的年份，幼果期和贮藏期的发病率均可达 50%以上。1996 年西安某冷库暴发猕猴桃灰霉病，果实发病率高达 60%以上。

1. 病原

猕猴桃灰霉病的病原菌为灰葡萄孢菌(*Botrytis cinerea*)，属半知菌类葡萄孢属。分生孢子梗单生或丛生，顶端多为 6～7 个分枝，梗顶端膨大成球形，上生小梗，小梗上着生分生孢子。分生孢子无色或灰色，单胞，椭圆或卵圆形。梗和聚集在梗上的分生孢子似葡萄穗，在病部呈灰色霉状，故把这类病原引起的病害称为“灰霉病”(图 12-6)。

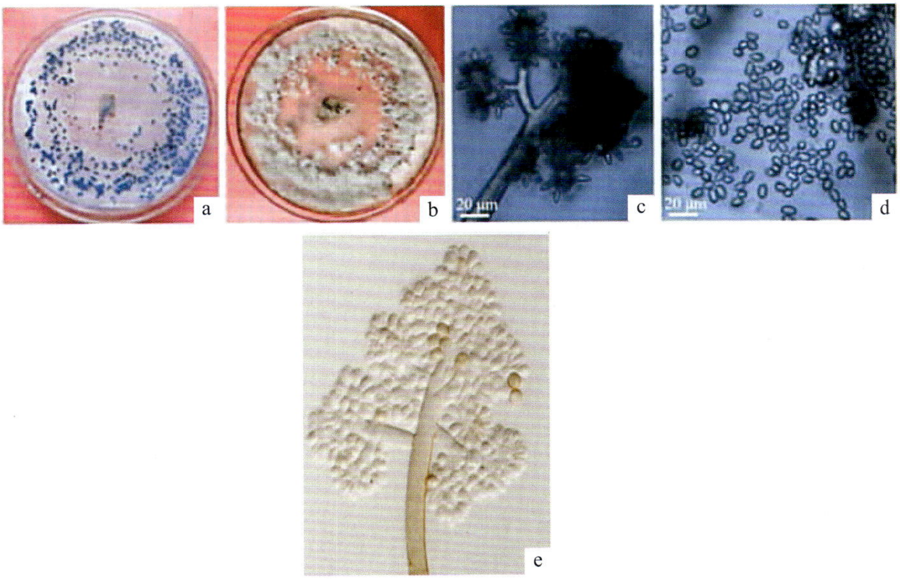

a、b. 在PDA上培养25 d后的特征；c. 分生孢子梗；d. 分生孢子；e.灰葡萄孢菌株

图 12-6　灰霉病病原菌的形态学特征

2. 发病症状

花朵染病后变褐并腐烂脱落。幼果(5 月底～6 月初)发病时，在残存的雄蕊和花瓣上密生灰色孢子，幼果发病初期毛茸变褐，果皮受到侵染并在果蒂处现水渍状斑，后扩展到全果，果顶一般保持原状，湿度大时病果皮上出现灰白色霉状物，严重时可造成落果。染病的花或病果掉到叶片上后，引起叶片出现白色至黄褐色病斑，湿度大时也常出现灰白色霉状物(病菌的菌丝、分生孢子梗和分生孢子)，病斑扩大导致叶片脱落。猕猴桃灰霉病的染病症状见图 12-7。

图 12-7 **灰霉病发病症状**(秦虎强 提供)

另外，叶片受害后，叶背面产生灰色霉层并分布白色小点，随着染病时间的增长，霉层散发孢子引起果实侵染，加上铁丝架流下的黑水，表面产生灰褐色菌丝和孢子形成黑色菌核，影响果实外观，降低商品价值。

果实采收时，果柄伤口如受灰霉病菌的再次侵染，会造成贮藏期的大量感病。

3. 发病规律

病菌主要以菌丝体、分生孢子在病残体上或以菌核在病残体、土壤中越冬，一般能存活 4～5 个月。越冬的分生孢子、菌丝、菌核成为翌年的初侵染源，病菌靠气流、水溅或园地管理传播。翌年春季，猕猴桃花期如遇降雨或高湿条件，病原菌侵染花器引起花腐；带菌的花瓣落在叶片上引起叶斑；残留在幼果梗的带菌花瓣从果梗伤口处入侵果肉，引起果实腐烂。病原菌生长发育的温度为 0～30℃，15～20℃为其最适温度。低温、高湿、光照不足、通风不良易发病，且空气湿度大、持续时间长时发病重。

4. 防治

1)农业措施

(1)规范栽培，通风透光，减少病菌繁殖。实行起垄栽植，避免密植。推行“大棚架”单干上架，保持架面良好的通风透光，透光率要求达到 20%～30%。雨后及时排水，避免湿气滞留。6 月下旬，对背上直立结果枝实行“零叶”修剪；7 月下旬，对过旺的枝蔓进行夏剪，防止枝梢徒长；结果枝最上面的果实的前面留与果实之比为(1～1.5)∶1 的叶片剪截，以利于通风透光，降低园内湿度。结合冬剪，疏除密生枝、并生枝和病虫枝。秋冬季节注意清除园内及周围的各类植物残体、农作物秸秆，尽量避免用木桩作架。

(2)加强肥水管理，增强树体抗性。实行配方施肥，控氮增磷钾，结合喷药叶面喷施 0.2%～0.3%的磷酸二氢钾或有机钾肥 500 倍液。

(3)清除果园杂草。及时刈割或翻锄果园杂草，特别是距树盘 1 m 内的杂草，降低园区湿度，破坏病菌的生存繁殖环境，降低病原基数。

2)药剂防治

可选用 50%的腐霉利可湿性粉剂 500 倍液或 80%的喷克可湿性粉剂 1 000 倍液或 50%的乙烯菌核利可湿性粉剂 500 倍液或 50%的异菌脲可湿性粉剂 1 500倍液，于花前喷药杀菌，隔 7 d 喷 1 次，连续喷 2～3 次。夏剪后喷保护性杀菌剂或生物制剂，采前 1 周再喷 1 次杀菌剂。

四、褐斑病

褐斑病是猕猴桃主要真菌病害之一，常造成猕猴桃落叶落果，为害严重。

1. 病原菌

褐斑病的病原菌 *Mycosphaerella sp.* 是一种小球壳菌，属子囊菌门真菌。子囊壳球形，褐色，顶端具孔口，大小为 135～170μm×125～130μm。子囊倒葫瓜形，端部粗大并渐向基部缩小，大小为 32～38μm×6.5～7.5μm。子囊孢子长椭圆形，双胞，分隔处稍溢缩，在子囊中双列着生，淡绿色，大小为 9.5～12.5μm×2.5～3.5μm。无性态 *Phyllosticta sp.* 属半知菌类真菌。分生孢子器球形或柚子形，棕褐色，大小为 87～110μm×70～104μm，顶端有孔口，初埋生，后突破叶表皮而外露。分生孢子无色，椭圆形，单胞，大小为 3.5～4.0μm×2.0～2.5μm。中国科学院武汉植物园首次发现细极链格孢菌(*Alternaria tenuissima*)菌株可导致褐斑病症状(图 12-8)；四川农业大学龚国淑团队报道了四川猕猴桃褐斑病是由多主棒孢菌[*Corynespora cassiicola* (Berk. & Curt.) Wei](图 12-9)引起的真菌病害。

A、B：红阳叶片自然侵染后的典型感染症状；C：25℃环境下，在 PDA 培养基上培养 10 d 的细极链格孢菌(*Alternaria tenuissima*)菌落；D：在 PDA 培养基上(比例尺＝20 μm)细极链格孢菌分生孢子形态；E、F：人工感染细极链格孢菌 7 d 后红阳猕猴桃离体伤叶的感染症状

图 12-8 细极链格孢菌菌株的生物学特征及其导致的猕猴桃褐斑病症状

(钟彩虹等，2019)

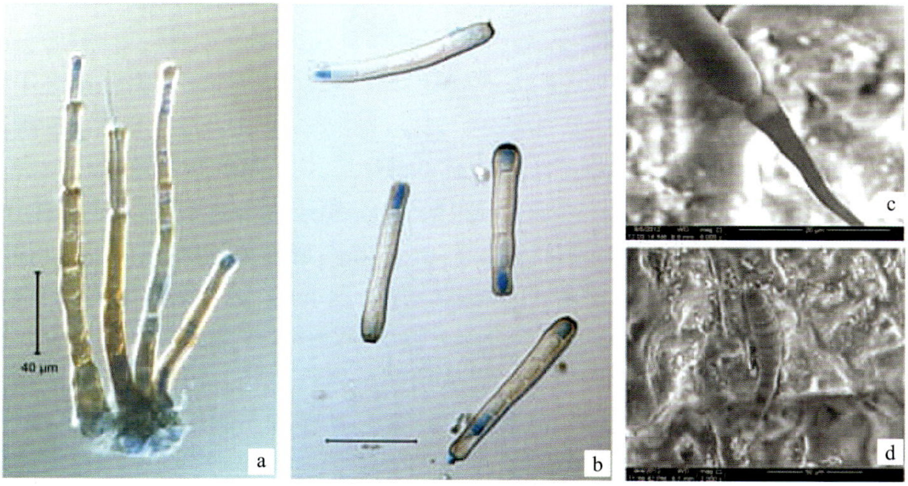

a、b 是通过棉兰乳酚油染色后在光学显微镜下观察到的分生孢子梗和分生孢子(ECLIPSE 80i，Nikon，Japan)；c、d 是在环境扫描电子显微镜下的分生孢子和分生孢子梗(FEI，Czech Republic)

图 12-9 多主棒孢菌的形态学特征(崔永亮等，2015)

2. 发病症状

受害叶片在抽梢显蕾期出现病斑，初呈水渍状污绿色小斑，后沿叶缘向内扩大为圆形或近圆形的黄褐色大斑，多雨、潮湿条件下病部产生黑色霉层，病叶逐渐枯萎脱落。正常气候下，病斑四周呈深褐色，中央褐色至浅褐色，其上散生或密生许多黑色小点粒，即病原的分生孢子器。高温下被害叶片向叶面卷曲，易破裂，后期干枯脱落。叶面中部的病斑明显比叶缘处的小，病斑透过叶背，呈黄棕褐色。有些病叶由于受到盘多毛孢菌 *Pestalotia* spp. 的次生侵染，出现灰色或灰褐色间杂的病斑。结果枝受害后呈褐色，极易落果。主干受害后皮层粗糙，木质部腐烂，髓心变褐，最后干枯死亡。图 12-10 为多主棒孢菌导致的猕猴桃褐斑病症状。

图 12-10　多主棒孢菌导致的褐斑病症状

3. 发病规律

病菌以分生孢子、菌丝体和子囊壳等在病残体内越冬，翌年 4 月下旬～5 月上旬嫩梢抽发期产生分生孢子和子囊孢子，借风雨飞溅传播到嫩叶上进行初侵染和多次侵染。在高温高湿条件下发病较重。一般在 5～6 月开始发病，7～8 月(气温 25～28℃)为发病高峰期，秋季病情发展缓慢，但 9 月如遇多雨天气病害发生更为严重。

4. 防治

(1)农业措施。及时清除病枝、病叶，集中烧毁或深埋，减少病菌来源。加强栽培管理，注意整形修剪，使猕猴桃园通风透光，通风排湿。施足基肥，避免偏施氮肥，增施磷、钾肥，适量施用硼肥。

(2)药剂防治。发病初期，喷 70％的甲基托布津 1 000 倍液、25％的嘧菌酯悬浮剂 2 000 倍液、10％的苯醚甲环唑水分散颗粒剂 1 500～2 000 倍液。

五、炭疽病

猕猴桃整个生育期都可能发生炭疽病，以结果初期至落叶期受害较严重。主要为害茎、叶及果实。据报道，该病在陕西猕猴桃产区个别果园的植株感病率在80%以上，叶片感病率15%～85%，果实发病率30%～80%，严重影响树体生长发育及果实品质。

1. 病原菌

猕猴桃炭疽病的病原菌 *Collectotrichum* sp. 属于半知菌亚门刺盘孢菌。

2. 发病症状

受害叶片的叶面或叶缘，初呈水渍状斑，后渐变为不规则褐色病斑。病健交界明显，天气潮湿时，病斑上产生许多小黑点，病斑相互融合成大斑，病斑后期中间变为灰白色，边缘深渴色。受害叶片边缘卷曲，干燥时叶片易破裂。受害果最初出现水渍状圆形褐色病斑，逐渐变为不规则褐色腐烂斑，病斑中央稍有凹陷，潮湿时病部分泌出肉红色分生孢子块(图12-11)。

图12-11 猕猴桃炭疽病果实受害状(秦虎强 提供)

3. 发病规律

1)传播方式

(1)风媒传播。在适宜的高温高湿环境下，炭疽病的菌丝体或分生孢子萌发形成分生孢子，分生孢子依靠气流在田间传播。

(2)雨水传播。土壤中的炭疽病菌丝体萌发产生的分生孢子，可借雨水飞溅或随灌溉水在田间传播。降雨或浇水后园中的空气湿度较大，也为病原菌的传播提供了良好的外部环境。

(3)虫媒传播。昆虫刺吸感病枝条、病果、病叶后，口器、足、翅膀等器官携带炭疽病菌分生孢子，传播给健康的植株或组织。

(4)人为传播。夏剪、掐尖等农事活动使植株间容易接触摩擦而造成伤口，增加了炭疽病菌入侵的机会。如果鞋底、农具等消毒不彻底，也会带菌传病。

2)越冬、侵染

病菌主要以菌丝体及分生孢子在病叶、病果组织中越冬，翌年春季温湿度适宜时，尤其是在降雨后，通过风雨或昆虫传到叶片上，萌发后病菌从伤口、气孔入侵或直接入侵。病菌有潜伏侵染现象，菌丝体可在染病叶片内发育蔓延，当树势衰弱、抵抗力下降时症状才显露出来。

3)影响发病的条件

(1)高温、高湿、多雨是炭疽病发生和流行的主要条件。炭疽病菌在 26℃条件下 5 h 即可完成侵染过程；在 30℃时病斑扩展最快，3～4 d 即可产生分生孢子；在 15～20℃时，病斑上产生分生孢子的时间延迟；在 10℃时，病斑停止扩展。

(2)炭疽病菌分生孢子的外围有水溶性胶质，干燥时黏集成团，需经雨水冲散才能传播。分生孢子的萌发要求相对湿度要达到 95%以上。

(3)土质黏重、地势低洼、排水不良、种植过密、树冠郁闭、通风不良的果园，以及树势弱的果园，炭疽病发生均重。

(4)不同品种对炭疽病有不同的抗性。据田间调查，易感程度为：华优＞金艳＞金阳＞西选 2 号＞金农＞秦美＞哑特＞金桃。

4. 防治

1)农业措施

(1)加强栽培管理。合理密植，规范整形修剪，及时中耕锄草，改善果园的通风透光条件，降低果园湿度。

(2)合理施肥灌水。合理施用氮磷钾肥，增施有机肥，改良土壤，增强树势。合理灌溉，注意排水，避免雨季积水。

(3)清除侵染病源。以果园中心区病株为重点，冬季结合修剪清除僵果、病果和病果台，剪除干枯枝和病虫枝，集中深埋或烧毁。

2)药剂防治

7 月初，果园初次出现炭疽病菌孢子 3～5 d 内开始喷药，以后每 10～15 d 喷 1 次，连喷 3～5 次，药剂可选 30%的苯醚甲环唑悬浮剂、波尔多液(1∶0.5∶200)、0.3°Bé 的石硫合剂加 0.1%的洗衣粉、50%的甲基托布津可湿性粉剂 800～1 000 倍液、65%的代森锌可湿性粉剂 500 倍液等。注意交替用药，避免病菌产生抗药性。

六、黑斑病

猕猴桃黑斑病又被称为霉斑病，是人工栽培中华猕猴桃的一种重要病害，为害叶片、枝蔓和果实，严重影响猕猴桃的生长、结果和果实品质。1990 年福建建宁县马元猕猴桃种植场 6 年生猕猴桃树的叶片平均发病率为 84.4%，高者达 90%以上；果实平均发病率为 40%，高者达 80%以上。该病在湖南、湖北、江西等地为害也较严重。2013 年 5 月，陕西眉县槐芽镇猕猴桃园也报道发现该病。

1. 病原菌

猕猴桃黑斑病的病原为猕猴桃假尾孢（*Pseudocercospora actinidiae* Deighton），属半知菌亚门真菌。子座生在叶面，近球形，浅褐色，直径 20～60 μm。分生孢子梗紧密簇生在子座上，多分枝，长 700 μm、宽 4～6.5 μm。分生孢子圆柱形，浅青黄色，直或弯，具 3～9 个隔膜，大小为 20～102μm×5～8μm。有性世代为子囊菌球腔菌属（*Ceptosphaeriasp*），无性阶段为半知菌假尾孢属（*Pseudocercospora actinidiae*）。另外，中国科学院武汉植物园报道了 *Didymella glomerata* 菌株为黑斑病的致病菌（图 12-12）。

A～C：红阳、Hort16A 和金艳的叶片以及果实自然侵染后的典型感染症状；D：25℃环境下，在 PDA 培养基上培养 5 d 的 *Didymella glomerata* 菌落；E：25℃环境下，在 PDA 培养基上培养 10 d 的 *Didymella glomerata* 菌落；F、G：在 PDA 培养基上（比例尺＝5 μm）*Didymella glomerata* 的分生孢子形态；H、I：人工感染 *Didymella glomerata* 致病菌 5 d 后红阳猕猴桃离体伤叶的感染症状；J、K：人工感染 *Didymella glomerata* 致病菌 7 d 后红阳猕猴桃离体伤果的感染症状

图 12-12 *Didymella glomerata* 菌株的生物学特征及其导致的猕猴桃黑斑病症状

（钟彩虹等，2018）

2. **发病症状**

(1)叶片。初期病叶背面形成灰色绒毛状小霉斑，以后病斑逐渐扩大，呈暗灰色或黑色绒霉状，小病斑联合成大病斑。在病斑部位对应的叶面上出现黄色褪绿斑，以后扩大成圆形或不规则的黄褐色至深褐色坏死斑，病健部分界明显，病叶易枯萎脱落(图 12-13)。

图 12-13 黑斑病叶片发病症状(王亚国 提供)

(2)枝蔓。枝蔓感病后，初在表皮出现黄褐色或红褐色水渍状、纺锤形或椭圆形病斑，后扩大并纵向开裂、肿大，形成愈伤组织，病部表皮或坏死组织上产生黑色小粒点(病原菌有性阶段的子实体)或灰色霉层。

(3)果实。果实感病初期，表面出现灰色绒毛状霉斑，后逐渐扩大，霉层大多脱落，形成直径 0.2～1 cm 的近圆形凹陷斑，刮去病斑表皮可见果肉呈褐色至紫褐色坏死，形成锥状硬块，之后果实易腐烂，病果脱落。

3. **发生规律**

病菌以菌丝体和分生孢子在有病残体的土壤中越冬，翌年猕猴桃花期前后产生孢子囊、释放分生孢子，随风雨传播。4 月下旬～5 月下旬为叶片发病初期，5 月下旬～6 月上旬为果实发病初期。通常植株近地面处的叶片首先发病，继而向上蔓延。栽植过密、支架低矮、枝叶稠密或疯长(通风透光不良)的果园，极有利于病害发生和流行。5～8 月连阴雨天多的年份往往发病重、发病早。

4. **防治**

(1)农业措施。改善果园通风透光条件，降低园内湿度。发病初期及时剪除发病枝叶，冬季清除病枝和落叶，集中到园外烧毁。加强肥水管理，促进树体生长健壮。多喷含钙量高的叶面肥，以提高树体的含钙量，增加叶片和果皮的厚度，增强抗病能力。

(2)药剂防治。从 5 月上旬开始第 1 次喷药，药剂可选丙环唑或苯醚甲环唑，以后每隔 10 d 喷 1 次，连喷 3～4 次，可有效控制病害。注意，上述药剂不能与其他碱性药剂混用。冬季清园结束后，用5～6°Bé的石硫合剂喷雾，杀灭枝蔓上的病菌及螨类等害虫。

七、根腐病

根腐病是猕猴桃的一种毁灭性的真菌病害，主要为害根部，发生较普遍，在黏重地或易积水地块发病率高，常在15%以上。

1. 病原菌

根腐病是一个统称，许多病原菌都可引起根腐症状。对猕猴桃根腐病的研究很多，20世纪90年代后其病原的报道逐渐集中到疫霉上来，致病性试验也多数鉴定为疫霉，如智利的*Phytophthora cryptogea*、*P. citroph-thora*，意大利南部的*P. nicotianae* var. *nicotianae*，法国西南部的*P. megasperma* var. *sojae*。美国加利福尼亚州报道的多达9个种，*P. cactorum*、*P. citrophthora*、*P. cryptogea*、*P. drechsleri*、*P. megasperma*，还有4个未鉴定种(Conn，1991)，新西兰报道了5个种，并指出*P. cryptogea*、*P. cinnamomi*的致病性最强，*P. citricola*、*P. gonapodyides*、*P. stellata*的致病性中等或较弱(Stewart，1991)。我国对猕猴桃根腐病的研究较少，涉及疫霉，河南报道的是*Phytophthora cactorum*、*P. cinnamomi*(王永安，1990)，湖南则报道为*Phytophthora cactorum*、*P. cinnamomi*、*P. citricola*、*P. lateralis*(方炎祖，1992)。黄亚军等从广东和平县猕猴桃根腐病病根分离到2个菌株，根据培养性状及形态特征，分别鉴定为*Phytophthora cinnamomi* Rands(交配型为A1)和*Fusarium solani*(Mart.)Sacc。

2. 发病症状

猕猴桃从苗期到成龄果园都可发生根腐病，发病部位均在根部(图12-14)，该病由多种真菌引起，症状因病原菌不同而异。

图12-14 猕猴桃根腐病根系受害症状

(1)密环菌和假密环菌引起的症状。多从根茎部先发病，侵入根茎部的病菌主要沿主根和主干蔓延，初期根茎部皮层出现黄褐色块状斑块，皮层软腐变黑，韧皮部易脱落，内部组织变褐腐烂。当土壤湿度较大时，病斑迅速扩大并向下蔓延导致整个根系腐烂，病部流出许多褐色汁液，有酒糟味，木质部变为淡黄色。地上部表现为植株生长不良，叶片迅速变黄脱落，严重的树体萎蔫死亡。后期病组织内充满白色绢丝状菌丝，腐烂根部产生黑色根状菌索，为害相邻植株根系，感病的植株表现树势衰弱，产量降低，品质变差，严重时还会造成整株萎焉死亡。

(2)疫霉菌引起的症状。多从小根或根尖发病，病斑为褐色，水渍状，病部有白色霉状物，也有酒糟味，病斑随病情扩展，向根茎部蔓延。地上部表现萌芽晚，叶片小，枝蔓顶端的生长点或嫩梢生长缓慢，容易枯死，严重者芽不萌发或萌芽不绽叶，最终导致树体死亡。

3. 发病规律

病菌主要以菌丝在根部被害组织皮层或随病残组织在土壤中越冬，翌年春季树体萌动后，病菌随耕作或地下害虫活动传播，从根部伤口或根尖侵入，使根部皮层组织腐烂死亡，还可进入木质部。病组织在土壤中可存活 1 年以上，病根和土壤中的病菌是翌年的主要侵染源，因此猕猴桃根腐病的复发率相对较高。

根腐病一般从 4 月开始发病，7～9 月是严重发病期。夏季如遇久雨突晴或连日高温，有的病株会出现突然萎蔫死亡。发病期间病菌可多次侵染，10 月以后停止，病株一般 1～2 年后死亡。

4. 发病条件

根腐病主要发生在高温高湿的夏季，嫁接树在高温(20～23℃)、高湿(85%～90%)条件下仅 6～7 d 就出现症状。5～8 月发病占全年的 85%以上，9～10 月发病仅占全年的 10%左右，11 月～翌年 4 月初为病原越冬期。夏季多雨，土壤湿度大，地温高，有利于病害蔓延。

研究表明，幼树期土壤中病原菌的数量积累较少，加之营养生长较强，对病原菌的抗性也较强，因而发病较轻。反之，树龄大的果园，土壤中的病原菌不断增殖与积累，达到了足以使植株发病的程度，且生殖生长也导致了树势的衰弱，因而发病较重。

相同树龄果园中的调查发现，嫁接口在地表以下埋得越深，根腐病的发病率就越高，感病指数也越大。这是因为猕猴桃园经常灌水，地表下一定范围内的土层越深，土壤湿度越大，越有利于病原菌从嫁接口入侵而使根部感病，过饱和湿度超过 15 d 就会发生根腐病。同时，猕猴桃属于浅根性植物，栽植过深，根所处范围的土壤透气性较差，不利于其生长，因而其抗病性也差，容易发生根腐病。

根腐病的发生与土壤性状有着极为密切的关系，土壤比较黏重、透气性差则发病重；偏酸的土壤发病稍重于中性和偏碱的土壤，其原因是偏酸的土壤对病原菌的生长和入侵有利。土壤水分经常超饱和及土壤较为黏重的果园发病率和感病指数明显高于水分欠饱和及不黏重的果园。这是由于土壤水分长时间超饱和及较为黏重时，透气性相对较差，从而影响根的呼吸和正常生长，加快了根腐病的发生和蔓延。

5. 防治

1)农业措施

(1)科学选址。选择利于排灌、土层深厚、透气性好并且土壤 pH 值<7.5 的地块建园。

(2)合理排灌。实行高垄栽培，避免树盘积水；雨季易积水，需清沟排水；高温干旱季节适当灌水，但切忌大水漫灌，最好采用滴灌或喷灌。

(3)选用无病苗木，合理定植。种植前注意苗木的消毒处理，栽植时不施用未经腐熟的农家肥，注意化肥不能与根系直接接触，幼苗栽植不宜过深。

(4)平衡施肥。重施有机肥，改善土壤结构，提高土壤的透气性；科学配施化肥并提高磷、钾肥的用量，适施锌、硫、硼等微肥，增施生物菌肥。

(5)科学修剪。灵活运用疏枝、绑蔓、摘心等方法，做好夏季修剪工作，改善通风透光条件，提高光合效能。

(6)根据树势适量疏果，合理负载，减轻树体负担，提高树体的抗逆性。

(7)防止伤根。在猕猴桃伤流期的田间作业，应防止伤根，避免诱发根腐病。

2)药剂防治

已发病的植株，可选用 40%的多菌灵 400 倍液或 39%的甲霜·恶霉灵 500 倍液灌根，每树可灌 2～3 kg，隔 15 d 灌 1 次，连灌 2～3 次。如果土壤湿度大，可先在树盘下打孔进行降湿，再灌根处理。防治病虫害施药时，可加入磷酸二氢钾、含氨基酸叶面肥等，以助于恢复树势。对于受害严重、已开始枯死的树，要整株挖除并销毁，并用石灰进行土壤消毒。

第三节　主要害虫及防治

猕猴桃的主要害虫有金龟甲类、介壳虫、红蜘蛛、蝽象、叶蝉、小薪甲、吸果夜蛾、根结线虫等。

一、金龟甲

金龟甲属鞘翅目(Coleoptera)金龟甲总科(Scarabaeoidea)。成虫俗称栗子虫、黄虫;幼虫统称蛴螬,俗称土蚕、地蚕、地狗子,长3～4 cm,色白,头黄棕色,口坚硬,身体常弯曲成马蹄状。生活史较长,老熟幼虫在地下做茧化蛹。金龟甲为完全变态。

1. 主要种类

全世界约有3万多种金龟甲,我国约有1 300种,常见的为害猕猴桃的有20多种,主要种类有大黑鳃金龟(*Holotrichiaspp diomphalia*)、暗黑鳃金龟(*H. parallela*)、铜绿丽金龟(*Anomalacorpulenta*)、黯黑金龟(*H. parallelb*)、大绿金龟(*A. cupripes*)、铜罗花金龟(*RhomborrhinaiaDonica*)、黑玛绒金龟(*Naladeraoriemalis*)、阔胸金龟(*Pentodonpatruelis*)、茶色金龟(*Doretus ternuimaculatus Waterhouse*)、中华弧丽金龟(*Popillia quadri*)等。

2. 为害症状

金龟甲幼虫(蛴螬)主要啃食猕猴桃嫩根和幼苗根茎部造成缺苗断垄(图12-15),或使植株发育不良,影响养分、水分的吸收运输,严重时植株地上部出现早衰,叶片发黄萎蔫。成虫啃食幼芽、嫩叶、花蕾等,严重时可将果树整株整片的叶片啮噬殆尽,只剩叶脉。

图12-15 蛴螬为害猕猴桃根系(王亚国 提供)

3. 发生规律

大多数金龟甲1年1代,少数2年1代,以幼虫或成虫在土壤内越冬,翌年5月上旬成虫出现,为害地上部,5月下旬达到高峰。食物充足的情况下一般不飞迁,多在黄昏时上树为害,半夜后即陆续离去,潜入草丛或松土中隐藏。也有少数白天活动，并在土壤中产卵，此时防治效果最佳。6～8 月交配后入土产卵，卵多产于植株周围 5～10 cm 的土层内。7～8 月幼虫孵化后在地下为害根系，冬季来临前潜入深土层越冬。成虫有群集性、假死性、趋光性，闷热无风的夜晚为害最烈。

4. 防治

为害猕猴桃的金龟甲种类多、数量大、食性杂，且虫源多来自果园外，只有采取多种方法综合防治，才能减轻或控制为害。

1)农业措施

秋末冬初结合施基肥对果园进行深翻，以消灭大量蛴螬。农家肥要充分腐熟后才可施用，以有效减少蛴螬来源。在果园内或果园周围尽量少种豆类、花生、马铃薯、甘薯等作物，并经常清除果园周围的杂草，以破坏成虫产卵的生活环境。土壤含水量为 15%～20%时有利于幼虫生活，土壤过干、过湿都会迫使蛴螬向土壤深层转移，导致其卵不能孵化，并可消灭其幼虫，因此，合理灌溉可以抑制金龟甲的发展。

2)物理防治

利用金龟甲的趋光性，在成虫发生期，按一定距离在园间布设黑光灯或频振式杀虫灯诱杀成虫。或利用其假死性，在早晨或傍晚敲树振虫，将振落树下的金龟甲集中消灭。

3)生物防治

(1)利用天敌。采取措施保护步行甲、隐翅甲、土蜂、鸟类等天敌。保护或间种蜜源植物，为土蜂等寄生性天敌提供食物，招引天敌。布巢招引益鸟，时间和地点可视欲招引的鸟类而定，一般每公顷均匀布设 2 个巢，巢箱悬挂于 2 m 以上的树冠中下部，巢口面向下坡，人工巢箱可选择椋鸟式、山雀式、半开口式和树洞式。释放寄生蜂，如大斑土蜂(*Scolia clypeata Sickman*)、春黑小土蜂(*Tiphia vernalis Rohwer*)、弧丽钩土蜂(*Tiphia popilliavora Rohwer*)等寄生蜂。

(2)生物制剂。①球孢白僵菌(*Beauveria bassiana*)，幼虫期施用，施菌量 $(225\sim337.5)\times10^{12}$ 孢子/hm^2。可将可湿性粉剂配成 $(150\sim225)\times10^{8}$ 孢子/kg 的水溶液灌根；可将白僵菌粉剂与大豆粉、细土、潮麦麸按照 1∶1∶10∶(5～10)的比例，配制成 $(6\ 800\sim8\ 800)\times10^{8}$ 孢子/kg 的菌土，沟施后盖土。②金龟子绿僵菌(*Metarhizium anisopliae*)，幼虫期施用，施菌量 $(150\sim225)\times10^{12}$ 孢子/hm^2。可配制 $(50\sim1\ 000)\times10^{8}$ 孢子/kg 的水溶液浇灌，或拌以干细土沟施或拌种。③苏云金杆菌(*Bacillus thuringiensis*)，幼虫期施用，施菌量 $(6\sim30)\times10^{8}$ IU/hm^2。在园间温度为 20～30℃时配制成水溶液浇灌，或拌以干细土沟施或拌种。注意避免高温中午施药，干旱季节施药后要配合灌水，多雨季节不宜使用。

4)化学防治

成虫盛发期，可在天黑前对果园边缘植株的树冠均匀喷布50%的辛硫磷乳油1 000倍液或40%的毒死蜱乳油1 500倍液进行防治。秋施基肥时，结合土壤深翻，每穴施辛硫磷颗粒剂100 g，或每公顷拌施30～45 kg，以减少金龟子幼虫的为害。

二、介壳虫

介壳虫属同翅目(Homoptera)昆虫，为害猕猴桃的介壳虫主要有：考氏白盾蚧(*Pseudaulacaspis caspiscockerelli*)、草履蚧(*Drosicha contrahens*)、椰圆蚧(*Aspidiotus destructor*)、桑盾蚧(*Pseudaulacaspis pentagona*)、梨圆蚧(*Quadraspidiotus pemiciosus*)、红蜡蚧(*Ceroplastes rubens*)等。介壳虫属于猕猴桃检疫性害虫。

1. 为害症状

介壳虫主要以雌性成虫、若虫为害树体，群集附着在植株的树干(图12-16)、枝条、叶片和果实上刺吸组织汁液，严重时造成叶片发黄、枝梢枯干、树势衰弱，且易诱发煤烟病。雌性成虫和若虫常因被有蜡质介壳，药液难以渗透，触杀式药剂效果不明显，内吸式农药效果较好。为害严重时，在枝蔓表面形成凹凸不平的蚧壳层，削弱树势，甚者导致枝蔓或全树死亡。

图12-16 介壳虫群集为害树干

2. 发生规律

草履蚧1年发生1代，以卵和初孵若虫在树干颈部或土缝中越冬，2月下旬～3月上旬若虫上树为害嫩枝嫩芽，并分泌白色蜡粉，蜕皮3次后于5月上旬蜕变为成虫，交尾后于6月中、下旬下树进入土缝中产卵，越夏、越冬。

桑盾蚧1年发生2代，以第2代受精雌虫在枝条上越冬，3月中、下旬猕猴桃树萌动后开始吸食为害，虫体迅速膨大，第1代卵孵化盛期在5月中旬，第2代孵化盛期在7月底。若虫多固定在2～5年生枝条上取食，严重时枝条上介壳密布重叠，远看枝条呈灰白色。

梨圆蚧1年发生3代，以2龄若虫及少数受精雌虫在枝干上越冬，翌年3月中、下旬开始取食为害，6月上、中旬胎生若虫，第2代在7月下旬～9月上旬，第3代在9月～11月上旬，世代不整齐，梨圆蚧每次产仔70～100余头，以第2代的繁殖力最强。

3. 防治

(1)加强检疫。介壳虫类一般自然传播能力弱，应加强对调运苗木、接穗的检疫，防止运输传播。

(2)人工防治。介壳虫多在主干和枝蔓上越冬，可在冬季用破布、手套、竹刷等工具抹擦密集的越冬虫源，减少来年虫口；枝蔓上的虫枝可结合冬剪除掉。在生长季节，如发现有个别猕猴桃枝条或叶片有介壳虫，可用软刷轻轻刷除。要求刷净、剪净，集中烧毁，切勿乱扔。

(3)药剂防治。①春季草履蚧若虫上树为害前，在树干颈部涂约10 cm的药环，可阻止若虫上树。②萌芽期喷布4～5°Bé的石硫合剂；在树体上有卵的地方涂抹护树将军1 000倍液，可窒息性杀死虫卵；在若虫盛期可选喷10%的吡虫啉4 000～6 000倍液或0.6%的苦参碱水剂800倍液或24%的螺虫乙酯悬浮液4 000～5 000倍液或40%的速杀灭乳油1 000倍液，每隔7～10 d喷1次，连喷2～3次。

三、红蜘蛛

红蜘蛛是一类体躯微小、刺吸式口器的害虫，属于蜱螨目(Arachnoidea)叶螨科(Tetranychidae)的植食螨类。为害猕猴桃的红蜘蛛主要有山楂红蜘蛛(*Tetranychus viennensis Zacher*)和二斑红蜘蛛(*Tetranychus urticae Koch*)。

1. 形态特征

圆球形卵，春季产的卵呈橙黄色，夏季产的卵呈黄白色。幼螨，初孵为圆形、黄白色，取食后渐变为卵圆形、淡绿色，3对足；若螨，4对足，前期若螨体背开始出现刚毛，两侧露出明显的黑绿色斑纹，后期若螨个体较大，可以区分性别；雌成螨卵圆形，体长0.53 mm，宽0.32 mm，体背有26根刚毛，分成6排，4对足，淡黄色，长度比体长短。越冬型雌成螨朱红色，有绢丝光泽，夏型雌螨红色至暗红色。雄成螨体长0.45 mm、宽0.25 mm，由第3对足基部起向后方逐渐变细，末端光削，体背两侧有黑绿色斑纹。见图12-17。

图 12-17 红蜘蛛

2. 为害症状

红蜘蛛主要集中在猕猴桃叶片背面为害，不太活泼，零星几个或群集在叶脉周围吸食叶片汁液。一般受害树叶片上有 3～10 头害虫，严重时有几十甚至上百头，且大量吐丝结网。受害叶片正面先出现小块不规则失绿，逐渐连成一片，整个叶片发红发黄，受害树(园)远看很像得了黄化病，严重时形成“火烧树”，最后叶片干枯卷曲脱落。

3. 发生规律

我国北方果区一般 1 年发生 6～9 代，陕西关中 1 年发生 6～10 代，年发生次数的多少受当年气温和空气湿度的影响，5～8 月高温、干燥年份发生世代多，冷凉、潮湿年份发生世代较少。以受精的冬型雌成螨在树皮裂缝、芽痕及根颈周围土缝内、落叶下、杂草间越冬。果树花芽萌动后开始出蛰，春季气温上升平稳的地区和年份出蛰较整齐，持续时间较短，高峰不明显。6 月麦收前后气温升高时开始为害，7～8 月是为害盛期，高温干旱能加剧其繁殖和为害。9 月以后气温下降，为害逐渐减轻，采果后至 11 月开始越冬。红蜘蛛不太活泼，一般在叶背为害，吐丝结网，数量多时可扩散到叶面和果实上。近距离传播靠吐丝随风飘移，远距离传播通过苗木或果品运输。

4. 防治

(1)农业措施。9 月上旬在主干距地面 1.5 m 左右处绑诱虫带或不干胶带诱杀叶螨。秋末冬初结合清园认真刮除粗老翘皮裂缝，彻底清除枝干上的枯叶及地面上的落叶以及杂草，翻埋根颈周围土地等越冬场所，消灭过冬雌成虫、卵等，降低害虫基数。

(2)生物防治。捕食螨一般具有较长的脚，行动敏锐，捕食的对象包含小型节肢动物及其卵、线虫等，且具有高增殖率、发育速率快、伪孤雌产雄、密度依变的性比变换率、滞育等生物习性，可与叶螨的族群增长及分布相配合，是防治叶螨的有效天敌，可人工饲养释放。另外，注意合理使用药剂，保护和利用食螨瓢虫、小黑花蝽等天敌，维持生态平衡。

(3)药剂防治。萌芽期，喷布 3～5°Bé 的石硫合剂，上年为害严重且越冬虫口密度较大的果园，显蕾后至开花前再喷 1 次 3°Bé 的石硫合剂或 5%的噻螨酮乳油 2 000 倍液，落叶后喷 20%的四螨嗪(螨死净)水悬剂 3 000 倍液；麦收前选喷 1.8%的阿维菌素 5 000 倍液或 20%的扫螨净可湿性粉剂 2 500～3 000倍液；麦收后喷 20%的哒螨灵乳油 4 000 倍液、25%的绿色功夫乳油 3 000倍液。如天气干旱，虫口大，间隔 10 d 后再喷 1 次 0.5°Bé 的石硫合剂。

四、蝽象

蝽象是昆虫纲半翅目(Hemiptera)蝽科(Pentatomidae)昆虫的总称。此类害虫能分泌臭液，被捕捉时会释放出刺鼻臭气，所以又有放屁虫、臭板虫等俗名。见图 12-18。

图 12-18　蝽类昆虫

蝽象在全世界已知的有 760 属 4 100 种，国内已知的有 170 多属 500 余种，为害猕猴桃的蝽象类有麻皮蝽[*Erthesina fullo* (Thunberg)]、茶翅蝽[*Halyomorpha picus* (Fabricius)]等。

1. 形态特征

绝大多数蝽象种类的触角为 5 节，少数种类 4 节。小盾片发达，多数为三角形，紧接前胸背板后方，盖在腹部背面，长度略过腹部的 1/2，但也有些种类的小盾片超过腹长的 2/3，盖住整个腹背。不完全变态。卵球形、卵圆形或圆桶形，单产或数枚、10 多枚或数十枚聚产在一起成卵块，平贴在寄主枝、叶上，不少种类 1 次产 12 枚。初孵若虫停留在卵壳附近，直到第 1 次蜕皮。通常 5 龄，第 2 次蜕皮以后出现翅芽，第 5 次蜕皮即为成虫。见图 12-19。表 12-4 中列出了麻皮蝽和茶翅蝽的形态特征。

图 12-19　蝽象的成虫、若虫及卵

表 12-4　麻皮蝽、茶翅蝽的形态特征

虫态	麻皮蝽	茶翅蝽
成虫	体长 22 mm，宽 11 mm 左右。体黑褐色，具不规则黄斑。头端至小盾片基部有 1 条细黄纵中线；前胸、背板、前缘和侧缘具黄色窄边	体长 14 mm，宽 7 mm 左右。体茶褐色，具紫绿光泽。小盾片基缘具 1 个隐约的黄色小斑。前胸背板前缘有 4 个黄色横列斑
卵	球形，灰白色，常 12 粒并列成行	短圆筒状，形似茶杯，灰白色，常 28 粒并列在一起
若虫	若虫初龄时，胸腹部有许多红、黄、黑 3 色相间的横纹。2 龄时体灰黑色，腹部背面具红黄色斑 6 个	前胸背板两侧有刺突，腹部各节背面有黑斑，黑斑中央两侧各有 1 个黄褐色小点，各腹节两侧节间均有 1 个黑斑
共同特征	成、若虫都是刺吸式口器，成虫都具有分节的喙，喙从头端伸出，不用时贴在头、胸、腹面。翅不用时平放在腹部背面，其末端相互重叠。都有臭腺，开口于腹面后足基节旁。不完全变态，若虫经过 5 个龄期变为成虫。若虫和成虫都能为害猕猴桃	

2. **为害特征**

以成虫、若虫刺吸猕猴桃嫩枝、嫩叶和果实汁液。叶片受害处出现失绿黄斑；受害幼果吸食点停长变硬，果形不正，发育不正常为“疙瘩果”，为害严重时脱落；后期果实受害处果肉木栓化，品质下降，不耐贮藏。

3. 发生规律

江苏、浙江1年发生1代，陕西、江西1年发生2代，广东1年发生2～3代。以成虫及少数高龄若虫在屋檐下、墙角墙缝中、石块下、草堆等处越冬。翌年4～5月出蛰，群集在猕猴桃上为害。成、若虫喜在晴朗的白天潜伏在叶背面，傍晚或阴天到叶片或嫩枝上吸食，5～6月将卵聚产在猕猴桃叶背面，卵块多有14粒，排成2行，每雌产卵75粒。6月下旬～8月中旬为第1代成虫盛发期，8～10月第2代成虫盛发后进入越冬。生长旺盛、叶色浓绿的猕猴桃发生较重。天敌主要有稻蝽黑卵蜂、白僵菌、蜘蛛、青蛙等。

4. 防治

（1）农业措施。冬季清园时清除病虫为害的枝叶、干翘树皮、果园及周边的杂草，集中堆沤或烧毁。树干涂白，减少椿象的越冬场所，有效降低虫口基数。

（2）物理防治。可根据椿象的生活习性采取相应的措施予以杀灭。如利用其假死性，于出蛰上树初期摇落或在早晨逐株、逐片地打落杀死。越冬前，在越冬场所大量群集的可集中捕杀，或在树干上束草，诱集消灭前来越冬的害虫。也可人工抹杀叶背卵块。套袋时选用大型号的袋子，果实和所套的袋子间有一定的距离，使果实在袋子中悬空生长，也是防治蝽象为害的有效办法。

（3）生物防治。人工繁殖并释放沟卵蜂、平腹小蜂、黑卵蜂、啮小蜂等蝽象天敌，可以在其卵期有效控制虫口的数量。

（4）药剂防治。①使用驱避剂。5月底以后可在果园悬挂驱避剂“驱蝽王”，每公顷可悬挂600～900支驱避剂驱赶椿象。②喷药防治。在初龄若虫发生期，选用10%的高效氯氰菊酯2 000倍液或20%的溴氰菊酯乳油2 000倍液均匀喷雾防治，15 d后再喷1次。若虫口大，再加10%的吡虫啉可湿性粉剂2 000倍液，持效期可达25～30 d。

五、叶蝉

叶蝉又名浮尘子（图12-20），属同翅目（Homoptera）叶蝉科（Cicadellidae）。为害猕猴桃的叶蝉有20多种，其中桃一点叶蝉（*Erythroneura sudra*）、假眼小绿叶蝉[*Empoasca vitis*（Gothe）]、大青叶蝉[*Cicadella viridis*（Linnaeus）]、小绿叶蝉[*Empoasca flavsceus*（Fabricius）]、猩红小绿叶蝉[*Empoacarufa*（Melichar）]和葡萄斑叶蝉[*Erythroneora apicalis*（Nawa）]等为害较严重（龙友华）。

图 12-20 叶蝉

1. 为害症状

叶蝉以成虫和若虫刺吸新梢、叶片、花蕾和幼果的汁液。叶片被害部位呈现苍白斑点，影响光合作用，严重时叶片变成黄白色到苍白色提早脱落，枝梢组织遭到破坏，导致树势衰弱，产量锐减。越冬卵产于枝条皮层中，受害部产生“半月牙”形疱疹状突起，严重时枝条易失水干枯。

2. 发生规律

陕西关中地区 1 年发生 3 代。越冬卵 4 月孵化，若虫期 10～20 d，猕猴桃发芽后开始出蛰为害。5～6 月、7～8 月分别为第 1 代、第 2 代成虫盛发期，第 3 代成虫出现于 9～10 月，10 月中、下旬为产卵盛期。成虫、若虫常栖息在湿背风处，午间气温高时较活跃，遇惊动时飞散逃避；有较强的趋光性，夏季高温夜晚尤为明显。非越冬代卵多产于寄主叶背组织，越冬代卵多产于枝干皮层内，被孵若虫常群居在寄主枝叶上，以后逐渐分散为害。越冬代成虫在树皮裂缝、树丛落叶、杂草等处越冬。

3. 防治

(1)农业措施。初冬、早春彻底清除果园内的残枝落叶，铲除杂草，在成虫盛发期设置频振式杀虫灯诱杀，以减少虫口密度。

(2)药剂防治。应抓住越冬代成虫出蛰活动的盛期和第 1、第 2 代若虫孵化盛期喷药防治。药剂可用 2.5%的绿色功夫乳油或 2.5%的溴氰菊酯乳油 3 000倍液，或 25%的噻嗪酮可湿性粉剂 1 000～1 500 倍液。如为害较重，在 8 月初第 2 次为害高峰期到来之前再用 1 次药。

六、隆背花薪甲(小薪甲)

隆背花薪甲(图 12-21)[*Cortinicara gibbosa*(Herbst)]属于鞘翅目薪甲科(Lathridiidae)，光鞘薪甲亚科(Lathridiidae)，花薪甲属(*Cortinicara Johnson*)，是为害猕猴桃果实的主要害虫之一，可严重影响猕猴桃果品质量。自

1996 年以来，该虫在陕西周至县等猕猴桃产区发生，并造成为害。以后逐年加重，并成为生产上的主要防治对象。由于缺乏研究，生产上一直称其为小薪甲(*Microgramme* sp.)，也有资料称其为东方薪甲(*Migneauxia orientalis*)，具体种名并没有确定。李高华等通过与新西兰专家交流并参考国内吴佩玉(1999)的资料，最终确定为害猕猴桃的小薪甲为隆背花薪甲。

图 12-21　隆背花薪甲

1. 形态特征

隆背花薪甲成虫体长 1.0～1.5 mm，体宽 0.5～0.6 mm，倒卵形，体色棕黄色至棕褐色，体表被卧毛。头宽略小于前胸背板，被刻点，头顶隆起，额唇基沟清楚，唇基横方，矩形。复眼突出。口器朝向前下方。下唇须 3 节，端部 2 节紧缩成球状，基节短小。触角 11 节，颜色稍浅于体色；触角基部 2 节较粗，第 1 节端部膨大，是第 2 节的近 2 倍；第 3～8 节较细，各节长略过其宽，端部 3 节膨大，形成棒状；第 9 节和第 10 节长度近等，第 11 节最粗长，约为第 10 节长度的 2 倍。前胸背板近方形，宽稍过于长，前缘较平，后缘微拱，两侧缘在中部之前微拱出，侧缘有带毛的微细锯齿，近基部的 3～4 个常稍大，表面密被刻点及毛，近基部有 1 个浅横凹。中胸小盾片较小，近方形。鞘翅长卵形，基部明显较前胸宽，背面隆拱，两翅在缝端略分离，一般盖过腹部，仅臀板部分外露，雌虫腹部膨大，后端伸长，末端可外露 3 个腹节；鞘翅被细小刻点，纵向排列成 16 列，每刻点均有 1 卧毛；后翅膜质，有 2 根细的纵脉，翅的前缘在基半部及翅后缘具有等长的缨毛。足细长，颜色稍浅于体色，前足基节略突出，两基节紧靠，跗节 3 节，第 1 节明显长过第 2 节，较第 3 节稍短，爪单齿式；中足基节球形，两基节由狭窄的中胸腹板分隔；后足较前、中足为长，基节横形，分别位于第 1 节腹板突的两侧，腿节较粗。腹部可见背板 8 节，被毛及刻点；雌虫腹板一般可见 5 节，雄虫腹板常可见 6 节。卵微小，长椭圆形，乳白色，半透明。幼虫 3 对足，乳白色；头部暗棕色；足棕色，颜色稍浅于头部；腹节可见 9 节，体被稀疏的刚毛。蛹乳白色，离蛹，无包被。

2. 为害症状

隆背花薪甲以成虫聚集在相邻果实之间为害，被害果面出现针眼状虫孔（图 12-22），导致皮层细胞木栓化，呈片状隆起并形成结痂。受害果实肉质变硬，品质变差，丧失商品价值。

图12-22 隆背花薪甲为害猕猴桃果实（王亚国 提供）

3. 发生规律

隆背花薪甲成虫极小，体长 1.3～1.5 mm，深红褐色，咀嚼式口器。1 年发生 2 代，以卵在树皮裂缝、杂草中潜伏越冬。5 月中旬第 1 代成虫出现，先在杂草、蔬菜上为害，5 月下旬～6 月上旬是为害猕猴桃的主要时期，在相邻的果实之间取食，6 月下旬后为害减轻。7 月下旬出现第 2 代成虫，为害损失不大，数量较多时也会对果面造成损伤。10 月后成虫产卵于树皮裂缝和杂草中越冬。

4. 防治

（1）农业措施。采果后彻底清园，结合冬剪剪除病虫枝、枯枝，并集中烧毁，减少害虫越冬基数。

（2）药剂防治。5 月下旬～6 月上旬可喷 2 次 0.5％的藜芦碱可湿性粉剂 600～8 000 倍液，也可喷施 2.5％的绿色功夫乳油或 2.5％的溴氰菊酯乳油 2 000倍液、速灭杀丁乳油 1500 倍液等。喷药说明：①以晴天傍晚或阴天喷药为好。②如喷药后 12 h 内遇雨，须重喷。③注意交替用药，防止产生抗药性。④连续喷 2 次，间隔 10 d 左右。⑤喷布要全面、均匀，特别注意猕猴桃相邻两果之间一定要喷到，这是隆背花薪甲聚集为害的主要位置。

（3）生物防治。人工饲养龟纹瓢虫（*Propylaea japonica*），适时释放于园内控制害虫。

七、吸果夜蛾

吸果夜蛾属昆虫纲鳞翅目(Lepidoptera)夜蛾科(Noctuidae)。为害猕猴桃的夜蛾种类主要有嘴壶夜蛾[*Oraesia emarginata*(Fabricius)]、鸟嘴壶夜蛾(*Oraesia excavate* Butler)及枯叶夜蛾[*Adris tyrannus*(Guenée)](刘忠平等,2006;杨清平等,2014)。

1. 形态特征

(1)嘴壶夜蛾(图 12-23)。成虫体长 18 mm 左右,翅展 34~40 mm,头部棕红色,腹部背面灰白色。雌蛾触角丝状,前翅茶褐色,有 N 形花纹,后缘呈缺刻状。雄蛾触角单栉齿状,前翅色泽较浅。卵球形,底面平坦,直径约 0.7 mm,初产时黄白色,以后出现棕红色花纹,卵壳上有较密的纵走条纹。幼虫老熟时长 44 mm 左右,漆黑色,各体节背面两侧有黄色斑纹,杂有大小数目不等的白色或橙红色斑,这些色斑排列成纵向带纹。蛹体长达 17 mm 左右,赤褐色,常有叶片包在外面。

图 12-23 嘴壶夜蛾

(2)鸟嘴壶夜蛾。成虫体长 23~26 mm,翅展 49~51 mm,头部及前胸赤橙色,中、后胸褐色。前翅紫褐色,翅尖的外缘突出,较嘴壶夜蛾更为显著。外缘中部向外突出,后缘中部有 1 条弧形向内凹入较嘴壶夜蛾深的缺刻。卵略似球形，底面平坦，直径约 0.72 mm，高约 0.6 mm，卵壳上密布纵向条纹，初产时黄白色，后具棕红色花纹。幼虫老熟时体长约 46 mm，灰黄色，体背及腹面均有 1 条灰褐色宽带，自头部直达尾部，头部有 2 个边缘镶有黄色的黑点，第 2 腹节两侧各有 1 个类似眼睛的斑点。蛹体长 17.6 mm，赤褐色，外包叶片或苔藓等。

(3)枯叶夜蛾。成虫体长 35～42 mm，翅展约 100 mm，触角丝状，前翅灰褐色，有 1 条斜生的黑色斑纹，翅脉清晰，上有许多小黑点排列。后翅黄色，有肾状和羊角状黑色斑纹。卵近圆球形，底面平，直径约 0.95 mm，乳白色，卵壳表面有六角形网状花纹。幼虫老熟时长可达 60～70 mm，全体紫红色或灰褐色。腹足 4 对，但第 1 对很短，行走时不起作用。蛹长约30 mm，褐色，有黄白色丝将叶片黏在一起，包在体外。

2. 为害症状

果实接近成熟期，成虫用口器刺破猕猴桃果皮吮吸果汁，刺孔周围果肉失水呈海绵状。刺孔甚小，难以察觉，约 1 周后，刺孔处果皮变黄、凹陷并流出胶液，其后伤口附近软腐，并逐渐扩大为椭圆形水浸状斑块，造成落果或整果腐烂。

3. 发生规律及习性

吸果夜蛾种类多，生活习性及发生规律有一定的差异，幼虫分散在广阔的山区杂草和灌木之间，成虫飞翔能力很强，白天分散潜伏，因其形态各异不易被发现。

(1)嘴壶夜蛾。为吸果夜蛾类的优势种，约占虫体数量的 3/4，在我国南方 1 年可发生 4～5 代，以幼虫越冬。成虫具有假死性，夜间产卵，多在 21：30前进行，产卵时长约 2 h。幼虫寄主有木防己和汉防己 2 种，在山区两寄主植物同时存在时，发生严重。在 8 月以后为害猕猴桃，9～10 月是为害盛期。在无风、闷热的夜晚，成蛾出现最多。幼虫取食寄主叶片，并在土中化蛹。

(2)鸟嘴壶夜蛾。一般 1 年发生 4 代，以成虫、幼虫或蛹越冬。成虫交尾后 1～3 d 产卵，在温度为 25～27℃时孵化 2～3 d。幼虫期 26～28 d，幼龄幼虫有吐丝悬挂的习性，幼虫停息时身体直伸，与枯枝相似，不易被发觉，在我国南方，9 月是成虫高峰期，幼虫的寄主植物为木防己。

(3)枯叶夜蛾。一般 1 年发生 2～3 代，主要以幼虫越冬，幼虫寄主植物有木防己和木通等植物。幼龄幼虫吐丝习性显著，幼虫静止时头部下垂尾部高举，仅以 3 对发达的胸足着地，虫体呈 V 形。在我国南方，8～11 月为害猕猴桃。

4. 防治

(1)园地选择。建园时选择植被比较单一、地形相对独立的小山或丘陵地，忌连片种植，尽量避免混栽不同熟期的品种及多种果树。

(2)挖除寄主。木防己、汉防己是目前已知的嘴壶夜蛾幼虫寄主植物，可人工挖除果园周围的木防己和汉防己，以减少吸果夜蛾的为害。

(3)果实套袋。猕猴桃果实几乎都挂在棚架下，果实套袋是防止枯叶夜蛾(包括其他吸果夜蛾类)为害效果最好的一种措施。

(4)诱杀。吸果夜蛾发生在果实糖分开始增加的9月，可用黑光灯或糖醋液诱杀成虫。

(5)药剂防治。在发现大量吸果夜蛾成虫后约10～15 d，每隔3～5 d对果园周围的树木、杂草，特别是吸果夜蛾幼虫的寄主植物等叶面喷施杀虫剂，防治未孵化的卵及幼虫。杀虫剂的种类可选用25%的灭幼脲1 500倍液和菊酯类农药混合喷施。

八、根结线虫

猕猴桃根结线虫是为害猕猴桃根部的一种重要病害。近年来，随着猕猴桃种植规模的不断扩大，猕猴桃根结线虫病的发生愈发严重。经鉴定，我国为害猕猴桃的根结线虫主要是南方根结线虫(*Meloidogyne incognita*)，其次是爪哇根结线虫(*M. Javanica*)和花生根结线虫(*M. Axenaria*)。

1. 为害特征

根结线虫主要为害猕猴桃根部，从幼苗到成株均可受害。受害植株的根部肿大呈瘤状或根结状(图12-24)，每个根瘤有1个至数个线虫，将根瘤解剖，可肉眼看到线虫。根瘤初时表面光滑，后颜色加深，数个根瘤常常合并成1个大的瘤状物或呈节状，大的根瘤外表粗糙，其色泽与根相近。后期整个瘤状物和病根均变为褐色，并逐渐腐烂。

苗木受害后，造成根系短、分支少，植株生长不良，较细弱，叶片黄化。结果树受害后，植株矮小、新梢短细、叶片发黄易落，树势弱，结果少且小，严重时整株萎蔫死亡。一般沙土地为害较重，特别是在干旱年份。线虫侵染根所产生的伤口有利于病菌侵入，从而诱发其他病害。

2. 发生规律

猕猴桃根结线虫以卵、幼虫或成虫在病组织或土壤中越冬。2龄侵染幼虫先活动于土壤中，侵入猕猴桃根后在根皮和中柱之间寄生为害，并刺激根组织过度生长，使根尖形成不规则的根瘤。幼虫在根瘤内生长发育，经3次蜕皮发育为成虫。雌、雄成虫成熟后交配产卵于猕猴桃根瘤内或土壤中。10%

~17%的土壤湿度最适宜线虫存活，20~27℃的温度适宜传播为害，土温低于12℃时不易侵入，高于28℃时对线虫生活不利，45℃高温处理8 h可致线虫死亡。带病土壤和病根是此病的主要初侵染源，感病苗木是远距离传播的主要途径。

图 12-24 猕猴桃根结线虫为害状

3. 防治

1)农业措施

(1)严格执行检疫制度。禁止疫区苗木进入未感染区；严格监管病区苗圃的苗木，剔除猕猴桃根结线虫为害重的病苗或病株，集中销毁处理。

(2)建立无病苗圃，繁育良种壮苗。选择无病苗圃地育苗，避免选择种过果树、番茄及十字花科作物的耕地作猕猴桃育苗圃，可用禾本科前茬或水旱轮作地，不连作。水旱轮作地可种植辣椒、葱、蒜等抗病作物，控制发病或对苗木的为害。

(3)挖除死株病根，改良土壤。在清除病根的同时，对猕猴桃园进行土壤改良，改善土壤的通透性，多施有机肥，防止土壤过湿或过旱。进行合理密植，加强果园管理，重视整形修剪，改善园内的通风透光条件。果园间作拮抗植物，如猪屎豆、苦皮藤、万寿菊等。

(4)配方施肥。提倡配方施肥，根据土壤的肥力状况科学施用氮、磷、钾肥，适当补充硼、钙、镁等微量元素肥料，提高植株的抗病能力。

2)药剂防治

(1)苗圃地防治。病区猕猴桃苗圃育苗前选用0.1%的克线磷3~5 kg进行土壤处理，以预防根结线虫的为害。培育(假植)猕猴桃苗圃发现猕猴桃根结线虫病为害时，可选用20%的丁硫克百威乳油1 000倍液+1.8%的阿维菌素乳油1 000倍液按照1∶1的比例配制后灌根，或20%的呋虫胺可溶粒剂

500 倍液灌根，或 0.1%的克线磷 3～5 kg 灌水防治，减轻根结线虫的发生为害。

(2)苗木移栽前防治。苗木移栽前，选用 20%的丁硫克百威乳油 1 000 倍液＋1.8%的阿维菌素乳油 1 000 倍液按照 1∶1 的比例混合或 20%的呋虫胺可溶粒剂 500 倍液，浸根 0.5 h，沥干水分后待栽；或用 0.1%的克线磷水溶液浸根 1 h；栽前再用 0.136 5%的赤·吲乙·芸苔可湿性粉剂 1 g 兑水 5 kg，加细土调成稀泥状，蘸根处理后定植，可促进根系的生长，防治线虫扩散蔓延。

(3)发病果园防治。定植后的猕猴桃苗发现根结线虫为害时，可选用 10%的噻唑膦颗粒剂 3～5 kg 或 5%的丁硫克百威颗粒剂 1 kg＋淡紫拟青霉颗粒剂 3 kg，与 10～15 kg 细土混合均匀后施入根冠周围的环状沟内，盖土，浇水至土壤湿润即可；或选用 20%的丁硫克百威乳油 1 000 倍液灌根；或使用 20%的呋虫胺可溶粒剂 500 倍液灌根。

3)生物防治

有机肥中的腐殖质在分解的过程中，会分泌一些对线虫不利的物质，包括有捕捉线虫的真菌、细菌和肉食线虫，尤其覆草后的果园腐烂草中有大量的腐生线虫，能捕食根结线虫，起到生物防治的作用。因此，可通过增施有机肥或持续利用果园杂草覆盖树盘等措施，培养腐食根结线虫的有益微生物，控制猕猴桃根结线虫的发生和为害。

参考文献

[1]高小宁，赵志博，黄其玲，等. 猕猴桃细菌性溃疡病研究进展[J]. 果树学报，2012，29(2)：262-268.

[2]李黎，钟彩虹，李大卫，等. 猕猴桃细菌性溃疡病研究进展[J]. 华中农业大学学报[J]. 2013，32(5)：124-133.

[3]承河元，李瑶，万嗣，等. 安徽省猕猴桃溃疡病病菌的鉴定[J]. 安徽农业大学学报，1995，22：219-228.

[4]刘绍基，唐显富，王忠肃，等. 四川省苍溪猕猴桃溃疡病的发生规律[J]. 中国果树，1996(1)：25-26.

[5]张立新，李莎莎，檀根甲. 猕猴桃溃疡病病菌的鉴定及其对不同猕猴桃品种的致病力分析[C]//中国植物保护学会 2011 年学术年会论文集. 北京：中国农业科学技术出版社，2011：243.

[6]赵利娜，胡家勇，叶振风，等. 猕猴桃溃疡病病原菌的分子鉴定和致病力测定[J]. 华中农业大学学报，2012，31(5)：604-608.

[7]方敦煌，胡方平，谢联辉. 福建省建宁县中华猕猴桃细菌性花腐病的初步调查研究[J]. 福建农业大学学报，1999，28(1)：54-58.

[8]胡方平，方敦煌，谢联辉. 中国猕猴桃细菌性花腐病的鉴定[J]. 植物病理学报，1998，28(2)：175-181.
[9]姜景魁. 猕猴桃花腐病的发生及防治[J]. 福建果树，1995(13)：20-21.
[10]田呈明，李娟，梁英梅. 陕西猕猴桃花腐病和叶围微生物的初步研究[C]//首届中国林业学术大会论文集，2005：3-5.
[11]张帆，刘亚妮，杨波. 猕猴桃花腐病的发生与防治[J]. 西北园艺，2016(4)：35.
[12]张胜菊. 猕猴桃细菌性花腐病及其防治[J]. 植物保护，2004，30(1)：87-88.
[13]曹耀斌. 也谈猕猴桃花腐病的防治[J]. 西北园艺，2017(12)：32-33.
[14]李诚，蒋军喜，赵尚高，等. 猕猴桃灰霉病病原菌鉴定及室内药剂筛选[J]. 植物保护，2014，40(3)：48-52.
[15]陈金爱，刘文，肖承楷，等. 水杨酸诱导猕猴桃抗炭疽病研究初报[J]. 中国南方果树，2010，39(2)：58-59.
[16]严平生，严英子. 猕猴桃炭疽病的发生规律与综合防治[J]. 西北园艺，2014(2)：27-28.
[17]姜景魁，高日霞，林尤剑. 中华猕猴桃黑斑病的研究[J]. 果树科学，1995，12(3)：182-184.
[18]焦红红，吴云锋，屈学农. 眉县猕猴桃黑斑病症状表现与防控对策[J]. 西北园艺，2013(12)：30.
[19]方绍正，徐祖明. 猕猴桃病害的发生规律及其综合防治措施[J]. 安徽农业科学，2006，34：6060-6062.
[20]钱东南，凌士鹏，钭凌娟. 浙中地区红阳猕猴桃根腐病的发生原因及防治对策[J]. 现代园艺，2014(12)：3-4.
[21]黄亚军，戚佩坤. 广东省猕猴桃根腐病病因研究[J]. 华南农业大学学报，1998，19(4)：19-22.
[22]乔志文，范锦胜，张李香. 黑绒金龟子研究进展[J]. 农学学报，2014，4(12)：48-51.
[23]姚庆学，张勇，丁岩. 金龟子防治研究的回顾与展望[J]. 东北林业大学学报，2003，31(3)：64-66.
[24]安小民. 果树金龟子生活习性及防治技术[J]. 农业与技术，2015，35(18)：174.
[25]蔡莉. 猕猴桃的病虫害及其综合防治措施[J]. 土肥植保，2016，33(1)：129.
[26]陈金爱，吴玉妹，张小山，等. 猕猴桃园金龟子的综合防治[J]. 广东农业科学，2006(8)：65.
[27]张易成，尹显慧，龙友华，等. 修文县猕猴桃园介壳虫种类调查及药剂防治[J]. 山地农业生物学报，2017，36(2)：86-89.
[28]庄启国，王丽华，郑晓琴，等. 猕猴桃桑白蚧防治时期和生殖力的研究[J]. 资源开发与市场，2009，25(3)：205.
[29]薛云飞. 高温干旱季节要重视防治猕猴桃红蜘蛛[J]. 西北园艺，2011(4)：24.
[30]李高华，魏永平，李卫民，等. 隆背花薪甲的鉴别特征及对猕猴桃的危险分析[J]. 西北农业学报，2004，13(3)：75-77.
[31]张毅. 蟒象在猕猴桃上的发生规律研究[J]. 陕西农业科学，2018，64（10）：27-

28，52.
[32]刘博，刘国鹏. 麻皮蝽在猕猴桃园的为害及防治措施[J]. 陕西农业科学，2017，63(12)：63-64.
[33]冯华. 猕猴桃园椿象的发生与综合防治[J]. 西北园艺，2007(12)：22.
[34]李钦存，程爱英，王红森，等. 茶翅蝽和麻皮蝽的防治技术[J]. 植物医生，1998，11(1)：17-18.
[35]宋宏伟，王彩敏. 麻皮蝽和茶翅蝽对枣树的为害及防治研究[J]. 昆虫知识，1993(4)：225-228.
[36]刘忠平，黄小练，邹梓汉，等. 猕猴桃果园吸果夜蛾的防治[J]. 农业与技术，2006，26(3)：164-165.
[37]蔡胡敏. 猕猴桃枯叶夜蛾为害习性及防治技术[J]. 中国南方果树，2006，35(3)：76-77.
[38]陈赓. 浙江上虞吸果蛾的发生规律及防治方法[J]. 果农之友，2004(2)：37.
[39]杨清平，谢志斌，王立华，等. 湖北有机猕猴桃主要虫害的生活习性及其OPM技术[J]. 中国南方果树，2014，43(6)：132-134.
[40]邹曾健，杜佩漩，吴荣宗. 吸果夜蛾的生物学特性及其幼虫等形态的识别[J]. 华南农学院学报，1980，1(2)：86-100.
[41]田雪莲，尹显慧，龙友华，等. 不同药剂处理对猕猴桃根结线虫的防治效果[J]. 山地农业生物学报，2016，35(1)：0005-0008.
[42]刘晨，王晨光，张峰，等. 周至县猕猴桃根结线虫种类鉴定[J]. 现代农业科技. 2018(2)：117-118.
[43]尉俊超. 猕猴桃根结线虫病的发生与防治[J]. 植保土肥，2016(4)：30.
[44]陈文，孙燕芳，吴石平，等. 贵州修文猕猴桃根结线虫的发生种类与鉴定[J]. 西南农业学报，2018，31(1)：84-88.
[45]张绍升，林尤剑，高日霞. 福建猕猴桃根结线虫病病原鉴定[J]. 福建农学院学报(自然科学版)，1993，22(4)：435-435.
[46]陈志杰，张淑莲，张锋，等. 温度处理对温室黄瓜根结线虫病的控制效果研究[J]. 西北农业学报，2008，17(4)：177-180.
[47]陈秀玉，段保灵，何洪中，等. 猕猴桃根结线虫的发生与综合防治[J]. 森林保护，2007(3)：15.
[48]李添群，黄亚欣，朱菊仙，等. 修文县猕猴桃根结线虫的发生为害调查及综合防治技术[J]. 耕作与栽培，2014(5)：68-69.
[49]Li L，Pan H，Deng L，et al. First report of alternaria tenuissima causing brown spot disease of kiwifruit foliage in China[J]. Plant Disease，2019，103(3)：582.
[50]Li L，Pan H，Liu Y F，et al. First report of nigrospora sphaerica causing kiwifruit post-harvest rot disease in China[J]. Plant Disease，2018，102(8)：1666.
[51]Pan H，Chen M Y，Deng L，et al. First report of didymella glomerata causing black spot disease of kiwifruit in China[J]. Plant Disease，2018，102(12)：2654.
[52]崔永亮. 猕猴桃褐斑病的研究[D]. 雅安：四川农业大学，2015.

第十三章　猕猴桃病毒病研究进展

猕猴桃种植面积的快速扩大，促进了各地区间引种和苗木销售活动，也加速了猕猴桃病害的传播。病害是目前影响猕猴桃产业可持续发展的主要因素，已报道的猕猴桃病害多数是由真菌或是细菌引起的，有关病害的研究主要集中在细菌性和真菌性病害，关于病毒病对猕猴桃产业的影响仅有少量报道，对于病毒病的潜在风险尚不清楚。

病毒病是一种潜伏期长、在生产上存在巨大隐患的病害。新西兰和意大利较早开展了猕猴桃病毒病的研究。新西兰于2003年首次报道了猕猴桃病毒病，一批从中国进口的猕猴桃在隔离期时出现疑似病毒侵害的症状，随后被鉴定为苹果茎沟病毒侵染(Clover等，2003)。目前，国内外共报道了15种猕猴桃病毒(Blouin等，2013；Zheng等，2017；Wang等，2016)。我国从栽培猕猴桃中鉴定出5种猕猴桃病毒，分别是猕猴桃病毒A、猕猴桃病毒B、猕猴桃属柑橘叶斑驳病毒、猕猴桃属褪绿环斑相关病毒和番茄斑萎病毒属病毒(郑亚洲等，2015；朱晨熹等，2016；Zheng等，2017；Wang等，2016)。越来越多的数据证明，猕猴桃病毒普遍存在于田间，但是这些病毒的侵染机制尚不清楚，对猕猴桃果品质量及其产业的危害也不明确。本章综述了猕猴桃病毒的种类和猕猴桃病毒病的为害，并讨论了这些病害对猕猴桃产业的潜在影响，总结了我国猕猴桃病毒病的现状以及猕猴桃病毒病的检测方法。

第一节　猕猴桃病毒种类及症状

新西兰是世界猕猴桃主产国之一，其研究也处于世界领先水平。为确保猕猴桃产业的健康发展，新西兰非常重视猕猴桃病害研究。2003年新西兰报道了首例猕猴桃病毒侵染，迄今世界上共鉴定出15种猕猴桃病毒，参考

Blouin 的猕猴桃病毒分类，可以将这些病毒分为 3 组(表 13-1)(Blouin 等，2013)。

表 13-1 猕猴桃病毒种类

	病毒名称	学名	简称
非特异性猕猴桃病毒	苹果茎沟病毒	*Apple stem grooving virus*	ASGV
	苜蓿花叶病毒	*Alfalfa mosaic virus*	AMV
	黄瓜花叶病毒	*Cucumber mosaic virus*	CMV
	长叶车前草花叶病毒	*Ribgrass mosaic virus*	RMV
	芜菁脉明病毒	*Turnip vein clearing virus*	TVCV
	黄瓜坏死病毒	*Cucumber necrosis virus*	CNV
	猕猴桃病毒 X	*Actinidia virus X*	AVX
	番茄斑萎病毒属病毒	*Tomato necrotic spot tospovirus*	TNSV
特异性猕猴桃病毒	猕猴桃病毒 A	*Actinidia virus A*	AcVA
	猕猴桃病毒 B	*Actinidia virus B*	AcVB
	猕猴桃属柑橘叶斑驳病毒	*Actinidia citrivirus*	
	新型 Closteroviridae 科病毒	*A novel putative closterovirus*	
	猕猴桃属褪绿环斑相关病毒	*Actinidia chlorotic ringspots associated virus*	AcCRaV
致病性病毒	樱桃卷叶病毒	*Cherry leaf roll virus*	CLRV
	天竺葵带状斑点病毒	*Pelargonium zonate spot virus*	PZSV

第 1 组为非特异性猕猴桃病毒，包括苹果茎沟病毒(*Apple stem grooving virus*)、苜蓿花叶病毒(*Alfalfa mosaic virus*)、黄瓜花叶病毒(*Cucumber mosaic virus*)、长叶车前草花叶病毒(*Ribgrass mosaic virus*)、芜菁脉明病毒(*Turnip vein clearing virus*)、黄瓜坏死病毒(*Cucumber necrosis virus*)、猕猴桃病毒 X(*Actinidia virus X*)和番茄斑萎病毒属病毒(*Tomato necrotic spot tospovirus*)，该组病毒的特点是分布在世界各地、发生广泛和宿主范围较大。第 2 组病毒为特异性猕猴桃病毒，包括猕猴桃病毒 A(*Actinidia virus A*)、猕猴桃病毒 B(*Actinidia virus B*)、猕猴桃属柑橘叶斑驳病毒(*Actinidia citrivirus*)、Closteroviridae 科的一种新型病毒和猕猴桃属褪绿环斑相关病毒(*Actinidia chlorotic ringspots associated virus*)，该组病毒只侵染猕猴桃或是宿主范围较小。第 3 组病毒具有高致病性，包括樱桃卷叶病毒(*Cherry leaf roll virus*)和天竺葵带状斑点病毒(*Pelargonium zonate spot virus*)，这 2 种病毒

侵染栽培猕猴桃的主要品种，会造成猕猴桃园的严重损失。

一、非特异性猕猴桃病毒

1. 苹果茎沟病毒

苹果茎沟病毒（ASGV）属于乙型线形病毒科（Betaflexiviridae）发形病毒属（*Capillovirus*），为正单链 RNA 病毒，包含 2 个 ORF，全基因组有 6 496 个核苷酸，ORF1 和 ORF2 分别编码多聚蛋白和运动蛋白（黄妍妍等，2011；Yoshikawa 等，1992）。苹果茎沟病毒在世界各地均有发生，主要侵染苹果，也侵染其他 40 多种植物，如柑橘属或梨属。苹果茎沟病毒是潜隐性病毒，苹果或柑橘受侵染后虽然没有明显的症状，但可能会导致嫁接坏死，树势衰退（王小凤等，1992）。受侵染的中华猕猴桃叶片出现褪绿斑、环斑及叶脉斑驳。苹果茎沟病毒分离物与其他来源的分离物具有相同的基因组结构和较高的同源性（>95%），并且有一样的形态及分子特征（Clover 等，2003）。

2. 苜蓿花叶病毒

苜蓿花叶病毒（AMV）属于雀麦花叶病毒科（Bromoviridae）苜蓿花叶病毒属（*Alfamovirus*），具有 4 个杆状粒体（李黎等，2013），其外壳蛋白为二聚体结合到 RNA 基因组的 3’端，具有多重作用，参与了病毒复制、包装以及在寄主中的扩散（Tenllado 等，2000）。苜蓿花叶病毒侵染的品种包括华南猕猴桃、阔叶猕猴桃和条叶猕猴桃。受侵染的华南猕猴桃叶片呈现黄色花叶症状。阔叶猕猴桃和条叶猕猴桃则为苜蓿花叶病毒和黄瓜花叶病毒复合侵染，叶片有斑驳和褪绿症状。为害严重时，植株失去生机，症状蔓延至整株苗。中华猕猴桃也曾检测出苜蓿花叶病毒，但受侵染症状不明显，叶片有轻微褪绿，症状会随着生长而消失。

3. 黄瓜花叶病毒

黄瓜花叶病毒（CMV）属于雀麦花叶病毒科（Bromoviridae）黄瓜花叶病毒属（*Cucumovirus*），为球状病毒，具有正链多分体 RNA（程英豪等，1997）。黄瓜花叶病毒除了可以与苜蓿花叶病毒复合侵染阔叶猕猴桃和条叶猕猴桃外，意大利曾报道该病毒侵染中华猕猴桃，叶片出现白色斑驳。黄瓜花叶病毒也可以单独侵染华南猕猴桃，但受害植株无症状（Blouin 等，2013）。

4. 长叶车前草花叶病毒和芜菁脉明病毒

长叶车前草花叶病毒（RMV）和芜菁脉明病毒（TVCV）同属于帚状病毒科（Virgaviridae）烟草花叶病毒属（*Tobamovirus*），病毒粒体多为棒状体，正单链 RNA（Adams 等，2009）。受侵染的中华猕猴桃，春季新梢的顶端和中间部位出现褪绿，叶脉也会褪绿；夏季叶片呈现褪绿斑驳、花叶及环斑症状。受侵染的美味猕猴桃，春季呈现褪绿斑驳或是花叶，夏季呈现环斑症状（Chavan 等，2009；2012）。

5. 黄瓜坏死病毒

黄瓜坏死病毒（CNV）属于番茄丛矮病毒科（Tombusviridae）烟草花叶病毒属（*Tobamovirus*），具有单链 RNA。新西兰和意大利报道的黄瓜坏死病毒侵染猕猴桃没有出现明显症状（Blouin 等，2013）。

6. 猕猴桃病毒 X

猕猴桃病毒 X（AVX）是一种新型的马铃薯 X 病毒属（*Potexvirus*）病毒，拥有长约 485 nm、宽 12～13 nm 的线状体粒体。虽然中华猕猴桃曾检测到猕猴桃病毒 X，但几乎无法引起系统性侵染症状（Blouin 等，2013）。

7. 番茄斑萎病毒属病毒

王雁翔等（2015）报道了侵染猕猴桃的一种番茄斑萎病毒属（*Topspovirus*）病毒，该病毒属于布尼亚病毒科（Bunyaviridae）。受侵染的猕猴桃植株叶片出现褐色环斑和坏死斑点。在自然环境下，该属病毒可以通过蓟马科昆虫扩散。

二、特异性猕猴桃病毒

1. 猕猴桃病毒 A 和猕猴桃病毒 B

Blouin 等（2012）采用 RT-PCR 方法检测出 2 种新型葡萄病毒属病毒——猕猴桃病毒 A（AcVA）和猕猴桃病毒 B（AcVB），2 种病毒具有单份、线形、正单链 RNA 基因组，其基因组有 64%的同源性。受侵染的中华猕猴桃，花期新梢末端的叶片出现叶脉褪绿、斑点和环斑。有些植株的症状逐渐消失，到夏季时已无法观察到。这些患病植株都是多种病毒（包括 RMV、TVCV 和 CLBV）复合侵染，很难断定以上症状是由 AcVA 还是由 AcVB 单独侵染引起的。受侵染的美味猕猴桃没有出现明显症状。猕猴桃病毒 A 和猕猴桃病毒 B 可以通过嫁接传播。

2. 猕猴桃属柑橘叶斑驳病毒

猕猴桃属柑橘叶斑驳病毒属于乙型线形病毒科（Betaflexiviridae）柑橘病毒属（*Citrivirus*），具有正单链 RNA，基因组有 8 782 个核苷酸，与柑橘叶斑驳病毒（CLBV）有 74%的相似性。受侵染的中华猕猴桃，春季新梢中部和尾部的叶片出现轻微的斑驳，夏季出现叶脉褪绿。有症状的植株均为多种病毒复合感染，因此，难以断定特定症状仅由单一病毒引起。也有部分侵染植株无症状（Chavan 等，2013）。

3. 猕猴桃属褪绿环斑相关病毒

猕猴桃属褪绿环斑相关病毒是 *Emaravirus* 属病毒的一个新种，属于布尼亚病毒科(Bunyaviridae)，基因组结构与其他 *Emaravirus* 属病毒相似，同为负单链 RNA 病毒，并且基因组由 5 条 RNA 链组成，每条 RNA 链包含 1 个开放阅读框。受侵染的猕猴桃叶片出现褪绿斑驳、褪绿环斑和叶脉黄化等症状(Zheng，2017)。

4. 新型 closteroviridae 科病毒

Blouin 等(2012；2013)通过二代测序发现了一种新型的长线形病毒科(Closteroviridae)病毒，但该病毒的序列与已分类的其他长线形病毒科病毒关系较远。

三、致病性病毒

1. 樱桃卷叶病毒

樱桃卷叶病毒(CLRV)属于 Secoviridae 科 *Nepovirus* 病毒属，有 2 个正单链 RNA 基因组(Chavan 等，2013)。樱桃卷叶病毒侵染中华猕猴桃 Hort16A 植株后，叶片出现坏死斑，并且枝干枯死、树皮开裂。带毒的植株果实大小不均匀，产量也会减少(Blouin 等，2013)。

2. 天竺葵带状斑点病毒

天竺葵带状斑点病毒(PZSV)属于 Bromoviridae 科病毒(Finetti-Sialer 等，2003)。意大利艾米利亚-罗马涅大区的果园曾出现天竺葵带状斑点病毒病害，受侵染的猕猴桃(*A. chinensis*c v. Hort16A)叶片有褪绿和坏死的环状，果实变形。天竺葵带状斑点病毒侵染严重影响了当地猕猴桃果品的质量和产量，造成了巨大的经济损失。研究证明，该病毒侵染的猕猴桃植株活力逐年下降，导致产量减少。与健康植株相比，带毒病株新陈代谢下降，细胞壁的水分减少，因此导致细胞组织提前衰老(Blouin 等，2013)。

第二节 猕猴桃病毒病危害程度

目前，关于猕猴桃病毒的资料较少，多数病毒在猕猴桃中的传播机制尚不清楚，其病害的严重性也不明确。传统的猕猴桃栽培模式容易使病毒扩散，果园修剪或嫁接繁殖都会传播病毒。因此，对于猕猴桃产业，病毒病是一个潜在的威胁。综合评估各猕猴桃病毒在其他寄主中的特性、传播方式以及致病性，可将潜在的为害猕猴桃的病毒分为 4 级：Ⅰ级为害程度最大，病毒寄主范围广，可通过花粉传播，能对生产造成损失；Ⅱ级为害程度次之，病毒寄主范围广，可通过昆虫、种子、土壤真菌传播；Ⅲ级可通过人为接触和机械损伤传播；Ⅳ级仅可通过嫁接和机械损伤传播。

Ⅰ级病毒包括樱桃卷叶病毒和天竺葵带状斑点病毒。这2种病毒寄主范围广，具有多种传播途径，在作物间容易交叉感染。受樱桃卷叶病毒侵染的植物超过36科，番茄、辣椒和天竺葵等植物都是其寄主，该病毒全球分布，在美国、欧洲、中国、日本、澳大利亚和新西兰等均有报道(Bargen等，2012；Eastwell等，2010；Gallitelli等，1982；Woo等，2012)，主要通过种子、花粉、嫁接或机械接种传播(Card等，2007)。天竺葵带状斑点病毒，Lapidot等(2010)在番茄上证实其可以由种子和花粉传播，该病毒病曾在猕猴桃栽培果园发生，种植者应提高防范意识，加强管理，避免该病害的侵害。

Ⅱ级病毒包括苜蓿花叶病毒、黄瓜花叶病毒、黄瓜坏死病毒、猕猴桃病毒A、猕猴桃病毒B、番茄斑萎病毒属病毒和猕猴桃属褪绿环斑相关病毒，侵染范围大、分布广。苜蓿花叶病毒寄主范围广泛，可侵染100多个科的1 200多种植物，该病毒全球分布，普遍存在于田间，依赖蚜虫以非持久性方式传播(赵桂琴等，2005)，也可通过种子或机械损伤扩散病毒。黄瓜花叶病毒往往对一些重要经济作物造成严重的病害，寄主范围十分广泛，与苜蓿花叶病毒有相似的传播途径(Mochizuki等，2012；Scholthof等，2011)。目前，猕猴桃苜蓿花叶病毒病和黄瓜花叶病毒病更多地发生在非栽培品种，市场上的主导品种中华猕猴桃和美味猕猴桃未出现此病毒侵染的报道(Blouin等，2013)。猕猴桃病毒A和猕猴桃病毒B同属葡萄属病毒，该属病毒病在世界各地普遍发生，通过机械损伤、嫁接和繁殖材料传播，也可由虫媒传播。新西兰报道的猕猴桃病毒A和猕猴桃病毒B的发病率较低，除了一些植株嫁接了原始带毒苗木，未出现扩散的情况(Zheng等，2017)。黄瓜坏死病毒的寄主范围广，可通过土壤真菌传播，也可以机械传播至苋科、菊科、藜科、葫芦科、豆科和茄科植物，在新西兰、加拿大、意大利和中国均有发生(Blouin等，2013；Dias等，1970；Li等，2013)。尽管该病毒侵染范围较大，但并未造成严重的经济损失。番茄斑萎病毒属在自然环境下可以通过蓟马科昆虫扩散。猕猴桃属褪绿环斑相关病毒是*Emaravirus*属病毒，该属病毒的传播介质瘿螨是农作物、果树及林业方面的重要害虫。

Ⅲ级病毒包括长叶车前草花叶病毒、芜菁脉明病毒和柑橘叶斑驳病毒，病毒的传播能力有限，对猕猴桃产业的潜在影响较小，主要由机械或人为接触传播(Blouin等，2013)。该级病毒也可以通过接触种子表面进行扩散，如果在种植时采取防护措施，例如使用次氯酸盐对种子消毒，可以降低病毒侵染概率。柑橘叶斑驳病毒主要通过嫁接传播或是种子传播，但效率非常低(Guerri等，2004)。总体而言，该级病毒没有已知的传播虫媒，扩散范围小，不会对猕猴桃栽培造成显著伤害。

Ⅳ级病毒包括苹果茎沟病毒、猕猴桃病毒 X 和新型 Closteroviridae 科病毒，为害较小。苹果茎沟病毒在田间通过嫁接和机械损伤传播，种植无病毒苗木可以有效地控制病毒扩散(Zhao 等，2012)。新西兰首次报道猕猴桃属苹果茎沟病毒时，是在从中国引种的苗木在隔离期检测出的，这批苗木没有用于苗木繁殖，从而防止了该病毒的扩散(Blouin 等，2013)。猕猴桃病毒 X 可以通过机械接种至烟草科和藜科指示植物(Pearson 等，2011)，其分布及寄主范围不明确，预计该病害对产业的影响较低。尚无新型 Closteroviridae 科病毒的详细资料，目前无法判断该病毒的危险性。

第三节　我国猕猴桃病毒研究现况

我国对猕猴桃病毒病的研究起步较晚。郑亚洲等于 2013 年开展了我国猕猴桃病毒病侵染状况的调查，他们从全国多地收集了 151 个带有疑似病毒病症状的植株，采用 RT-PCR 方法对样品进行猕猴桃病毒 A 和猕猴桃病毒 B 的鉴定。结果显示，虽然所检测的植株表现出疑似病毒病症状，但多数样品未检测出猕猴桃病毒 A 和猕猴桃病毒 B，带毒率分别仅为 15.2%和 17.9%。带毒的品种包括中华猕猴桃、美味猕猴桃、软枣猕猴桃、狗枣猕猴桃、葛枣猕猴桃和毛花猕猴桃，未发现病毒侵染具有品种的偏好性(郑亚洲等，2015)。

2016 年朱晨熹等采用 RT-PCR 方法调查了我国猕猴桃属柑橘叶斑驳病毒的侵染状况，中华猕猴桃和美味猕猴桃的检出率分别为 13.5%和 9.1%。由于收集样品数少，无法断定该病毒是否侵染软枣猕猴桃和毛花猕猴桃。此外，分析该病毒外壳蛋白的序列发现，源自中国的分离物之间差异较大，最大达到 13%，与新西兰分离物核苷酸序列的相似性仅为 83%。由于新西兰材料同样来自中国，因此，我国猕猴桃的柑橘叶斑驳病毒具有较大的分子变异(朱晨熹等，2016)。我们在河南省猕猴桃主产区西峡县开展了病毒病调查，采用 RT-PCR 方法对 68 份猕猴桃样品进行苜蓿花叶病毒、芜菁脉明病毒、黄瓜花叶病毒、黄瓜坏死病毒、苹果茎沟病毒、猕猴桃病毒 X、猕猴桃病毒 A、猕猴桃病毒 B、猕猴桃属柑橘叶斑驳病毒、樱桃卷叶病毒和天竺葵带状斑点病毒的检测。其中猕猴桃属柑橘叶斑驳病毒的检出率是 17.6%，与朱晨熹等(2016)报道的结果相近，其他 10 种病毒均未检出。

郑亚洲等利用高通量小分子 RNA 测序鉴定了侵染猕猴桃的一种 *Emaravirus* 属病毒——猕猴桃属褪绿环斑相关病毒。调查的 146 份猕猴桃样品检测出 38 份样品带毒，其中超过半数的阳性样品感染多种猕猴桃病毒。该病毒侵染中华猕猴桃、美味猕猴桃、狗枣猕猴桃和毛花猕猴桃，分布在国内安徽、湖北、陕西、浙江和云南5个省份。*Emaravirus*属病毒一般很难通过机械形式传播，但猕猴桃属褪绿环斑相关病毒可以接种至烟草科指示植物（Zheng等，2017）。目前，该病毒在田间的传播媒介尚不清楚，是否与其他*Emaravirus*属病毒一样通过瘿螨扩散还有待验证。另一个国内报道的猕猴桃病毒是一种番茄斑萎病毒属（*Topspovirus*）病毒，也是国内外首次从猕猴桃上鉴定出该病毒。目前只从贵州省的样品中检测出该病毒，其他相关信息还在收集中。

综上所述，猕猴桃病毒普遍存在于田间。国内的猕猴桃病毒研究起步较晚，受到人们的关注较少，其侵染的状况尚不明确。随着猕猴桃产业的扩大，我们应该重视猕猴桃病毒研究，深入了解病毒侵染原理和传播途径，并且调查对产业的影响。应针对猕猴桃病毒建立快速检测技术，对种苗和无性繁殖材料的病毒进行监控，推广科学有效的田间管理，降低病毒病扩散的风险。

第四节　猕猴桃病毒检测技术

猕猴桃病毒病防治的首要工作是鉴定病毒的种类，常用的检测手段有生物学检测、电子显微镜检测、血清学检测及分子生物学检测技术。下面简要介绍这4类检测方法。

一、生物学检测

生物学检测法又叫指示植物检测法，是借助对某种病毒敏感的植物进行检测的方法。一些植物，如藜科，在温室条件下对某些病毒感染引起的敏感反应会很快显现症状，它们常被用作指示植物。通过观察寄主的发病症状可以鉴别病毒，常用的接种方法包括汁液摩擦接种和嫁接接种，操作简单方便。但由于有些指示植物生长周期长，容易受环境等外界因素影响，检测速度慢，容易出现假阳性。常用于猕猴桃病毒检测的指示植物有烟草（*N. benthamiana*，*N. clevelandii*，*N. glutinosa*，*N. occidentalis*，*N. tabacum*）和藜科（*C. quinoa*，*C. amaranticolor*）（Chavan等，2013）。

二、电子显微镜检测

电子显微镜被广泛地应用于病毒研究，人们可以通过电子显微镜了解到病毒的结构、病毒的侵染及复制，以及进行病毒检测等。电子显微镜是判断病毒是否存在最直观的检测方法。病毒的类型多样、结构各异，不同病毒组的形态及其特征可以由电子显微镜观察识别。最常用的方法是负染色技术和超薄切片技术。其检测结果的准确性依赖于仪器的品质，但先进的仪器往往价格昂贵。同时，检测人员必须掌握良好的操作技术及病毒学知识。新西兰研究组首次报道猕猴桃病毒时，是使用电镜方法鉴定出了苹果茎沟病毒(Clover 等，2003)。

三、血清学检测

酶联免疫吸附法(enzyme-linked immunosorbent assay，ELISA)是最常用的血清学检测方法，于 20 世纪 70 年代开始应用于植物病毒检测。该技术特异性较强并具有高敏感度，操作简单、准确、快速。ELISA 作为一个检测方法，利用了抗体和抗原特异性结合的原理。该方法的主要制约因素是需要相应的特异抗体，抗体的制作过程较为复杂，有些抗体可以商业购买，但是价格昂贵。目前，已有的猕猴桃病毒病 ELISA 检测试剂有苜蓿花叶病毒、黄瓜花叶病毒、黄瓜坏死病毒、苹果茎沟病毒、樱桃卷叶病毒和天竺葵带状斑点病毒。其他病毒，如猕猴桃属柑橘叶斑驳病毒、猕猴桃病毒 X、长叶车前草花叶病毒和芜菁脉明病毒，已有研究组自备的病毒抗体，但还未有市场化的商业产品。目前没有可用的猕猴桃病毒 A、猕猴桃病毒 B、番茄斑萎病毒属病毒和猕猴桃属褪绿环斑相关病毒的特异抗体。

四、分子生物学检测

分子生物学检测最常用的检测方法是 PCR 及 RT-PCR。随着越来越多的植物病毒核酸序列被解析，能利用 PCR 及 RT-PCR 检测出的病毒范围将会更广，并且可以进行大批量样品检测。PCR 应用于病毒检测中的优点是具有较高的灵敏度和特异性，检测的最低病毒含量达到飞克级。此检测法还能用于类病毒或不稳定病毒的鉴定。同时，快速发展的各种 PCR 技术为病毒检测提供了更多的有效方法，例如，简并引物 PCR、免疫 PCR 和荧光定量 PCR。

RT-PCR 方法是猕猴桃病毒研究最常用的方法。目前，已报道的猕猴桃病毒的生物信息均已在数据库共享，通过设计这些病毒的特异引物，均可以采用 RT-PCR 方法进行检测。

参考文献

[1]程英豪，吴光，王继伟，等. 表达黄瓜花叶病毒外壳蛋白的转基因番茄抗黄瓜花叶病毒侵染[J]. 植物学报，1997，39(1)：16-21.

[2]黄妍妍，王国平，洪霓. 不同来源苹果茎沟病毒分离物部分序列分子特性研究[J]. 新疆农业科学，2011，48(2)：247-251.

[3]李黎，钟彩虹，李大卫，等. 猕猴桃细菌性溃疡病的研究进展[J]. 华中农业大学学报，2013，32(5)：124-133.

[4]郭洋涛，林苗苗，齐秀娟，等. 猕猴桃 AcMED25 克隆表达分析及其与果实生长和大小的关系[J]. 果树学报，2014，31(4)：558-565.

[5]徐昌杰，陈昆松，张上隆. 猕猴桃 ACC 合成酶基因家族四个成员的克隆[J]. 农业生物技术学报，2001，9(1)：55-57.

[6]王小凤，李秋波，王荣，等. 苹果褪绿叶斑病毒和茎沟病毒的鉴定提纯和酶联法检测[J]. 微生物学报，1992，32(2)：137-144.

[7]王雁翔，杨作坤，朱晨熹，等. 侵染猕猴桃的番茄斑萎病毒属病毒鉴定[C]//吴学宏. 植物病理学研究进展——中国植物病理学会第十二届青年学术研讨会论文选编. 北京：中国农业大学出版社，2015.

[8]于瑶，刘小珍，刘惠民，等. 云南野生中华猕猴桃基因的克隆与分析[J]. 经济林研究，2013，31(4)：73-77.

[9]郑亚洲，王国平，周菊芳，等. 猕猴桃病毒 A 和 B 的 RT-PCR 检测及分子变异初步研究[J]. 园艺学报，2015，42(4)：665-671.

[10]朱晨熹，王国平，郑亚洲，等. 来源于猕猴桃的柑橘叶斑驳病毒的 RT-PCR 检测及外壳蛋白基因序列分析[J]. 植物病理学报，2016，46 (1)：11-16.

[11]赵桂琴，慕平，Paul Chu. 苜蓿花叶病毒外壳蛋白基因在白三叶中的表达及转基因植株的抗病性分析[J]. 农业生物技术学报，2005，13(2)：230-234.

[12]Adams M J，Antoniw J F，Kreuze J. Virgaviridae：a new family of rod-shaped plant viruses[J]. Archives of Virology，2009，154(12)：1967-1972.

[13]Blouin A G，Chavan R R，Pearson M N，et al. Detection and characterization of two novel vitiviruses infecting Actinidia[J]. Archives of Virology，2012，157：713-722.

[14]Bargen S，Langer J，Robel J，et al. Complete nucleotide sequence of Cherry leaf roll virus (CLRV)，a subgroup C nepovirus[J]. Virus Research，2012，163(2)：678-683.

[15]Blouin A G，Pearson M N，Chavan R R. Viruses of kiwifruit(*Actinidia* species)[J]. Journal of Plant Pathology，2013，95(2)：221-235.

[16]Zheng Z Y，Navarro B，Wang G P，et al. Actinidia chlorotic ringspot-associated virus：a novel emaravirus infecting kiwifruit plants[J]. Molecular Plant Pathology，2017，18 (4)：569-581.

[17]Clover G R G, Pearson M N, Elliott D R, et al. Characterization of a strain of Apple stem grooving virus in Actinidia chinensis from China[J]. Plant Pathology, 2003, 52 (3): 371-378.

[18]Chavan R R, Pearson M N, Cohen D. Partial characterization of a novel Tobamovirus infecting Actinidia chinensis and A. deliciosa(Actinidiaceae) from China[J]. European Journal of Plant Pathology, 2009, 124(2): 247-259.

[19]Chavan R R, Cohen D, Blouin A G, et al. Characterization of the complete genome of ribgrass mosaic virus isolated from Plantago major L. from New Zealand and Actinidia spp. from China[J]. Archives of Virology, 2012, 157(7): 1253-1260.

[20]Chavan R R, Blouin A G, Cohen D. Characterization of the complete genome of a novel citrivirus infecting Actinidia chinensis [J]. Archives of Virology, 2013, 158 (8): 1679-1686.

[21]Card S D, Pearson M N, Clover G R G. Plant pathogens transmitted by pollen[J]. Australasian Plant Pathology, 2007, 36(5): 455-461.

[22]Dias H F, Barr, Dias. Transmission of cucumber necrosis virus by *Olpidium cucurbitacearum* [J]. Virology, 1970, 40(4): 828-839.

[23]Eastwell K C, Howell W E. Characterization of Cherry leafroll virus in sweet cherry in Washington State[J]. Plant Disease, 2010, 94(8): 1067-1067.

[24]Finetti-Sialer M, Gallitelli D. Complete nucleotide sequence of Pelargonium zonate spot virus and its relationship with the family Bromoviridae[J]. Journal of General Virology, 2003, 84(11): 3143-3151.

[25]Guerri J, Pina J A, Vives M C. Seed transmission of Citrus leaf botch virus: Implications in quarantine and certification programs[J]. Plant Dis, 2004, 88(8): 906-906.

[26]Gallitelli D. Properties of a tomato isolate of Pelargonium zonate spot virus[J]. Annals of Applied Biology, 1982, 100(3): 457-466.

[27]Huang S X, Ding J, Deng D J, et al. Draft genome Of the kiwifruit *Actinidia Chinensis*[J]. Nature Communications, 2013, 4: 2640.

[28]Lapidot M, Guenoune-Gelbart D, Leibman D, et al. Pelargonium zonate spot virus is transmitted vertically via seed and pollen in tomato[J]. Phytopathology, 2010, 100(8): 798-804.

[29]Li M, Kakani K, Katpally U, et al. Atomic structure of cucumber necrosis virus and the role of the capsid in vector transmission[J]. Journal of Virology, 2013, 87(22): 12166-12175.

[30]Mochizuki T, Ohki S T. Cucumber mosaic virus: viral genes as virulence determinants [J]. Molecular Plant Pathology, 2012, 13(3): 217-225.

[31]Pearson M N, Cohen D, Chavan R, et al. Actinidia is a natural host to a wide range of plant viruses[J]. Acta Horticulture, 2011, 913(913): 467-471.

[32]Scholthof K B G, Adkins S, Czosnek H, et al. Top 10 plant viruses in molecular plant

pathology[J]. Molecular Plant Pathology, 2011, 12(9): 938-954.

[33]Tenllado F, Bol F. Genetic dissection of the multiple functions of alfalfa mosaic virus coat protein in viral RNA replication, encapsidation, and movement[J]. Virology, 2000, 268(1): 29-40.

[34]Wang Y X, Hong N, Wang G P, et al. First Report of the Tospovirus Tomato necrotic spot associated virus Infecting Kiwifruit(*Actinidia* sp.) in China[J]. Plant Disease, 2016, 100(12): 2539.

[35]Woo E N Y, Clover G R G, Pearson M N. First report of Cherry leaf roll virus (CLRV) in Malus domestica[J]. Australasian Plant Disease Notes, 2012, 7(1): 151-156.

[36]Yoshikawa N, Sasaki E, Kato M, et al. The nucleotide sequence of Apple stem grooving Capillovirus genome[J]. Virology, 1992, 191(1): 98-105.

[37]Zhao L, Hao X, Liu P, et al. Complete sequence of an Apple stem grooving virus(ASGV) isolate from China[J]. Virus Genes, 2012, 45(3): 596-599.

第十四章　猕猴桃逆境生理及果园防灾减灾

强风、暴雨、冰雹、夏季干热风、深秋初冬的急剧大幅度降温和早霜、冬季长时期的持续低温和干冷风、干旱和倒春寒、晚霜等，均是危害猕猴桃生产的自然灾害。在建园选址时，应考虑尽量避免这些灾害。已建果园要认真做好防灾减灾工作。

第一节　冻害与寒害

一、猕猴桃的低温耐受能力

冻害是指冰点以下的低温造成的伤害；寒害也被称为冷害，一般是指接近冰点或0℃以上的低温造成的伤害。在生长发育的不同时期，猕猴桃植株对极端温度的耐受能力不同。休眠期猕猴桃对低温的耐受能力较强，生长期对低温的耐受能力较低。美味猕猴桃品种枝蔓在冬季进入充分休眠后，可耐－20℃以内的短期低温、－15℃左右的长时期持续低温；而萌发后和落叶前，则仅能忍受－5℃的短期低温和－0.5℃的长期低温(田文杰等，1995；黄长社等，2017；张芒果等，2018；闵艳娥等，2019)。

研究表明，猕猴桃苗期不同种间抗冻害能力为：软枣猕猴桃＞中华猕猴桃＞美味猕猴桃(齐秀娟等，2011)。观察不同种类实生苗发现，冻害后成活的植株多为雄株，说明雄株的抗冻害能力强于雌株。从5年生美味猕猴桃实生植株的田间观察情况看，猕猴桃最容易受冻的部位是1年生枝条，植株受冻后，1年生枝条电解质渗出率的排列顺序为：美味猕猴桃＞中华猕猴桃＞软枣猕猴桃；枝条的厚角组织厚度、厚角组织与直径的比率和木质部与直径的比率，可以作为猕猴桃树体抗寒性状的形态学鉴定指标(齐秀娟等，2011)。结果期果园的调查显示，当贵长品种芽的冻害率达 73.3%时，秦美品种芽的冻害率为 29.2%时，海沃德品种芽的冻害率仅有 17.5%(王天文等，1997)。这说明同为美味猕猴桃，不同品种之间的受冻害程度差异较大。

2009 年 11 月，陕西猕猴桃出现早雪冻害。冻害调查结果显示，平均受冻株率为 31.3%。受冻程度与树龄关系十分密切，树龄越大冻害越轻。实生苗 1～3 年树龄的冻株率依次为 64.0%、28.0%和 11.7%，嫁接树 1～5 年树龄的冻害株率依次为 58.5%、27.1%、25.5%、10.9%和 0.3%，6 年以上树龄的大树几乎无冻害(安成立等，2011)。

二、低温对猕猴桃的危害

(一)不同季节的冻害

(1)早春冻害。早春突然大幅度降温和超忍耐限度的低温对猕猴桃的危害表现为芽受冻，芽内器官不能正常发育，或已发育的器官褐变、死亡，导致芽不能正常萌发，或萌发的嫩梢、幼叶初期呈水渍状，随后变黑，以至死亡。

(2)深秋冻害。深秋的冻害表现为来不及正常落叶的嫩梢、树叶干枯，变褐死亡，挂于树枝蔓上不脱落；未及时采摘的果实，因果柄不产生离层，难以采摘，摘后不通过后熟期，果实细胞不分离，始终硬而不能食用。

(3)冬季冻害。休眠季节的冻害表现为枝干开裂、枝蔓失水，俗称“抽梢”或“抽条”，芽受冻发育不全，或表象活而实质死，不能萌发。有时虽然温度降低程度没有造成上述表现，但伴随有低湿度和大风(俗称“干冷风”)，会导致严重的枝蔓失水干枯、抽条，或大枝干纵裂，甚者全株死亡。

(二)不同器官的受冻表现

1. 冬芽冻伤

海拔较高的山地低温持续时间较长，一般自当年 11 月下旬至翌年 4 月中旬。较长时间的自然低温对猕猴桃的花芽分化能起到很好的促进作用，但在空气湿度较高的山区，在低温环境下容易形成雾凇和雪凇等冰冻现象，会对植株造成严重危害。

冬芽冻害的发生时间主要在春季冬芽萌芽期(图 14-1)、展叶期、现蕾期和初花期 4 个阶段。表现为冻害发生后 3 d 芽和叶开始出现萎缩，呈水浸状，嫩叶及花蕾下垂，颜色也由绿色逐步变为褐色。1 周后芽、嫩叶干枯脱落，冬芽周围侧芽、潜伏芽重新萌发(图 14-2)。受冻害影响的猕猴桃，产量一般会减少 15%～30%，严重时减产 70%，甚至可能绝产。

枝条上的冰凌

多数主芽受冻脱落

图 14-1 **萌芽期霜冻**(朱立武 提供)

嫩叶及花蕾下垂

周围侧芽、潜伏芽重新萌发

图 14-2 **主芽受冻**(朱立武 提供)

2. 枝条冻害

休眠期遇到极端低温，一般幼树枝条受冻较重，且多是活跃的形成层受害较重，冻后形成层褐变腐烂，多呈不规则的块状坏死，开春后表皮变黑干枯。四周未受冻组织，尚能形成愈伤组织，恢复正常生长和结实。

初春温度开始回升，猕猴桃已打破休眠进入伤流期。新梢、嫩叶在春季受冻更明显，受冻枝条顶端先萎缩，枝条较软，维管束内髓部组织新鲜；随后，受冻枝条上已萌发的芽、叶和新枝向下逐步萎蔫，髓部组织渐干变色；皮层呈现褐色，并伴有黑斑，有少量纵裂纹，松软，含水量高，用手轻搓即可脱落，髓部组织减少 2/3，后期枝条完全脱水，呈黑褐色，髓部组织全无，干枯后落叶(图 14-3～图 14-5)。1 年生的营养枝易受冻，占受冻枝条的 95%以上。新生健壮枝受冻损较少，一般低于 1%，细弱枝则高达 4.5%左右，其他枝为 0.5%。新梢轻微受冻，对猕猴桃当年的产量影响不大(虞志军等，2012)。

嫩叶边缘枯死

叶片干枯脱落

图 14-3 枝条受冻后症状（朱立武 提供）

图 14-4 形成层呈现褐色
（朱立武 提供）

图 14-5 皮层松软有少量纵裂纹
（朱立武 提供）

3. 主干冻害

主干冻害主要发生在春季，此时植株进入生长期，植株体内的水分含量高。受冻主干离地面 15～30 cm 处皮层有些松软，受冻部位上部有浅纵裂纹。冻害发生后，萌芽期至初花期植株能正常生长，到盛花期至初果期，地面 15～30 cm处皮层松软带褐色，手轻搓易脱落，内部木质部呈褐色，伤口愈合后形成较多的愈伤组织，未能愈合的伤口会出现伤流。植株的新生枝叶萎缩并逐步脱落、坏死，直至整株地上部分死亡。植株地下根颈部组织新鲜，根颈部近地面处砧木上有新生营养枝萌发，可以利用砧木新生营养枝改接更新（图 14-6～图 14-10）。

4. 根部冻害

根部冻害主要发生在冬季和初春。冬春季节南方山区空气湿度大，持续冰冻易引起根部土层墒情严重不足，植株根茎部分长期裸露，极易受低温冰冻影响。受冻植株根系先期鲜嫩，随地温回升逐步变褐，皮层腐软、脱落。植株地上部分有的表现为主干受冻模式，有的在植株萌芽期开始逐步萎缩、干枯，最终全株死亡。

图 14-6　受冻后韧皮部出现纵向裂纹
（朱立武 提供）

图 14-7　受冻后树皮褐变死亡
（朱立武 提供）

图 14-8　受冻后丁香假单胞菌非猕猴桃致病种附生树皮开裂后自然愈合
（朱立武 提供）

图 14-9　裂开面积大，不能自然愈合
（朱立武 提供）

图 14-10　主干树皮完全裂开
（朱立武 提供）

5. 果实冻害与寒害

幼果期容易出现晚霜冻害，受冻 3 d 后果实松软，果皮由青绿色渐变为黄褐色，果梗枯萎，4～5 d 后脱落；极端条件下幼果受冻后出现不连片的黑色或黑褐色冻斑(图 14-11)。

图 14-11　软枣猕猴桃幼果受冻后纵裂(朱立武 提供)

成熟果实采收后，没有经过预冷或迅速降至 0～2℃贮藏，果实极易受到寒害。寒害会阻碍果实的后熟，寒害出现 1～2 d 后皮层不再光滑，有多条纵纹；3～4 d 后果肉褐化、开始软腐并快速扩大，5～6 d 会发生全果腐坏(图 14-12)。

图 14-12　金艳贮藏期受寒害的果实(朱立武 提供)

三、预防或减轻冻害

在天气预报有大幅度降温时，可采取以下措施预防或减轻冻害的发生。

(1)早春灌溉与果园喷水。水的比热容较大，灌溉与喷水可以在局部阻止温度的急剧变化。在猕猴桃萌芽前 1 周灌水，可以降低冻害的发生率。安装有喷灌、微喷等节水灌溉设备的果园，萌芽期晚霜出现时，在夜里 0：00～

1：00开始喷水，可减轻晚霜对芽的危害。

(2)果园熏烟。烟雾可以减缓辐射降温，提高果园温度。在果园内的上风方向，每隔10～15 m设1个由潮湿的麦糠、稻草及落叶等组成的烟堆，当气温降至2～3℃时点火发烟，可以减轻冻害。也可用焦油加热器代替烟堆防冻，果园里每80～100 m^2放1个焦油加热器，低温来临前在夜里0：00～1：00点燃，一般可提高果园气温5～8℃。

(3)喷防冻剂。可供选用的防冻剂有螯合盐制剂、乳油乳胶制剂、高分子液化可降解塑料制剂和生物制剂。这些防冻剂一定要在冻害来临前应用。

(4)涂白、包裹与埋土。在深秋，用石灰水将猕猴桃树干和大枝蔓涂白；或用稻草、麦秸等秸秆将猕猴桃树干包裹好，特别要将树的根颈部包严。培土也可以有效防止冻害的发生。定植后不久的幼树，可以下架进行埋土防寒。

(5)冬季灌水。冬季土壤封冻前，全园灌1次透水。水的热容量大，增加土壤中的水分也就增加了土壤中贮存的热量，该热量可以阻滞温度的急剧下降。

(6)提高植株的抗性。可栽植抗寒品种或用抗寒性砧木嫁接栽培品种来预防冻害。目前发现的抗寒砧木有软枣猕猴桃、狗枣猕猴桃和葛枣猕猴桃，以软枣猕猴桃应用较多，但主要用于软枣品种。软枣嫁接中华猕猴桃和美味猕猴桃亲和性不好，生长势很弱。

四、避免冻害与冻后管理

建园时，首先应根据当地冬季的低温情况选择适宜的抗寒性强的猕猴桃品种与砧木。

一般低洼地冷空气易聚集，常易造成较重的晚霜危害，应选择地势平坦、开阔的地块建园，不在低洼易遭受晚霜危害的地方建园。可充分利用影响山区小气候条件的山峰、水体等，以减少低温、冰冻对猕猴桃植株生长发育的影响。

在冬春季低温持续时间长、空气湿度大的南方山区，冻后应抓紧时间采取相应的应急处置措施，同时加强冻后田间管理。如树体保护性修剪，剪去冻伤、冻死枝叶；立即全园喷施杀菌剂；茎蔓喷涂植物生长素；叶面喷施氨基酸螯合肥、稀土微肥等，刺激萌发新叶；根部培土、土施速效氮肥，结合施肥灌水，促发新梢(虞志军等，2012)。

第二节　高温日灼

一、高温日灼现象

日灼又被称为日烧，是猕猴桃的一种常见的生理性病害，由夏季高温、强日照引起，在叶片、果实上发生普遍，通常刚挂果的幼年果园发生较重。具体症状表现为果肩部皮色变深，皮下果肉变褐不发育，形成凹陷坑，有时有开裂现象，病部易继发感染炭疽等真菌病害。近年来，由于气候变化异常和管理不到位，猕猴桃经常发生日灼病，给产业带来了严重损失。

猕猴桃喜水但怕涝、喜光但怕暴晒。自然分布多生长在庇荫湿润的地方，阳面及干旱地区几乎没有分布。我国猕猴桃商业化栽培已有几十年的历史，夏季高温天气是猕猴桃主产区制约生产发展的主要因素之一。

二、产生原因

1. 高温

高温是限制猕猴桃生长发育的主要气候条件，在阳光直射、没有遮阴、持续多天干旱的条件下，叶片、枝蔓和主干常会发生日灼，当外界气温超过42.6℃时，果实将出现灼伤。

猕猴桃多要求温暖湿润的气候，一般分布在亚热带或温带湿润半湿润气候地区。中华猕猴桃在中国的适生区在北纬 22°～38°、东经 96°～122°(美味变种)与北纬 25°～36°、东经 101°～122°(原变种)的广大地区，年平均气温约在 11.3～16.9℃，极端最高气温 42.6℃，极端最低气温约为－20.3℃，10℃以上的有效积温为 4 500～5 200℃，无霜期 160～270 d(王茹琳等，2018a；2018b)。

2. 日照

多数猕猴桃种类喜半阴环境，对强光照射比较敏感，属中等喜光树种，要求年日照时间为 1 300～2 600 h，喜漫射光，忌强光直射。猕猴桃对光照条件的要求随树龄变化而改变，幼苗期喜阴、凉，需适当遮阴；成年结果树需要良好的光照条件才能保证正常的生长和结果，光照不足则易造成枝条生长不充实、果实发育不良等。但是，当日照强度超过自然光照的 60％时则对猕猴桃生长不利(韦兰英等，2009)。太阳直射、暴晒，常导致叶片干枯、果实出现褐斑、果皮皱缩等日灼病的症状。

以中华猕猴桃桂海 4 号(*Actinidia chinensis* Planch cv. Guihai 4)为研究对象，测定不同程度遮阴(0、40%和 60%)对其光合、荧光特性和果实品质的影响。结果表明，与全光照相比，40%和 60%的遮阴强度显著降低了猕猴桃的光饱和速率(Amax)、表观量子效率(AQY)、光饱和点(LSP)、光补偿点(LCP)和暗呼吸速率(Rd)($P<0.05$)，对其水分利用效率(WUE)和叶绿素含量(Chl content)均无显著影响($P>0.05$)，但是潜在水分利用效率(WUEi)随着遮阴强度的增加而增加。猕猴桃的初始荧光(F_0)、可变荧光(Fv)、最大荧光(Fm)和 PSⅡ最大光能转换效率(Fv/Fm)在全光照和不同遮阴处理间无显著差异($P>0.05$)，这表明一定程度的遮阴对猕猴桃叶片的 F_0、Fv、Fm 和 Fv/Fm 无明显影响。遮阴对猕猴桃品种桂海 4 号的果实外观无显著影响，但是却显著影响了其果实品质，40%的遮阴强度显著降低了其维生素 C、总糖、可溶性固体物和可滴定酸的含量(韦兰英等，2009)。

三、主要危害

1. 对叶片的影响

中国大部分猕猴桃产区，夏季高温、干旱、强光常同时发生，三者协同作用，严重影响猕猴桃的生长发育。每年的 6～8 月间，当气温达到 35℃以上时，猕猴桃叶片受强烈阳光照射 5 h 即叶缘失绿、褐变发黑。若这样的高温持续 2 d 以上，猕猴桃则表现为叶缘变黑上卷，呈火烧状，也被称为日烧。

在高温、干旱、强光的共同胁迫下，根系、枝梢生长受到抑制，叶面积变小，叶片易灼伤，叶缘枯萎，甚至整片叶凋落，落叶率有时可达 50%～60%，抗性较差的品种在极端干旱时落叶率可超过 90%，并影响次年开花结果及树体生长(图 14-13～图 14-16)。

图 14-13 高温引起幼苗新梢与叶片萎蔫
(朱立武 提供)

图 14-14 高温引起苗期叶脉间叶肉枯死
(朱立武 提供)

图 14-15 高温引起幼树叶片边缘上卷焦枯（朱立武 提供）

图 14-16 高温引起成年植株叶片叶肉青枯（朱立武 提供）

2. 对果实的影响

高温干旱条件下，强光辐射可造成暴露在枝叶外的果实表皮细胞及皮下部分果肉细胞受到伤害，从而形成日灼果。可使果面接触阳光的部分变褐发黑，果皮细胞角质化，从而限制果实的生长。轻者果实阳面受伤变褐，严重影响其外观、内在品质和贮藏性能，大大降低果实的综合品质；重者则严重落果，落果率可达45%以上。在长沙地区，其落果率可高达70%以上；严重时，果实软腐甚至溃烂(图 14-17、图 14-18)。

图 14-17 高温引起果实表面出现褐色斑(朱立武 提供)

图 14-18 高温引起果肉组织坏死凹陷(朱立武 提供)

3. 对枝干的影响

6～8 月，如供水不足，连续高温 30℃以上的天气超过 3 d 时，猕猴桃的枝条、主干会被晒伤，严重时出现大片纵向褐斑、韧皮部组织坏死，特别严重时可导致整棵植株死亡(图 14-19、图 14-20)。

图 14-19 高温引起韧皮部出现大片纵向褐斑(朱立武 提供)

图 14-20 高温引起植株叶片枝条大量枯焦(朱立武 提供)

四、发生规律

1. 品种差异

不同种类、不同品种间的发病程度有明显的差异。相同种类猕猴桃，叶片薄、长势弱的品种日灼病发生较重。试验证明，中华猕猴桃的抗高温能力比美味猕猴桃更强，这可能与其生态起源有关。在试验的 4 个中华猕猴桃品种中，通山 5 号与金农的抗高温能力最强，武植 3 号次之，庐山香最差；而试验的 4 个美味猕猴桃品种中，秦美和金魁的抗高温能力最强，海沃德次之，II-18-1 最差(竺元琦，1999)。

通山 5 号、海沃德分别在温和晴天和多云天有比其他品种更高的净光合速率(Pn)；高温干旱天气庐山香叶片的净光合速率明显较低，阴天海沃德的净光合速率稍高于其他品种。这一结果既说明了品种间光合能力的潜在差异，也暗示了品种对高温干旱适应性能的强弱(彭永宏等，1994)。

2. 树龄树势

高温引起的日灼，主要发生在树势较弱的初挂果果园。据调查，在同等栽培管理条件下，3～5 年生的果园日灼发生率可达 15%～30%，5 年生以上的成龄园发生率仅为 2%～3%。

肥水不足易加剧猕猴桃日灼病的发生，挂果较多的衰弱树也常发病。在同一果园内，生长势弱的植株容易发生日灼，而同一植株上生长弱的枝条更易出现日灼现象。

3. 栽培管理

果园的地面管理，对日灼发生有重要影响。在同等条件下，行间生草的猕猴桃园，其日灼发生比清耕园轻得多；在同龄植株之间，新梢数量在 20 个以上的发生率在 5%～8%，新梢数量在 10 个以下的发生率可达 20%～30%，甚至更高。叶面覆盖面积60%以上、园内自然生草的成龄园，一般不发生日灼。由此可见，果园的叶面积系数大小，是影响猕猴桃日灼发生程度的关键（郭永社等，2007）。

4. **发病部位及时间**

日灼部位多面向下午2：00～5：00太阳方向。树体枝叶量少、树势弱的发病重。着生在阳光可直射到的树冠部位的果实，由于其向阳面受日照时间长，一般发病比较常见。高温干旱未及时灌水或果实用“大果灵”处理后的果园，更容易发病。果实的发病时间一般在花后第6周开始，多发生在果实生长后期的7～9月。日灼导致果实干缩、腐烂，甚至脱落。

五、预防措施

1. **生草覆盖**

在猕猴桃园内种植白三叶、毛叶苕子、紫花苜蓿等，可以减少园地的反射光、降低温度、增加园内的空气湿度，从而大大降低日灼的发生。经测定，生草2年以上的果园，园内的空气湿度比自然湿度高15%～18%，湿度增加可以降低叶面蒸腾水分的速度。另外，在杲园行间直接覆盖园艺地布、麦糠或秸秆，也可以减少土壤水分的蒸发、增加树体吸收的水分。

2. **适宜树形**

T形架果园有果实外露现象，日灼时有发生。水平大棚架猕猴桃园，一般较少发生叶片、果实和枝蔓的日灼。近年来新西兰推广“超级架式”猕猴桃，因其新梢全部沿屋脊状引绳向上攀缘，所以结果枝、果实基本上全在遮阴条件下生长，防止日灼的效果很好。

3. **果园遮阴**

遮阴能改变猕猴桃冠幕的微环境，大大降低叶温和果温，有效消除叶片光合作用的“午休”现象。翠玉猕猴桃适宜的遮阴强度约为25%，米良1号的约为50%。遮阴对翠玉叶片的蒸腾速率无显著影响，但对米良1号的影响较大（何科佳等，2007）。适度遮阴能有效缓解夏季高温、强光对猕猴桃的危害，但过度遮阴则有负面影响。

全园采用双层平棚架式、上层覆盖遮阴网等措施，能防止猕猴桃树体受强光直射，完全可以避免猕猴桃日灼病的发生。遮阴强度一般以遮去自然光照强度的20%～30%为宜。

4. **喷水降温**

当外界温度达到猕猴桃正常生长能忍耐的极值（35℃）时，通过喷灌设施进行全园喷水，可以降低果园和猕猴桃树体的温度，从而有效地预防猕猴桃发生日灼。

5. **果实套袋**

果实套袋可以降低日灼的发生率、提高商品果率。在低海拔地区，套袋可以明显减轻猕猴桃的采前落果现象(与未套袋的相比，落果率平均降低了19.8%)，改善果实的外观品质，促进果实成熟(钟彩虹等，2002)。但套袋技术缓解高温日灼危害的作用有限，且有一定的负面影响，如袋内温度升高降低了糖分积累、加快了软熟、缩短了贮藏期等(何科佳等，2005)。

图 14-21～图 14-24 所示是各种预防猕猴桃高温日灼的果园措施。

图 14-21　全园生草保湿、行内覆盖与行间间作(朱立武　提供)

图 14-22　树盘覆盖与行间生草、行间间作玉米(朱立武　提供)

图 14-23　上层覆盖遮阴网及全园喷灌设施(朱立武　提供)

图 14-24　超级架式遮阴及果实套袋（朱立武 提供）

第三节　风灾

一、大风

（一）大风危害

猕猴桃枝蔓细软，新梢、叶片、果实柔嫩多汁，春季遇到大风吹刮，新梢容易折断、叶片和果实容易擦伤。

图 14-25、图 14-26 是猕猴桃遭受风灾后的情形。

幼苗叶片损伤萎蔫

新梢叶片损伤

图 14-25　幼苗及新梢叶片遭受大风损害（朱立武 提供）

图 14-26 果实表面擦伤，新梢折断与叶片擦伤（朱立武 提供）

（二）防御大风的措施

建园时就应考虑预防风灾的措施，一般应按要求种植防风林。

果实套袋也有防风的效果。

在季节性风口方向搭建防风扎线或风障，可以增强防风效果。风障高度一般为 2.5～4.5 m，防护效果因地形地势而异。丘陵山地在风口设立一道风障即可，平原地带风障的有效防风距离大约是风障高度的 3～5 倍。

图 14-27～图 14-30 所示是猕猴桃防风措施的实景照片。

图 14-27 新西兰 Plenty 湾猕猴桃园鸟瞰图（朱立武 提供）

图 14-28 猕猴桃园防风林（朱立武 提供）

图 14-29 新建果园风障（朱立武 提供）

图 14-30 在风口架设风障（朱立武 提供）

二、干热风

(一)干热风的危害

猕猴桃枝蔓柔软，叶片表面角质层较薄，因此怕风，更怕干热风。干热风有 3 个指标，即气温在 30℃以上、空气相对湿度在 30%以下、风速在 3.0 m/s 以上。这 3 个指标中，30℃以上的高温对猕猴桃的生长不利，但还不至于对猕猴桃的枝蔓产生特别大的影响，而三者的共同影响会导致猕猴桃失水过度，新梢、叶片、果实萎蔫，果实表面发生日灼，叶缘干枯反卷，严重时会脱落。事实上，每次北方地区 6 月的干热风都对猕猴桃园造成了极大的损害，它已成为我国华北、华中、华东平原地区发展猕猴桃的一个重要限制因子。图 14-31～图 14-34 所示是干热风对猕猴桃造成的损害情景。

图 14-31 幼苗嫩梢青枯
（朱立武 提供）

图 14-32 幼苗成熟叶片青枯
（朱立武 提供）

图 14-33 田间植株新梢青枯
（朱立武 提供）

图 14-34 田间植株成熟叶片青枯
（朱立武 提供）

(二)防御干热风的措施

预防和降低干热风危害可采取以下措施：

（1）干热风来临前充分补水。根据天气预报，在干热风来临前 1～3 d 进行 1 次全园灌水，让树体在干热风到来之际有良好的水分状态，土壤和根系处于良好的供水和吸水状态。有条件的地方，在干热风来临时对果园进行喷水。如能及时灌溉和喷水就可杜绝干热风危害。

（2）挂鲜草，设风障。可在猕猴桃树上挂鲜草，鲜草的遮阴作用和干燥过程中所散发的湿气，可缓解果园内高温、低湿、高风速的不良环境状态。还可在果园迎风面的防护林上竖立由塑料膜或草秸等构成的风障，减低风速。

（3）间作或生草。在常发生干热风的地区，可采取猕猴桃园间作或果园生草栽培模式。草坪的降温和蒸发有提高湿度的作用，可以很好地缓解干热风危害。

第四节 冰雹危害

一、冰雹的危害

农谚有“暴雨一小片，雹打一条线”的说法，说明这 2 种自然灾害的发生有一定的规律，在一定程度上是可以预防的。自然界的大气流动有一定的规律，冷暖气团的急剧相遇会引起暴风雨和冰雹，在建园选址时应考虑对这 2 种自然灾害的预防。

冰雹天气通常伴有雷雨大风，其主要危害包括折断嫩枝、打碎叶片，减少树体生长发育依赖的营养器官，使光合产物的制造与积累受限，导致当年果实的产量和品质降低、翌年的花量减少。严重时，冰雹打落或砸烂果实，或果实因风吹摆动而被擦伤、失去商品价值。图 14-35、图 14-36 所示是冰雹对猕猴桃的损害情况。

打碎叶片

折断嫩枝

图 14-35 冰雹对叶片、嫩枝的伤害（朱立武 提供）

损坏结果枝　　打落或砸烂果实

图 14-36　**冰雹对结果枝和果实的伤害**(朱立武 提供)

二、防御冰雹的措施

1. 建园选址

气团的运动除了受季风的影响之外，还受地面上水域、山脉，甚至生态环境的影响。所以，其发生的地域有一定的固定性。建园时，一定要避开经常发生暴风雨和冰雹的地区。

2. 架设防雹网

在新西兰、日本和法国等国，对于在时常有暴风雨和冰雹发生地区建立的大型猕猴桃园，一般都设置防雨棚或防风、防雹网(图 14-37)。

图 14-37　**猕猴桃园防雹网**(朱立武 提供)

3. 人工气象干预

生长季要特别留意当地的天气预报。易发生暴风雨和冰雹的果园及所在地应组织安装或调配防暴雨、防雹设施，如防雹火炮、引雷塔和专用飞机等。小面积果园可以在果园周围设置柴油燃烧装置和驱雹火炮。当预报有暴风雨和冰雹时，专职人员应密切注意高空积雨云的强弱与运动方向。若积雨云为翻流剧烈、来势凶猛的黑色云团时，往往预示着暴风雨和冰雹即将来临，这时可点燃柴油，燃烧形成的局部热空气可以冲散积雨云；或发射高空防雹炮弹，以驱走或驱散雹云；或用飞机进行减灾性异地人工降雨。

第五节 水分胁迫

一、旱灾

(一)园地与品种

1. 适宜猕猴桃生长的园地

猕猴桃园地的土壤，以适宜猕猴桃生长的土层深厚、透水性强、通气良好、腐殖质含量高的轻质壤土为好。土壤 pH 值以中性偏酸为宜，pH 值大于 7.5 或小于 5.5 的地块不适宜建园。选择适地栽植猕猴桃是防止或减轻旱害的根本性措施之一。

猕猴桃适宜栽植在气候温暖湿润、土层肥沃、排灌便利、避风、四周有较好植被的山沟、山腰、丘陵等处，而土层薄瘦、风口、排灌不便、地势高燥、四周无植被或极少植被等处不适宜栽植猕猴桃。

2. 不同品种抗旱能力的差异

猕猴桃根系分布浅，夏季枝叶的蒸腾量大，容易失水萎蔫。有研究指出，中华猕猴桃和美味猕猴桃对高温干旱的抗逆能力没有明显的差异，但品种间的抗旱能力存在显著差异(图 14-38、图 14-39)。中华猕猴桃品种对干旱的抗性从强到弱依次为：通山五号、金农、武植三号、庐山香；美味猕猴桃品种对干旱的抗性从强到弱依次为：海沃德、金魁、秦美、II-18-1。上述 8 个品种中，

红阳　　皖金

图 14-38 红阳与皖金品种遇干旱时表现差异较大(红阳全园植株死亡)

(朱立武 提供)

皖金

海沃德

图 14-39　遇干旱时皖金落叶较多、海沃德落叶较少(朱立武　提供)

通山五号、海沃德对干旱的抗性最强，但与金魁、金农也无显著差异。在高温干旱地区，从抗旱的角度考虑，可选择抗旱能力强的品种(竺元琦，1999)。

(二)干旱危害

1. 叶片表现

干旱对猕猴桃所造成的危害，首先表现在叶片上。初期表现为叶片均匀失绿，继而边缘黄化、焦枯和卷叶(图 14-40)。当徒长枝先端嫩叶有萎蔫下垂时，说明植株含水量已经到了干旱的水分临界点，再继续发展下去干旱的危害就不可逆，容易造成极大的损失。

图 14-40　干旱导致的叶缘枯焦(朱立武　提供)

2. 裂果

如果在幼果期久旱而在膨大期遇连阴雨，则裂果现象将会普遍发生(图 14-41)。在干旱季节前后注意猕猴桃树体水分供应的均衡，使树体维持在一个较稳定的水分状态下，避免时而缺水、时而过度吸胀，是预防猕猴桃裂果的重要措施。

图 14-41　干旱时大量灌水引起果实开裂(朱立武 提供)

3. 植株死亡

受害严重时，猕猴桃落果率可达 50%～80%，植株死亡率可达 40%～50%。

图 14-42 和图 14-43 是猕猴桃园遭受旱灾后的情形。

图 14-42　干旱造成大量落果(朱立武 提供)

图 14-43　干旱大量落叶后，当年抽出大量秋梢(朱立武 提供)

(三)防止旱灾措施

1. 节水灌溉

(1)节水灌溉方式。猕猴桃节水灌溉主要有滴灌、喷灌两种方式。滴灌是顺行在地面上安装管道，管道上设置滴头，在总入水口处设有加压泵，在植株的周围按照树龄的大小安装适当数量的滴头，水从滴头滴出后浸润土壤。滴灌只湿润根部附近的土壤，特别省水，用水量只相当于喷灌的 1/2 左右，适于各类地形的土壤。缺点是投资较大，滴头易堵塞，输水管影响其他田间操作。

喷灌又分为微喷与高架喷灌。微喷是用管道将水引入田间，在每株树旁安装微喷头，喷水直径一般在 1.0～1.2 m，省水、效果好，但也影响其他田间操作。高架喷灌比漫灌省水，但对树叶、果实、土壤的冲刷大。喷灌对改善果园小气候作用明显，缺点是投资较大。

图 14-44～图 14-47 是各种喷灌作业的情形。

图 14-44 旋转喷头微喷
（朱立武 提供）

图 14-45 打孔软管微喷
（朱立武 提供）

图 14-46 固定喷头微喷
（朱立武 提供）

图 14-47 高架旋转喷灌
（朱立武 提供）

（2）灌水量的确定。适宜的灌水量可使果树根系分布范围内的土壤湿度在1次灌溉中达到最有利于生长发育的程度。只浸润表层土壤和上部根系分布的土壤，不能达到灌水要求，且多次补充灌溉容易使土壤板结。

1次灌水的灌水量应使土壤水分含量达到田间最大持水量的85%，浸润深度应达到40 cm以上。根据灌溉前的土壤含水量、土壤容重、土壤浸润深度，即可计算出灌水量：

灌水量（m^3）＝灌溉面积（m^2）×土壤浸润深度（m）×土壤容重×（田间最大持水量×85%－灌溉前土壤含水量）

2. 生草与覆盖

在盛夏干旱期，通过猕猴桃园行间种植百喜草（*Pensacola bahiagrass*）等与株间覆盖，可以降低地表温度、根际土温及冠幕气温，有利于保持土壤含水量及冠幕空气的相对湿度。随干旱的持续延长，猕猴桃园土壤的含水量、叶片水势、叶片光合速率均逐渐降低，而行间种植百喜草等与株间覆盖，可在一定程度上延缓它们的下降(徐小彪等，2001)。

图 14-48～图 14-53 为生草和覆盖的情景。

图 14-48 行间自然生草行内秸秆覆盖
(朱立武 提供)

图 14-49 全园种植三叶草
(朱立武 提供)

图 14-50 全园种植黑麦草
(朱立武 提供)

图 14-51 行间自然生草行内覆盖稻壳
(朱立武 提供)

图 14-52 全园秸秆覆盖
(朱立武 提供)

图 14-53 全园园艺地布覆盖
(朱立武 提供)

二、涝灾

1. 涝害

暴雨和连阴雨均会造成涝害。土壤中土粒之间的空隙会被水与空气占据，当空气过多而水分过少时，猕猴桃会遭受干旱危害；相反，水分过多而空气过少时会形成土壤滞水，猕猴桃同样会受到危害。如果排水不畅，造成果园淹水，对猕猴桃植株的危害会更大。

连阴雨会引起土壤墒情过高和空气湿度过大。前者引起根系呼吸不良，长期渍水后叶片黄化早落，严重时植株死亡；后者引起病害加重，发生裂果。

土壤排水不良时，土壤空气与大气无法正常交换，各种有机体的呼吸和代谢消耗了土壤空气中的氧气，产生大量的二氧化碳及其他有害气体，猕猴桃根系的呼吸作用受到抑制，不能正常吸收养分和水分。如土壤空气中缺氧进一步加剧，根系将被迫进行无氧呼吸、产生酒精，酒精的积累将使蛋白质中毒，引起根系生长衰弱，容易发生根腐病。

滞水胁迫下，猕猴桃幼苗叶片内的叶绿素 a 含量、叶绿素 b 含量、叶绿素总量、叶绿素 a/b 和类胡萝卜素含量均会降低。红阳品种较秦美品种降低的幅度更大。持续滞水 14 d 内，随着滞水时间的延长，叶片净光合速率、蒸腾速率、气孔导度显著下降，而胞间 CO_2 浓度显著上升；中华猕猴桃对滞水较敏感，滞水时叶片净光合速率受到的影响大于美味猕猴桃，而美味猕猴桃合成同化物的能力强于中华猕猴桃(米银法等，2015)。

1 年生美味猕猴桃金魁淹水 48 h 后，植株的根系活力、组织含水量、细胞膜相对透性、丙二醛、SOD、游离脯胺酸及净光合速率都与对照没有显著差异，只有 POD 下降约 50%。但淹水 96 h 时，根系活力和 POD 显著下降，脯胺酸含量上升，叶片净光合速率下降约 50%，叶片形态出现明显萎蔫。淹水 144 h 时根系几乎丧失活力，植株完全萎蔫(孙丹柯等，2010)。由此可见，48～96 h 是美味猕猴桃淹水的临界值，超过 96 h 将会导致其完全萎蔫甚至死亡。

2. 猕猴桃的耐涝性

通常认为温带果树中葡萄、枣最耐涝，苹果、梨等仁果类次之，桃、李、杏等核果类的耐水性较弱。福井正夫在旺盛生长期对猕猴桃 1 年生嫁接苗进行试验发现，水淹 4 d 后 40%的植株死亡；遭水淹 1 周的植株在 1 个月内全部相继死亡。猕猴桃的耐涝性比桃还差。

猕猴桃的根系为肉质根，怕涝、忌积水，最适宜在土质疏松、排水良好的沙壤土中生长。土壤黏重、板结及地下水位高，均不适宜猕猴桃生长。当土壤水饱和时，第 3 d 猕猴桃萎蔫，第 7 d 就有部分开始死亡。我国东部及中部地区，每年梅雨季节的集中降雨通常会带来严重的涝害。1999 年 6 月底，长江中下游梅雨期内暴雨成灾，沿江地区多处猕猴桃园受水灾困扰。受灾严重的果园四面进水，仅露树干，积水 72 h 上，当年植株死亡率高达 1/6，2000 年春夏季节又有大量植株陆续死亡，比例占到 1/5。灾害发生时，正值猕猴桃果实膨大期，致使果实发育不良，当年单果质量显著降低。积水排除后挖开土壤观察，发现根系末端的白根大多变褐、腐烂。未淹死的植株当年大多落叶严重，果实的含糖量显著下降，花芽分化差，翌年产量显著降低，优质果率仅为 10%(张才喜等，2002)。

3. **防止涝害措施**

(1)选址建园。我国南方地区雨水较多，且土壤多偏黏，容易出现涝害。北方猕猴桃产区有少量果园在秋雨连绵时可能出现涝害，也需要注意防涝。应避免在易积水的低洼地带建园，园地的地下水位在涝季至少应保持在 1.0 m 以下，地下水位过高易造成根系长期浸泡在水中而腐烂死亡。已在低洼、易涝地区建园的，应高标准建设排灌系统。可在猕猴桃园四周深挖大型排水沟，以降低园地的地下水位，排水沟深度应在 1.2 m 以上(图 14-54～图 14-57)。

图 14-54 园边主排水沟
(朱立武 提供)

图 14-55 行间的次排水沟
(朱立武 提供)

图 14-56 起垄栽培
(朱立武 提供)

图 14-57 深沟吊槽
(朱立武 提供)

(2)雨季排水。梅雨季节或暴雨前，应及时疏通畦沟，沿行给树盘培土成高垄，保证沟沟相通，雨停田干。降雨量过于集中时，应加大排水力度，果园积水时间不能超过 24 h。积水排除后，及时松土，增加土壤的通气性。另外，对新梢嫩端进行强摘心，以减少树体蒸发。

第六节 药害

一、除草剂

猕猴桃园的杂草控制是一项费时、费力的生产管理工作。目前，多数猕猴桃园均采用化学除草剂除草。然而，操作不当会造成除草剂药害。

1. 除草剂药害

除草剂对作物的选择性是相对的，只有在一定条件下合理使用，除草剂才对作物安全。在生产中使用除草剂，有多种原因可引起对作物的药害。

(1)误用。误用在生产中时有发生，如错把除草剂当成杀虫剂使用或使用的除草剂种类不对。

(2)雾滴飘移或挥发。喷施易挥发的除草剂，如短侧链的苯氧羧酸类除草剂，其雾滴易挥发、飘移到邻近的作物上而发生药害。

(3)施药器具清洗不干净。喷施过除草剂的喷雾器或盛装过除草剂的药桶应清洗干净。否则，再次使用时可能造成敏感作物的药害。猕猴桃对药剂非常敏感，残留在喷雾器中的少量药液也可能造成药害。

(4)土壤残留。有些除草剂的残效期很长，如绿磺隆、甲磺隆、胺苯磺隆、氯嘧磺隆、咪草烟、莠去津和广灭灵等，多次使用这些除草剂后，有可能因为其在土壤中的积累，对猕猴桃产生药害。

2. 除草剂药害的症状

猕猴桃的除草剂药害症状随着除草剂的种类、猕猴桃的生育期不同而异，但同一类除草剂所引起的药害症状有些是相似的。

(1)激素类除草剂。此类除草剂所造成药害的典型症状是畸形，如叶片皱缩、上卷，嫩茎和叶柄弯曲。猕猴桃生长初期受害的药害症状持续时间长，后期仍能表现出受害症状。

(2)酰胺类除草剂和硫代氨基甲酸酯类除草剂。此类除草剂的典型药害症状是幼苗矮化、畸形，幼苗叶片皱缩成杯状，中脉缩短，叶尖向内凹。

(3)二硝基苯胺类除草剂。此类除草剂的典型症状是根生长受抑制，根短而粗，根尖变厚。

(4)二苯醚类除草剂和联吡啶类除草剂。此类除草剂的药害症状为叶片坏死斑，严重受害时整个叶片干枯、脱落。

(5)三氮苯类除草剂和取代脲类除草剂。此类除草剂对作物的药害症状为脉间失绿、叶缘发黄，进而叶片完全失绿、枯死。老叶片受害比新叶片重。

(6)磺酰脲类和咪唑啉酮类除草剂。此类除草剂的药害症状出现较慢，在施药后 1～2 周才逐渐出现分生组织区失绿，进而发生叶片坏死。

(7)芳氧苯氧丙酸类除草剂。此类除草剂最先影响幼嫩生长组织，心叶枯黄，继而老叶发黄、变紫，然后枯死，生长受抑制，植株矮小。

图 14-58～图 14-61 为除草剂危害猕猴桃的表现症状。

图 14-58　萌芽期草甘膦药害

（朱立武 提供）

图 14-59　展叶期草甘膦药害

（朱立武 提供）

图 14-60　成熟叶百草枯药害

（朱立武 提供）

图 14-61　成熟叶草甘膦药害

（朱立武 提供）

二、杀虫杀菌剂

1. 杀虫杀菌剂药害

(1)药剂质量问题。制剂中含有其他活性成分、加工质量差、出现分层等均会导致药害。

(2)混用与配制不当。杀虫杀菌剂合理混用可以提高效率、节省成本。但不要将不同性质的农药混合，多种农药盲目进行混合不仅会降低药效，还容易产生药害。配制前应将原药液混合均匀，按照产品推荐的浓度要适当降低浓度配制，严禁擅自加大药液的使用浓度。

(3)使用不当。生产中发生的药害多是使用不当造成的，如使用时期不正确、使用剂量过大或施药不均匀等。

2. 杀虫杀菌剂药害的症状

据我国猕猴桃主产区近年来的实地考察发现，不恰当使用杀虫杀菌剂的药害症状具体表现形式有：萌芽前的药害造成叶片皱缩、叶缘上卷，症状酷似硼、锌等元素缺乏症；展叶期的药害造成叶边缘枯死，症状与缺钙、缺铁相似；生长季节产生轻微药害，叶脉出现褐变、叶面出现枯死斑，症状酷似黑斑病，严重时表现为整个叶片枯死；猕猴桃幼果对多种药剂都很敏感，药害产生后形成褐色或黑色药斑。

图 14-62～图 14-69 为猕猴桃药害表现症状。

图 14-62 咪鲜胺锰盐药害
(朱立武 提供)

图 14-63 铜制剂药害
(朱立武 提供)

图 14-64 阿维菌素药害
(朱立武 提供)

图 14-65 敌敌畏药害
(朱立武 提供)

图 14-66 红阳果面药斑
（朱立武 提供）

图 14-67 红阳果实代森锰锌药害
（朱立武 提供）

图 14-68 Hort16A 果面药斑
（朱立武 提供）

图 14-69 Hort16A 果实咪鲜胺药害
（朱立武 提供）

三、药害预防与补救措施

（1）预备试验。化学药剂的药效和安全性受多种因素影响，在大面积施用某种化学药剂前，一定要先试验。即使该药在其他地方已大面积应用，也不代表在当地使用是安全的。

（2）产品可靠、合理混用。应选用质量可靠的化学药剂，适量、均匀施用。施药后，彻底清洗施药器具。合理混用化学药剂，是防止药害的有效方法。猕猴桃对多种化学药剂特别敏感，要尽量避免使用不安全的化学药剂。

（3）选择时机适当。在异常气候下不要施用化学药剂。要注意天气变化，一般在寒潮前、高温时、烈日下不要施药。不要施用易挥发或活性高的化学药剂，以免产生飘移药害。

（4）药害补救。激素型化学药剂造成的药害，可喷施赤霉素缓解，撒石灰、草木灰、活性炭等也有一定的缓解作用。光合作用抑制剂和某些触杀型化学药剂的药害，可施用速效肥促进作物恢复生长。土壤处理剂的药害，可通过翻耕、泡田和土壤反复冲洗来减少土壤残留。药害对猕猴桃部分组织器官造成不可逆伤害后，应及时摘除受害的叶片和果实。

参考文献

[1]安成立，刘占德，刘旭峰，等．猕猴桃不同树龄冻害调研报告[J]．北方园艺，2011(18)：44-47.

[2]郭永社，任选锋，胡彬蓉．防止高温对猕猴桃生产的影响[J]．西北园艺，2007(6)：22-23.

[3]何科佳，王中炎，王仁才．高温干旱强光对猕猴桃生长发育的影响及其生理基础[J]．湖南农业科学，2005(3)：42-44.

[4]黄长社，王雯燕，王丽，等．周至猕猴桃冻害气候特征分析及防御对策[J]．甘肃科学学报，2017，29(6)：46-49.

[5]何科佳，王中炎，王仁才．夏季遮阴对猕猴桃园生态因子和光合作用的影响[J]．果树学报，2007，24(5)：616-619.

[6]米银法，崔瑞红．淹水胁迫对不同抗性猕猴桃幼苗光合特性的影响[J]．北方园艺，2015(2)：14-17.

[7]闵艳娥，李小功，赵爱香，等．渭南地区猕猴桃树冻害发生的因素及关键防治措施[J]．农业科技通讯，2019(2)：264-265.

[8]彭永宏，章文才．高温干旱天猕猴桃冠幕微气候与光合特性的研究[J]．果树科学，1994，11(2)：89-91.

[9]齐秀娟，方金豹，赵长竹．2009 年郑州地区猕猴桃冻害调查与原因分析[J]．果树学报，2011，28(1)：55-60.

[10]孙丹柯，梁鹏，许文平，等．渍水处理对美味猕猴桃生理生化特性的影响[C]//中国园艺学会猕猴桃分会第四届研讨会论文摘要集，2010.

[11]田文杰，周民生．猕猴桃树冻害的防治[J]．陕西林业科技，1995(3)：43-44.

[12]虞志军，周礼胜，王岚，等．冰冻灾害对庐山植物园猕猴桃生长发育与产量的影响[J]．中国南方果树，2012，41(2)：84-88.

[13]徐小彪，陈金印，黄国庆．盛夏干旱期猕猴桃园百喜草覆盖与敷盖的生态生理效应[J]．江西农业大学学报，2001，23(2)：210-211.

[14]王茹琳，李庆，何仕松，等．中华猕猴桃在中国潜在分布及其对气候变化响应的研究[J]．中国生态农业学报，2018，26(1)：27-37.

[15]王茹琳，文刚，李庆，等．美味猕猴桃地理分布模拟与气候变化影响分析[J]．热带亚热带植物学报，2018，26(4)：335-345.

[16]王天文，范恩普，刘梅元．贵州省 1996 年猕猴桃早春冻害调查报告[J]．贵州农业科学，1997，25(4)：36-38.

[17]韦兰英，莫凌，袁维圆，等．不同遮阴强度对猕猴桃‘桂海 4 号’光合特性及果实品质

的影响[J]. 广西科学，2009，16(3)：326-330.
[18]竺元琦. 猕猴桃高温干旱抗性研究[J]. 湖北林业科技，1999(4)：14-15.
[19]钟彩虹，曾秋涛，王中炎. 果实套袋对猕猴桃采前落果及果实品质的影响[J]. 湖南农业科学，2002(4)：34-35.
[20]张才喜，陈善德，王世平. 美味猕猴桃晚霜冻害及冻后新梢摘心试验简报[J]. 中国南方果树，2002，31(1)：46-47.
[21]张芒果，段眉会，李雪宁，等. 猕猴桃冻害预防与补救[J]. 西北园艺，2018(6)：11-22.

第十五章　猕猴桃果实采收及采后处理

猕猴桃果实是一个活的生命有机体，进行着旺盛的生理代谢，存在从生长发育、成熟、后熟到衰老的生命过程。从坐果到采收属于树上生长发育阶段，目前生产上栽培的美味系、中华系、软枣系、毛花系猕猴桃，因栽培品种的不同，树上生长发育期一般在 120～180 d，是猕猴桃果实由小到大的过程。当果实生长发育到一定程度就进入成熟期，需要适时采收。采收后，猕猴桃果实的生命活动并未终结，而是进入了后熟生理阶段。猕猴桃的后熟生理变化十分复杂，品种间存在较大差异，经贮藏保鲜处理，后熟生理期最长可以达到 180 d。本章主要介绍猕猴桃果实的采收指标、采后果品分级以及采后贮藏。

第一节　果实采后的生理变化

一、果实的成熟与衰老

猕猴桃果实生长发育成熟时，表现出特有的果形、颜色和风味，营养物质也由形成和积累开始向分解和消耗的方向转化。成熟后的猕猴桃通过呼吸作用消耗自身的能量，维持生命活动过程，此时果实的生命力减弱，对病害的抵抗力降低，内部营养物质持续分解转化，一旦维持生命活动的物质消耗殆尽，果实便衰老解体。果实的贮藏保鲜，就是根据果实采后生命活动的特点，创造一种适宜的生理环境，将果实的呼吸维持在很低的水平，延缓其衰老过程，最大限度地保持猕猴桃鲜果的营养价值、新鲜程度，延长其货架期和食用时限。

二、果实成熟时的品质变化

当猕猴桃果实接近成熟时，果实的内在物质及理化特性将会发生一系列变化，包括可溶性固形物含量升高、酸度降低、硬度下降，而最显著的变化是叶绿素开始降解，果皮、果肉颜色由深变浅，黄肉品种的果肉褪绿变黄，红肉品种的花青素增多逐渐变红。构成果实细胞的果胶和纤维素类物质开始降解，果实质地变软；积累的淀粉开始水解和含糖量的稳步上升，使果实变甜；有机酸含量逐渐下降，果实酸味减少；芳香类物质合成加快，使果实表现出固有的香气和口味；单宁类物质含量减少，涩味减退，果实的味道变得更加适口。

三、果实采收后的主要生理活动

1. 果实的呼吸作用

（1）呼吸作用与贮藏的关系。呼吸是果实生命活动的主要标志，呼吸方式随果树种类的不同而异，猕猴桃属于典型的呼吸跃变型果树。呼吸的表象是吸收氧气、放出二氧化碳的过程，其实质是果实的糖、有机酸、淀粉、果胶、蛋白质和脂肪等营养物质在一系列酶的催化作用下，分解成简单物质并释放能量的复杂过程。如果呼吸停止，果实得不到维持生命活动所需的能量，就会衰变、死亡、腐烂。因此，在猕猴桃果实的生命周期中，必须保证正常的呼吸作用。同时，呼吸作用也会带来不利的影响：首先是呼吸要消耗果实积累的营养物质，使果实的营养下降，风味变淡；其次是呼吸作用释放出的能量并不全部转化为三磷酸腺苷，有一部分能量以热量的形式释放，呼吸产生的这部分热量被称为呼吸热，它会使果实自身和周围环境的温度升高，从而进一步促进呼吸作用，导致果实内部的有机物消耗更快，促使贮藏期缩短；再次，呼吸过程中产生的乙烯气体作为催熟剂加快了果实的后熟衰老，使果实很快变软，丧失食用性。因此，控制猕猴桃果实的呼吸作用是贮藏保鲜管理的重点之一，既要维持果实正常的呼吸代谢，以获取能量供应其生命活动的需要，又要尽可能地降低呼吸作用，以减少其对果实营养的消耗，延缓衰老过程。呼吸作用的强弱常用呼吸强度来表示，它是指每小时每千克果实呼吸释放出的二氧化碳或吸收的氧气的质量（以毫克计），呼吸强度大说明呼吸作用旺盛、果实的营养消耗多、成熟衰老快、贮藏保鲜期短。

（2）有氧呼吸和无氧呼吸。猕猴桃果实的呼吸分为有氧呼吸和无氧呼吸。当贮藏环境的氧气含量充足时，果实吸收氧气将糖和有机酸等呼吸底物完全分解，释放出二氧化碳，同时生成水、能量和热量，这种呼吸方式被称为有氧呼吸。在正常状态下，果实的呼吸方式是有氧呼吸。在缺氧状态下，果实得不到有氧呼吸所需要的氧气，呼吸底物不能完全被氧化分解，呼吸产物不是二氧化碳，而是乙醇、乙醛等物质，这种呼吸方式被称为无氧呼吸。无氧呼吸时，果实的营养消耗更快，生成的乙醇、乙醛等产物的积累在果实内有毒害作用。因此，果实贮藏时既要降低有氧呼吸，更应避免无氧呼吸，要通过各种方式使果实的呼吸处于低氧而正常的状态。所谓正常状态就是不发生无氧呼吸，避免无氧呼吸的产物毒害果实以及引起其他代谢的失调。

(3)呼吸跃变现象。果实的呼吸强度在其生命过程的不同阶段是不同的。幼果期果实的生命活动最旺盛，呼吸强度最大，随着果实的生长发育，呼吸强度逐渐降低，在成熟衰老阶段进一步降低。在某些果树果实的成熟衰老过程中呼吸作用会出现反弹现象，即在果实的生命活动后期呼吸强度突然上升，然后再下降，出现 1 个小的呼吸高峰，这种现象被称为果实的呼吸跃变。呼吸跃变现象往往被认为是果实由完全成熟转向衰老的标志。猕猴桃果实属于跃变型果实。有些学者将呼吸跃变描述为：呼吸跃变是有些果实个体发育中的一个临界期，它标志着果实从生长到衰老的转折，它是被自动催化生成的乙烯所促进的一系列生化变化，其促使呼吸加强并导致后熟。因此，呼吸跃变出现得越早、跃变峰值越高，越不利于贮藏。

(4)影响呼吸作用的因素。果实呼吸作用的强弱既与品种自身的遗传特性有关，又与果实所处的环境条件以及果实的成熟度有关。幼果期果实的呼吸强度最大，经过充分生长发育的果实，在生长末期果实已基本长成，呼吸强度明显下降，此时采收有利于贮藏保鲜。影响呼吸作用的因素：①品种的影响。不同品种猕猴桃果实的呼吸强度不同。②温度的影响。在一定温度范围内(如 0～35℃)，环境温度越低，果实的呼吸强度越小。低温还能延迟跃变型果实呼吸高峰的出现时间，并使呼吸峰值降低。③贮藏环境气体成分的影响。降低氧气浓度、提高二氧化碳浓度，可降低果实的呼吸作用，但不同品种果实对低氧和高二氧化碳都有一个适应范围，氧气并非越低越好，二氧化碳也并非越高越好。当果实受到碰伤、挤压或摩擦伤、虫伤等外界创伤以及微生物侵染时，呼吸作用都会增强，如花期、幼果期侵染微生物会导致贮藏期软腐病的大量发生。④生长调节剂的影响。果实的呼吸作用还与植物生长调节剂有关，氯吡脲、乙烯和脱落酸类激素可使果实的呼吸强度明显增大。

2. 果实的水分变化

(1)果实的含水量与贮藏保鲜。水分是进行正常生命活动的保证，果实内的所有化学反应都是在水溶液中进行的。在缺水的状态下，温度升高，酶的活性受到影响，细胞内物质的运输和交换受阻，化学反应也会受到影响。果实失水到一定程度后会加速呼吸，这是果实的一种自我保护反应。果实严重失水时，生命活动无法进行，直接导致果实生理活动丧失。

一般当猕猴桃鲜果失水达5%时，就会表现出果皮皱缩、萎蔫等症状，会降低果实的内在品质和商品价值。因此，减少猕猴桃采收后的水分蒸发，对于贮藏保鲜极其重要。

(2)导致果实失水的因素。导致猕猴桃果实失水的原因很多，既有果实自身的因素，也与果实所处的环境条件有关。猕猴桃果实的失水速度与果实的大小有关，一般小果比大果失水快。温度、湿度、空气流动速度(风速)、光照等环境因素均会影响果实的失水速度，温度高、湿度低、空气流动快(风大)、太阳晒等都会加速果实失水。

3. 果实内的乙烯变化

乙烯是一种能促进果实的呼吸作用、加速营养物质的分解、加快果实衰老的激素，果实内源乙烯生成量的增加是果实成熟的重要标志。对呼吸跃变型的猕猴桃果实来说，乙烯既是猕猴桃采后生理过程中将淀粉转化为糖的必需催化剂，又是猕猴桃衰老软化的助推剂，一个腐烂的个体产生的乙烯就会直接影响到密闭环境下一批果实的加速软化。因此，在猕猴桃贮藏保鲜过程中一定要控制乙烯的生成量及其催熟作用。

4. 温度、湿度对果实生理变化的影响

温度对猕猴桃后熟生理变化的影响至关重要，采后果实生理变化曲线与温度高低呈线性关系。贮藏过程中的低温冷害会导致果肉的木质化、水渍化和褐变，温度过高则会加速果实的后熟、软化和衰老，适宜的后熟温度可以使生理代谢正常进行、保证代谢产物中的糖分和香气处于最佳状态。因此，保持适合不同品种贮藏要求的恒定温度，是猕猴桃果实贮藏保鲜的关键。果实后熟生理适宜的相对湿度是80%～90%，湿度过低果实会失水皱皮，湿度过高会加速果实腐烂变质。

适宜的贮藏温度和湿度以及适量的乙烯，是猕猴桃采后果实催熟的关键，也是果实以合适硬度上市、保持果实有较长货架期和可食期的重要保证。

第二节　果实采收

一、果实成熟期

猕猴桃的果实成熟期分为采收成熟期、生理后熟期和食用成熟期3个阶段。

1. **采收成熟期**

猕猴桃果实成熟时，其外观颜色没有明显变化。因此，生产中果实成熟的最直接判断方法是借助折光仪测定其可溶性固形物含量，一般美味猕猴桃可溶性固形物含量达到6.2%～6.5%、中华猕猴桃可溶性固形物含量达到6.5%～7%，就被认为达到成熟标准可以采收了。也可根据果皮硬度、果实发育期及果实色泽等进行综合判定。

2. **生理后熟期**

猕猴桃进入生理后熟期时的果实细胞没有分离，且所含淀粉未完全分解成糖，氨基酸水平也较低，蛋白质酶原不能分解蛋白质，因而，果实的口感又硬又酸涩。果实后熟期的自然完成，主要靠果实内部产生的乙烯类物质刺激果实，使其呼吸增强，加速淀粉分解成糖、蛋白质分解成氨基酸，提高可溶性固形物的含量，并能够加速细胞壁解离。外源乙烯类物质也能起到同样的作用。因此，通过对乙烯类物质的控制可以实现对果实后熟期的调控。在贮藏猕猴桃果实的环境中增加乙烯含量可以缩短后熟期，起到催熟的作用；减少乙烯含量，特别是排除果实内部产生的乙烯类物质，则可以抑制果实后熟，延长贮存期。达到生理成熟期的果实需要食用时，用一定量的乙烯处理，保持一定的温度，可以使果品很快进入食用期。

3. **食用成熟期**

食用成熟期，指在此时间段内，果实中积累的各种物质经过适当的转化后具有该品种固有的色、香、味和外形，营养物质已达到较高点。此时采收的果实适宜就地销售或短距离运输，以及加工果汁、果酒、果酱等。此期果实软硬适中，口感松软适度、酸甜可口，具有品种固有的风味。

二、采收期的确定

猕猴桃品种繁多，不同品种从授粉受精完成坐果到果实发育成熟大致需要130～160 d，我国适宜种植区的气候差异较大，从云南屏边、广西南丹到陕西秦岭北麓的百万亩种植带，成熟期从8月上旬开始一直持续到10月底。受气候条件及栽培管理的影响，同一品种不同年份的成熟期相差2～3周。早采收，则果实内的营养物质积累不充分，特别是干物质的积累未达到最高值，将导致可溶性糖含量不高，内在品质、风味明显下降；晚采收，则树体上果实的可溶性固形物含量过高，后熟生理进入旺盛期，使入库果实的贮藏期缩短，不利于延长销售时间。如果采收后直接上市，采收时果实的可溶性固形物含量可以相对较低，以满足鲜食的需求。对于入库贮藏的果实，采收时果实的可溶性固形物含量要求相对较高，以有利于延长贮存期，延缓后熟期，并有利于降低冷害。对于果实具有后熟生理特性的猕猴桃来说，适宜的采收期既要满足生理成熟又要保证一定的贮藏期、货架期，兼顾二者的要求。

目前国际上通行的确定猕猴桃果实成熟期的标准，均要求果实中可溶性固形物含量要达到一定指标。新西兰美味猕猴桃海沃德的最低采收指标是可溶性固形物含量达到6.2%，中国、日本、美国均未达到6.5%。达到指标要求后采收，才能保证果实软熟后具备品种应有的风味品质。该指标主要是针对采收后直接进入市场或短期贮藏(3个月以内)的果实。对于采收后计划较长时间贮藏的果实，要求采收时可溶性固形物含量要达到7.5%以上。部分中华黄肉猕猴桃品种采收时要求可溶性固形物含量达到8%以上、色度角达到96°以下，这样才能保证果肉在后熟过程中褪绿变黄，体现黄肉猕猴桃的金色果肉特点。近年来，随着对果实采收标准与食用品质关系研究的深入，为了全面反映鲜果采收时的质量指标，提倡采用干物质指标作为采收和按质论价的标准，要求现有栽培品种干物质含量在18%以上，且可溶性固形物含量达到采收标准时开始采收。果实干物质含量越高质量越好，售价也越高。所以，达到采收质量标准要求采收的猕猴桃果实，其贮藏性、货架期以及软熟后的品质表现最好。

采收期指标：一是根据不同品种的生育期长短和成熟期试验结果，在15 d时间范围确定采收期，比如徐香在陕西秦岭北麓的采收期大约在10月5～20日之间。二是通过可溶性固形物含量来确定，采收后入库贮藏的，美味系列品种适宜采收期的可溶性固形物含量为7%～9%，中华系列品种适宜采收期的可溶性固形物含量为8%～10%，同时，中华黄肉品种的检测色度角要求在96°以下。鲜果采收后直接上市销售的，美味系列品种的可溶性固形物含量要求达到6.5%，中华系列品种的可溶性固形物含量要求达到7.5%。三是采用干物质含量作为采收标准，当干物质含量达到18%时方可采收上市销售或入库贮藏。干物质采收指标因品种不同而有所差异，范围一般在18%～23%之间。

采收期果实特征为：果实颜色达到该品种的固有颜色，中华猕猴桃果皮已转为浅褐色、棕黄色或浅绿色，果肉浅黄色(红阳果心呈放射状红色)；美味果皮已转为深褐绿色或深褐色，果肉绿色；种子颜色呈黑色。

2013年，中国农业科学院郑州果树研究所承担了农业行业标准《猕猴桃采收与贮运技术规范》(NY/T 1392—2007)的修订工作。结合本单位的实践，查阅了大量有关资料，在充分征求全国各产区科研、生产及销售人员意见的基础上，提出了猕猴桃适宜采收期参考指标(表15-1)。新标准《猕猴桃采收与贮运技术规范》(NY/T1392—2015)已经正式颁布实施。

表 15-1 猕猴桃适宜采收期参考指标

参考指标	范 围
可溶性固形物含量	≥6.2%
果实生育期	各产区可根据调查和试验数据，确定适合当地各猕猴桃品种采收的平均发育时间
果实硬度	80%以上果实的硬度开始下降
果梗与果实分离的难易	80%以上果实的果柄基部形成离层、果实容易采收
果面特征变化	80%以上果实的果面特征如颜色发生变化、茸毛部分或全部脱落等
种子颜色	呈黄褐色
干物质含量	≥15%
果肉色度角	对于黄肉品种，果肉色度角≤103°

三、采前防腐措施

采收前对果实喷施杀菌剂，杀除果实表皮萼端及基部携带的病菌，该措施操作方便、效果良好，能有效降低贮藏过程中的损失。采前喷施的药剂是ClO_2溶液，应对全园的树均匀喷布，使果面着药均匀。待药液自然晾干后立即采收。

ClO_2溶液的组成：60 mg/L 的 ClO_2、0.05%的吐温-20、0.03%的柠檬酸。

ClO_2溶液的配制：1 000 L 水中加入 ClO_2（有效含量为 2%）溶液3 000 ml、500 ml 吐温-20，再加入 300 ml 柠檬酸。搅拌均匀后使用，使用时现配。

四、采前准备

（1）进行精准测产和果实成熟度指标的测定，为采果提供科学依据。

（2）拟定采果计划，进行采前果实表面防腐，合理调配劳动用工。

（3）检查、清理或购置采收工具、包装材料，选定堆果场地及周转库、预冷库及贮藏库，并进行消毒。采收工具主要有周转箱、采果袋、转运车等，包装材料主要有转运箱、贮藏用塑料箱或木箱、纸盒、托盘及保鲜纸等。

（4）采前防腐。采果前 3 d 对果园喷洒消毒防腐剂，既能防腐，又能清除果面污渍。

(5)采果要求。①采果前15～20 d果园内不允许喷洒农药、氮磷肥及其他化学制剂，7～10 d内不允许灌水。②采果人员应身体健康，须剪短指甲、戴软质手套和防护头罩，以防指甲划伤果面和头发掉落。③采果篮、木箱或果筐内要衬垫柔软材料，以防擦、碰、刺伤果实。

五、采收方法

(1)应选择晴天的早晨待露水干后进行采果，如果天气较凉或是多云的天气则全天均可进行采果，应避免在中午高温时采果。采果时如遇降雨，应该在雨停后待果面雨水蒸发掉再进行采收，以免果实感染病菌，造成贮藏期霉变。

(2)最好选用采果袋，采满后将采果袋放入果箱中，取开遮帘的挂钩，将果袋轻轻提起，让果实通过漏斗轻轻滑落到果箱内。

(3)先采生长发育正常的商品果，再采弱小果、碰伤果、病虫果，分开堆放，不能混放。

(4)采果时用手握住果实，手指轻压果柄，在距果实较近处挤压果柄使其脱离即可。

(5)采下的果实应轻拿轻放，减少刺伤、压伤、撞伤。应快速转运，尽量减少倒箱次数，避免机械损伤。果箱应放置在阴凉处，用篷布等遮盖好，不要在烈日下暴晒。

第三节 分级包装

严格进行果实分级是实现猕猴桃商品价值的一个重要环节，分级后便于预冷、贮藏、销售和加工，便于满足不同层次的消费需求。猕猴桃属于浆果类，怕撞、怕压、怕摩擦，要求包装物有一定的机械强度；猕猴桃果皮较薄易失水，要求包装材料具备一定的保湿性。

一、分级

(1)计划直接上市的果实，在田间热量散发后进行分级包装，创造条件进行预冷或催熟，达到长途运输和货架期要求时，即可进入终端市场销售。计划入库贮藏的果实，如是晴天采收的，经过24 h愈伤后进入定时预冷库或冷库过渡区，经温度过渡后入库贮藏；如果果梗上有露水或霉菌，应将果实装入果筐中在通风阴凉处放置 1～2 d，待露水阴干、采摘伤口完全愈合后再进行预冷和贮藏。果实愈伤对于减少病菌侵染、降低贮藏期霉变率非常重要。

(2)贮藏的果实，可先分级包装再入库，也可以在冷藏出库时进行分级包装。我国目前还没有制定统一的猕猴桃分级标准，分选机械正在普及，尚未实现全程自动化，大部分产区需要人工辅助分级包装。原有的简单分级标准是按果实重量进行分级，100 g 以上为一级，80～100 g 为二级，60～80 g 为三级。这种分级标准果实差异较大，无法进入中高端市场销售。

新西兰的美味猕猴桃海沃德的分级标准已经得到全世界的认可，可作为我国果实进入国际市场的参考，它是以装盒规格作为标准(表 15-2)，但没有明确级别。

表 15-2　新西兰猕猴桃果实装盒标准

规格/(个/3.6 kg)	最小重量/g	最大重量/g
25	143	160
27	127	143 以下
30	116	127 以下
33	106	116 以下
36	98	106 以下
39	88	98 以下
42	78	88 以下
45	74	78 以下

(3)猕猴桃分级必须综合考虑重量、果形、果皮和果肉色泽等指标，同时应符合各个品种的固有特征(表 15-3、表 15-4)。要求果面无病状突起，无畸形，无泥土、灰尘和水锈，无虫孔和虫卵，无霉菌，无枝叶摩擦伤，无刺伤、压伤、撞伤、雹伤、冻伤、霉烂和严重日灼，无软化果。

(4)果实分级时一般采用机械分级和人工挑拣去除残次果相结合。使用滚动式分级线将果实传运到检查台，检查台两边有技术熟练的工人观察转动的果实，一旦发现不符合外观标准的立即挑出放入上部传送带，将其归入淘汰果。其他果实继续前行，进入由不同重量标准活动板组成的重量分级区，当某个果实的重量达到或超过所通过活动板块的承重标准时，该活动板块自动翻转，果实自动进入对应的输送带，直至完成果实的自动分级，单果重误差不超过 3 g。再由人工将果实摆放在不同规格的包装盒内。

表 15-3　中华猕猴桃果实等级指标

品种 级别 项目	华优			金艳			红阳			脐红		
	特级	一级	二级	特级	一级	二级	特级	一级	二级	特级	一级	二级
单果重/g	≥90，<110	≥80，<90	≥70，<80，≥110	≥90，<110	≥80，<90	≥70，<80，≥110	≥70，<90	≥60，<80	≥90，<60	≥75，<95	≥65，<85	≥95，<65
果形（固有形状如图所示。要求整齐一致，果面干净）								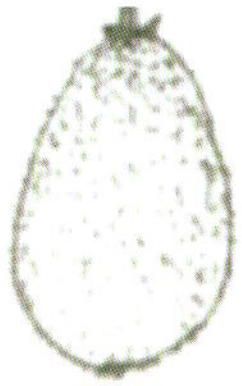				
果形指数（纵径/横径）	≥1.5	≥1.2，<1.5	≥1.0，<1.2	≥1.5	≥1.2，<1.5	≥1.0，<1.2	≥1.3	≥1.1，<1.3	≥0.9，<1.1	≥1.3	≥1.1，<1.3	≥0.9，<1.1

注：表中数据源自《周至县猕猴桃鲜果等级标准》(DB610124/T02—2015)。

表 15-4 美味猕猴桃果实等级指标

项目 \ 级别 \ 品种	海沃德			徐香			秦美			翠香		
	特级	一级	二级	特级	一级	二级	特级	一级	二级	特级	一级	二级
单果重/g	≥90，<130	≥90，<100	≥80，<90 ≥130	≥90，<120	≥90，<100	≥80，<90，≥120	≥100，<130	≥90，<100	≥80，<90，≥130	≥90，<110	≥80，<90	≥70，<80，≥110
果形（固有形状如图所示。要求整齐一致，果面干净）	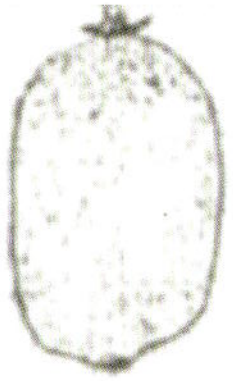			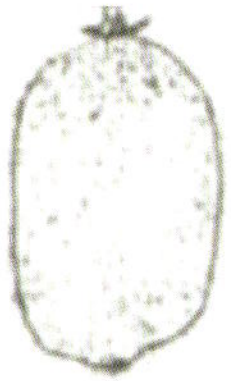			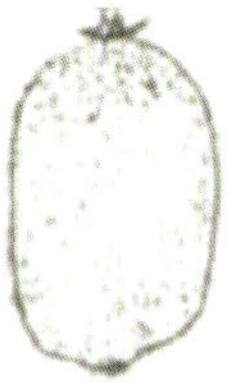			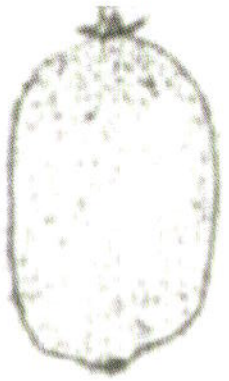		
果形指数（纵径/横径）	≥1.5	≥1.2，< 1.5	≥1.1 < 1.3	≥1.5	≥1.2，< 1.5	≥1.0，<1.2	≥1.3	≥1.1，< 1.3	≥0.9，< 1.3	≥1.5	≥1.2，< 1.5	≥1.1 < 1.3

注：表中数据源自《周至县猕猴桃鲜果等级标准》(DB610124/T02—2015)。

(5)猕猴桃果实的品质受多种因素的影响，不宜仅按重量来分级。目前，我国猕猴桃栽培品种按颜色分为绿肉、黄肉、红肉 3 类，不同主栽品种的果个大小、果实形状也存在较大差异。因此分级原则是按照不同品类、不同品种的固有特征来进行分级，综合考虑果实外观质量和内在品质后科学合理地制定分级标准。作为全国猕猴桃主产县，陕西周至县制定了比较全面的周至县地方标准《鲜果等级标准》(DB610124/T02—2015)，其主要内容列于下，可供参考。

猕猴桃鲜果分级质量基本要求：

(1)果形端庄整齐一致，无畸形果，果面完好，无腐烂损伤。

(2)果面洁净，无明显虫伤和外来异物。

(3)无变软果，不失水，无明显皱缩。

(4)无异常外部水分，无异味。

(5)采收期可溶性固形物含量与品种和成熟时期有关，具体见表 15-1。

(6)指标设计基于没有使用膨大剂的前提条件。

二、包装

(1)国际市场上猕猴桃包装普遍使用托盘，它是由优质硬纸板或塑料压制成外壳长 41 cm、宽 33 cm、高 5 cm 的专用托盘，内有面积约 0.5m×0.5m 的聚乙烯薄膜，以及预先压制的符合猕猴桃果实形状凹陷槽的聚乙烯果托，凹陷槽的数量及大小由具体果实情况确定。果实放入果盘后用聚乙烯薄膜遮盖包裹，再放入托盘内，每托盘内的果实净重 3.6 kg 左右。托盘外面标注商标、品种名称、果实规格、数量、产地、生产者(经销商)名称、地址及联系电话等。

(2)国内市场上猕猴桃包装多采用硬纸板箱，每箱果实的净重约为 2.5～5 kg，两层果实之间用硬纸板隔开。采用礼品盒包装的，内部有透明硬塑料压制的凹陷果托。这些包装均缺乏保湿装置，抗压能力也不强，近距离的市场销售尚可使用，但明显不适合远距离运输、销售。近年来采用 2.5 kg 专用托盘包装的越来越多，单层托盘的制作工艺也越来越讲究，质量越来越好，这种包装能够满足长途运输要求。

第四节　猕猴桃贮藏保鲜技术

采后的猕猴桃果实仍然是活的生命体，通过呼吸作用消耗自身的能量来维持其生命，能量消耗殆尽后果实就会衰老、分解、腐烂。贮藏保鲜就是要创造一种环境条件，将果实的呼吸维持在很低的水平，延缓果实的生理代谢过程，保持其营养价值，尽可能地延长果实的贮藏期、货架期和食用期。影响贮藏的主要因素有温度、湿度、气体浓度和乙烯生成量等。

一、环境条件

1. 温度

温度是影响猕猴桃贮藏保鲜效果的最主要的环境条件之一，在保证果实正常生命代谢的前提下，温度越低越能延缓果实的后熟和衰老，贮藏保鲜期就会延长。适宜猕猴桃贮藏的温度一般为 0～1.5℃，不同品种耐受的最低温度不同，新品种育成后一定要知道新品种的冰点温度阈值。也不是温度越低就越好，在冰点以上的较长低温下，也会出现"冷害"——果实不能正常软化后熟、风味变异。冷害是果实对不适宜低温的一种生理反应，在贮藏过程中要注意避免。贮藏期间要注意保持温度的稳定，温度的波动不利于果品的贮藏保鲜，要求贮藏库的温度波动不超过 0.5℃，不同库区的温差也要求不超过 0.5℃。

2. 湿度

库内空气的相对湿度直接影响果实的水分蒸发，是猕猴桃贮藏保鲜的另一主要环境条件。在低湿条件下空气易干燥，果实会不断向空气中蒸发水分，而空气中多余的水分不断凝结，这一过程造成果实水分的不断损失。水分的损失导致果实萎蔫、重量减轻，还使正常的呼吸作用受阻，加速有机物的水解过程，使果实失去新鲜度并皱缩。失水还会加速呼吸等代谢促进衰老，削弱果实的贮藏性和抗病性。猕猴桃低温贮藏的相对湿度一般以 90%～95%为宜。增加湿度的简易方法是洒水并减少通风，在新建贮藏库时必须安装加湿设备。湿度过高对贮藏也不利，解决办法是增加通风量或放置石灰等吸收空气中过多的水分。

3. 气体成分

适当提高贮藏环境的二氧化碳浓度、降低氧气浓度，均可有效抑制猕猴桃果实的呼吸代谢和乙烯生成，影响过氧化酶的活性而抑制果胶物质和叶绿素的降解等过程，从而有效地保持果实的质地、色泽、风味和营养等品质，并能抑制病害的发生，延长果实的贮藏期和食用期。猕猴桃果实贮藏要求氧气为 1%～3%，不应低于 1%；二氧化碳为 3%～5%，不应高于 5%。当氧气浓度较长时间处于 1%以下时，果实会发生缺氧生理伤害而产生酒味；当二氧化碳浓度较长时间处于 5%以上时，果实会出现二氧化碳中毒伤害而导致不能正常后熟。

4. 乙烯

猕猴桃是对乙烯特别敏感的水果，即使堆放周围有浓度 0.03 μL/L 的乙烯也会加速果实的软化。在正常贮藏过程中，果实自身会产生微量乙烯。受伤果实常是产生乙烯的根源，它还诱发周围果实产生乙烯，导致库内乙烯含量的上升而加速果实软化。苹果和梨对乙烯的反应相对迟钝且能产生大量乙烯，因而不能和猕猴桃在同一库内贮藏。贮藏果箱中放入以高锰酸钾为主要原料的乙烯吸附剂，可有效降低库内的乙烯积累，延缓果实的软化。新建的气调贮藏保鲜库，多直接安装乙烯脱除机来减小乙烯对贮藏保鲜的不利影响。

二、贮藏库

建库地点要选在交通方便的地方以利于入贮及外运，还要考虑产区和市场的联系。贮藏库宜选建在货源较集中的产区，便于采收后的就地入贮，以缩短入库时间、减少周转。库房最好建在阴凉地方，可以选择在一些山谷或地形较低、便于冷空气导流的位置。

1. 贮藏库形式

(1)按温度范围可分为高温冷库和低温冷库。高温冷库又叫高温库或恒温库，指使用温度范围在 0℃以上的冷库。

(2)按建筑结构分为土建库和组装库。土建库是指用砖、石、水泥和钢筋等建筑材料建成的砖混结构的库房，结构比较牢固，使用寿命长。

(3)按建筑方式可分为地上式、地下式。库房建在地上较好，除了便于空气流通、交换外，操作上也方便一些。

2. 种类

(1)普通冷库。普通冷库中，猕猴桃果实的贮藏温度应保持在 0～1.5℃，周围的相对湿度保持在 90%～95%，空气中的乙烯浓度应低于 0.01 μL/L。

(2)气调库。与普通冷库相比，气调库增加了检测、控制库中气体成分的设备，用来提高二氧化碳浓度、降低氧气浓度，以抑制呼吸、延长贮藏期。适宜猕猴桃贮藏的二氧化碳浓度一般为 3%～5%、氧气浓度一般为2%～3%。

(3)常温通风库。在没有制冷设备的情况下，可以利用自然冷源来降低库内温度，也可延长果实贮藏期。常温通风库一般建在地势较高的背阴处，为半地下式，库门朝北，夜间 12：00 后开启进风口和排气口，将外界的冷空气引入库内，将温度较高的库内气体排放出去。

3. 贮藏库保温

贮藏库内外的温度差将导致热量传递，影响库内温度的恒定，还增加冷冻机组能源的消耗。因此，冷库的墙体要求选用绝热材料或用一般建材但再加隔热层，隔热材料的选择和厚度的设计以满足保温要求为原则。

冷库的隔热材料有 2 类：一类是隔潮的，如聚苯乙烯、聚氨酯、泡沫玻璃等；另一类是透水汽的，如稻壳、玻璃棉、石棉、膨胀珍珠岩和蛭石等。聚氨酯是使用最多的保温材料，其保温效果好且不吸潮、不透水。小型冷库常用聚苯乙烯板来保温，将保温板贴在库内的墙面、地面和顶面，每块板的厚度一般为 10～20 cm，外墙面需贴 2 层板，平行相邻的 2 块板间的接缝处要用密封胶密封，内外 2 层板的接缝处要相互错开。

另外，冷库的门也要保温、防潮，门与门框接触要严密，防止漏热。在门的上端要安装风幕，开门时启动风幕向下吹冷风，以防止内外热交换。

4. 冷库设计及制冷机组配置

猕猴桃贮藏冷库的库容一般以 100 t 以下的小库为宜，一般库宽 6～9 m、长 8～10 m、净高 4.5～5.5 m。库容在 100 t 以上的，也以分隔为库容在 100 t 以下的单库为佳。每个单库侧壁基部开进风口，并配上可供开关的操作挡风板；进风口对面顶部开排风口，配换气扇。按库容大小安装相应规格的制冷机，100 t库容需配 10 kW 的制冷机，80 t 库容需配 7.5 kW 的制冷机，50 t 库容需配 5.5 kW 的制冷机，最好每库配一台制冷机。大型贮藏库采用单库单机并联。

三、贮藏

(一)贮藏前的准备

1. 设备的检修和调试

果实入库贮藏前 1 个月，对所有库房设备，包括制冷压缩机、风机、冷却塔、进回气管道、膨胀阀、动力及照明电路等进行检修和维护。检修内容包括检查蒸发器是否运转，更换冷冻油，清洗冷凝器水垢，检查电磁阀、热力膨胀阀是否能正常工作，检查冷凝压力和蒸发压力是否能达到正常运转值，将运行参数调至所需的范围。设备检修后进行调试，检测制冷、调气工作是否正常。如制冷不正常，应补充冷媒或调节膨胀阀。

2. 库房及贮藏用具消毒

猕猴桃入库前 7 d 对库房进行彻底清扫、消毒。应彻底清扫库房墙壁、门窗、地面、天花板等，对托盘、果箱、转运机械等进行彻底消毒。消毒方法可选择下列任意一种。

(1)臭氧(O_3)消毒。接通臭氧发生器电源后关闭库门，待库内臭氧浓度达到 20 mg/m^3后关电源，保持 24 h。

(2)ClO_2消毒。对库房全面喷洒60～80 mg/L的ClO_2水溶液后密闭24 h。

(3)乳酸熏蒸。用电炉加热陶瓷容器中的乳酸溶液熏蒸库房。乳酸溶液是用80%～90%的乳酸原液与水等体积混合配制的，以乳酸原液计用量为1 ml/m^3。待乳酸溶液完全蒸发后，封闭库房24 h后通风换气至无味。

(4)高锰酸钾＋甲醛熏蒸。每立方米库容用高锰酸钾0.4 g、纯甲醛2 ml。先将称量好的高锰酸钾放入耐腐蚀容器内，然后加入甲醛，迅速封闭库门，密封48 h后通风换气至无味。

(5)硫黄熏蒸。硫黄加锯末混合后分散堆在库内地面各处点燃熏蒸，用量为每立方米库容15～20 g硫黄粉。充分燃烧后密闭2～3 d，打开库门通风，充分排净二氧化硫气体至无味。无公害贮藏保鲜不建议采用硫黄熏蒸。

(6)容器消毒。用60～80 mg/L的ClO_2水溶液或含氯浓度0.5%～1.0%的漂白粉溶液或0.2%的次氯酸钠溶液浸泡果箱(筐)3～5 min，洗净后沥干。

3. 预冷库准备

对于专用预冷库，入库前3～5 d开机降温，将库温降至0℃，以便鲜果进入后尽快达到预冷温度。没有专用预冷库的，选择靠近入库通道的库间作"预冷间"，待最后一批鲜果入库后该库间再作为正常贮藏库使用。鲜果入库的预冷过程一般采取分步式降温，24 h内降温至10℃，48～72 h内降温至5℃。当果心温度降至5℃时，转入贮藏库降温至预定贮藏温度。

(二)入库果实质量要求

入库果实应是优质猕猴桃产区采收的特级、一级和二级果实。不宜入库贮藏的果实包括：幼树、旺枝上的果实，过量施氮肥树上的果实，雨期采收的果实(含露水果)，采果前大量灌水果园采收的果实，棚架下过于阴蔽的果实，病虫危害的果实，叶片黄化树上的果实，灼伤的果实，有机械损伤的果实和畸形果实，使用生长激素的果实，使用催熟剂的果实。采收时要轻拿轻放，避免一切机械损伤。采后要放在干净的塑料筐内，并及时运往贮藏场所。从采收到入库的时间间隔越短越好，争取做到当天采收当天入库。

入库前果实的愈伤锻炼：将装好箱的猕猴桃先在15℃左右的温度下放置24～48 h，再入库贮藏。中华猕猴桃最好经过5℃预冷24～48 h后再降到贮藏温度。

(三)入库方法及要求

1. 入库量

入库时应分期分批进行，一次进库量不可过多，每天的入库量可占总库容的1/10～1/5，否则一次带入的田间热过多，库温下降慢，波动也大。

2. 果箱堆码要求

(1)果箱应按等级分垛堆码，货垛排列方式、走向及间隙以利于空气流通为原则，图 15-1 所示（箭头方向为气流方向）的是 3 种码垛方式及其气流方向。

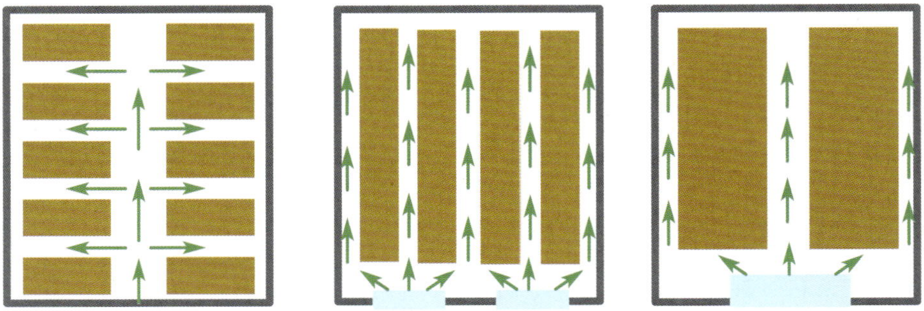

图 15-1 码垛及气流方向

（2）堆码要求。垛底垫木高度为 0.10～0.15 m，货垛距墙 0.20～0.30 m，距冷风机不少于 1.50 m，距库顶 0.50～0.60 m，垛间距离为 0.30～0.50 m，垛内容器间距离为 0.01～0.02 m，库内通道宽 1.20～1.80 m，垛高不能超过冷风机的出口。

（3）同一贮藏库内最好只贮藏同一产地、同一品种的猕猴桃，尽量避免不同品种、不同产地的猕猴桃混贮。

（四）贮藏库管理

猕猴桃预冷后不需要装保鲜袋的，即可直接进入贮藏管理阶段。如果要装保鲜袋，必须经挑选换箱后再进入贮藏管理阶段。

1. 换箱挑选

入库 7～14 d 应该在库内按入库装箱的同样方法进行换箱，剔除软果及其他不宜贮藏的果实。

保鲜袋采用 MA 贮藏方式时，箱内衬厚度为 0.03～0.04 mm 的聚乙烯塑料袋，直径为 80～90 mm，袋长 800 mm。

将充分预冷后的猕猴桃分级装入箱内的保鲜袋中，每袋装 12.5～20 kg，袋内放专用保鲜剂。装好的保鲜袋用绳子扎口，并留有透气孔。在箱外贴标识有品种、产地、净重、等级等内容的标签。

2. 贮藏管理技术要求

贮藏管理主要是对温度、湿度、气体成分的管理，要定期检查并做好详细记录。

（1）温度控制。猕猴桃在贮藏期第 1 个月，温度应控制在 0.5～1.5℃之间，后期温度可控制在 0～1.0℃之间，因品种不同最低温度要求各有不同。库内温度的波动幅度不超过±0.5℃，要求温度的设定必须准确，每年都必须对温度计进行校正。

库内贮藏温度必须稳定，上下波动不能太大，还应注意 5 个问题：①库内不同部位的温度可能有差异。为此，要在库内的四角及中部高约 1.5～2 m 的位置处分别挂温度计。②一般靠近冷风机以及冷风口的部位温度较低，这些部位的猕猴桃要注意增加保温措施。③由于包装及猕猴桃呼吸热等原因，果实的温度与库温存在一定差异，适宜贮藏温度应以果心温度为准。④猕猴桃入库阶段，每天至少观察 1 次温度，后期至少每 2 d 观测 1 次，并做好详细记录。⑤中华系猕猴桃的贮藏温度要高于美味系的，入库前均须做果实愈伤处理，进行冷锻炼，以促使伤口愈合，避免生物病原菌侵染。愈伤冷锻炼中华系品种需 24 h 左右，美味系品种需 24～48 h，冷锻炼后要快速将果实温度降到贮藏温度。

(2)保湿。库内的强制通风易造成猕猴桃果实失水，须注意保持一定的湿度。但库内湿度也不能过高，否则容易造成果实的霉变腐烂。贮藏期库内的相对湿度应保持在 90％～95％，湿度不足时应进行人工加湿(如超声波加湿)。应在库内的适当位置放置湿度计，随时观测、记录库内湿度。库内保湿方法：①缩小制冷剂蒸发温度与库温的差别，从而减少蒸发器的结霜。②在库内地面定期喷洒高锰酸钾水溶液，以保持地面湿润。③果箱套袋，减少果实的水分损失。④在库内安装补湿装置。

(3)通风换气。猕猴桃代谢产生的乙烯气体和挥发性芳香物质会促进猕猴桃果实的后熟和衰老，因此，库房须进行适当的通风换气。贮藏第 1 个月换气 2 次，后期每周换气 1 次。通风换气应在夜间或早晚低温时通过进风口和排风口进行，每次大约 30 min。要避免换气造成库温的较大波动。不宜在湿度太大的雾天或雨天进行换气。

(4)臭氧消毒。臭氧气体消毒安全无害、防腐效果好，适宜于贮藏过程中使用。适时打开臭氧消毒机，当库内臭氧浓度达到 15～18 mg/m^3 后关机，每 10 d 处理 1 次。

(5)定期查验果实质量。应对库内贮藏的猕猴桃进行定期检查，查看果品是否有失水、霉烂，是否发生生理伤害，质地和风味是否正常等，发现问题及时解决。

(五)出库管理

贮藏猕猴桃应按销售计划和市场需求情况安排出库。包装、搬运过程中要注意轻拿轻放；当外界气温较高时，出库时最好在预冷库经过中间温度过渡，避免猕猴桃结露、出水、发霉；猕猴桃如要运往气温高的地区销售，一般应用冷藏车运输。

出库后至销售前果实硬度应保持在 2～4 kg/cm^2，果实的可溶性固形物含量应保持在12.0%～15.0%。任何情况下，贮藏期都不得延长到果实硬度低于以上指标，并要保持其特有的风味。因此，必须定期抽检，确保及时出库。

猕猴桃出完库后，应对库房进行彻底的清扫消毒，并进行通风换气，以清除异味。

四、气调贮藏

1. 气调贮藏基础知识

气调贮藏是通过调节贮藏环境中的气体成分进行保鲜的一种贮藏方式，简称CA贮藏。适当降低氧气浓度、提高二氧化碳浓度，能明显地抑制果品的新陈代谢和微生物的活动，气调贮藏正是利用这一原理进行保鲜的。在控制气体成分的同时保持适度的低温，可以获得更好的保鲜效果，因此，气调贮藏一般都同时进行制冷和气体调节。在冷藏的基础上进一步调节气体成分，是机械冷藏之后果品贮藏技术的又一重大突破。20世纪50年代后气调贮藏开始应用，现在已相当成熟，成为当今最先进的果品商业贮藏方式。

气调库的制冷系统和保温系统与冷藏库基本一样，因为气调贮藏本身就是在低温基础上进一步调节气体成分的一种方法。因此，气调库首先必须是一座冷库，有良好的制冷设备、加湿设备、隔热保温层、防湿层等，需要有很好的密闭性。气调库的气调系统主要包括制氮机、空气压缩机、二氧化碳脱除机、乙烯脱除机等。空气压缩机为制氮机提供气源，气体经过制氮机处理后得到一定浓度的成品气体，一般氮气在94%～97%之间，氧气在3%～6%之间。

2. 气调贮藏技术指标

气调贮藏主要是把氧气和二氧化碳的浓度控制在合理的范围（表15-5），同时最大限度地减少乙烯气体的浓度。猕猴桃果实对外源激素乙烯十分敏感，应将乙烯浓度控制在0.03 μL/L以内。每周应开动1次乙烯脱除机。

表15-5 主要品种果实气调贮藏的气体浓度

品种	CO_2浓度/%	O_2浓度/%	品种	CO_2浓度/%	O_2浓度/%
红阳	3.0～4.0	3.0～4.0	秦美	4.0～5.0	2.5～3.0
华优	3.0～4.0	3.0～4.0	金香	4.0～4.5	2.5～3.0
金艳	3.0～4.0	3.0～4.0	哑特	4.0～4.5	2.5～3.0
翠香	3.5～4.5	2.5～3.0	海沃德	4.0～4.5	2.5～3.0
徐香	4.0～5.0	2.5～3.0	贵长	4.0～4.5	2.5～3.0

在库内加湿过程中不能开启氧气脱除机、二氧化碳脱除机、乙烯脱除机和臭氧机。为了避免库外空气进入库内，进行气体调节操作时尽量保持库内处于正压状态。果品出库前 2 d 解除气调，经 2 d 时间缓慢升氧，当库内的氧气浓度达到 18%时方可进库操作。出库后快速分级包装，以确保果实的货架期质量。

3. 气调库管理

气调库降温阶段，要注意保持库内外的压力平衡，一定要在果温和库温达到并基本稳定在要求的温度时才能封库，封库后温度的波动幅度不要超过±0.25℃。封库后可开始降氧，第 1 个库间的氧气浓度降到 15%后，开始降第 2 个库间，直至全库的氧气浓度降到 15%后开始逐库间降到 10%，再降到 5%，之后靠果品的呼吸自然降氧，逐步达到果品贮藏要求的浓度。当库内氧气的浓度降至接近底限时，补充新鲜空气，这时二氧化碳浓度升至接近高限，开启二氧化碳脱除机，将二氧化碳含量脱除至适宜的浓度范围。

重视库内气体浓度的监测。其他各项管理技术要求与冷藏库相同。

4. 大帐气调贮藏技术

大帐气调贮藏是原陕西中华猕猴桃科技开发公司开发的技术，2000 年前后在陕西猕猴桃贮藏库广泛应用。这种方法机动灵活、管理操作简便、建造成本低、贮藏保鲜效果好，有效地解决了气调库建设投资大、管理技术掌握难的问题，适宜推广。大帐气调贮藏是在普通冷藏库内，将果实密封在用塑料薄膜制作的塑料大帐中，用制氮机人工调节帐内的气体成分，实现果实的气调贮藏。

(1)气调大帐的制作及装垛。气调大帐的帐用 0.1～0.2 mm 厚的聚乙烯或聚氯乙烯薄膜做成，多做成长方形，在帐的两端各设置 1 个进出气袖口，供调节气体用。大帐上还应有供取分析气样用的取气孔。帐的大小可以根据需要来制作，一般每帐装果实 5 t 左右。装垛时，先在地上垫衬 1 层薄膜，然后在其上码放果筐，码好后用塑料大帐罩住，帐子底端的四边和底层薄膜的四边互相重叠卷起并用砖块或石条压紧。

(2)气调大帐的管理。经充分预冷后的果实，码垛密封后通入含有一定氧气的氮气，使大帐内的氧气浓度快速下降到要求范围，停止通气，并扎紧大帐两端的进出气口。过一段时间后，由于帐内果实的呼吸使氧气浓度下降到下限浓度，呼吸放出的二氧化碳积累到上限浓度时，要重新开启制氮机向大帐内充入含氧的氮气，并将原帐内过高的二氧化碳排出，当大帐内原来的气体被置换掉后，即结束充气并扎紧进出气口，如此循环、维持适宜的气体成分。

(3)大帐气调的要求。当温度达到贮藏要求时，及时进入气调贮藏状态，气调环境中氧气控制在2%～3%，二氧化碳控制在4%～5%。果实进入气调状态越早，越有利于延长贮存期。

第五节 贮藏期常见病害及防治

减轻贮藏期病害的措施主要有：搞好果园卫生、减少病原菌、生长期有效防病、采前用二氧化氯防腐处理、适宜成熟度采收。采收时严防机械损伤，采摘的果实低温快运至贮藏库，入库前愈伤，严格挑选，及时进库。保持适宜的贮藏温度、湿度，使贮藏温度均匀稳定，防止结露。贮藏期间以适量的臭氧或二氧化氯消毒防腐。表15-6列出了猕猴桃贮藏期的主要病害及其防治方法。

表15-6 猕猴桃贮藏期主要病害发生与防治

病害名称	发病症状	发病原因	预防措施
果实冻害	猕猴桃发生冻害时，果肉组织结冰、发硬，切面可见冰晶，冻结状态下外观变化不明显，解冻后流出汁液，果肉褐变，发酵腐烂	环境温度低于果实组织的结冰点。早采果、采青果，成熟度未达到贮藏入库标准要求	入库果可溶性固形物含量≥6.5%。严格控制贮藏温度在适宜范围，库温均匀、没有死角，在近风口位置保温
果实冷害	猕猴桃果实的冷害在低温下多数不表现症状，在出库后常温条件下才逐步表现出来，严重时低温下也有表现。多数品种皮下果肉木质化，有的品种果肉水渍状，严重时果皮全面褐化，有的果心硬化。冷害果常温下放置后逐渐会发酵、褐变、果肉软烂	猕猴桃对低温敏感，果实冷害是在果实组织冰点以上的低温条件下发生的生理病变，多数猕猴桃品种果实采后为冷敏性，缺乏冷锻炼	对易发生冷害的果实采后不要立即降至贮藏温度，采用逐步降温的方法或经历冷锻炼后再降至贮温
SO_2伤害	软化过程中果肉褐化，有味，变质	贮藏过程中使用硫黄熏果导致	禁止使用硫黄熏果做防腐处理
1-MCP伤害	常温下长期不后熟，或果心硬化，冷害症状加重	贮藏过程中过量使用1-MCP保鲜剂，或对早采果用1-MCP处理	规范科学使用1-MCP保鲜，把控好浓度范围，美味系品种≤0.4×10^{-6}，中华系品种≤0.25×10^{-6}

续表

病害名称	发病症状	发病原因	预防措施
软腐病	多在果实后熟软化期间表现，初期部分果肉软腐，病部逐渐扩展至全果。软腐病菌在田间或采后感染果实，由伤口、果柄痕或果皮角质层裂纹等部位侵入并潜伏致病	生长期树冠郁闭，采前采后高温、高湿导致发病	减轻果园郁闭，避免雨天采果和采露水果，采前果实消毒，防止库内湿度过大，库房用臭氧或二氧化氯消毒
灰霉病	贮藏期或出库后霉变，病部有灰霉，果实腐烂。病菌在田间或采后感染果实，由伤口等部侵入并潜伏。多在贮藏期发病，出库后继续扩展，果实变软腐烂，健康果实接触后也会被传染	果实生长期阴冷潮湿多雨，采前果园高湿。库体、果箱消毒不严格，贮藏过程中库内温、湿度变化过大	控制果园病原菌，对贮藏库及工具严格消毒，对采前果实消毒，防止库内湿度过大，库房用臭氧或二氧化氯消毒
青霉病	贮藏期或出库后霉变，病部有青霉，果实腐烂。展青霉素超标，威胁果实质量安全	库体、果箱消毒不严格，大量霉变果实产生毒素	控制好库内温、湿度，库房用臭氧或二氧化氯消毒

参考文献

[1]中华人民共和国农业部．猕猴桃采收与贮运技术规范(HY/T 1392—2015).

[2]中华人民共和国农业部．猕猴桃等级规格(NY/T 1794—2009).

[3]陕西省质量技术监督局．猕猴桃采收技术规程(DB61/T 1117—2017).

[4]陕西省周至县质监局．鲜果等级标准(DB610124/T02—2015).

[5]雷玉山，王西锐，姚春潮，等．猕猴桃无公害生产技术[M]. 杨凌：西北农林科技大学出版社，2010.

[6]吴彬彬，饶景萍，李百云，等. 采收期对猕猴桃果实品质及其耐贮性的影响[J]. 西北植物学报，2008(04)：4788-4792.

[7]雷玉山，杨晓宇，刘运松. 常温贮藏猕猴桃果实的生理变化[J]. 西北农业学报，2005(3)：25-28.

[8]雷玉山，刘运松，杨晓宇. 猕猴桃大帐气调贮藏保鲜技术研究[J]. 陕西农业科学，

2005(3)：47-49.
[9]刘运松，雷玉山，王西锐. 剖析影响猕猴桃果实贮藏质量的原因[J]. 保鲜与加工，2006(5)：4-5.
[10]高贵田，王铎，赵金梅，等. 气体 ClO_2 对猕猴桃致腐菌的杀灭效果研究[J]. 农产品加工，2015(20)：20-24.
[11]惠伟. 怎样解决猕猴桃贮藏中存在的问题[J]. 西北园艺，1999(5)：43.
[12]王瑞，李江阔，马立志，等. 一种猕猴桃鲜果保鲜方法：ZL103988892A. 2015[P].

第十六章　猕猴桃品质及质量安全标准体系

随着社会的进步和生活水平的提高，食品质量越来越受到消费者和生产者的关注，日益引起政府主管部门的高度重视，猕猴桃也不例外。作为评价猕猴桃质量的技术规则，有关品质及质量安全的标准，必须兼具科学性、先进性及实用性。本章着重从猕猴桃等级规格、地理标志产品等方面分析了我国现行有效的猕猴桃品质要求技术标准，以食品安全国家标准为基础分析了我国猕猴桃中重金属、农药残留等限量指标，并将我国猕猴桃生产中的农药最大残留限量标准与国际食品法典委员会(CAC)标准、欧盟标准及新西兰标准进行了对比，从无公害食品及绿色食品认证角度分析了我国猕猴桃产品认证依据及产地环境要求，可为猕猴桃品质及质量安全评价提供重要技术支持和参考依据。

第一节　我国猕猴桃品质要求技术标准

一、猕猴桃等级规格技术标准

目前我国现行有效的猕猴桃等级规格技术标准《猕猴桃等级规格》(NY/T 1794—2009)，适用于鲜猕猴桃的分等、分级。该标准的颁布和实施，对促进我国猕猴桃产业的健康发展，提升猕猴桃的生产水平很有帮助。

1. 基本要求

猕猴桃鲜果应符合表16-1所列的基本要求。

表 16-1 对猕猴桃鲜果的基本要求

项目	基本要求
外观	果形端正，无畸形果，果面完好，无腐烂；洁净，无明显虫伤和异物；无异常外部水分；无变软，无明显皱缩
气味	无异味
鲜食采收期	可溶性固形物含量应达到 6.2°Brix 以上

2. 等级划分

符合基本要求的猕猴桃，其等级划分的具体要求见表 16-2。

表 16-2 猕猴桃等级划分要求

等级	等级划分要求
特级	具有本品种全部特征和固有外观颜色，无明显缺陷
一级	具有本品种特征，可有轻微颜色差异和轻微形状缺陷，但无畸形。表面缺损总面积不超过 1 cm^2
二级	果实无严重缺陷，可有轻微颜色差异和轻微形状缺陷，但无畸形。可有轻微擦伤；果皮可有面积之和不超过 2 cm^2、已愈合的刺伤、疮疤

3. 容许度

在猕猴桃等级划分中，对果实的品质和大小均有容许度要求，具体要求见表 16-3。

表 16-3 猕猴桃等级划分的容许度

分类	要求
品质容许度	各包装允许有不符合所标等级要求的猕猴桃(以重量计)：特级可有不超过 5%的猕猴桃不满足本级要求，但满足一级要求；一级可有不超过 10%的猕猴桃不满足本级要求，但满足二级要求；二级可有不超过 10%的猕猴桃既不满足本级要求，也不满足最低品质要求和最低成熟度要求，但腐烂、严重擦伤或其他变质致使不适于食用的猕猴桃除外
大小容许度	所有等级都可有 10%的猕猴桃不满足规定的大小和(或)大小范围要求，但这些猕猴桃只能是相邻等级的猕猴桃

4. 规格

每箱猕猴桃中最大果与最小果的重量之差应符合表 16-4 中的规定。

表 16-4 每箱猕猴桃中最大果与最小果的重量差异要求

规格	果实重量范围/g	最大果与最小果重量差异/g
小(S)	≤80	≤10
中(M)	80～100	≤15
大(L)	≥100	≤20

二、我国猕猴桃地理标志产品技术标准

地理标志产品，是指产自特定地域，所具有的质量、声誉或其他特性本质上取决于该产地的自然因素和人文因素，经审核批准以地理名称进行命名的产品。世界贸易组织在有关贸易的知识产权协议中，对地理标志的定义为：地理标志是鉴别原产于一成员国领土或该领土的一个地区或一个地点的产品的标志，但标志产品的质量、声誉或其他确定的特性应主要决定于其原产地。因此，地理标志主要用于鉴别某一产品的产地，即是该产品的产地标志。

我国正式获得国家地理标志保护产品认定的猕猴桃产品，有湖北的“赤壁猕猴桃”、河南的“西峡猕猴桃”、贵州的“修文猕猴桃”和“郎岱猕猴桃”、四川的“苍溪猕猴桃”、广西的“乐业猕猴桃”、安徽的“金寨猕猴桃”、西藏的“林芝猕猴桃”、重庆的“彭水猕猴桃”和“黑山谷猕猴桃”等。相应地，也出台了一些地理标志产品标准，如《地理标志产品 赤壁猕猴桃》(DB42/T 19—2012)、《地理标志产品 西峡猕猴桃》(DB41/T 823—2013)、《地理标志产品 修文猕猴桃》(DB52/T 985—2015)、《地理标志产品 郎岱猕猴桃》(DB5202/T 013—2019)、《地理标志产品 苍溪猕猴桃》(T/CXMHT 1—2019)、《地理标志产品 乐业猕猴桃》(DB45/T 1562—2017)、《地理标志产品 金寨猕猴桃》(DB34/T 2881—2017)、《地理标志产品 林芝猕猴桃》(T/LZZLXH 022—2020)、《地理标志产品 彭水猕猴桃》(T/CQDB 0011—2020)、《地理标志产品 黑山谷猕猴桃》(T/WSJKNX 2—2020)等，这些标准的颁布和实施，大大促进了我国地方猕猴桃行业的快速发展。

第二节 猕猴桃产品质量安全标准现状及国内外对比

一、食品安全国家标准

食品质量安全标准是强制性的技术规范，其制定与发布严格依照有关法律、行政法规的规定执行。目前我国涉及猕猴桃质量安全的国家标准现行有效的共有 2 个：①《食品安全国家标准 食品中污染物限量》(GB 2762—2017)，

规定了食品中铅、镉、汞、砷、锡、镍、铬、亚硝酸盐、硝酸盐、苯并[a]芘、N-二甲基亚硝胺、多氯联苯、3-氯-1,2-丙二醇的限量指标。②《食品安全国家标准 食品中农药最大残留限量》(GB 2763—2019)，规定了2,4-滴等483种农药在356种(类)食品中7 107项残留限量标准，其中在果品中规定了264种农药2 045项限量指标。

1.《食品安全国家标准 食品中污染物限量》(GB 2762—2017)

GB 2762—2017定义污染物为食品在从生产(包括农作物种植、动物饲养和兽医用药)、加工、包装、贮存、运输、销售，直至食用等过程中产生的或由环境污染带入的、非有意加入的化学性为害物质，是指除农药残留、兽药残留、生物毒素和放射性物质以外的污染物，其限量是指污染物在食品原料和(或)食品成品可食用部分中允许的最大含量水平。对于新鲜水果，该标准仅规定了铅和镉的限量，猕猴桃可遵照执行(表16-5)。

表16-5 国家标准对新鲜水果中污染物的限量

序号	污染物	作 物	限量/(mg/kg)
1	铅(以Pb计)	浆果和其他小粒水果	0.2
2	镉(以Cd计)	新鲜水果	0.05

注：数据源自国家标准《食品安全国家标准 食品中污染物限量》(GB 2762—2017)。

2.《食品安全国家标准 食品中农药最大残留限量》(GB 2763—2019)

GB 2763—2019中与农药有关的几个名词的定义：①残留物(residue definition)，被定义为由于使用农药而在食品、农产品和动物饲料中出现的任何特定物质，包括被认为具有毒理学意义的农药衍生物，如农药转化物、代谢物、反应产物及杂质等。②最大残留限量(maximum residue limit，MRL)，被定义为在食品或农产品内部或表面法定允许的农药最大浓度。③每日允许摄入量(acceptable daily intake，ADI)，被定义为人类终生每日摄入某物质，而不产生可检测到的为害健康的估计量。④再残留限量(extraneous maximum residue limit，EMRL)，被定义为一些持久性农药虽已禁用，但还长期存在环境中，从而再次在食品中形成残留，为控制这类农药残留物对食品的污染而制定的其在食品中的残留限量。

猕猴桃属于水果(浆果和其他小型水果)中的小型攀缘类，农药的残留标准首先要依据针对猕猴桃的限量，其次可参照浆果和其他小型水果中的限量。《食品安全国家标准 食品中农药最大残留限量》(GB 2763—2019)中明确规定了猕猴桃最大残留限量的农药有16种，浆果和其他小型水果等作物上的农药有58种，所有水果上的农药1种(表16-6)。按用途划分为6类，其中除草剂5项、杀虫剂57项、杀菌剂9项、植物生长调节剂2项、杀线虫剂1项、杀虫杀螨剂1项。

表 16-6 国家标准中与猕猴桃有关的农药最大残留限量

序号	药品名称	用途	ADI 值/(mg/kg bw)	残留物	限量/(mg/kg)	参考
1	2,4-滴及其钠盐(2,4-D 和 2,4-D Na)	除草剂	0.01	2,4-滴	0.1	浆果
2	百草枯(paraquat)	除草剂	0.005	百草枯阳离子,以二氯百草枯表示	0.01*	浆果
3	保棉磷(azinphos)	杀虫剂	0.03	保棉磷	1	水果
4	倍硫磷(fenthion)	杀虫剂	0.007	倍硫磷及其氧类似物(亚砜、砜化合物)之和,以倍硫磷表示	0.05	浆果
5	苯线磷(fenamiphos)	杀虫剂	0.000 8	苯线磷及其氧类似物(亚砜、砜化合物)之和,以苯线磷表示	0.02	浆果
6	草甘膦(glyphosate)	除草剂	1	草甘膦	0.1	浆果
7	虫酰肼(tebufenozide)	杀虫剂	0.02	虫酰肼	0.5	猕猴桃
8	代森锰锌(mancozeb)	杀菌剂	0.03	二硫代氨基甲酸盐(或酯),以二硫化碳表示	2	猕猴桃
9	敌百虫(trichlorfon)	杀虫剂	0.002	敌百虫	0.2	浆果
10	敌敌畏(dichlorvos)	杀虫剂	0.004	敌敌畏	0.2	浆果
11	地虫硫磷(fonofos)	杀虫剂	0.002	地虫硫磷	0.01	浆果
12	啶虫脒(acetamiprid)	杀虫剂	0.07	啶虫脒	2	浆果
13	对硫磷(parathion)	杀虫剂	0.004	对硫磷	0.01	浆果
14	多菌灵(carbendazim)	杀菌剂	0.03	多菌灵	0.5	猕猴桃

续表

序号	药品名称	用途	ADI 值/(mg/kg bw)	残留物	限量/(mg/kg)	参考
15	多杀霉素(spinosad)	杀虫剂	0.02	多杀霉素 A 和多杀霉素 D 之和	0.05*	猕猴桃
16	环酰菌胺(fenhexamid)	杀菌剂	0.2	环酰菌胺	15*	猕猴桃
17	甲胺磷(methamidophos)	杀虫剂	0.004	甲胺磷	0.05	浆果
18	甲拌磷(phorate)	杀虫剂	0.000 7	甲拌磷其氧类似物(亚砜、砜)之和,以甲拌磷表示	0.01	浆果
19	甲基对硫磷(parathion-methyl)	杀虫剂	0.003	甲基对硫磷	0.02	浆果
20	甲基硫环磷(phosfolan-methyl)	杀虫剂	—	甲基硫环磷	0.03*	浆果
21	甲基异柳磷(isofenphos-methyl)	杀虫剂	0.003	甲基异柳磷	0.01*	浆果
22	甲氰菊酯(fenpropathrin)	杀虫剂	0.03	甲氰菊酯	5	浆果
23	久效磷(monocrotophos)	杀虫剂	0.000 6	久效磷	0.03	浆果
24	抗蚜威(pirimicarb)	杀虫剂	0.02	抗蚜威	1	浆果
25	克百威(carbofuran)	杀虫剂	0.001	克百威及三羟基克百威之和,以克百威表示	0.02	浆果
26	磷胺(phosphamidon)	杀虫剂	0.000 5	磷胺	0.05	浆果
27	硫环磷(phosfolan)	杀虫剂	0.005	硫环磷	0.03	浆果
28	螺虫乙酯(spirotetramat)	杀虫剂	0.05	螺虫乙酯及其烯醇类代谢产物之和,以螺虫乙酯表示	0.02*	猕猴桃

续表

序号	药品名称	用途	ADI 值/(mg/kg bw)	残留物	限量/(mg/kg)	参考
29	氯吡脲(forchlorfenuron)	植调剂	0.07	氯吡脲	0.05	猕猴桃
30	氯虫苯甲酰胺(chlorantraniliprole)	杀虫剂	2	氯虫苯甲酰胺	1*	浆果
31	氯氟氰菊酯和高效氯氟氰菊酯(cyhalothrin and lambda-cyhalothrin)	杀虫剂	0.02	氯氟氰菊酯(异构体之和)	0.2	浆果
32	氯菊酯(permethrin)	杀虫剂	0.05	氯菊酯(异构体之和)	2	猕猴桃
33	氯唑磷(isazofos)	杀虫剂	0.000 05	氯唑磷	0.01	浆果
34	灭线磷(ethoprophos)	杀线虫剂	0.000 4	灭线磷	0.02	浆果
35	内吸磷(demeton)	杀虫/螨剂	0.000 04	内吸磷	0.02	浆果
36	氰戊菊酯和 S-氰戊菊酯(fenvalerate and esfenvalerate)	杀虫剂	0.02	氰戊菊酯(异构体之和)	0.2	浆果
37	噻虫啉(thiacloprid)	杀虫剂	0.01	噻虫啉	0.2	猕猴桃
38	杀虫脒(chlordimeform)	杀虫剂	0.001	杀虫脒	0.01	浆果
39	杀螟硫磷(fenitrothion)	杀虫剂	0.006	杀螟硫磷	0.5*	浆果
40	特丁硫磷(terbufos)	杀虫剂	0.000 6	特丁硫磷及其氧类似物(亚砜、砜)之和,以特丁硫磷表示	0.01*	浆果
41	涕灭威(aldicarb)	杀虫剂	0.003	涕灭威及其氧类似物(亚砜、砜)之和,以涕灭威表示	0.02	浆果
42	辛硫磷(phoxim)	杀虫剂	0.004	辛硫磷	0.05	浆果

续表

序号	药品名称	用途	ADI 值/(mg/kg bw)	残留物	限量/(mg/kg)	参考
43	溴氰菊酯(deltamethrin)	杀虫剂	0.01	溴氰菊酯(异构体之和)	0.05	猕猴桃
44	氧乐果(omethoate)	杀虫剂	0.000 3	氧乐果	0.02	浆果
45	乙烯利(ethephon)	植调剂	0.05	乙烯利	2	猕猴桃
46	乙酰甲胺磷(acephate)	杀虫剂	0.03	乙酰甲胺磷	0.5	浆果
47	蝇毒磷(coumaphos)	杀虫剂	0.000 3	蝇毒磷	0.05	浆果
48	治螟磷(sulfotep)	杀虫剂	0.001	治螟磷	0.01	浆果
49	艾氏剂(aldrin)	杀虫剂	0.000 1	艾氏剂	0.05^{E}	浆果
50	滴滴涕(DDT)	杀虫剂	0.01	p,p′-滴滴涕、o,p′-滴滴涕、p,p′-滴滴伊和 p,p′-滴滴滴之和	0.05^{E}	浆果
51	狄氏剂(dieldrin)	杀虫剂	0.000 1	狄氏剂	0.02^{E}	浆果
52	毒杀芬(camphechlor)	杀虫剂	0.000 25	毒杀芬	0.05^{*E}	浆果
53	六六六(HCB)	杀虫剂	0.005	α、β、γ、δ-六六六之和	0.05^{E}	浆果
54	氯丹(chlordane)	杀虫剂	0.000 5	顺式氯丹、反式氯丹之和	0.02^{E}	浆果
55	灭蚁灵(mirex)	杀虫剂	0.000 2	灭蚁灵	0.01^{E}	浆果
56	七氯(heptachlor)	杀虫剂	0.000 1	七氯与环氧七氯之和	0.01^{E}	浆果
57	异狄氏剂(endrin)	杀虫剂	0.000 2	异狄氏剂与异狄氏剂醛、酮之和	0.05^{E}	浆果
58	氟虫腈(fipronil)	杀虫剂	0.000 2	氟虫腈、氟甲腈、氟虫腈砜、氟虫腈亚砜之和,以氟虫腈表示	0.02	浆果

续表

序号	药品名称	用途	ADI值/(mg/kg bw)	残留物	限量/(mg/kg)	参考
59	硫线磷(cadusafos)	杀虫剂	0.000 5	硫线磷	0.02	浆果
60	灭多威(methomyl)	杀虫剂	0.02	灭多威	0.2	浆果
61	杀扑磷(methidathion)	杀虫剂	0.001	杀扑磷	0.05	浆果
62	水胺硫磷(isocarbophos)	杀虫剂	0.003	水胺硫磷	0.05	浆果
63	硝磺草酮(mesotrione)	除草剂	0.5	硝磺草酮	0.01	浆果
64	溴氰虫酰胺(cyantraniliprole)	杀虫剂	0.03	溴氰虫酰胺	4*	浆果
65	吡虫啉(imidacloprid)	杀虫剂	0.06	吡虫啉	5	浆果
66	啶酰菌胺(boscalid)	杀菌剂	0.04	啶酰菌胺	5	猕猴桃
67	嘧菌环胺(cyprodinil)	杀菌剂	0.03	嘧菌环胺	10	浆果
68	嘧菌酯(azoxystrobin)	杀菌剂	0.2	嘧菌酯	5	浆果
69	嘧霉胺(pyrimethanil)	杀菌剂	0.2	嘧霉胺	3	浆果
70	噻虫胺(clothianidin)	杀虫剂	0.1	噻虫胺	0.07	浆果
71	噻虫嗪(thiamethoxam)	杀虫剂	0.08	噻虫嗪	0.5	浆果
72	咯菌腈(fludioxonil)	杀菌剂	0.4	咯菌腈	15	猕猴桃
73	异菌脲(iprodione)	杀菌剂	0.06	异菌脲	5	猕猴桃
74	草铵膦(-lufosinate-ammonium)	除草剂	0.01	草铵膦	0.6	猕猴桃
75	二嗪磷(diazinon)	杀虫剂	0.005	二嗪磷	0.2	猕猴桃

注：表中 * 表示该限量为临时限量；E表示该参数为持久性农药，该限量为再残留限量(EMRL)；浆果指浆果和其他小型水果；数据源自国家标准《食品安全国家标准 食品中农药最大残留限量》(GB 2763—2019)。

3. 我国豁免制定食品中最大残留限量标准的农药

《食品安全国家标准 食品中农药最大残留限量》(GB 2763—2019)以规范性附录的形式给出了我国《豁免制定食品中最大残留限量标准的农药名单》(表16-7)，猕猴桃可以参照执行。

表 16-7 我国豁免制定食品中最大残留限量标准的农药名单

编号	中文通用名称	英文通用名称
1	苏云金杆菌	*Bacillus thuringiensis*
2	荧光假单胞杆菌	*Pseudomonas fluorescens*
3	枯草芽孢杆菌	*Bacillus subtilis*
4	蜡质芽孢杆菌	*Bacillus cereus*
5	地衣芽孢杆菌	*Bacillus licheniformis*
6	短稳杆菌	*Empedobacter brevis*
7	多黏类芽孢杆菌	*Paenibacillus polymyza*
8	放射土壤杆菌	*Agrobacterium radibacter*
9	木霉菌	*Trichoderma* spp.
10	白僵菌	*Beauveria* spp.
11	淡紫拟青霉	*Paecilomyces lilacinus*
12	厚孢轮枝菌(厚垣轮枝孢菌)	*Verticillium chlam ydosporium*
13	耳霉菌	*Conidioblous thromboides*
14	绿僵菌	*Metarhizium anisopliae*
15	寡雄腐霉菌	*Pythium oligadrum*
16	菜青虫颗粒体病毒	*Pieris rapae* Granulosis Virus(PrGV)
17	茶尺蠖核型多角体病毒	*Ectropis obliqua* nuclear polyhedrosis virus(EoNPV)
18	松毛虫质型多角体病毒	*Dendrolimus punctatus* cytoplasmic polyhedrosis virus(DpCPV)
19	甜菜夜蛾核型多角体病毒	*Spodoptera litura* nuclear polyhedrosis virus (SpltNPV)
20	黏虫颗粒体病毒	*Pseudaletia unipuncta* granulosis virus(PuGV)
21	小菜蛾颗粒体病毒	*Plutella xylostella* granulosis virus(PxGV)
22	斜纹夜蛾核型多角体病毒	*Spodoptera litura* nuclear polyhedrosis(SINPV)

续表

编号	中文通用名称	英文通用名称
23	棉铃虫核型多角体病毒	*Helicoverpa arm igera* nuclear polyhedrosis virus(HaNPV)
24	苜蓿银纹夜蛾核型多角体病毒	*Autographa californica* nuclear polyhedrosis virus(AcNPV)
25	三十烷醇	Triacontanol
26	地中海实蝇引诱剂	Trimedlure
27	聚半乳糖醛酸酶	polygalacturonase
28	超敏蛋白	Harpin protein
29	S-诱抗素	S-Abscisic Acid
30	香菇多糖	Lentinan
31	几丁聚糖	Chltosan
32	葡聚烯糖	Glucosan
33	氨基寡糖素	Oligosaccharins
34	解淀粉芽孢杆菌	*Bacillus amyloliquefaciens*
35	甲基营养型芽孢杆菌	*Bacillus methylotrophicus*
36	甘蓝夜蛾核型多角体病毒	*Mamestra brassicae nuclear polyhedrosis* virus(MbNPV)
37	极细链格孢激活蛋白	Plant activator protein
38	蝗虫微孢子虫	Nosema locustae
39	低聚糖素	Oligosaccharide
40	小盾壳霉	*Coniothyrium minitans*
41	Z-8-十二碳烯乙酯	Z-8-dodecen-1-yl acetate
42	E-8-十二碳烯乙酯	E-8-dodecen-1-yl acetate
43	Z-8-十二碳烯醇	Z-8-dodecen-1-ol
44	混合脂肪酸	Mixed fatty acids

注：数据源自国家标准《食品安全国家标准 食品中农药最大残留限量》(GB 2763—2019)的规范性附录 B。

二、国内外猕猴桃中农药最大残留限量标准对比

农药的使用对生态环境和食品安全的影响受到越来越多的关注，为了保证农产品的安全生产，世界多国及国际组织均出台了相应的农药残留限量标准(MRLs)。

1. 我国和国际食品法典委员会标准中猕猴桃农药最大残留限量比较

国际食品法典委员会(CAC)是由联合国粮农组织(FAO)和世界卫生组织(WHO)共同建立的，以保障消费者的健康和确保食品贸易公平为宗旨的一个制定国际食品标准的政府间组织，覆盖全球99%的人口，我国是CAC成员国。法典标准已成为在乌拉圭回合协议法律框架内衡量一个国家食品措施和法规是否一致的基准食品法典，也因此成为最重要的、唯一的国际参考标准。CAC已制定的标准、规范食品中农药残留限量3 963项，涉及农药160余种，有11项限量指标是专门为猕猴桃规定的，加上设定的浆果和其他小型水果中的8个，共有19个涉及猕猴桃的最大农药残留，其中杀虫剂9种、杀菌剂7种、除草剂3种。19个农药残留标准中，MRLs最高的是杀菌剂环酰菌胺和咯菌腈，为15 mg/kg；最低的是除草剂百草枯，为0.01 mg/kg。

对照我国和CAC的猕猴桃农药残留指标(表16-8)，都有残留限量要求的农药有2,4-滴及其钠盐、多菌灵、环酰菌胺、抗蚜威、氯菊酯、氰戊菊酯和S-氰戊菊酯、噻虫啉、二嗪磷、咯菌腈、异菌脲、啶酰菌胺、嘧菌酯、草铵膦、吡虫啉、百草枯、虫酰肼、多杀霉素、氯氟氰菊酯和高效氯氟氰菊酯共18种农药，占我国有猕猴桃限量指标农药品种的24.0%，占CAC有限量指标农药品种的94.7%。其中指标相同的为2,4-滴及其钠盐、环酰菌胺、抗蚜威、氯菊酯、噻虫啉、二嗪磷、咯菌腈、异菌脲、啶酰菌胺、嘧菌酯、吡虫啉、百草枯、虫酰肼、多杀霉素、氯氟氰菊酯和高效氯氟氰菊酯共15种，比CAC指标严格的有多菌灵、氰戊菊酯2种。57项指标为我国有而CAC没有，1项指标为CAC有而我国没有。

表16-8 我国和CAC标准中猕猴桃农药最大残留限量的对比 单位：mg/kg

序号	药品名称	用途	MRLs	
			中国(62)	CAC(20)
1	2,4-滴及其钠盐(2,4-D和2,4-D Na)	除草剂	0.1	0.1
2	多菌灵(carbendazim)	杀菌剂	0.5	1

续表

序号	药品名称	用途	MRLs	
			中国(62)	CAC(20)
3	环酰菌胺(fenhexamid)	杀菌剂	15	15
4	抗蚜威(pirimicarb)	杀虫剂	1	1
5	氯菊酯(permethrin)	杀虫剂	2	2
6	氰戊菊酯和S-氰戊菊酯(fenvalerate and esfenvalerate)	杀虫剂	0.2	5
7	噻虫啉(thiacloprid)	杀虫剂	0.2	0.2
8	二嗪磷(diazinon)	杀虫剂	0.2	0.2
9	咯菌腈(fludioxonil)	杀菌剂	15	15
10	异菌脲(iprodione)	杀菌剂	5	5
11	啶酰菌胺(boscalid)	杀菌剂	5	5
12	嘧菌酯(azoxystrobin)	杀菌剂	5	5
13	草铵膦(glufosinate-Ammonium)	除草剂	0.6	0.1
14	吡虫啉(imidacloprid)	杀虫剂	5	5
15	百草枯(paraquat)	除草剂	0.01	0.01
16	虫酰肼(tebufenozide)	杀虫剂	0.5	0.5
17	多杀霉素(spinosad)	杀虫剂	0.05	0.05
18	氯氟氰菊酯和高效氯氟氰菊酯(cyhalothrin and lambda-cyhalothrin)	杀虫剂	0.2	0.2
19	硝磺草酮(mesotrione)	除草剂	0.01	
20	溴氰虫酰胺(cyantraniliprole)	杀虫剂	4	
21	嘧菌环胺(cyprodinil)	杀菌剂	10	
22	嘧霉胺(pyrimethanil)	杀菌剂	3	
23	噻虫胺(clothianidin)	杀虫剂	0.07	
24	噻虫嗪(thiamethoxam)	杀虫剂	0.5	
25	保棉磷(azinphos)	杀虫剂	1	
26	倍硫磷(fenthion)	杀虫剂	0.05	
27	苯线磷(fenamiphos)	杀虫剂	0.02	
28	草甘膦(glyphosate)	除草剂	0.1	

续表

序号	药品名称	用途	MRLs	
			中国(62)	CAC(20)
29	代森锰锌(mancozeb)	杀菌剂	2	
30	敌百虫(trichlorfon)	杀虫剂	0.2	
31	敌敌畏(dichlorvos)	杀虫剂	0.2	
32	地虫硫磷(fonofos)	杀虫剂	0.01	
33	啶虫脒(acetamiprid)	杀虫剂	2	
34	对硫磷(parathion)	杀虫剂	0.01	
35	甲胺磷(methamidophos)	杀虫剂	0.05	
36	甲拌磷(phorate)	杀虫剂	0.01	
37	甲基对硫磷(parathion)	杀虫剂	0.02	
38	甲基硫环磷(phosfolan)	杀虫剂	0.03	
39	甲基异柳磷(isofenphos)	杀虫剂	0.01	
40	甲氰菊酯(fenpropathrin)	杀虫剂	5	
41	久效磷(monocrotophos)	杀虫剂	0.03	
42	克百威(carbofuran)	杀虫剂	0.02	
43	磷胺(phosphamidon)	杀虫剂	0.05	
44	硫环磷(phosfolan)	杀虫剂	0.03	
45	螺虫乙酯(spirotetramat)	杀虫剂	0.02	
46	氯吡脲(forchlorfenuron)	植调剂	0.05	
47	氯虫苯甲酰胺(chlorantraniliprole)	杀虫剂	1	
48	氯唑磷(isazofos)	杀虫剂	0.01	
49	灭线磷(ethoprophos)	杀线虫剂	0.02	
50	内吸磷(demeton)	杀虫/螨剂	0.02	
51	杀虫脒(chlordimeform)	杀虫剂	0.01	
52	杀螟硫磷(fenitrothion)	杀虫剂	0.5	
53	特丁硫磷(terbufos)	杀虫剂	0.01	
54	涕灭威(aldicarb)	杀虫剂	0.02	
55	辛硫磷(phoxim)	杀虫剂	0.05	
56	溴氰菊酯(deltamethrin)	杀虫剂	0.05	

续表

序号	药品名称	用途	MRLs	
			中国(62)	CAC(20)
57	氧乐果(omethoate)	杀虫剂	0.02	
58	乙烯利(ethephon)	植调剂	2	
59	乙酰甲胺磷(acephate)	杀虫剂	0.5	
60	蝇毒磷(coumaphos)	杀虫剂	0.05	
61	治螟磷(sulfotep)	杀虫剂	0.01	
62	艾氏剂(aldrin)	杀虫剂	0.05	
63	滴滴涕(DDT)	杀虫剂	0.05	
64	狄氏剂(dieldrin)	杀虫剂	0.02	
65	毒杀芬(camphechlor)	杀虫剂	0.05	
66	六六六(HCB)	杀虫剂	0.05	
67	氯丹(chlordane)	杀虫剂	0.02	
68	灭蚁灵(mirex)	杀虫剂	0.01	
69	七氯(heptachlor)	杀虫剂	0.01	
70	异狄氏剂(endrin)	杀虫剂	0.05	
71	氟虫腈(fipronil)	杀虫剂	0.02	
72	硫线磷(cadusafos)	杀虫剂	0.02	
73	灭多威(methomyl)	杀虫剂	0.2	
74	杀扑磷(methidathion)	杀虫剂	0.05	
75	水胺硫磷(isocarbophos)	杀虫剂	0.05	
76	乙烯菌核利(vinclozolin)	杀菌剂		10

注：国际食品法典委员会(CAC)的标准数据更新至2017年12月31日。

2. 我国和欧盟标准中猕猴桃农药最大残留限量比较

为实现食品在欧盟各成员国间的自由流通，确保所有欧盟消费者免受农药残留超标的危害，欧盟对欧洲议会和理事会条例(EC)NO 396/2005进行了修订和简化，形成了EC NO 299/2008，从2008年9月1日起在成员国间执行，对欧盟27个成员国实行统一的农产品和食品的农药残留标准。新的农药残留标准体系中农药残留限量数量由原来的39 000多个增加到118 000多个。对于没有设立残留限量的农药，和日本一样，欧盟一般也是要求小于0.01 mg/kg。欧盟已制定的标准中，有405项限量指标是专门为猕猴桃规定的，此外还有

253 项限量是为浆果和其他小型水果制定的，猕猴桃的农药残留限量标准最高的是杀菌剂咯菌腈，为 20 mg/kg。

对照我国和欧盟的猕猴桃农药残留指标（表 16-9），都有农药残留限量要求的有 2,4-滴及其钠盐、啶虫脒、涕灭威等共 47 种农药，占我国猕猴桃限量种类的 62.7%，占欧盟的 11.6%（不包含在浆果和其他小型水果上有限量的）。其中和欧盟指标相同的有涕灭威、滴滴涕、灭线磷等 12 项，比欧盟严格的有溴氰菊酯、百草枯、对硫磷等 8 项，比欧盟宽松的有 2,4-滴及其钠盐、啶虫脒、保棉磷等 27 项。28 项指标为我国有而欧盟没有，358 项指标为欧盟有而我国没有。

表 16-9 我国和欧盟标准中猕猴桃农药最大残留限量比较 单位：mg/kg

序号	药品名称	用途	MRLs	
			中国(62)	欧盟(406)
1	2,4-滴及其钠盐(2,4-D 和 2,4-D Na)	除草剂	0.1	0.05*
2	啶虫脒(acetamiprid)	杀虫剂	2	0.01*
3	涕灭威(aldicarb)	杀虫剂	0.02	0.02*
4	保棉磷(azinphos-Methyl)	杀虫剂	1	0.05*
5	毒杀芬(camphechlor)	杀虫剂	0.05	0.1*
6	氯丹(chlordane)	杀虫剂	0.02	0.01*
7	滴滴涕(DDT)	杀虫剂	0.05	0.05*
8	溴氰菊酯(deltamethrin)	杀虫剂	0.05	0.2
9	敌敌畏(dichlorvos)	杀虫剂	0.2	0.01*
10	异狄氏剂(endrin)	杀虫剂	0.05	0.01*
11	乙烯利(ethephon)	植调剂	2	0.05*
12	灭线磷(ethoprophos)	杀线虫剂	0.02	0.02*
13	苯线磷(fenamiphos)	杀虫剂	0.02	0.02*
14	环酰菌胺(fenhexamid)	杀菌剂	15	10
15	杀螟硫磷(fenitrothion)	杀虫剂	0.5	0.01*
16	甲氰菊酯)(fenpropathrin)	杀虫剂	5	0.01*
17	倍硫磷(fenthion)	杀虫剂	0.05	0.01*
18	百草枯(paraquat)	除草剂	0.01	0.02*
19	对硫磷(parathion)	杀虫剂	0.01	0.05*
20	氯菊酯(permethrin)	杀虫剂	2	0.05*

续表

序号	药品名称	用途	MRLs	
			中国(62)	欧盟(406)
21	磷胺(phosphamidon)	杀虫剂	0.05	0.01*
22	辛硫磷(phoxim)	杀虫剂	0.05	0.01*
23	抗蚜威(pirimicarb)	杀虫剂	1	1
24	多杀霉素(spinosad)	杀虫剂	0.05	0.2
25	螺虫乙酯(spirotetramat)	杀虫剂	0.02	0.3
26	虫酰肼(tebufenozide)	杀虫剂	0.5	0.5
27	特丁硫磷(terbufos)	杀虫剂	0.01	0.01*
28	氯吡脲(forchlorfenuron)	植调剂	0.05	0.05*
29	草甘膦(glyphosate)	除草剂	0.1	0.1*
30	七氯(heptachlor)	杀虫剂	0.01	0.01*
31	甲胺磷(methamidophos)	杀虫剂	0.05	0.01*
32	噻虫啉(thiacloprid)	杀虫剂	0.2	0.02*
33	杀扑磷(methidathion)	杀虫剂	0.05	0.02*
34	硫线磷(cadusafos)	杀虫剂	0.02	0.01*
35	氟虫腈(fipronil)	杀虫剂	0.02	0.005*
36	氰戊菊酯和S-氰戊菊酯(fenvalerate and esfenvalerate)	杀虫剂	0.2	0.02*
37	嘧菌酯(azoxystrobin)	杀菌剂	5	0.05*
38	啶酰菌胺(boscalid)	杀菌剂	5	5
39	嘧菌环胺(cyprodinil)	杀菌剂	10	0.05*
40	二嗪磷(diazinon)	杀虫剂	0.2	0.01*
41	咯菌腈(fludioxonil)	杀虫剂	15	20
42	草铵膦(glufosinate-ammonium)	除草剂	0.6	0.5
43	吡虫啉(imidacloprid)	杀虫剂	5	0.05*
44	异菌脲(iprodione)	杀菌剂	5	5
45	硝磺草酮(mesotrione)	除草剂	0.01	0.05*
46	嘧霉胺(pyrimethanil)	杀菌剂	3	0.05*
47	噻虫嗪(thiamethoxam)	杀虫剂	0.5	0.05*
48	乙酰甲胺磷(acephate)	杀虫剂	0.5	

续表

序号	药品名称	用途	MRLs	
			中国(62)	欧盟(406)
49	狄氏剂(dieldrin)	杀虫剂	0.02	
50	艾氏剂(aldrin)	杀虫剂	0.05	
51	多菌灵(carbendazim)	杀菌剂	0.5	
52	克百威(carbofuran)	杀虫剂	0.02	
53	氯虫苯甲酰胺(chlorantraniliprole)	杀虫剂	1	
54	杀虫脒(chlordimeform)	杀虫剂	0.01	
55	蝇毒磷(coumaphos)	杀虫剂	0.05	
56	代森锰锌(mancozeb)	杀菌剂	2	
57	地虫硫磷(fonofos)	杀虫剂	0.01	
58	六六六(HCB)	杀虫剂	0.05	
59	氯唑磷(isazofos)	杀虫剂	0.01	
60	甲基异柳磷(isofenphos)	杀虫剂	0.01	
61	甲基对硫磷(parathion)	杀虫剂	0.02	
62	甲拌磷(phorate)	杀虫剂	0.01	
63	硫环磷(phosfolan)	杀虫剂	0.03	
64	甲基硫环磷(phosfolan)	杀虫剂	0.03	
65	治螟磷(sulfotep)	杀虫剂	0.01	
66	氯氟氰菊酯和高效氯氟氰菊酯(cyhalothrin and lambda-cyhalothrin)	杀虫剂	0.2	
67	灭蚁灵(mirex)	杀虫剂	0.01	
68	久效磷(monocrotophos)	杀虫剂	0.03	
69	氧乐果(omethoate)	杀虫剂	0.02	
70	内吸磷(demeton)	杀虫/螨剂	0.02	
71	敌百虫(trichlorfon)	杀虫剂	0.2	
72	灭多威(methomyl)	杀虫剂	0.2	
73	水胺硫磷(isocarbophos)	杀虫剂	0.05	
74	溴氰虫酰胺(cyantraniliprole)	杀虫剂	4	
75	噻虫胺(clothianidin)	杀虫剂	0.07	
76	4-乙基苯基乙烷(4-Ethylphenyl Ethane)	杀虫剂		0.01*

续表

序号	药品名称	用途	MRLs	
			中国(62)	欧盟(406)
77	二溴化乙烯(ethylene Dibromide)	杀线虫剂		0.01*
78	二氯化乙烯(ethylene Dichloride)	杀虫剂		0.01*
79	1,3-二氯丙烯(1,3-Dichloropropene)	杀虫剂		0.05*
80	1-甲基环丙烯(1-Methylcyclopropene)	植调剂		0.01*
81	1-萘乙酸胺(1-Naphthylacetamide)	植调剂		0.05*
82	萘乙酸钠(1-Naphthylacetic Acid)	植调剂		0.05*
83	2,4,5-涕(2,4,5-T)	除草剂		0.05*
84	邻苯基苯酚(2-Phenylphenol)	杀菌剂		0.05*
85	阿维菌素(abamectin)	杀虫/螨剂		0.01*
86	灭螨醌(acequinocyl)	杀螨剂		0.01*
87	乙草胺(acetochlor)	除草剂		0.02
88	苯并噻二唑(acibenzolar-S-Methyl)	杀虫剂		0.02*
89	苯草醚(aclonifen)	除草剂		0.05*
90	氟丙菊酯(acrinathrin)	杀虫剂		0.05*
91	艾氏剂和狄氏剂(aldrin And Dieldrin)	杀虫剂		0.01*
92	辛唑嘧菌胺(ametoctradin)	杀虫剂		0.01*
93	酰嘧磺隆(amidosulfuron)	除草剂		0.01*
94	氯氨基吡啶酸(aminopyralid)	杀虫剂		0.01*
95	唑磺菌胺(amisulbrom)	杀虫剂		0.01*
96	双甲脒(amitraz)	杀螨剂		0.05*
97	杀草强(amitrole)	除草剂		0.01
98	杀螨特(aramite)	杀螨剂		0.01*
99	磺草灵(asulam)	除草剂		0.5
100	莠去津(atrazine)	除草剂		0.05*
101	印楝素(azadirachtin)	杀虫剂		0.5
102	四唑嘧磺隆(azimsulfuron)	除草剂		0.02*
103	益棉磷(azinphos-Ethyl (F))	杀虫剂		0.02*
104	燕麦灵(barban)	除草剂		0.05*

续表

序号	药品名称	用途	MRLs	
			中国(62)	欧盟(406)
105	氟丁酰草胺(beflubutamid)	除草剂		0.05*
106	苯霜灵(benalaxyl)	杀菌剂		0.05*
107	氟草胺(benfluralin)	除草剂		0.05*
108	灭草松(bentazone)	除草剂		0.1*
109	苯噻菌胺(benthiavalicarb)	杀虫剂		0.01*
110	联苯肼酯(bifenazate)	杀螨剂		0.01*
111	甲羧除草醚(bifenox)	除草剂		0.1
112	联苯菊酯(bifenthrin)	杀虫/螨剂		0.05*
113	乐杀螨(binapacryl)	杀螨剂		0.05*
114	联苯(biphenyl)	杀菌剂		0.01*
115	双苯三唑醇(bitertanol)	杀菌剂		0.05*
116	联苯吡菌胺(bixafen)	杀菌剂		0.01*
117	乙基溴硫磷(bromophos-ethyl)	杀虫剂		0.05*
118	溴苯腈(bromoxynil)	除草剂		0.05*
119	糠菌唑(bromuconazole)	杀菌剂		0.05*
120	乙嘧酚磺酸酯(bupirimate)	杀菌剂		0.05*
121	噻嗪酮(buprofezin)	杀虫剂		1
122	仲丁灵(butralin)	除草剂		0.02*
123	敌菌丹(captafol)	杀菌剂		0.02*
124	克菌丹(captan)	杀菌剂		0.02*
125	多菌灵和苯菌灵(carbendazim and benomyl)	杀菌剂		0.1*
126	双酰草胺(carbetamide)	除草剂		0.05*
127	萎锈灵(carboxin)	杀菌剂		0.05*
128	唑草酮(carfentrazone-ethyl)	除草剂		0.01*
129	氯虫酰胺(chlorantraniliprole)	杀虫剂		0.01*
130	杀螨醚(chlorbenside)	杀螨剂		0.01*
131	氯炔灵(chlorbufam)	除草剂		0.05*
132	十氯酮(chlordecone (F))	杀虫剂		0.02

续表

序号	药品名称	用途	MRLs	
			中国(62)	欧盟(406)
133	杀螨酯(chlorfenson)	杀螨剂		0.01*
134	毒虫畏(chlorfenvinphos)	杀虫剂		0.02*
135	氯草敏(chloridazon)	除草剂		0.5
136	矮壮素(chlormequat)	植调剂		0.05*
137	乙酯杀螨醇(chlorobenzilate)	杀螨剂		0.02*
138	氯化苦(chloropicrin)	熏蒸剂		0.01*
139	百菌清(chlorothalonil)	杀菌剂		0.01*
140	绿麦隆(chlorotoluron)	除草剂		0.05*
141	枯草隆(chloroxuron)	除草剂		0.05*
142	氯苯胺灵(chlorpropham)	植调剂		0.05*
143	毒死蜱(chlorpyrifos)	杀虫剂		2
144	甲基毒死蜱(chlorpyrifos-methyl)	杀虫剂		0.05*
145	氯磺隆(chlorsulfuron)	除草剂		0.05*
146	氯酞酸甲酯(chlorthal-dimethyl)	除草剂		0.01*
147	克氯得(chlozolinate)	杀菌剂		0.05*
148	环虫酰肼(chromafenozide)	杀虫剂		0.01*
149	吲哚酮草酯(cinidon-ethyl)	除草剂		0.05*
150	烯草酮(clethodim)	除草剂		0.1
151	炔草酯及其同分异构体(clodinafop and its s-isomers)	除草剂		0.02*
152	四螨嗪(clofentezine)	杀螨剂		0.02*
153	异恶草酮(clomazone)	除草剂		0.01*
154	二氯吡啶酸(clopyralid)	除草剂		0.5
155	可尼丁(clothianidin)	杀虫剂		0.02*
156	铜制剂(copper compounds)	杀虫剂		20
157	氨基氰及其盐(cyanamide including salts)	杀虫剂		0.05*
158	氰霜唑(cyazofamid)	杀菌剂		0.01*
159	环丙酸酰胺(cyclanilide)	植调剂		0.05*
160	噻草酮(cycloxydim)	除草剂		0.05*

续表

序号	药品名称	用途	MRLs	
			中国(62)	欧盟(406)
161	环氟菌胺(cyflufenamid)	杀菌剂		0.02*
162	氟氯氰菊酯(cyfluthrin)	杀虫剂		0.02*
163	氰氟草酯(cyhalofop-butyl)	除草剂		0.02*
164	霜脲氰(cymoxanil)	杀菌剂		0.05*
165	氯氰菊酯(cypermethrin)	杀虫剂		0.05*
166	环唑醇(cyproconazole)	杀菌剂		0.05*
167	灭蝇胺(cyromazine)	杀虫剂		0.05*
168	茅草枯(dalapon)	除草剂		0.05*
169	丁酰肼(daminozide)	植调剂		0.02*
170	棉隆(dazomet)	杀线虫剂		0.02*
171	甜菜安(desmedipham)	除草剂		0.05*
172	燕麦敌(diallate)	除草剂		0.05*
173	麦草畏(dicamba)	除草剂		0.05*
174	2,4-滴丙酸(dichlorprop)	除草剂		0.05*
175	二氯苯氧基苯氧基丙酸(diclofop)	除草剂		0.05*
176	氯硝胺(dicloran)	杀菌剂		0.1
177	三氯杀螨醇(dicofol)	杀螨剂		0.02*
178	乙霉威(diethofencarb)	杀菌剂		0.05*
179	苯醚甲环唑(difenoconazole)	杀菌剂		0.1
180	除虫脲(diflubenzuron)	杀虫剂		0.05*
181	吡氟酰草胺(diflufenican)	除草剂		0.05*
182	二甲草胺(dimethachlor)	除草剂		0.02*
183	精二甲吩草胺(dimethenamid-P)	除草剂		0.01*
184	乐果(dimethoate)	杀虫剂		0.02*
185	烯酰吗啉(dimethomorph)	杀菌剂		0.05*
186	醚菌胺(dimoxystrobin)	杀菌剂		0.01*
187	敌螨普(dinocap)	杀螨剂		0.05*
188	地乐酚(dinoseb)	除草剂		0.05*

续表

序号	药品名称	用途	MRLs	
			中国(62)	欧盟(406)
189	特乐酚(dinoterb)	除草剂		0.05*
190	敌恶磷(dioxathion)	杀虫/螨剂		0.05*
191	二苯胺(diphenylamine)	杀虫剂		0.05*
192	敌草快(diquat)	除草剂		0.05*
193	二氰蒽醌(dithianon)	杀菌剂		0.01*
194	二硫代胺基甲酸盐(dithiocarbamates)	杀菌剂		0.05*
195	敌草隆(diuron)	除草剂		0.1
196	二硝甲酚(dnoc)	杀虫剂		0.05*
197	多果定(dodine)	杀菌剂		0.2*
198	甲氨基阿维菌素苯甲酸 B1a (emamectin benzoate B1a)	杀虫/螨剂		0.01*
199	硫丹(endosulfan)	杀虫剂		0.05*
200	氟环唑(epoxiconazole)	杀菌剂		0.05*
201	丁氟消草(ethalfluralin)	除草剂		0.02*
202	胺苯磺隆(ethametsulfuron-methyl)	除草剂		0.01*
203	乙硫磷(ethion)	杀虫剂		0.01*
204	乙嘧酚(ethirimol)	杀虫剂		0.05*
205	乙氧呋草黄(ethofumesate)	除草剂		0.05*
206	乙氧喹啉(ethoxyquin)	杀菌剂		0.05*
207	乙氧磺隆(ethoxysulfuron)	除草剂		0.05*
208	环氧乙烷(ethylene oxide)	熏蒸剂		0.1*
209	醚菊酯(etofenprox)	杀虫剂		1
210	乙螨唑(etoxazole)	杀螨剂		0.02*
211	土菌灵(etridiazole)	杀菌剂		0.05*
212	恶唑菌酮(famoxadone)	杀菌剂		0.02*
213	咪唑菌酮(fenamidone)	杀菌剂		0.02*
214	氯苯嘧啶醇(fenarimol)	杀菌剂		0.02*
215	喹螨醚(fenazaquin)	杀螨剂		0.01*
216	腈苯唑(fenbuconazole)	杀菌剂		0.05*

续表

序号	药品名称	用途	MRLs	
			中国(62)	欧盟(406)
217	苯丁锡(fenbutatin oxide)	杀螨剂		0.05*
218	皮蝇磷(fenchlorphos)	杀虫剂		0.01*
219	高恶唑禾草灵(fenoxaprop-P)	除草剂		0.1
220	苯氧威(fenoxycarb)	杀虫剂		0.05*
221	苯锈啶(fenpropidin)	杀菌剂		0.05*
222	芬普福(fenpropimorph)	杀菌剂		0.05*
223	胺苯吡菌酮(fenpyrazamine)	杀菌剂		0.01*
224	唑螨酯(fenpyroximate)	杀螨剂		0.05*
225	三苯基乙酸锡(fentin Acetate)	杀菌剂		0.05*
226	三苯基氢氧化锡(fentin hydroxide)	杀菌剂		0.05*
227	啶嘧磺隆(flazasulfuron)	除草剂		0.01*
228	氟啶虫酰胺(flonicamid)	杀虫剂		0.05*
229	双氟磺草胺(florasulam)	除草剂		0.01*
230	精吡氟禾草灵(fluazifop-p-butyl)	除草剂		0.2
231	氟啶胺(fluazinam)	杀菌剂		0.05*
232	氟虫酰胺(flubendiamide)	杀虫剂		0.01*
233	氟环脲(flucycloxuron)	杀虫剂		0.05*
234	氟氰戊菊酯(flucythrinate)	杀虫剂		0.05*
235	氟噻草胺(flufenacet)	除草剂		0.05*
236	氟虫脲(flufenoxuron)	杀虫剂		0.05*
237	丙炔氟草胺(flumioxazin)	除草剂		0.05*
238	伏草隆(fluometuron)	除草剂		0.01*
239	氟吡菌胺(fluopicolide)	杀菌剂		0.01*
240	氟吡菌酰胺(fluopyram)	杀菌剂		0.01*
241	乙羧氟草醚(fluoroglycofene)	除草剂		0.01*
242	氟嘧菌酯(fluoxastrobin)	杀菌剂		0.05*
243	氟啶嘧磺隆(flupyrsulfuron-methyl)	除草剂		0.02*
244	氟喹唑(fluquinconazole)	杀菌剂		0.05*

续表

序号	药品名称	用途	MRLs	
			中国(62)	欧盟(406)
245	氟咯草酮(flurochloridone)	除草剂		0.1*
246	氯氟吡氧乙酸(fluroxypyr)	除草剂		0.05*
247	抑嘧醇(flurprimidole)	植调剂		0.01*
248	呋草酮(flurtamone)	除草剂		0.02*
249	氟硅唑(flusilazole)	杀菌剂		0.02*
250	氟酰胺(flutolanil)	杀菌剂		0.05*
251	粉唑醇(flutriafol)	杀菌剂		0.05*
252	氟唑菌酰胺(fluxapyroxad)	杀菌剂		0.01*
253	灭菌丹(folpet)	杀菌剂		0.02*
254	氟磺胺草醚(fomesafen)	除草剂		0.01*
255	甲酰氨基嘧磺隆(foramsulfuron)	除草剂		0.01*
256	伐虫脒(formetanate)	杀虫剂		0.05*
257	安硫磷(formothion)	杀虫剂		0.02*
258	三乙膦酸铝(fosetyl-Al)	杀菌剂		2*
259	噻唑磷(fosthiazate)	杀线虫剂		0.02*
260	麦穗宁(fuberidazole)	杀菌剂		0.05*
261	糠醛(furfural)	杀虫剂		1
262	赤霉酸(gibberellic acid)	植调剂		5
263	双胍辛三乙酸盐(guazatine)	杀菌剂		0.1*
264	氯吡嘧磺隆(halosulfuron methyl)	除草剂		0.01*
265	氟吡甲禾灵(haloxyfop)	除草剂		0.05*
266	六氯苯(hexachlorobenzene)	杀菌剂		0.01*
267	六六六 a 和 b 位异构物(hexachlorociclo-hexane)	杀虫剂		0.01*
268	噻螨酮(hexythiazox)	杀螨剂		1
269	恶霉灵(hymexazol)	杀菌剂		0.05*
270	甲氧咪草烟(imazamox)	除草剂		0.05*
271	甲咪唑烟酸(imazapic)	除草剂		0.01*
272	咪唑喹啉酸(imazaquin)	除草剂		0.05*

续表

序号	药品名称	用途	MRLs	
			中国(62)	欧盟(406)
273	唑吡嘧磺隆(imazosulfuron)	除草剂		0.01*
274	茚虫威(indoxacarb)	杀虫剂		0.02*
275	碘甲磺隆(iodosulfuron-methyl)	除草剂		0.02*
276	碘苯腈(ioxynil)	除草剂		0.05*
277	种菌唑(ipconazole)	杀菌剂		0.01*
278	丙森锌(iprovalicarb)	杀菌剂		0.05*
279	稻瘟灵(isoprothiolane)	杀菌剂		0.01*
280	异丙隆(isoproturon)	杀菌剂		0.05*
281	吡唑萘菌胺(isopyrazam)	杀菌剂		0.01*
282	异恶酰草胺(isoxaben)	除草剂		0.02*
283	异恶唑草酮(isoxaflutole)	除草剂		0.05*
284	醚菌酯(kresoxim-methyl)	杀菌剂		0.05*
285	乳氟禾草灵(lactofen)	除草剂		0.01*
286	氯氟氰菊酯(lambda-cyhalothrin)(高效氯氟氰菊酯)	杀虫剂		0.02*
287	环草定(lenacil)	除草剂		0.1*
288	林丹(lindane)	杀虫剂		0.01*
289	利谷隆(linuron)	除草剂		0.05*
290	氯芬奴隆(lufenuron)	杀虫剂		0.02*
291	马拉硫磷(malathion)	杀虫剂		0.02*
292	抑芽丹(maleic hydrazide)	植调剂		0.2*
293	双炔酰菌胺(mandipropamid)	杀菌剂		0.01*
294	苯氧基类除草剂(mcpa and mcpb)	除草剂		0.05*
295	灭蚜磷(mecarbam)	杀虫剂		0.05*
296	2-甲 4-氯丙酸(mecoprop)	除草剂		0.05*
297	嘧菌胺(mepanipyrim)	杀菌剂		0.01*
298	缩节胺(mepiquat)	植调剂		0.05*
299	硝苯菌酯(meptyldinocap)	杀菌剂		0.05*
300	甲基二磺隆(mesosulfuron-methyl)	除草剂		0.01*

续表

序号	药品名称	用途	MRLs	
			中国(62)	欧盟(406)
301	氰氟虫腙(metaflumizone)	杀虫剂		0.05*
302	甲霜灵和精甲霜灵(metalaxyl and metalaxyl-M)	杀菌剂		0.05*
303	四聚乙醛(metaldehyde)	杀软体动物剂		0.05*
304	线速灭(metam)	杀线虫剂		0.01
305	苯嗪草酮(metamitron)	除草剂		0.1*
306	吡唑草胺(metazachlor)	除草剂		0.1*
307	叶菌唑(metconazole)	杀菌剂		0.02*
308	虫螨畏(methacrifos)	杀虫/螨剂		0.05*
309	甲硫威(methiocarb)	杀软体动物剂		0.2
310	异丙甲草胺和异异丙甲草胺(metholachlor and metholachlor-S)	除草剂		0.05*
311	灭多威和硫双灭多威(methomyl and thiodicarb)	杀虫剂		0.02*
312	甲氧滴滴涕(methoxychlor)	杀虫剂		0.01*
313	甲氧虫酰肼(methoxyfenozide)	杀虫剂		1
314	磺草唑胺(metosulam)	除草剂		0.01*
315	苯菌酮(metrafenone)	杀菌剂		0.05*
316	嗪草酮(metribuzin)	除草剂		0.1*
317	甲磺隆(metsulfuron-methyl)	除草剂		0.05*
318	速灭磷(mevinphos)	杀虫剂		0.01*
319	密灭汀(milbemectin)	杀虫剂		0.05*
320	禾草敌(molinate)	除草剂		0.05*
321	绿谷隆(monolinuron)	除草剂		0.05*
322	腈菌唑(myclobutanyl)	杀菌剂		0.02*
323	敌草胺(napropamide)	除草剂		0.05*
324	烟嘧磺隆(nicosulfuron)	除草剂		0.05*
325	除草醚(nitrofen)	除草剂		0.01*
326	敌草胺(novaluron)	除草剂		0.01*

续表

序号	药品名称	用途	MRLs	
			中国(62)	欧盟(406)
327	磺酰脲(orthosulfamuron)	除草剂		0.01*
328	氨磺乐灵(oryzalin)	除草剂		0.01*
329	丙炔恶草酮(oxadiargyl)	除草剂		0.01*
330	恶草酮(oxadiazon)	除草剂		0.05*
331	恶霜灵(oxadixyl)	杀菌剂		0.01*
332	杀线威(oxamyl)	杀线虫剂		0.01*
333	环氧嘧磺隆(oxasulfuron)	除草剂		0.05*
334	亚砜磷(oxydemeton-methyl)	杀虫剂		0.01*
335	乙氧氟草醚(oxyfluorfen)	除草剂		0.05*
336	多效唑(paclobutrazol)	植调剂		0.5
337	戊菌唑(penconazole)	杀菌剂		0.05*
338	戊菌隆(pencycuron)	杀菌剂		0.05*
339	二甲戊灵(pendimethalin)	除草剂		0.05*
340	三唑类磺胺(penoxsulam)	除草剂		0.01*
341	烯草胺(pethoxamid)	除草剂		0.01*
342	甜菜宁(phenmedipham)	除草剂		0.05*
343	苯醚菊酯(phenothrin)	杀虫剂		0.05*
344	亚胺硫磷(phosmet)	杀虫剂		0.05*
345	磷化氢(phosphines and phosphides)	杀虫剂		0.05
346	氨氯吡啶酸(picloram)	除草剂		0.01*
347	氟吡酰草胺(picolinafen)	除草剂		0.05*
348	啶氧菌酯(picoxystrobin)	杀虫剂		0.05*
349	唑啉草酯(pinoxaden)	除草剂		0.02*
350	甲基嘧啶磷(pirimiphos-methyl)	杀虫剂		2
351	咪鲜胺(prochloraz)	杀菌剂		0.05*
352	环苯草酮(profoxydim)	除草剂		0.05*
353	调环酸(prohexadione)	植调剂		0.05*
354	霜霉威(propamocarb)	杀菌剂		0.1*

续表

序号	药品名称	用途	MRLs	
			中国(62)	欧盟(406)
355	敌稗(propanil)	除草剂		0.1*
356	恶草酸(propaquizafop)	除草剂		0.05*
357	炔螨特(propargite)	杀螨剂		0.05*
358	苯胺灵(propham)	除草剂		0.01*
359	丙环唑(propiconazol)	杀菌剂		0.05*
360	丙森锌(propineb)	杀菌剂		0.05*
361	异丙草胺(propisochlor)	除草剂		0.05*
362	残杀威(propoxur)	杀虫剂		0.01*
363	丙苯磺隆(propoxycarbazone)	除草剂		0.05*
364	戊炔草胺(propyzamide)	除草剂		0.02*
365	丙氧喹啉(proquinazid)	杀虫剂		0.02*
366	苄草丹(prosulfocarb)	杀虫剂		0.02*
367	氟磺隆(prosulfuron)	杀虫剂		0.05*
368	丙硫菌唑(prothioconazole)	杀菌剂		0.02*
369	吡蚜酮(pymetrozine)	杀虫剂		0.02*
370	吡唑醚菌酯(pyraclostrobin)	杀菌剂		0.02*
371	吡草醚(pyraflufen-ethyl)	除草剂		0.02*
372	磺酸草吡唑(pyrasulfotole)	杀虫剂		0.02*
373	吡菌磷(pyrazophos)	杀菌剂		0.01*
374	除虫菊素(pyrethrins)	杀菌剂		0.05*
375	哒螨灵(pyridaben)	杀螨剂		1
376	三氟甲吡醚(pyridalyl)	杀虫剂		0.5
377	达草特(pyridate)	除草剂		0.01*
378	吡丙醚(pyriproxyfen)	杀虫剂		0.05*
379	啶磺草胺(pyroxsulam)	除草剂		0.05*
380	喹硫磷(quinalphos)	杀虫/螨剂		0.01*
381	氯甲喹啉酸(quinmerac)	除草剂		0.05*
382	喹氧灵(quinoxyfen)	杀菌剂		0.1*

续表

序号	药品名称	用途	MRLs	
			中国(62)	欧盟(406)
383	五氯硝基苯(quintozene)	杀菌剂		0.02*
384	精喹禾灵(quizalofop，Incl. quizalfop-P)	除草剂		0.02*
385	苄呋菊酯(resmethrin)	杀虫剂		0.05*
386	砜嘧磺隆(rimsulfuron)	除草剂		0.1*
387	鱼藤酮(rotenone)	杀虫剂		0.05*
388	嘧啶肟草醚(saflufenacil)	除草剂		0.01*
389	硅噻菌胺(silthiofam)	杀菌剂		0.05*
390	乙基多杀菌素(spinetoram)	杀菌剂		0.05*
391	螺螨酯(spirodiclofen)	杀螨剂		0.05*
392	萁孢菌素(spiroxamine)	杀菌剂		0.02*
393	磺草酮(sulcotrione)	除草剂		0.05*
394	磺酰磺隆(sulfosulfuron)	除草剂		0.05*
395	硫酰氟(sulfurylfluoride)	杀虫剂		0.05*
396	氟胺氰菊酯(tau-fluvalinate)	杀虫剂		0.01*
397	戊唑醇(tebuconazole)	杀菌剂		0.01*
398	吡螨胺(tebufenpyrad)	杀螨剂		0.5
399	四氯硝基苯(tecnazene)	杀菌剂		0.05*
400	氟苯脲(teflubenzuron)	杀虫剂		0.05*
401	七氟菊酯(tefluthrin)	杀虫剂		0.05*
402	环磺酮(tembotrione)	除草剂		0.05
403	特普(tepp)	杀虫/螨剂		0.02*
404	得杀草(tepraloxydim)	除草剂		0.01*
405	特丁津(terbuthylazine)	除草剂		0.1*
406	氟醚唑(tetraconazole)	杀虫剂		0.05*
407	噻菌灵(thiabendazole)	杀菌剂		0.02*
408	噻吩磺隆(thifensulfuron-methyl)	除草剂		0.2
409	禾草丹(thiobencarb)	除草剂		0.05*
410	甲基硫菌灵(thiophanate-methyl)	杀菌剂		0.1*

续表

序号	药品名称	用途	MRLs	
			中国(62)	欧盟(406)
411	福美双(thiram)	杀菌剂		0.1*
412	甲基立枯磷(tolclofos-methyl)	除草剂		0.1*
413	苯唑草酮(topramezone)	除草剂		0.05*
414	三甲苯草酮(tralkoxydim)	除草剂		0.01*
415	野麦畏(tri-allate)	除草剂		0.02*
416	三唑酮和三唑醇(triadimefon and triadimenol)	杀菌剂		0.1*
417	醚苯磺隆(triasulfuron)	除草剂		0.1*
418	三唑磷(triazophos)	杀虫剂		0.05*
419	苯磺隆(tribenuron-methyl)	除草剂		0.01*
420	三氯吡氧乙酸(triclopyr)	除草剂		0.01*
421	三环唑(tricyclazole)	杀菌剂		0.1*
422	肟菌酯(trifloxystrobin)	杀菌剂		0.05*
423	氟菌唑(triflumizole)	杀菌剂		0.02*
424	杀铃脲(triflumuron)	杀虫剂		0.1*
425	氟胺磺隆(triflusulfuron)	除草剂		0.05*
426	草甘膦代谢物(trimethyl-sulfoniumcation)	除草剂		0.02*
427	抗倒酯(trinexapac)	植调剂		0.05*
428	灭菌唑(triticonazole)	杀菌剂		0.05*
429	三氟甲磺隆(tritosulfuron)	除草剂		0.01*
430	缬菌胺(valifenalate)	杀菌剂		0.01*
431	乙烯菌核利(vinclozolin)	杀菌剂		0.01*
432	福美锌(ziram)	杀菌剂		10
433	苯酰菌胺(zoxamide)	杀菌剂		0.1*

注：欧盟标准的数据更新至2017年12月31日。

*表示该最大残留限量设定在残留分析方法的测定低限。

3. 我国和新西兰标准中猕猴桃农药最大残留限量比较

新西兰已制定的标准中，和猕猴桃相关的农药残留限量标准有34项，其中22项限量指标是专门为猕猴桃规定的，另外有12项限量指标是为浆果和其他小水果制定的。农药残留限量标准最高的是灭菌丹15 mg/kg，最低的是埃玛菌素 0.002 mg/kg。

对比我国和新西兰的猕猴桃农药残留指标(表 16-10)，都有农药残留限量要求的有苯线磷、虫酰肼、多菌灵等 10 种农药，占我国有猕猴桃限量指标农药品种的 13.3%，占新西兰有限量指标农药品种的 29.4%。其中和新西兰指标相同的有虫酰肼、抗蚜威、氯菊酯 3 种，比新西兰严格的有苯线磷、多菌灵、多杀霉素、螺虫乙酯、灭多威 5 种，比新西兰宽松的有噻虫啉、溴氰菊酯 2 种。65 项指标为我国有而新西兰没有，24 项指标为新西兰有而我国没有。

表 16-10 我国和新西兰标准中猕猴桃农药最大残留限量比较 单位：mg/kg

序号	药品名称	用途	MRLs	
			中国(57)	新西兰(34)
1	苯线磷(fenamiphos)	杀虫剂	0.02	0.05
2	虫酰肼(tebufenozide)	杀虫剂	0.5	0.5
3	多菌灵(carbendazim)	杀菌剂	0.5	5
4	多杀霉素(spinosad)	杀虫剂	0.05	0.2
5	抗蚜威(pirimicarb)	杀虫剂	1	1
6	螺虫乙酯(spirotetramat)	杀虫剂	0.02	0.1
7	氯菊酯(permethrin)	杀虫剂	2	2
8	噻虫啉(thiacloprid)	杀虫剂	0.2	0.02
9	溴氰菊酯(deltamethrin)	杀虫剂	0.05	0.01
10	灭多威(Methomyl)	杀虫剂	0.2	0.5
11	硝磺草酮(mesotrione)	除草剂	0.01	
12	溴氰虫酰胺(cyantraniliprole)	杀虫剂	4	
13	吡虫啉(imidacloprid)	杀虫剂	5	
14	啶酰菌胺(boscalid)	杀菌剂	5	
15	嘧菌环胺(cyprodinil)	杀菌剂	10	
16	嘧菌酯(azoxystrobin)	杀菌剂	5	
17	嘧霉胺(pyrimethanil)	杀菌剂	3	
18	噻虫胺(clothianidin)	杀虫剂	0.07	
19	噻虫嗪(thiamethoxam)	杀虫剂	0.5	
20	咯菌腈(fludioxonil)	杀菌剂	15	
21	异菌脲(iprodione)	杀菌剂	5	
22	草铵膦(-lufosinate-ammonium)	除草剂	0.6	

续表

序号	药品名称	用途	MRLs	
			中国(57)	新西兰(34)
23	二嗪磷(diazinon)	杀虫剂	0.2	
24	2,4-滴及其钠盐(2,4-D和2,4-D Na)	除草剂	0.1	
25	百草枯(paraquat)	除草剂	0.01	
26	保棉磷(azinphos)	杀虫剂	1	
27	倍硫磷(fenthion)	杀虫剂	0.05	
28	草甘膦(glyphosate)	除草剂	0.1	
29	代森锰锌(mancozeb)	杀菌剂	2	
30	敌百虫(trichlorfon)	杀虫剂	0.2	
31	敌敌畏(dichlorvos)	杀虫剂	0.2	
32	地虫硫磷(fonofos)	杀虫剂	0.01	
33	啶虫脒(acetamiprid)	杀虫剂	2	
34	对硫磷(parathion)	杀虫剂	0.01	
35	环酰菌胺(fenhexamid)	杀菌剂	15	
36	甲胺磷(methamidophos)	杀虫剂	0.05	
37	甲拌磷(phorate)	杀虫剂	0.01	
38	甲基对硫磷(parathion-methyl)	杀虫剂	0.02	
39	甲基硫环磷(phosfolan-methyl)	杀虫剂	0.03	
40	甲基异柳磷(isofenphos-methyl)	杀虫剂	0.01	
41	甲氰菊酯(fenpropathrin)	杀虫剂	5	
42	久效磷(monocrotophos)	杀虫剂	0.03	
43	克百威(carbofuran)	杀虫剂	0.02	
44	磷胺(phosphamidon)	杀虫剂	0.05	
45	硫环磷(phosfolan)	杀虫剂	0.03	
46	氯吡脲(forchlorfenuron)	植调剂	0.05	
47	氯虫苯甲酰胺(chlorantraniliprole)	杀虫剂	1	
48	氯氟氰菊酯和高效氯氟氰菊酯(cyhalothrin and lambda-cyhalothrin)	杀虫剂	0.2	
49	氯唑磷(isazofos)	杀虫剂	0.01	
50	灭线磷(ethoprophos)	杀线虫剂	0.02	
51	内吸磷(demeton)	杀虫/螨剂	0.02	
52	氰戊菊酯和S-氰戊菊酯(fenvalerate and esfenvalerate)	杀虫剂	0.2	

续表

序号	药品名称	用途	MRLs	
			中国(57)	新西兰(34)
53	杀虫脒(chlordimeform)	杀虫剂	0.01	
54	杀螟硫磷(fenitrothion)	杀虫剂	0.5	
55	特丁硫磷(terbufos)	杀虫剂	0.01	
56	乙酰甲胺磷(acephate)	杀虫剂	0.5	
57	涕灭威(aldicarb)	杀虫剂	0.02	
58	辛硫磷(phoxim)	杀虫剂	0.05	
59	氧乐果(omethoate)	杀虫剂	0.02	
60	乙烯利(ethephon)	植调剂	2	
61	蝇毒磷(coumaphos)	杀虫剂	0.05	
62	治螟磷(sulfotep)	杀虫剂	0.01	
63	艾氏剂(aldrin)	杀虫剂	0.05	
64	滴滴涕(DDT)	杀虫剂	0.05	
65	狄氏剂(dieldrin)	杀虫剂	0.02	
66	毒杀芬(camphechlor)	杀虫剂	0.05	
67	六六六(HCB)	杀虫剂	0.05	
68	氯丹(chlordane)	杀虫剂	0.02	
69	灭蚁灵(mirex)	杀虫剂	0.01	
70	七氯(heptachlor)	杀虫剂	0.01	
71	异狄氏剂(endrin)	杀虫剂	0.05	
72	氟虫腈(fipronil)	杀虫剂	0.02	
73	硫线磷(cadusafos)	杀虫剂	0.02	
74	杀扑磷(methidathion)	杀虫剂	0.05	
75	水胺硫磷(isocarbophos)	杀虫剂	0.05	
76	甲基保棉磷(azinphos-methyl)	杀虫剂		4
77	氰戊菊酯(fenvalerate)	杀虫剂		3
78	阿维菌素(abamectin)	杀虫剂		0.02
79	联苯菊酯(bifenthrin)	杀虫剂		0.01
80	啶酰菌胺(boscalid)	杀菌剂		0.1
81	毒死蜱(chlorpyrifos)	杀虫剂		2
82	埃玛菌素(emamectin benzoate)	杀虫/螨剂		0.002

续表

序号	药品名称	用途	MRLs	
			中国(57)	新西兰(34)
83	草铵膦(glufosinate-ammonium)	除草剂		0.05
84	异菌脲(iprodione)	杀菌剂		5
85	甲氧虫酰肼(methoxyfenozide)	杀虫剂		0.5
86	乙氧氟草醚(oxyfluorfen)	除草剂		0.01
87	甲基嘧啶磷(pirimiphos-methyl)	杀虫剂		2
88	吡唑醚菌酯(pyraclostrobin)	杀菌剂		0.02
89	噻虫嗪(thiamethoxam)	杀虫剂		1
90	肟菌酯(trifloxystrobin)	杀菌剂		0.02
91	苯氟磺胺(dichlofluanid)	杀菌剂		10
92	氯硝胺(dicloran)	杀菌剂		10
93	甲霜灵(metalaxyl)	杀菌剂		2
94	精甲霜灵(metalaxyl-m)	杀菌剂		2
95	炔螨特(propargite)	杀螨剂		3
96	灭菌丹(folpet)	杀菌剂		15
97	溴螨酯(bromopropylate)	杀螨剂		3
98	百菌清(chlorothalonil)	杀菌剂		10
99	嗪氨灵(triforine)	杀菌剂		10

注：新西兰标准的数据更新至2017年12月31日。

第三节 我国无公害食品猕猴桃标准

无公害农产品是指产地环境符合无公害农产品的生态环境质量，生产过程符合规定的农产品质量标准和规范，有毒有害物质残留量控制在安全质量允许范围内的农产品。无公害是保证人们对食品质量安全最基本的需要，是最基本的市场准入条件，普通食品都应达到这一要求。农业部2001年制定、发布了首批73项无公害食品标准，从2002年开始，在全国范围内全面推进实施“无公害食品行动计划”。无公害食品标准以全程质量控制为核心，包括产地环境质量标准、生产技术标准和产品标准3个方面，主要参考绿色食品标准的框架而制定。

一、无公害食品猕猴桃的产品认证依据

为保障无公害农产品的生产和消费安全，防范风险隐患，农业部办公厅发布《农业部办公厅关于印发茄果蔬菜等58类无公害农产品检测目录的通知》（农办质〔2015〕4号文件，以下简称“通知”），作为无公害农产品的认证主要依据，调整后的检测参数共计有58类，自2015年4月1日起实施。目前，无公害食品猕猴桃产品认证时依据“通知”中的浆果和其他小型水果执行。无公害食品猕猴桃涉及的有克百威、氧乐果、溴氰菊酯3种，见表16-11。

表16-11　无公害食品猕猴桃产品认证参数

序号	项目	指标/(mg/kg)
1	克百威	≤0.02
2	氧乐果	≤0.02
3	溴氰菊酯	≤0.05

注：数据源自农业部办公厅发布的《农业部办公厅关于印发茄果蔬菜等58类无公害农产品检测目录的通知》（农办质〔2015〕4号文件）。

二、无公害食品猕猴桃的生产产地环境条件

无公害食品的生产首先受制于地域环境质量，只有在生态环境良好的农业生产区域内才能生产出优质、安全的无公害食品。无公害食品产地环境质量标准对产地的灌溉水质、土壤等的各项指标以及浓度限值作出规定。无公害食品产地环境质量标准一方面强调无公害食品必须产自良好的生态环境地域，以保证无公害食品最终产品的无污染、安全性，另一方面要求对无公害食品产地环境进行保护和改善。

现行有效的《无公害食品 种植业产地环境条件》（NY 5010—2016）是无公害食品猕猴桃生产可依据的产地环境条件标准，该标准规定了无公害农产品种植业产地环境的质量要求、采样方法、检测方法和产地环境评价的技术要求，适用于无公害农产品（种植业产品）产地。

1. 灌溉水质量要求

《无公害食品 种植业产地环境条件》（NY 5010—2016）对灌溉水质量的要求见表16-12。还可根据当地无公害农产品种植业产地环境的特点和灌溉水的来源特性，依据表16-13选择相应的补充监测项目。

表 16-12　灌溉水基本指标

序号	项目	指标
1	pH 值	5.5～8.5
2	总汞/(mg/L)	≤0.001
3	总镉/(mg/L)	≤0.01
4	总砷/(mg/L)	≤0.1
5	总铅/(mg/L)	≤0.2
6	铬(六价)/(mg/L)	≤0.1

注：数据源自《无公害食品　种植业产地环境条件》(NY 5010—2016)，猕猴桃主要执行旱地指标。

表 16-13　灌溉水选择性指标

序号	项目	指标
1	氰化物/(mg/L)	≤0.5
2	化学需氧量/(mg/L)	≤200
3	挥发酚/(mg/L)	≤1
4	石油类/(mg/L)	≤10
5	全盐量/(mg/L)	≤1 000(非盐碱土地区)，≤2 000(盐碱土地区)
6	粪大肠菌群/(个/100mL)	≤4 000

注：数据源自《无公害食品　种植业产地环境条件》(NY 5010—2016)，猕猴桃主要执行旱地指标。

2. 土壤质量要求

《无公害食品　种植业产地环境条件》(NY 5010—2016)对土壤环境质量监测的要求分为基本指标和选测指标，其中总汞、总砷、总镉、总铅、总铬等为基本指标，总铜、总镍、邻苯二甲酸酯类总量等为选测指标。各项监测指标应符合《土壤环境质量　农用地土壤污染风险管控标准(试行)》(GB 15618)的要求，猕猴桃主要执行旱地指标。

三、无公害食品猕猴桃生产质量安全控制技术规范

《无公害农产品　生产质量安全控制技术规范　第 4 部分：水果》(NY/T 2798.4—2015)于 2015 年 8 月 1 日正式实施。此标准规定了无公害农产品水果种植质量安全控制的基本要求，包括园地选择、品种选择、肥料使用、病

虫草害防治、栽培管理等环节关键点的质量安全控制措施，适用于无公害水果的生产、管理和认证。标准指出了无公害水果生产的控制技术及要求，无公害猕猴桃的生产可参照执行，下面介绍和种植过程有关的控制技术及要求。

1. 园地选择

园地选择的关键点包括土壤、环境空气、灌溉水。主要风险因子有重金属、农药残留、大气污染物。控制措施为园地选择应符合《无公害农产品 生产质量安全控制技术规范 第1部分：通则》(NY/T 2798.1)中的相关要求。同时，园地内的土壤、水、空气质量应符合《土壤环境质量 农用地土壤污染风险管控标准(试行)》(GB 15618)、《农田灌溉水质标准》(GB 5084)、《环境空气质量标准》(GB 3095)的要求。

2. 品种选择

品种选择的关键点包括品种和苗木。主要风险因子是检疫性病虫害。品种控制措施为选用对病虫害具有抗性或耐性的品种；苗木控制措施为选用不带检疫性病虫害的苗木，不应从疫区购买苗木，优先选用无病毒苗木。

3. 肥料使用

肥料使用的关键点包括选购与贮存和肥料使用。主要风险因子是重金属、病原微生物。控制措施为肥料选购与贮存应执行《无公害农产品 生产质量安全控制技术规范 第1部分：通则》(NY/T 2798.1)中的相关要求；苹果、柑橘、葡萄等忌氯作物不宜使用含氯肥料。肥料使用的控制措施为：①有机肥应充分腐熟或经过无害化处理。②基肥以有机肥为主，追肥应以速效肥为主，应根据树势强弱、产量高低以及是否缺少微量元素等，确定施肥种类、数量、次数和方法。③根据土壤、树体的营养情况配方施肥。④建立并保留施肥记录。记录内容应至少包括所有施用肥料的产品名称和有效成分含量、施肥地点、施肥日期、施肥量、施肥方法、施肥人员姓名等。

4. 病虫草害防治

病虫草害防治的关键点包括农药选购及存放和农药使用。主要风险因子是农药残留。控制措施为农药选购及存放应符合《无公害农产品 生产质量安全控制技术规范 第1部分：通则》(NY/T 2798.1)中的相关规定；不应使用国家禁止生产、使用的农药；选择限制使用的农药应遵守有关规定(国家禁止和限制使用的农药目录见表16-14)；应按照农药标签注明的使用范围、剂量和方法进行使用，不应超范围和超剂量使用，应严格执行安全间隔期的规定；施药器械应符合国家相关规定，并使其处于良好状态；施药人员应经过必要的技术培训。施药时，应按要求做好防护，防止农药中毒；对剩余农药、清洗废液、农药包装容器等废弃物，应按照《农药安全使用规范 总则》(NY/T 1276—2007)的规定，及时进行安全处置；建立并保留农药使用记录。记录内容应至少包括作物种类、施药时间、施药地点(面积)、农药产品名称和有效成分、登记证号、防治对象、使用量、施药方法、施药人员、安全间隔期等信息。

表 16-14 国家禁止和限制使用的农药

禁/限用种类	通用名	禁/限用范围
禁止(停止)使用农药(46 种)	六六六、滴滴涕、毒杀芬、二溴氯丙烷、杀虫脒、二溴乙烷、除草醚、艾氏剂、狄氏剂、汞制剂、砷类、铅类、敌枯双、氟乙酰胺、甘氟、毒鼠强、氟乙酸钠、毒鼠硅、甲胺磷、对硫磷、甲基对硫磷、久效磷、磷胺、苯线磷、地虫硫磷、甲基硫环磷、磷化钙、磷化镁、磷化锌、硫线磷、蝇毒磷、治螟磷、特丁硫磷、氯磺隆、胺苯磺隆、甲磺隆、福美胂、福美甲胂、三氯杀螨醇、林丹、硫丹、溴甲烷、氟虫胺、杀扑磷、百草枯、2,4-滴丁酯	禁止(停止)使用
部分范围禁止使用的农药(23 种)	甲拌磷、甲基异柳磷、克百威、水胺硫磷、氧乐果、灭多威、涕灭威、灭线磷	禁止在蔬菜、瓜果、茶叶、菌类、中草药材上使用，禁止用于防治卫生害虫，禁止用于水生植物的病虫害防治
	甲拌磷、甲基异柳磷、克百威	禁止在甘蔗作物上使用
	内吸磷、硫环磷、氯唑磷	禁止在蔬菜、瓜果、茶叶、中草药材上使用
	乙酰甲胺磷、丁硫克百威、乐果	禁止在蔬菜、瓜果、茶叶、菌类和中草药材上使用
	毒死蜱、三唑磷	禁止在蔬菜上使用
	丁酰肼(比久)	禁止在花生上使用
	氰戊菊酯	禁止在茶叶上使用
	氟虫腈	禁止在所有农作物上使用(玉米等部分旱田种子包衣除外)
	氟苯虫酰胺	禁止在水稻上使用

注：①以上为截至 2020 年 5 月 1 日国家公告的禁止和限制使用的农药目录，之后国家新公告的禁止和限制使用的农药目录，需从其规定。②百草枯可溶胶剂自 2020 年 9 月 26 日起禁止使用，2,4-滴丁酯自 2023 年 1 月 29 日起禁止使用，溴甲烷可用于“检疫熏蒸处理”，杀扑磷已无制剂登记。

5. 栽培管理

栽培管理的关键点包括土壤耕翻、整形修剪、果实套袋、生长调节剂使用、灌溉、采收、清园等。土壤耕翻的主要风险因子是病虫源，控制措施是合理进行园地耕翻，改良土壤，以促进果树增产和消灭越冬病虫。整形修剪的主要风险因子是病虫源，控制措施是合理进行果树修剪与整形，达到树体结构合理、树势健壮、树冠通风透光。果实套袋的主要风险因子是病虫源，控制措施是：根据品种，选用符合相关要求的专用果袋；果实套袋前，喷药防治为害果实的病虫害，待药剂干后再套袋；果实套袋以晴天为宜，避开雨天、露水未干及中午强光时段；废弃果袋应集中清出果园，并进行无害化处理。生长调节剂使用的主要风险因子是农药残留，控制措施是在保花保果、疏花疏果、膨大、催熟等时期使用植物生长调节剂，按照产品标签规定的使用范围、时期、浓度和次数执行。灌溉的主要风险因子是生物毒素，控制措施是：根据生长发育需要，适时灌溉；采前不灌溉；及时排水，避免涝害。采收的主要风险因子是生物毒素和农药残留，控制措施是：适期采收；采收时，轻拿轻放轻搬运；下雨、有雾或露水未干时不宜采收；采收果实避免与泥土、杂草等环境接触。清园的主要风险因子是病虫源，控制措施是：采果后及时清除园内枯枝、落叶、病果、僵果，深埋或者带出园外集中销毁。

第四节 我国猕猴桃绿色食品标准

绿色食品产品标准与无公害食品产品标准的主要区别是两者的卫生指标差异很大，绿色食品产品的卫生指标明显严于无公害食品产品的卫生指标。

一、绿色食品猕猴桃的产品标准

涉及猕猴桃产品质量安全的农业行业标准有《绿色食品 温带水果》(NY/T 844—2017)和《绿色食品 猕猴桃》(NY/T 425—2000)，但 NY/T 425—2000 应用较少，猕猴桃质量安全评价多以 GB 2763—2019 或 NY/T 844—2017 为主进行。

1.《绿色食品 猕猴桃》

《绿色食品 猕猴桃》(NY/T425—2000)中规定了绿色食品猕猴桃的定义、要求、试验方法、检验规则、标志、标签、包装、运输及贮存，适用于 A 级绿色食品猕猴桃的生产和流通。此标准所指的猕猴桃包括猕猴桃属的各品种、变种及变型。

(1)产地环境要求。应符合《绿色食品 产地环境质量》(NY/T 391—2013)的规定。

(2)感官要求。①果形：具该品种特征的果形，果形良好，无畸形果。②色泽：全果着色，色泽均匀，具该品种特征色泽。③果面：果面洁净，无损伤及各种斑迹。④果肉：多汁，软硬适度，具该品种特征颜色。⑤风味：酸甜适度，香或清香。⑥成熟度：应达到生理成熟，或完成后熟。⑦缺陷果容许度：批次产品中缺陷果不超过4%，其中腐烂果不超过1%。缺陷果百分数(%)以果实个数为单位进行计算。腐烂果在产品提供给消费者前应剔除。

(3)理化要求。理化要求应符合表16-15的规定。

表 16-15 《绿色食品 猕猴桃》(NY/T 425—2000)中规定的理化要求

项目	指标	
可溶性固形物/%	生理成熟果	≥6
	后熟果	≥10
总酸量(以柠檬酸计)/%		≤1.5

(4)卫生要求。《绿色食品 猕猴桃》(NY/T 425—2000)中规定了绿色食品猕猴桃中汞、砷、铅、镉、氟、稀土等元素卫生指标和六六六、滴滴涕等11种农药的卫生指标(表16-16)。

表 16-16 《绿色食品 猕猴桃》(NY/T 425—2000)中规定的卫生指标

序号	项目	指标/(mg/kg)
1	砷(以As计)	≤0.2
2	铅(以Pb计)	≤0.2
3	镉(以Cd计)	≤0.01
4	总汞(以Hg计)	≤0.01
5	氟(以F计)	≤0.5
6	稀土	≤0.7
7	六六六(以BHC计)	≤0.05
8	滴滴涕(以DDT计)	≤0.05
9	乐果(dimethoate)	≤0.5
10	敌敌畏(dichlorvos)	≤0.1
11	对硫磷(parathion)	不得检出(<0.02)
12	马拉硫磷(malathion)	不得检出(<0.03)

续表

序号	项目	指标/(mg/kg)
13	甲拌磷(phorate)	不得检出(<0.02)
14	杀螟硫磷(fenitrothion)	≤0.2
15	倍硫磷(fenthion)	≤0.02
16	溴氰菊酯(deltamethrin)	≤0.02
17	氰戊菊酯(fenvalerate)	≤0.1

2.《绿色食品 温带水果》(NY/T 844—2017)

(1)产地环境要求。应符合《绿色食品 产地环境质量》(NY/T 391—2013)的规定。

(2)感官要求。应符合表16-17的规定。

表 16-17 《绿色食品 温带水果》(NY/T 844—2017)中规定的猕猴桃感官要求

项目	要求	检验方法
果实外观	具有本品种固有的形状和成熟时应有的特征色泽；果实完整，果形端正，整齐度好，无裂果及畸形果；新鲜清洁，无可见异物；无霉(腐)烂、无冻伤及机械损伤；无不正常外来水分	品种特征、成熟度、色泽、新鲜度、清洁度、机械伤、霉(腐)烂、冻伤、机械损伤和病虫害等用目测法进行检验；气味和滋味采用鼻嗅和口尝的方法进行检验
病虫害	无病果、虫果，无病斑，果肉无褐变	
气味和滋味	具有本品种正常的气味和滋味，无异味	
成熟度	发育充分、正常，具有适合市场或贮存要求的成熟度	

(3)理化指标。理化指标应符合表16-18的规定。

表 16-18 《绿色食品 温带水果》(NY/T 844—2017)中规定的猕猴桃理化指标

项目	可溶性固形物/%	可滴定酸/%
生理成熟期	≥6	≤1.5
后熟期	≥10	≤1.5

(4)卫生指标。《绿色食品 温带水果》(NY/T 844—2017)中规定的关于猕猴桃的2种重金属和8种农药残留的卫生指标见表16-19。

表 16-19 《绿色食品 温带水果》(NY/T 844—2017)中规定的猕猴桃卫生指标

序号	项目	指标/(mg/kg)
1	铅(以 Pb 计)	0.2
2	镉(以 Cd 计)	0.05
3	氧乐果(omethoate)	0.01
4	克百威(carbofuran)	0.01
5	敌敌畏(dichlorvos)	0.01
6	溴氰菊酯(deltamethrin)	0.01
7	氰戊菊酯(fenvalerate)	0.01
8	苯醚甲环唑(difenoconazole)	0.01
9	百菌清(chlorothalonil)	0.01
10	多菌灵(carbendazim)	0.5

二、绿色食品猕猴桃的产地环境标准

《绿色食品 产地环境质量》(NY/T 391—2013)代替《绿色食品 产地环境质量》(NY/T 391—2000)，成为最新的绿色食品产地环境条件标准，与猕猴桃种植有关的要求有生态环境要求、空气质量要求、灌溉水质要求以及土壤环境质量要求和土壤肥力要求。此标准规定了绿色食品产地的生态环境要求、土壤质量要求、空气质量要求、水质要求等，其中对种植业而言，土壤质量要求又包含了土壤环境质量要求和土壤肥力要求。

猕猴桃质量安全生产产地土壤环境质量要求见表 16-20，空气质量要求见表 16-21，灌溉水质要求见表 16-22，土壤肥力分级指标见表 16-23。

表 16-20 绿色食品产地环境土壤质量要求

序号	项目	指标/(mg/kg)		
		pH 值<6.5	6.5≤pH 值≤7.5	pH 值>7.5
1	总镉	≤0.30	≤0.30	≤0.40
2	总汞	≤0.25	≤0.30	≤0.35
3	总砷	≤25	≤20	≤20
4	总铅	≤50	≤50	≤50
5	总铬	≤120	≤120	≤120
6	总铜	≤100	≤120	≤120

表 16-21 绿色食品产地环境空气质量要求(标准状态)

序号	项目	指标/(mg/m³)	
		日平均	1 h
1	总悬浮物颗粒	≤0.3	—
2	二氧化硫	≤0.15	≤0.50
3	二氧化氮	≤0.08	≤0.20
4	氟化物	≤0.007	≤0.02

表 16-22 绿色食品产地环境灌溉水质量要求

序号	项目	指标
1	pH	5.5～8.5
2	总汞/(mg/L)	≤0.001
3	总镉/(mg/L)	≤0.005
4	总砷/(mg/L)	≤0.05
5	总铅/(mg/L)	≤0.1
6	六价铬/(mg/L)	≤0.1
7	氟化物/(mg/L)	≤2.0
8	化学需氧量/(mg/L)	≤60
9	石油类/(mg/L)	≤1.0

表 16-23 绿色食品产地土壤肥力分级指标

级别	有机质/(g/kg)	全氮/(g/kg)	有效磷/(mg/kg)	速效钾/(mg/kg)	阳离子交换量/(cmol(+)/kg)
Ⅰ	>20	>1.0	>10	>100	>20
Ⅱ	15～20	0.8～1.0	5～10	50～100	15～20
Ⅲ	<15	<0.8	<5	<50	<15

参考文献

[1]中华人民共和国农业部．猕猴桃等级规格(NY/T 1794—2009).

[2]中华人民共和国国家卫生和计划生育委员会，国家食品药品监督管理总局．食品安全国家标准 食品中污染物限量(GB 2762—2017).

[3]国家卫生健康委员会，农业农村部，国家市场监督管理总局．食品安全国家标准 食品中农药最大残留限量(GB 2763—2019).

[4]中华人民共和国农业部．无公害农产品 种植业产地环境条件(NY/T 5010—2016).

[5]中华人民共和国农业部．无公害农产品 生产质量安全控制技术规范 第4部分：水果(NY/T 2798.4—2015).

[6]中华人民共和国农业部．绿色食品 温带水果(NY/T 844—2017).

[7]中华人民共和国农业部．绿色食品 猕猴桃(NY/T 425—2000).

[8]中华人民共和国农业部．绿色食品 产地环境质量(NY/T 391—2013). 北京：中国农业出版社，2014.

第十七章　猕猴桃观光果园和史籍记载

猕猴桃是一种十分容易造型的藤本落叶果树，其枝蔓生长量快，在休闲观光和城市园林绿化中具有一定的发展潜力。猕猴桃特色的观光果园在城市绿化建设中逐渐兴起。而我国的古代典籍中也多有对猕猴桃的记述。

第一节　猕猴桃观光果园

一、观光果园

观光果园就是供游客观赏的果园，是一门将农业与旅游业结合起来的新兴产业，属于观光休闲农业园的一个重要类型。观光果园是以果树为基础，依据园林美学、果树栽培学、景观生态学等相关规划理论，以农耕文化为核心，挖掘果树文化底蕴，将水果生产、加工与游客体验结合起来，集农事活动、自然风光、科技示范、休闲娱乐、环境保护于一身的新型果树产业与旅游业相结合的一种生产经营形态(刘逸凡，2017)。根据其性质和内涵可以将观光果园分为休闲采摘型、休闲体验型、生态餐厅型、果树主题型、百果观光型、科研科普型、自然生态型等类型(董颖，2008)。

在各类观光果园中，休闲采摘型果园最多，它是基于休闲农业的内涵上衍生出的一种“旅游业＋果园种植业”的重要发展类型。在充分利用地区资源和果业资源的基础上，通过以旅游、休闲为内涵的合理规划、设计，将果业产品、生态休闲、地域旅游融合为一体，为游客提供以休闲采摘为主的特色休闲方式。在中国大陆，休闲采摘果园于20世纪80年代后期在北京开始出现，涵盖了民俗文化、采摘活动、旅游观光、农家乐休闲等模式。游客除在果园内品尝新鲜水果之外，还能体验诸如施肥、浇水、整枝修剪等农业生产劳作的乐趣，重温乡土文化风情(顾潇潇，2019)。休闲采摘果园是在传统果园的基础上发展而来的，兼具观光、体验式旅游的特性，是以果业资源为基础的一项交叉型旅游产业，它集水果生产、种植与旅游观光等多项功能为一体，在生产果品的同时，注重园区内风景园林建筑、观光走廊的规划。

对经营者而言，休闲采摘果园在收获果品的基础上，增加了采摘观光活动的收入，增加的收入甚至高于出售果品的收入，大大提高了经营效益。对消费者而言，既品尝到了水果的鲜美，又增长了知识，还陶冶了性情，纾解了现代都市工作、生活的压力。

二、猕猴桃观光果园的发展潜力

猕猴桃种质资源具有丰富的遗传多样性。例如，花瓣颜色有白色、黄色、粉红色，果实形状有圆形、椭圆形、长圆柱形，果肉颜色有绿色、黄色、髓红色、全红色，果皮颜色有绿色、黄色、橙色、红色等多种颜色，果实和枝条的被毛有无毛、茸毛、硬毛、刚毛、糙毛等多种状态。另外，多数猕猴桃种类的花较大、香气浓郁，果实挂果期长；叶形丰富，枝条婀娜多姿，是容易造型的藤本果树植物。而且，猕猴桃具有果实营养价值高、生长期病虫害少、经济效益高等特点，在休闲果园发展方面具有很大的潜力。

随着猕猴桃新品种选育力度的不断加大，若干适宜观光的猕猴桃新品种陆续问世。例如中国农业科学院郑州果树研究所选育的全红型猕猴桃品种天源红、红宝石星，具有特异、新型、即食、优质、采摘期长等优点，适宜观光休闲果园栽植。另外，原产于东北地区的软枣猕猴桃也有上述特点，只是果皮、果肉均为绿色，也是适宜观光休闲果园的猕猴桃。

猕猴桃作为休闲果园题材使用有以下 4 种形式。

1. 生态廊架

生态廊架(图 17-1)是园林景观中主要的建筑小品之一，是观光果园特有的绿色通道，往往其第一眼就能吸引游览者的眼球。生态廊架属于垂直绿化，它不仅使环境显得更加整洁美观、生动活泼，而且占地少、见效快、绿视率高。猕猴桃生态廊架除满足一般景观功能外，还可收获猕猴桃果实。

图 17-1 生态廊架(齐秀娟 提供)

2. 生态停车场

生态停车场是指在猕猴桃棚架下设置停车位，用猕猴桃浓密的枝蔓、叶片为停车场遮阴。果园兼做停车场增加了果园的收益，提高了土地的利用率。

图 17-2　生态停车场(齐秀娟 提供)

3. 庭院绿化

猕猴桃病虫害相对较少，且枝叶生长茂盛，花、果的形、色、味俱佳，很适宜种植在房前屋后绿化、美化居住环境。

图 17-3　庭院猕猴桃架(齐秀娟 提供)

4. 绿色生态餐厅

绿色生态餐厅的就餐环境优美、怡人，越来越受到人们的欢迎。猕猴桃的植株特征使其成为建造绿色生态餐厅的适宜材料之一。

第二节 史书中关于猕猴桃的记载

距今约2 800年的《诗经·桧风·隰有苌楚》中有："隰(xí)有苌楚，猗傩(nuó)其枝，夭之沃沃，乐子之无知。隰有苌楚，猗傩其华，夭之沃沃，乐子之无家。隰有苌楚，猗傩其实，夭之沃沃，乐子之无室。"(桧在今河南的新郑、密县、荥阳一带。)诗中的"苌楚"就是猕猴桃。

西汉的郭璞注《尔雅·释草篇》(亦作《尔雅·释木》)中有"今羊桃也或曰鬼桃。叶似桃，花白，子如小麦，亦似桃。"这里的"羊桃""鬼桃"指猕猴桃。

东汉《食经》里对猕猴桃的描述是：和中安肝。主黄疸，消渴。

三国时期陆玑的《毛诗草木鸟兽虫鱼疏》中有："今羊桃是也。叶长而狭，华紫赤色。其枝茎弱，过一尺引蔓于草上。今人以为汲灌，重而善没，不如杨柳也。近下根刀切其皮，著热灰中脱之，可韬笔管。"

东晋著名博物学家郭璞把猕猴桃定名为羊桃，称其"婀娜多姿、花容娇媚又擅生育"。

战国《山海经·中山经》中记载："又东四十里，曰丰山，其上多封石，其木多桑，多羊桃，状如桃而方茎，一名鬼桃，可以为皮张，治皮肿起。"(丰山在今河南省南阳东北15 km处。)书中所指羊桃为猕猴桃。

唐代诗人岑参所作的《太白东溪张老舍即事，寄舍弟侄等》诗中云："渭上秋雨过，北风何骚骚。天晴诸山出，太白峰最高。主人东溪老，两耳生长毫。远近知百岁，子孙皆二毛。中庭井栏上，一架猕猴桃。石泉饮香粳，酒瓮开新槽。爱兹田中趣，始悟世上劳。我行有胜事，书此寄尔曹。"此诗证明1 200年前陕西关中地区就有了猕猴桃的庭院栽培，由此可知当时已有人工栽培猕猴桃。

唐代段成式在《酉阳杂俎》中说，猕猴桃"又名猴骚子，蔓生，子如鸡卵，既甘且凉，轻身消渴"。

唐代陈藏器的《本草拾遗》中说："猕猴桃甘酸无毒，可供药用。主治骨节风、瘫痪不遂、长年白发、痔病等。"其叶、花、茎、根也各有所用，可谓全身是宝。

宋代刘翰和马志所著的《开宝本草》中称猕猴桃"一名藤梨，一名木子，一名猕猴梨"，还说它"其实形似鸡卵大，其皮褐色，经霜始甘美可食"。

宋代唐慎微的《经史证类备急本草》中说："猕猴桃一名藤梨，一名木子，一名猕猴梨。生山谷，藤生著树，叶圆有毛，其果形似鸭卵大，其皮褐色，经霜始甘美可食。枝叶杀虫。""候熟食之，取瓤瓢和蜜作煎，去人烦热，久食亦得，令人冷，能止消渴。”

宋代叶三佳的《海录碎事》中也记载道：“洋州云台山生猕猴桃，甚甘酸，含之止渴。”

北宋寇宗奭的《本草衍义》载有：“猕猴桃永兴军（今陕西）南山甚多，过多则令人藏寒泄，十月烂熟，色淡绿，生则极酸。子繁细，其色如芥子。枝条柔软，高二三丈，多附木而生。浅山傍道则有存者，深山则多为猴所食矣。”

宋代的《开宝重定本草》中记述，猕猴桃具有解热、止渴、通淋的功效。

明代李时珍的《本草纲目》中有：“猕猴桃其形如梨，其色如桃，而猕猴喜食，故有诸名。闽人呼为阳桃。”“酸、甘、寒，无毒。”“止暴渴，解烦热，压丹石，下石淋”。“叶大如掌，上绿下白，有毛，状似苎麻而团，其条浸水有涎滑”。

清代陈鼎在其《黔游记》中有：“羊桃藤取汁胶巨石，它处断而胶处如故。山中造石梁者，常以之相续，恒数丈，架空以渡，行旅往来无恙。”

清代吴其浚的《植物名实图考·长编》中有：“猕猴桃《开宝本草》始著录、《本草衍义》尤详。”“今江西、湖广、河南山中皆有之，乡人或持入城市以售。”

《安徽志》中有：“猕猴桃，黟县出，一名阳桃，九十月成熟。”

1982 年出版的《中医大辞典（中药分册）》中，对猕猴桃的果实、根、叶及藤中汁液均作了详细的阐述。

参考文献

[1]董颖．城郊观光果园规划研究[D]．长沙：中南林业科技大学，2008.
[2]顾潇潇．北京郊区休闲采摘果园发展问题研究[D]．长春：吉林大学，2019.

索　引

（按汉语拼音排序）

Y

Z